中国室内环境与健康研究进展报告 2012

RESEARCH ADVANCE REPORT OF
INDOOR ENVIRONMENT AND HEALTH IN CHINA

中国环境科学学会室内环境与健康分会　组织编写
张寅平　主编
邓启红　钱　华　莫金汉　副主编

中国建筑工业出版社

图书在版编目（CIP）数据

中国室内环境与健康研究进展报告 2012/张寅平主编. —北京：中国建筑工业出版社，2011.12
ISBN 978-7-112-13906-4

Ⅰ.①中… Ⅱ.①张… Ⅲ.①室内环境-关系-健康-研究报告-中国 Ⅳ.①X503.1

中国版本图书馆 CIP 数据核字（2011）第 274375 号

责任编辑：齐庆梅
责任设计：董建平
责任校对：张 颖 刘 钰

中国室内环境与健康研究进展报告 2012
RESEARCH ADVANCE REPORT OF INDOOR ENVIRONMENT AND HEALTH IN CHINA
中国环境科学学会室内环境与健康分会 组织编写
张寅平 主编
邓启红 钱 华 莫金汉 副主编
*
中国建筑工业出版社出版、发行（北京西郊百万庄）
各地新华书店、建筑书店经销
北京红光制版公司制版
北京云浩印刷有限责任公司印刷
*
开本：787×1092 毫米 1/16 印张：21½ 字数：556 千字
2012 年 1 月第一版 2012 年 1 月第一次印刷
定价：**68.00** 元
ISBN 978-7-112-13906-4
(21884)

顾问委员会

（以拼音为序）

编写委员会

作者介绍与编写分工

序

田德祥，教授，室内环境与健康分会名誉理事长，北京大学环境科学中心，

E-mail：tdx@pku. edu. cn

第 1 章　绪论

张寅平，博士，教授，清华大学建筑技术科学系，

E-mail：zhangyp@tsinghua. edu. cn

第 2 章　室内空气质量的评价方法

邵晓亮，博士研究生，清华大学建筑技术科学系，

E-mail：shaoxl07@mails. tsinghua. edu. cn

赵荣义，教授，清华大学建筑技术科学系，

E-mail：zhry@sina. com

第 3 章　室内空气主要污染物浓度调查

刘兆荣，博士，副教授，北京大学环境科学与工程学院，

E-mail：zrliu@pku. edu. cn

张金萍，博士，清华大学建筑技术科学系，

E-mail：zjp0930@yahoo. com. cn

李湉湉，博士，副研究员，中国疾病预防控制中心，

E-mail：tiantianli@gmail. com

方志华，工程师，国家档案局档案科学技术研究所，

E-mail：zhihua-fang@163. com

周中平，教授，清华大学环境学院，

E-mail：zhzhp@tsinghua. edu. cn

白郁华，教授，北京大学环境科学与工程学院，

E-mail：yhbai@pku. edu. cn

第4章　室内污染物的健康影响

丁书茂，副教授，华中师范大学生命科学学院，

E-mail：dingsm@mail. ccnu. edu. cn

杨　旭，医学博士，教授，华中师范大学生命科学学院，

E-mail：yangxu@mail. ccnu. edu. cn

第5章　建材和家具污染散发及标识

熊建银，博士，北京理工大学机械与车辆学院，

E-mail：xiongjy@bit. edu. cn

张寅平，博士，教授，清华大学建筑技术科学系，

E-mail：zhangyp@tsinghua. edu. cn

李景广，博士，教授级高工，上海市建筑科学研究院（集团）有限公司，

E-mail：lijingguang@vip. sina. com

第6章　室内颗粒物污染与控制

邓启红，博士，教授，中南大学能源科学与工程学院，

E-mail：qhdeng@csu. edu. cn

赵　彬，博士，副教授，清华大学建筑技术科学系，

E-mail：binzhao@tsinghua. edu. cn

第7章　传染病空气传播及其工程控制

钱　华，博士，副教授，东南大学能源与环境学院，

E-mail：keenwa@gmail. com

李玉国，博士，教授，香港大学机械工程系，

E-mail：liyg@hku. hk

赵　彬，博士，副教授，清华大学建筑技术科学系，

E-mail：binzhao@tsinghua. edu. cn

第8章　通风对室内空气质量的改善作用

李安桂，博士，教授，西安建筑科技大学环境与市政工程学院，

E-mail：liag@xauat. edu. cn

李念平，博士，教授，湖南大学土木工程学院，

E-mail：linianping@sina. com

张　旭，博士，教授，同济大学机械工程学院，

E-mail：zhangxu-hvac@mail. tongji. edu. cn

付祥钊，教授，重庆大学城市建设与环境工程学院，

E-mail：xiangzhaof@yahoo. com. cn

李先庭，博士，教授，清华大学建筑技术科学系，

E-mail：xtingli@tsinghua. edu. cn

第9章　室内空气净化现状及主要问题

莫金汉，博士，清华大学建筑技术科学系，

E-mail：mojinhan@gmail. com

徐秋健，博士研究生，清华大学建筑技术科学系，

E-mail：qiujian. xu@gmail. com

朱天乐，博士，教授，北京航空航天大学化学与环境学院，

E-mail：zhutl@buaa. edu. cn

第10章　室内空气质量的综合控制

韩继红，博士，上海市建筑科学研究院（集团）有限公司，

E-mail：hjhsribs@vip. sina. com

樊　娜，工程师，上海市建筑科学研究院（集团）有限公司，

E-mail：fannali@gmail. com

叶剑军，高级工程师，上海市建筑科学研究院（集团）有限公司，

E-mail：jacky328@gmail. com

林波荣，博士，副教授，清华大学建筑学院，

E-mail：linbr@tsinghua. edu. cn

郭咏海，绿色建筑总规划师，朗诗地产集团，

E-mail：guoyonghai@landsea. cn

第11章　室内空气质量标准问题探讨

李景广，博士，教授级高工，上海市建筑科学研究院（集团）有限公司，

E-mail：lijingguang@vip. sina. com

李旻雯，工程师，上海市建筑科学研究院（集团）有限公司，

E-mail：skymick@hotmail. com

姚 远，博士，清华大学建筑技术科学系，

E-mail：y-yao05@mails. tsinghua. edu. cn

附录1 国内外绿色建筑评价标准中室内空气质量评价方法比较

林波荣，博士，副教授，清华大学建筑学院，

E-mail：linbr@tsinghua. edu. cn

序

室内环境包括室内热湿环境、空气质量、光环境、声环境等，考虑到近年来室内空气质量问题比较严重、百姓也非常关心，因此本次研究进展报告聚焦城市室内空气质量与健康主题。

室内空气质量（Indoor air quality，IAQ）是20世纪70年代石油危机之后，在西方国家开始受到重视的，其主要原因是：因为强调节能，现代建筑普遍密闭性增强，新风量减少，导致室内空气质量恶化；各种装饰装修材料、家具和日用化学品等散发有毒有害物质特别是挥发性有机化合物，（英文名 Volatile organic compounds，简称 VOCs），导致室内空气中有害物质在种类和数量上大幅增加；甚至调节室内环境的空调系统也成了污染源。我国室内空气污染问题的研究晚于西方发达国家。20世纪90年代以来，随着我国城镇化进程、住房改革和经济的快速发展，新建建筑大量涌现，建材业高速发展，住宅建筑装饰装修成了社会风尚，由建筑装饰装修材料和人造板家具造成的室内空气污染相当严重，对人体健康造成一定威胁；在密闭写字楼的工作人员，容易患头晕、胸闷、乏力、情绪不稳定等身体不适症状（被称为病态建筑综合征，英文名 Sick Building Syndrome，简称 SBS），大大影响工作效率，并会进一步引发多种疾病；儿童身体发育过程中，免疫系统比较脆弱，儿童呼吸量按相对体重比超过成年人50%左右，他们更容易受到室内空气污染的危害，儿童白血病、哮喘病发病率近年来明显升高；室内空气污染引起老年人气管炎、肺炎等呼吸道疾病，诱发老年人高血压、心血管、脑溢血等病症，甚至可能危及生命。

2001年5月，在昆明召开的“首届室内环境质量学术研讨会”汇聚了来自全国不同机构的88位学者并成立了中国科协工程联室内环境专业委员会，现在的中国环境科学学会室内环境与健康分会就是在此基础上发展起来的，其目的是搭建“产、学、研”协作平台，为解决我国室内环境与健康问题尽一份力。目前，分会已拥有83位理事，包括我国内地和香港、台湾地区的室内环境与健康领域专家、学术带头人和企业家代表，其中有四位专家在国际室内空气学会中任职。近年来分会多次开展学术活动，讨论我国室内空气质量与健康问题及其解决办法，并密切关注我国室内环境与健康领域的研究进展。

应该说，过去的十五年是我国该领域发展的启动时段，也是高速发展的黄金时段。我国"十五"、"十一五"期间国家科研经费投入迅速增加，科技工作者完成了"室内空气污染检测技术研究与设备研制"、"城镇人居环境改善与保障关键技术研究"及"室内典型空气污染物净化关键技术与设备"等重大项目和课题，取得了一批重要成果；政府部门组织制定了一系列相关法规和标准，如《民用建筑工程室内环境污染控制规范》、《室内空气质量标准》等；各地建立了大量室内空气检测机构，为保证人民健康提供了规范的服务。上述种种，使我国室内空气污染超标现象得到一定的控制，室内空气质量有所改善。

虽然我国室内空气质量与健康研究取得显著进展，但客观地说，我国室内空气质量问题依然严峻。城市室内空气典型污染物如甲醛、苯系物等致癌污染物尚未得到系统化控制，建筑结构性污染和家具等用品污染还很突出。为此，需进一步深入研究室内环境因素，如温度、相对湿度等对产品污染物散发的影响机理和规律，进一步深入研究常用湿建材如涂料、漆等的散发与控制机理和规律，还需建立既借鉴发达国家经验又充分考虑我国国情的室内材料和物品污染物散发标识体系。近年来，新型化学污染物如半挥发性有机物（Semi-volatile organic compounds，简称SVOCs）污染逐渐凸显，它们作为增塑剂（台湾称为塑化剂）、阻燃剂等广泛存在于人们常用的室内材料和物品中，如儿童使用的塑料制品和玩具中。作为增塑剂主要成分的邻苯二甲酸酯（phthalates）是人类使用量最大的一组具有雌激素功能的人体内分泌干扰物，也是持久性有机污染物（POPs）的重要组成之一。有研究结果表明，增塑剂中的邻苯二甲酸二乙基己酯（DEHP）可诱发人类过敏症和哮喘，估计直接受其健康影响的人群有数亿人，需引起高度重视。在污染源控制和通风方式选择方面，还需研发出科学的、符合国情的新技术和设计方法，便于指导建筑师和工程师实施；低成本、低能耗、净化效果显著的净化材料和产品有待开发；需要进一步深入研究室内颗粒物和微生物污染及其控制中的机理问题，研发相关控制技术和产品；加强甲醛和苯系物单独或联合致白血病的研究也是我们今后的一项重要任务；特别需要重视的是，需在学习发达国家经验、成果并依据扎实的科学研究和充分考虑国情特点的基础上，制定/修订室内空气质量控制标准体系（包括室内空气、室内材料和产品污染物限值标准，室内空气污染控制产品标准等）。

提倡“简约生活、追求健康、崇尚自然、返璞归真”是建筑环境工作者应该秉承的理念。我们不排斥对新技术和新材料的运用，但那只是手段，不是目的。未来室内环境不仅要考虑如何高智能化，更要考虑亲近和回归自然。当然，建立一个健康、安全、宜居、节能的室内环境更是全社会共同的责任和义务。

为此，中国环境科学学会室内环境与健康分会历时一年多的时间筹划并组织编写了《中国室内环境与健康研究进展报告 2012》，它凝聚了我国室内环境领域的众多专家和学者的研究成果和学术认知，总结了我国目前室内环境与健康研究进展、现状和存在的问题，为关心和从事“室内环境与健康”的人员提供了宝贵资料，也为国家“十二五”城镇人居环境改善规划提供了科学依据。当然，面对这本报告的写作，编写者既深感责任重大，又倍感困难重重，室内环境与健康领域是一个跨学科的领域，涉及多个学科：室内环境、公共卫生、工程热物理、生命科学、化学等，这些学科间彼此的“语言”都不太一样，平时深入交流都困难，如何把相关内容编在一本书里呢？但通过讨论，编著者一致认为，越是如此，越说明本书编写的必要性：专业人士尚且如此，更何况普通读者，这恰恰是该领域不易得到社会广泛和深入了解的原因所在。

《中国室内环境与健康研究进展报告 2012》除各章署名作者外，还有很多同志做出了很大贡献：学会秘书处黎佳林协助安排了每次编写讨论会，负责与作者间的联系、书稿的收发与打印；北京大学硕士研究生刘晓途、闫美霖、骆娜，清华大学博士研究生刘巍巍，东南大学硕士研究生沈红萍，西安建筑科技大学博士研究生高然，江苏省人民医院罗乐等负责本书部分书稿材料的收集和处理工作。在此，分会衷心地对他们表示感谢！

最后，我还想为此进展报告的编写和出版说几句话。2010 年初，分会秘书长张寅平教授提出：我们分会应该就我国室内环境和健康问题每年出一本研究进展报告，得到常务理事和学会顾问专家等的支持和赞同。2010 年底分会专门召开了理事会议，研讨这个进展报告如何编写，并作了编写分工：聘请有经验的研究人员结合自身科研实践，力求图文并茂、深入浅出地介绍有关内容，并按照内容逻辑安排各章；2011 年 5 月在上海会议上，分会特聘专家赵荣义教授在审阅初稿后就进展报告编写中的问题和要点做了专题报告，并将书名定为《中国室内环境与健康研究进展报告 2012》。为保证全书质量和风格一致，分会聘请张寅平担任主编，邓启红、钱华和莫金汉担任副主编，对原稿不少章节做了大量修改（包括内容增删、查漏补缺、文字修改、文献补充、图表重绘甚至版面设计等）；尽管如此，本报告撰写时间较紧，参与编写人员较多，其内容难免有不妥之处，恳请读者批评指正。朗诗集团股份有限公司全资赞助了 2012 年度进展报告的出版，在此特别致谢！

田德祥

2011 年 10 月于北京大学燕北园

目　　录

第1章 绪 论

室内空气污染严重

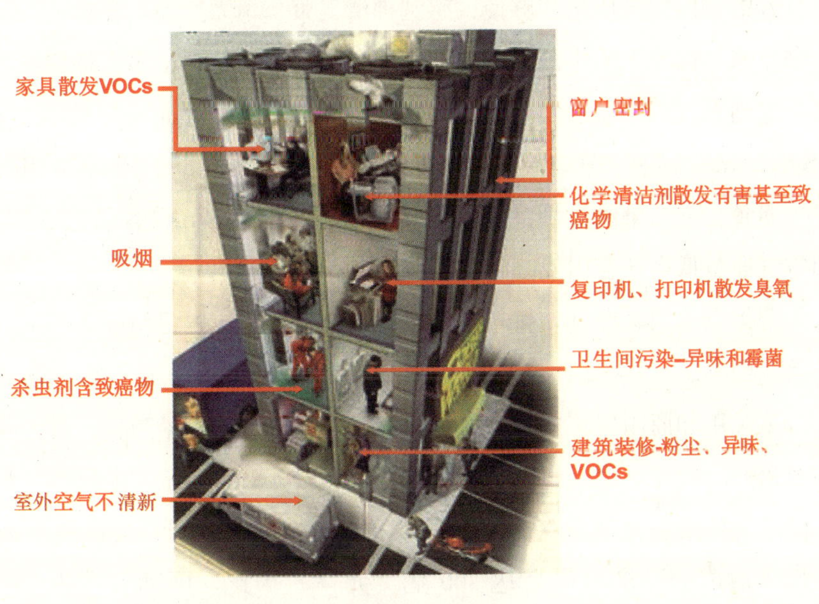

源自：美国商业周刊，2000年6月5日

本章介绍了室内空气质量对人的健康危害及产生原因；阐述了我国室内空气质量问题与发达国家相比具有的特点——滞后性、特殊性和严峻性；简单回顾了国际室内空气质量与健康相关研究的发展历程；分析了室内空气质量与健康领域的特点——多学科交叉、年轻、高速发展；用数据分析和事件举例说明了我国近十五年来室内空气质量与健康领域正处于社会关注启动阶段和快速发展期；指出了我国目前室内空气质量控制虽进展明显，但问题依然严峻；对我国近期亟待解决的室内空气质量与健康问题做了简单介绍。

1.1 室内空气质量问题对人的健康危害及产生原因

现代人约 90%的时间在室内度过[1]，一个成年人每天约摄入 1 千克食品、2 千克水，10 多千克空气，人体空气摄入质量占摄入总质量（水、食物和空气）的 75%以上；一般说来，人呼吸系统的免疫力比起消化系统要脆弱很多，因此室内空气质量对人健康的重要性不言而喻，此外，它对人的舒适和工作及学习效率也有重要影响[2-6]。

良好的室内空气质量能够使人感到神清气爽、精力充沛、心情愉悦。然而最近三十多年来，世界上不少国家室内空气质量出现了问题，很多人抱怨室内空气质量低劣。室内空气污染会引发以下三种病症：病态建筑综合征（英文名为 Sick Building Syndrome，简称 SBS），与建筑有关的疾病（Building Related Illness，简称 BRI），多种化学污染物过敏症（Multiple Chemical Sensitivity，简称 MCS）。此外，室内空气质量低劣还会引发哮喘甚至癌症[7,8]。

美国等发达国家统计，每年室内空气质量低劣造成的经济损失惊人。美国环境保护署（Environmental Protect Agency，简称 EPA）历时五年的专题调查结果显示：许多民用和商用建筑内的空气污染程度是室外空气污染数倍至数十倍，有的甚至逾百倍[9]。世界卫生组织（WHO）公布的“2002 年世界卫生报告”显示，人们受到的空气污染主要来自室内[10]。据美国环境保护署统计，美国每年因室内空气质量低劣造成的经济损失高达 400 亿美元[11]。为此，国际上室内空气（Indoor Air）领域著名专家如丹麦技术大学的 Fanger 教授指出：室内空气质量对人体健康的影响比室外空气更重要[12]。

为什么最近三十多年来室内空气质量出现了那么多问题呢？我们认为主要原因如下：

（1）强调建筑节能后导致建筑密闭性增强和新风量减少

20 世纪 70 年代的能源危机后，建筑节能在发达国家普遍受到重视，作为建筑节能的有效手段，很多建筑密闭性增强，新风供给量减少，以降低采暖空调负荷，新建的大量大型建筑及其配套通风、采暖空调系统普遍采用此策略。

（2）新型合成材料和日用化学品在建筑中大量应用

一些合成材料由于价格低廉、性能优越被作为建筑材料和建筑装修材料广泛获得应用，但其中一些会散发对人体有害的气体，如挥发性有机化合物（VOCs）[2-7]。此外，在室内环境中（包含汽车、飞机等的内环境）塑料材料及其制品（含有增塑剂，我国台湾称为塑化剂）、杀虫剂和阻燃剂大量使用，这些材料中广泛使用了半挥发性有机化合物（英文名为 Semi-volatile organic compounds，简称 SVOCs）[8]，其中一些对人体健康包括生殖能力有严重负面影响。

（3）散发有害气体的电器产品大量使用

随着电子技术的发展，一些电器产品在办公室和家庭日益普及。其中如复印机、打印机、计算机等会散发有害气体如臭氧、颗粒物和挥发性有机化合物等，造成室内空气质量的下降。

（4）传统集中空调系统的固有缺点以及系统设计和运行管理的不合理

传统集中空调冷凝除湿的方式，使空调箱和风机盘管系统往往成为霉菌的滋生地。系统设计和运行管理不合理，如过滤网不及时清洗或更换，新风口设计不合理等也常是造成室内空气质量低劣的原因。

（5）厨房和卫生间气流组织不合理

厨房和卫生间是特殊的生活空间，由于对这一空间的特殊性缺乏足够的认识，在气流组织上缺乏很好的应对措施，不仅会造成这一特殊空间室内空气质量低劣，而且会影响普通生活或工作空间的室内空气质量。

（6）室外空气污染

室外空气质量下降，工业发展有时伴随着污染排放增加，汽车数量增多造成了道路上汽车尾气排放污染增加，污浊的室外空气进入室内，不可避免地降低了室内空气质量。

（7）吸烟影响健康

吸烟被认为是世界上第二高死亡风险因素[13,14]。2000 年，全世界有 483 万人死于与香烟相关的疾病，其中一半发生在发展中国家[13,15]。

1.2 我国室内空气质量问题的特点

与发达国家相比，我国近年来室内空气质量问题更为严重。除上述原因外，我国室内环境污染还有很多特点：

(1) 自20世纪90年代后期至今，我国城镇每年新建建筑量惊人，逾10亿m^2。这些新建建筑中，大量建筑装饰装修材料和复幌材料制成的室内物品（包括家具）被使用，其中不乏一些会散发较多化学污染物的材料和产品。我国关于这些材料和物品有害物限量法规和标准还不够完善，有些标准虽然制定了，但执法不严，作为一般消费者很难鉴别这些材料和物品的环保程度和健康影响，致使一些有害物高散发建筑材料、室内材料和物品进入市场、投入使用，在社会上引发了大量的室内空气污染问题，对百姓生活和健康造成了危害。建筑装修引发的百姓空气污染抱怨和纠纷屡见报端，特别是甲醛、苯系物等挥发性有机化合物对暴露人群造成不同健康危害已成为了严重的社会问题，引起了百姓和舆论的关注。与世界许多国家相比，我国一些城市的甲醛、苯等VOCs污染值得重视，参见图1-1、图1-2。为此，时任国务院副总理的温家宝同志2001年6月7日在“互联网信息摘要（特刊）”《室内装修污染严重 规范市场刻不容缓》一文中批示：“此事关系居民身体健康，应引起重视。请建设部、卫生部、质检总局研酌。”2005年温家宝总理在第十届全国人大政府工作报告中还特别提到：“我们的奋斗目标是：让人民群众喝上干净的水，呼吸清新的空气，有更好的工作和生活环境”；2011年《国民经济和社会发展十二

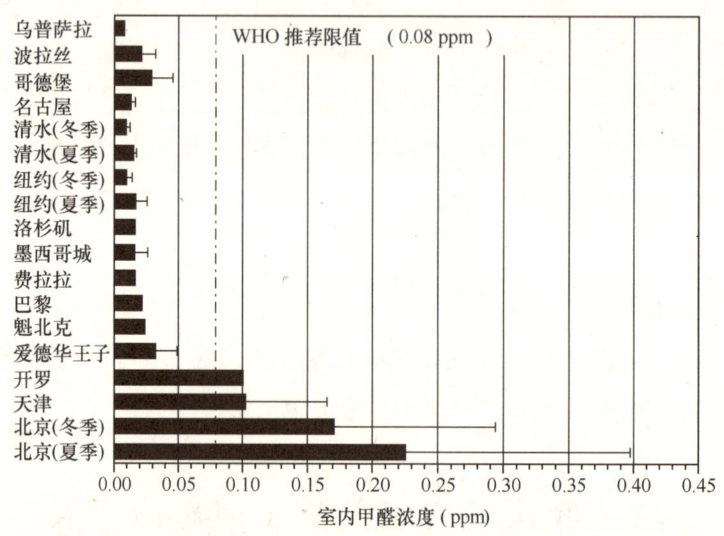

图1-1 不同国家代表城市室内空气中甲醛浓度检测结果比较[16]

（柱状表示平均值，线条表示标准偏差）

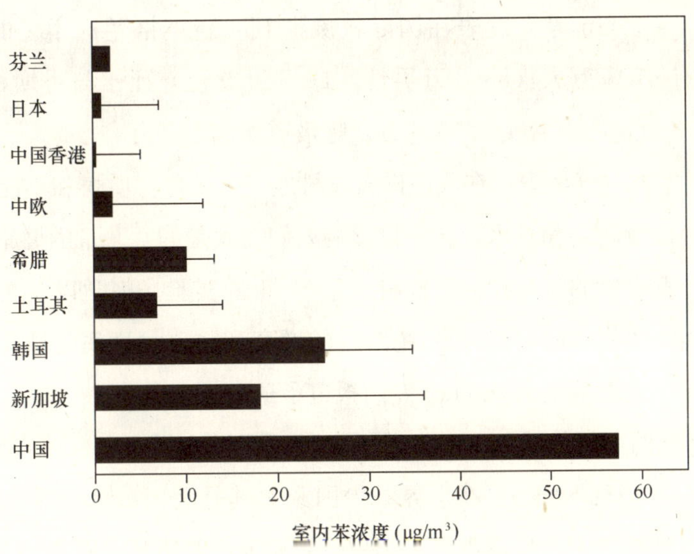

图 1-2 不同国家和地区代表城市室内空气中苯浓度检测结果比较[17]

（柱状表示平均值，线条表示标准偏差）

五规划纲要》中也特别指出："以解决……空气污染等损害群众健康的突出环境问题为重点"。

（2）近年来，我国增塑剂和阻燃剂产量及消费量均列世界前茅，SVOCs 对我国人民的健康影响值得关注[18]。

（3）室内空气净化器缺乏科学评价标准，导致空气净化器市场鱼龙混杂、良莠难辨，一些空气净化器在"净化"空气的过程中，产生有害副产物，不仅起不到净化空气的作用，反而雪上加霜，使室内空气质量更加恶化。

（4）室外空气污染相当严重，造成室内空气质量下降。由于我国能源主要依赖于煤炭，燃煤过程往往会导致 SO_x、NO_x 及颗粒污染物的大量排放；我国近年来城市汽车数量激增，增长率和增长总量在全世界均名列前茅，汽车尾气排放加剧了室外空气污染；一些地区植被被破坏，造成沙漠化，导致沙尘暴时有发生。室外大气质量下降，不少城市出现了由此导致的"雾霾"天，建筑环境不可避免地要引入室外新风，室内空气质量因此受到负面影响。

（5）我国饭店和百姓烹饪中，大量菜肴的制备采用油煎、油炸和爆炒，造成大量颗粒物和多环芳烃的散发，影响了饭店和厨房的空气质量。

（6）中国目前是世界上最大的烟草生产及消费国，吸烟人数达 3.2 亿，占全球总人数的 1/3[19]。Gu 等人发表在国际权威期刊《新英格兰医学》的研究发现，2005 年中国有 67.3 万人（53.8 万男性，13.5 万女性）死于与香烟相关的疾病，其中癌症 26.8 万，心血管疾病 14.6 万，呼吸道疾病 6.7 万[20]。

(7) 农村室内空气污染。在我国许多农村地区，采用劣质煤和不能很好排放燃烧废气的灶台做饭烧菜和煮水，会严重影响人们尤其是妇女儿童的健康。何兴舟教授和国外合作者组成的团队在云南宣威经过 22 年的实验病因学以及人群流行病学研究发现了燃烧产物中的苯并（a）芘浓度的增高和肺癌发病率明显升高存在显著相关性。国际权威学术期刊 Science 专门报道了这一发现[21]。

(8) 传染病的空气传播。2003 年严重急性呼吸综合征（Severe Acute Respiratory Syndrome，简称 SARS）在世界不少国家尤其是我国肆虐，对我国人民的日常生活和工作造成了灾害性影响，Yu 等人在国际著名期刊《新英格兰医学期刊》(New England Journal of Medicine) 上发表论文，认为 SARS 是可以通过空气传播的[22]。2009 年全球很多国家发生的 H1N1 病毒感染，更引发了人们对室内空气安全的思考。

1.3 国际室内空气质量与健康研究历程回顾

直到 20 世纪 60 年代，室内空气污染对于人类健康的影响才引起人们的广泛关注[23]。这一时期，人们开始测试室内空气品质。譬如，1965 年，荷兰人 Biersteker 和他的同伴测量了室内 NO_2 浓度，发现以前仅在室外污染中被关注的这种化合物在室内的浓度也较高，这是气体燃烧设备进入室内产生的新问题。1977 年英国的 Melia 等也注意到室内由于烹饪使用的可燃气体燃烧产生的 NO_2 对人体的负面影响，发现在有气体炉的家里，儿童的呼吸综合症发生率高于没有气体炉的家庭。此后，NO_2 对人体健康的影响研究逐渐开展起来。20 世纪 60 年代后期，Cameron 等人研究了有吸烟者和没有吸烟者的房间中人们的呼吸健康情况，同时包括 Cameron 在内的许多研究者研究了母亲吸烟对于婴儿和小孩的呼吸健康的影响，类似的研究一直持续到 90 年代。到了 70 年代，人们对吸烟造成的室内污染状况进行了测量。同时，室内甲醛被发现是导致哮喘的一个重要源头，由于美国东南部和加拿大很多家庭大量使用尿素甲醛泡沫塑料而使得室内大量甲醛释放，严重影响了人们健康，引发了甲醛对人体健康影响的研究。20 世纪 80 年代，美国环境署（EPA）的总暴露评估方法（Total Exposure Assessment Methodology，简称 TEAM）研究给出了一个评估室内暴露和室外暴露对人体总暴露的贡献模型。研究结果表明：室内污染源散发的有害挥发性有机化合物，对人体的负面影响程度远大于室外污染进入室内对人体的影响。氡虽在 20 世纪 50 年代在室内空气中被发现，但直到 80 年代早期其引起的健康问题才在一些国家被人们重视。

研究者研究了室内空气质量的舒适度和可接受度的评价方法。在 20 世纪前五十年，一些研究者如室内空气领域著名学者 Yaglou 用实验方法确定保证室内空气质量为测试者所接受的通风量。在这类实验中，受试者处在小室内，改变小室通风量，依靠嗅觉，受试者对小室的室内空气品质进行评价。而近几年，Fanger 发展了使用评价表来评估室内空气质量的方法[23]。

特别需要指出的是，最近五十多年来，建筑材料和室内物品变化巨大：复合或合成材料大量取代自然材料，大量电子设备（包括空调、电视机等）进入家庭、办公或公共场所，这些材料或物品往往散发化学污染物，其中代表性污染物有甲醛、苯等 VOCs。国际范围内看，这些污染物的污染水平经历了从上升到下降的趋势，但增塑剂、阻燃剂中用的添加剂 SVOCs 如邻苯二甲酸酯等的污染水平仍在上升[7]。很多五十多年前没有的室内环境化学污染物在当今人们的血液或尿液中被发现，这些新出现的污染物导致了人群的“现代暴露（modern exposure)”，并引发了各种“现代疾病（modern disease)”，如哮喘、癌症、不孕症、病态建筑综合征、建筑相关疾病等。对人居环境中污染物种类和水平进行调查与引发的疾病关联是非常有意义的工作。

关于这些“现代暴露”和“现代疾病”，国际室内空气领域重要学术期刊（Indoor Air）前主编（2001～2010）、清华大学和重庆大学访问教授 Sundell 指出：“越来越多的科学证据表明‘现代疾病’与‘现代暴露’密切相关，特别是那些在现代才出现的新型化学物质，人类和自然都没有足够的时间适应它们以致产生新的‘现代疾病’。而‘现代疾病’的致病机理还不清楚，我们不知道究竟发生了什么，相关研究非常缺乏……大多数必须的科学研究还没有进行，甚至还没有开始！”[24]。

基于已有研究成果，世界卫生组织和一些国家制定出一系列控制室内空气污染的政策和标准[25-38]。

1.4 室内空气质量与健康领域特点

室内空气质量与健康是一个相当年轻的领域。由丹麦技术大学著名学者 Fanger 教授等人 1978 年发起的在丹麦哥本哈根举办的第一届国际室内空气大会可以作为这一领域的非官方认可的开始（the unofficial beginning for indoor air as a field of research)[39]。该系列会议此后每三年举办一次，至今已举办 11 届。1991 年，室内空气领域国际期刊 Indoor Air 创刊，至今已成为该领域很有影响的国际期刊。

室内空气质量与健康是一个高速成长的领域。从 Web of Science 上可清晰地看出近 20 年发表的 SCI 收录论文数的快速增长（参见图 1-3)。室内空气相关论文发表在很多国际期刊中，图 1-4 显示了在 Web of Science 用"Indoor Air"作为主题检索词检索截至 2010 年 12 月底不同国际期刊发表的论文数。以不同污染物为研究对象的国际期刊论文逐年发表情况如图 1-5 所示。

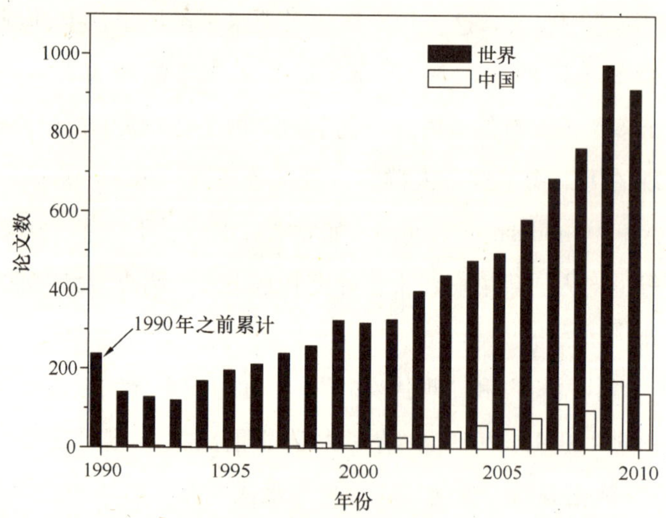

图 1-3 截至 2010 年 12 月底发表的室内空气相关的国际期刊论文总数和我国论文数（Web of Science，2011 年 10 月 4 日检索）

室内空气质量与健康是一个跨学科的研究领域。它涉及建筑环境与设备工程、环境科学和工程、公共卫生学、医学、毒理学、材料科学、工程热物理、（计算）

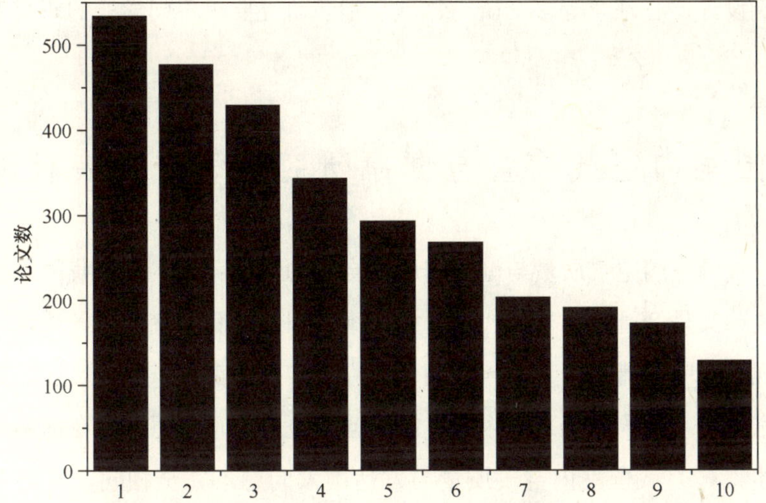

图 1-4 不同国际期刊发表的"Indoor Air"论文数

（Web of Science，2011 年 10 月 4 日检索）

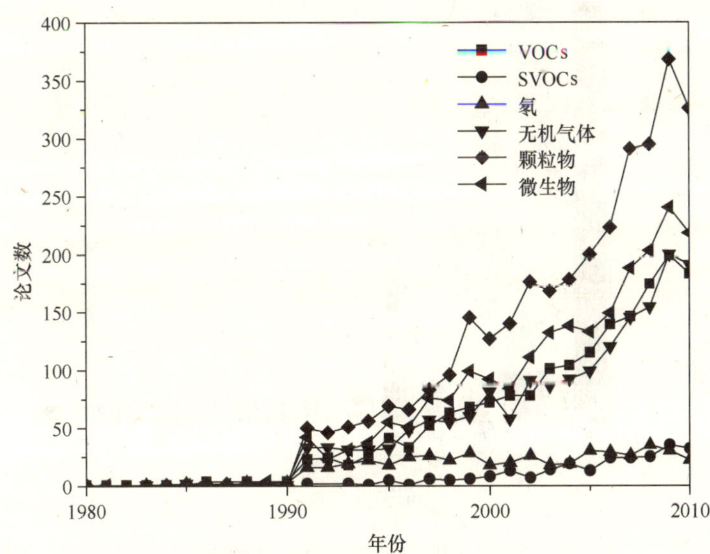

图 1-5 以不同污染物为主题的国际期刊论文数

（Web of Science，2011 年 10 月 4 日检索）

流体力学、建筑设计、心理学等多个研究领域，很多研究要求不同学科的研究者协同攻关。

1.5 我国室内空气质量与健康研究和领域发展状况

如前所述，我国室内空气质量与健康问题有自身的特点：(1) 由于我国系发展中国家，住房改革又是20世纪90年代才开始的事，因此，我国室内空气质量问题比发达国家出现类似问题滞后了几十年，相关研究也滞后了10余年（参见图1-3）。(2) 与发达国家相比，我国近年来室内空气质量问题更为严重，原因已在前面做了介绍，不再赘述。(3) 我国室内空气质量与发达国家问题不完全相同，有自身特点。以城市室内空气污染为例，我国室内空气中甲醛、苯浓度较高，（参见图1-1和图1-2）。(4) 我国室内空气质量相关SCI收录的论文2000年以前发表较少（见图1-6）❶，2000年后迅速增长，论文数量跃居世界第二位（图1-7），但平均SCI他引数还不高（低于英、美等发达国家水平），参见图1-8。

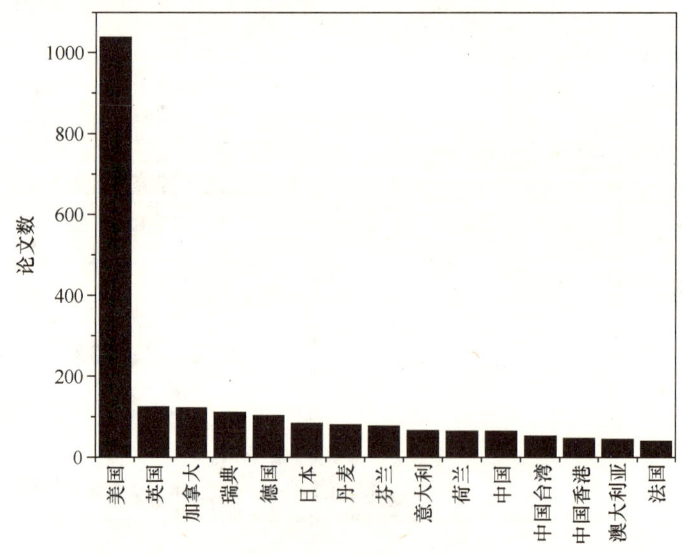

图1-6 2000年前不同国家和地区发表的SCI收录的室内空气相关的论文数

❶ 我国学者在2000年前在室内空气质量领域研究工作已开展了很多，也取得了不少成果，发表了不少中文期刊论文、会议论文和内部报告，其中不乏高水平成果，但由于不便于搜索和比较，故本章未能列出。

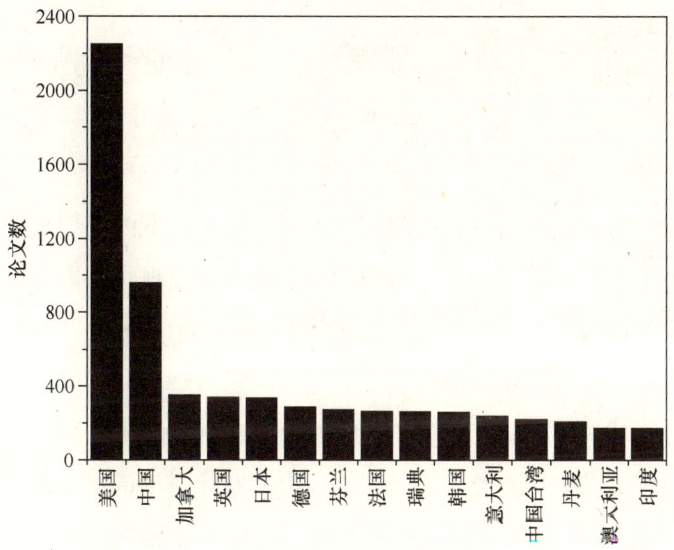

图 1-7 2000 年后不同国家和地区发表的 SCI 收录的室内空气相关的论文数

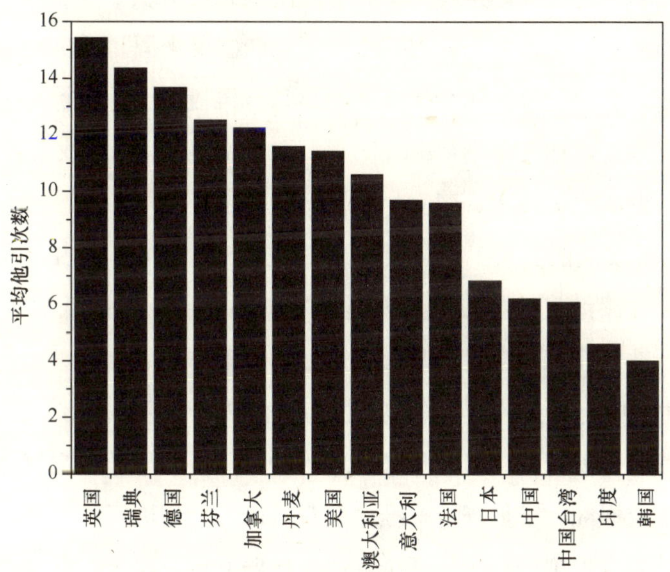

图 1-8 不同国家和地区发表的、SCI 收录的与“Indoor Air”相关的论文平均 SCI 他引次数

1.6 目前我国室内空气质量和健康领域值得关注的问题

针对中国室内空气质量现状及问题，中国环境学会室内环境与健康分会邀请国内外专家开展了多次交流讨论，开展了大量文献和研究现状调研，深化了认识，达成了共识：虽然我国室内空气质量领域在“十五”、“十一五”期间国家多种科研项目的支持下取得了显著进展，但我国室内空气问题依然严峻，以下问题值得关注：

(1) 我国室内空气质量问题及其引发的健康问题（尤其是低浓度、长期暴露情况下产生的健康问题）还需进一步开展大规模调查并获得可靠数据。

(2) 我国缺乏室内建材和物品（如家具）污染水平标识体系，我国城市室内空气挥发性有机化合物（VOCs）污染难以有效控制。我国建材和家具产量世界第一，产值分别为6000亿元或5000亿元人民币以上，其中污染建材和家具占不小比例，一般家庭和办公室装修建材和家具等用量很大，负载率（家具散发面积与所在房间体积比）高于发达国家，是室内空气污染的主要来源。低劣的建材和家具不仅会影响大量使用者的健康，还会影响产品出口。国际上40多个发达国家和地区建立了家具标识制度，如美国的BIFMA，德国的AgBB等，而我国尚无类似家具标识体系。我国发展相关技术，建立相应标识体系是当务之急。

(3) 亟待开展低散发人工复合板和油漆研究。我国城市室内空气污染的重要来源是人造板和油漆散发的挥发性有机化合物（VOCs），研制低散发人工复合板和油漆是生产低散发建材和家具的基础，这方面的工作还需加强。

(4) 应建立更为科学的空气净化器性能评价技术和标准体系。我国室内空气净化材料和空气净化器行业产值近年来迅速增长，但缺乏科学的空气净化材料和空气净化器性能评价标准，譬如现有标准中只对目标污染物进行了评价，并未对空气净化器可能产生的有害副产物进行评价，造成市场上鱼龙混杂、良莠难辨，一些空气净化器虽然符合现有标准，但产生大量有害副产物，消费者难以识别，长期使用对人体造成严重的健康危害。

(5) 我国室内空气新型化学污染、健康危害及其控制值得关注。室内环境SVOCs污染及其对健康的危害已引起国际学术高度关注[8]，我国是世界上最大的增塑剂、阻燃剂的生产国和消费国[18]，SVOCs 的健康危害不可忽视，应开展相关的毒理学研究并结合流行病学调查，深化人们对危害健康的 SVOCs 种类、阈值和危害机理的认识。同时，还应开展室内 SVOCs 源特性、暴露途径和控制方法研究，降低人们的 SVOCs 暴露水平和健康风险。需特别强调的是，半挥发性有机化合物饱和蒸气压低，很容易被吸附或吸收，易与颗粒物结合，其采样和分析比 VOCs 困难很多，其浓度检测中有很多关键机理和技术问题需要解决。

(6) 室内微生物污染控制还需加强。近年来，国际上 SARS、H1N1 等微生物污染在世界不少国家尤其在我国肆虐，给人们的日常生活和工作造成了灾害性影响。如何控制该类疾病通过室内空气传染，是室内空气质量领域研究者义不容辞的责任。

(7) 室内空气颗粒物污染控制应引起高度关注。目前，对颗粒物的健康效应评价大多基于环境空气中的颗粒物浓度，近期大气中微细颗粒物（$PM_{2.5}$，即动力学直径小于 2.5μm 的颗粒物）污染及控制成了我国社会人们特别关注的话题。实际上人们在室内的时间更长，室内空气中颗粒物对人体健康的危害不能忽视，在大气中 $PM_{2.5}$ 浓度近期很难有效控制到较低水平的情况下，如何有效控制室内空气颗粒物（尤其是 $PM_{2.5}$）污染是值得深入研究的课题。

(8) 需研究和完善我国室内空气质量标准体系。目前我国已初步形成了室内空气质量标准体系，该体系涵盖建筑物施工验收、运行管理不同阶段，以及建筑所使用的材料、构件、设备等相关的产品标准；涉及室内化学污染、新风量、生物污染、放射性污染、颗粒物污染等若干指标。目前在整个标准体系建设中，室内空气污染控制还难以"未雨绸缪"，只能"亡羊补牢"；此外，现存的几十个国家标准、行业标准之间统一性不强，材料标准、验收标准、卫生标准之间出现诸多矛盾，造成"材料合格，部件不合格"、"材料、部件合格，室内空气质量验收不合格"、"室内空气质量验收合格，室内空气质量居住时不合格"等现象。近年来，绿色建筑受到广泛关注，绿色建筑要求良好的室内空气质量。只有完善室内空气质量标准体系的建设，才能真正实现健康、舒适、高效的室内环境，为我国绿色建筑的发展打下良好基础。

(9) 需发展价格合适、精度满足应用需求的室内空气质量探测器和检测技术。温度、湿度计已走入千家万户，成为人们生活中的日常用品，使温度和湿度不再是难以感知的概念，而成为了人们日常生活中熟知的、离不开的物理量—人们依据此确定衣服增减，空调系统据此进行运行控制……但是一般情况下，我们室内环境中典型污染物浓度有多高，目前还很难用廉价、方便的方法或仪器准确测定，主要原因是，污染物浓度一般很低，其较为准确的测定难度比温度和湿度测定高很多，成本也就大大增加。随着材料科学和电子技术的发展，开发被动式或主动式污染物浓度或暴露量检测仪，使之达到价格合适、精度满足应用需求，使人们对空气质量的了解能实实在在落实到“数据”上，这应是今后重要的研究工作。

(10) 发展室内空气质量模拟技术，开发相关仿真软件，也是今后亟待加强的工作。一方面，模型研发、软件研发需投入大量的研发力量，另一方面，需要大量可靠的源散发特性、空气净化器性能等数据，与前者相比，后者的积累和完善需要更长的时间，更多的投入。建筑能耗和建筑环境控制效果模拟软件之所以近年来广为应用，其中一个重要原因就是有大量热物性数据和相关产品性能数据支持。室内空气质量模拟要在实际应用中广为采用，还有较长的路要走，其中材料性能检测和数据库建设不容忽视。

(11) 综合控制及应用示范。室内空气往往是物理、化学、微生物甚至放射性污染并存甚至发生耦合作用，单一技术或分别控制有时难以奏效。此外，很多时候无需对控制目标实行全时间段和全空间控制，而应考虑能耗代价和实际需求进行全局设计、优化运行。为此，需发展综合控制理论和技术，提出室内空气质量控制新理念、新途径，发展高性能室内空气质量控制产品及其运行策略，并在实际建筑中应用，保证生活在室内环境中的人们能呼吸到健康的空气。

(12) 农村由于在冬季采暖或炊事活动中劣质燃料或排烟不当引起的室内空气污染，严重影响身体健康，如何尽量采用生物质燃料并充分利用太阳能，改进燃烧排烟系统，并大规模推广是今后应大力开展的工作。

我国室内空气质量控制是关系到亿万人身体健康的大事，但目前尚未得到足够重视。国际室内空气领域权威期刊 Indoor Air 前主编（2001—2010）Sundell 教授在 2010 年 6 月第 3 期编者的话（Editorial）上指出：（在世界范围内）室内空气质量引发的健康问题非常重要！在气候变化、大气污染控制和建筑节能日益受到关注的今天，千万不能忽视室内空气质量的控制。与发达国家相比，我国室内空气质量控制研究更应大大加强！

参 考 文 献

[1] Klepeis N E, Nelson W C, Ott W R et al., The national human activity pattern survey (NHAPS): a resource for accessing exposure to environmental pollutions, Journal of Exposure Analysis and Environmental Epidemiology, 2001, 11(3): 231-252.

[2] Young M K, Stuart H and Roy M H. Concentrations and sources of VOCs in urban domestic and public microenvironments. Environmental Science & Technology, 2001, 35 (6): 997-1004.

[3] World Health Organization, Indoor air quality: organic pollutants. Report on a WHO meeting, EURO Report and Studies, 1989, 1-70.

[4] USEPA, Reducing risk: Setting priorities and strategies for environmental protection, U. S. Environmental Protection Agency, 1990.

[5] Wolkoff P, Clausen P A, Jensen B, Nielsen G D, Wilkins C K, Are we measuring the relevant indoor pollutants? Indoor Air, 1997, 7, 92-106.

[6] Molhave L, Sick buildings and other buildings with indoor climate problems, Environ. Int., 1989, 15, 65-74.

[7] Weschler C J, Changes in indoor pollutants since the 1950s, Atmospheric Environment, 2009, 43(1), 153-169.

[8] Weschler C J, Nazaroff W W, Semi-volatile organic compounds in indoor environments. SVOC review paper. Atmospheric Environment, 2008, 42(40), 9018-9040.

[9] U. S. Environmental Protection Agency, Sick building syndrome (SBS), Indoor Air Facts, No. 4 (revised), 1991,Washington, DC.

[10] World Health Organization, 2002, The World Health Report 2002.

[11] Haymore C,Odom R. Economic effects of poor IAQ,EPA J. ,1993,19(4):28-29.

[12] Fanger P O, Olesen B W, Indoor air more important for human health than indoor air, in the Book "Bridging from Technology to Society", edited by Kristian S, Tine K, 2004, 65-73.

[13] Lopez AD, Mathers CD, Ezzati M, Jamison DT, Murray CJ. Global and regional burden of disease and risk factors, 2001:systematic analysis of population health data. Lancet 2006; 367:1747-1757.

[14] Ezzati M, Lopez AD, Rodgers A, Vander Hoorn S, Murray CJ. Selected major risk factors

for global and regional burden of disease. Lancet 2002; 360:1347-1360.

[15] Ezzati M, Lopez AD. Estimates of global mortality attributable to smoking in 2000. Lancet 2003; 362:847-852.

[16] Zhang L P, Steinmaus C, Eastmond D A, Xin X K, Smith M T. Formaldehyde exposure and leukemia: A new meta-analysis and potential mechanisms. Mutation Research, 2009, 681: 150-168.

[17] WHO guidelines for indoor air quality, 2010.

[18] Wang LX, Zhao B, Liu C, Lin H, Yang X and Zhang YP, Indoor SVOC pollution in China: A review. Chinese Science Bulletin, 2010, 55 (15): 1469-1478.

[19] WHO. Smoking in China: A time bomb for the 21 century. World Health Organization, 1997.

[20] Gu D, Kelly TN, Wu X, Chen J, Samet JM, Huang JF, Zhu M, Chen JC, Chen CS, Duan X, Klag MJ, He J. Mortality attributable to smoking in China. New England Journal of Medicine 2009, 360(2): 150-159.

[21] Mumford J L, He X Z, Chapman R S, et al. Lung-cancer and indoor air pollution in Xuanwei, China. Science, 1987, 235(4785): 217-220.

[22] Yu ITS, Li YG,Wong TW, Tam W, Chan AT, Lee JHW, Leung, DYC and Ho T, Evidence of airborne transmission of the severe acute respiratory syndrome virus, New England Journal of Medicine, 2004, 350(17): 1731-1739.

[23] Spengler JD, Samet J M, McCarthy J F. Indoor Air Quality Handbook. the 1st edition. New York: McGraw-Hill Companies, Inc. , 2001.

[24] Sundell J. Climate change is the norm! Why focus on just one pop-problem at a time-energy, mould, sustainability or climate change? When is the time for real indoor air and health science? Indoor Air, 2010, 20(3): 185-186.

[25] World Health Organization (WHO) (1999). "Air quality guidelines. (2005 update)" [http://whqlibdoc. who. int/hq/2006/WHO_SDE_PHE_OEH_06. 02_chi. pdf].

[26] World Health Organization (WHO) (2000). Air Quality Guidelines for Europe (2nd Ed.). [http://www. euro. who. int/document/e71922. pdf].

[27] WHO guidelines for indoor air quality: selected pollutants [http://www. who. int/indoorair/ publications/9789289002134/en/].

[28] WHO guidelines for indoor air quality: dampness and mould [http://www. who. int/indoo-

rair/ publications/7989289041683/en/].

[29] American Society of Heating Refrigerating and Air Conditioning Engineers (ASHRAE)[http://www. techstreet. com/lists/ashrae_standards. tmpl]-Standard 62. 1-2010 - Ventilation for Acceptable Indoor Air Quality (ANSI Approved) -Standard 189. 1-2009-Standard for the Design of High-Performance Green Buildings (ANSI Approved; USGBC and IES Co-sponsored)-Standard 170-2008-Ventilation of Health Care Facilities (ANSI/ASHRAE/ASHE Approved)-Standard 62. 2-2010-Ventilation and Acceptable Indoor Air Quality in Low-Rise Residential Buildings (ANSI/ASHRAE Approved)-Standard 161-2007-Air Quality within Commercial Aircraft-Standard 145. 1-2008-Laboratory Test Method for Assessing the Performance of Gas-Phase Air-Cleaning Systems: Loose Granular Media-Standard 52. 2-2007-Method of Testing General Ventilation Air-Cleaning Devices for Removal Efficiency by Particle Size.

[30] U. S. Department of Labor, Occupational Safety & Health Administration (OSHA). Permissible Exposure Limits (PELs). [http://www. osha. gov/SLTC/pel/].

[31] United States Environmental Protection Agency (USEPA). National Ambient Air Quality Standards (NAAQS)[http://www. epa. gov/ttn/naaqs/].

[32] Umwelt Bundes Amt (German Federal Environmental Agency). Guideline Value for Indoor Air. [http://www. umweltbundesamt. de/uba-info-datene/daten-e/irk. htm # 4]; [http://www. umweltbundesamt. de/uba-info-daten/daten/irk. htm].

[33] The Government of the Hong Kong Special Administrative Region (Hong Kong) (2003). A Guide on Indoor Air Quality Certification Scheme. [http://www. iaq. gov. hk/cert/doc/CertGuide-eng. pdf].

[34] National Institute for Occupational Safety and Health (NIOSH). Occupational Health Guidelines for Chemical Standards [http://www. cdc. gov/niosh/81 123. html].

[35] Health Canada (1995). Exposure Guidelines for Residential Indoor Air Quality: A Report of the Federal-Provincial Advisory Committee on Environmental and Occupational Health. Ottawa: Health Canada. [http://www. hc-sc. gc. ca/hecssesc/air_quality/generalpubs. htm].

[36] Canadian Occupational Health and Safety (COHS) (2002). Part II: Permanent structures, Division Ⅲ: HVAC systems. In regulations respecting occupational health and safety made under part Ⅱ of the Canada Labour Code. Ottawa, Canada: COHS. [http://laws. justice. gc. ca/ en/L-2/SOR-86-304/31290. html].

[37] Deutsche Forschungs Gemeinschaft (DFG). Senate Commission on the Investigation of Health Hazards of Chemical Compounds in the Work Area. [http://www.dfg.de/en/dfg_profile/structure/statutory_bodies/senate/senate_commissions_and_committees/investigation_health_hazards/].

[38] 国家室内环境与室内环保产品质量监督检验中心,中国标准出版社第二编辑室. 室内环境质量检测与评价标准法规汇编. 北京:中国标准出版社,2009.

[39] Nazaroff WW, Citations, impact factors, and indoor air: a look behind the numbers, Editorial, Indoor Air, 2009, 19, 1-2.

第 2 章　室内空气质量的评价方法

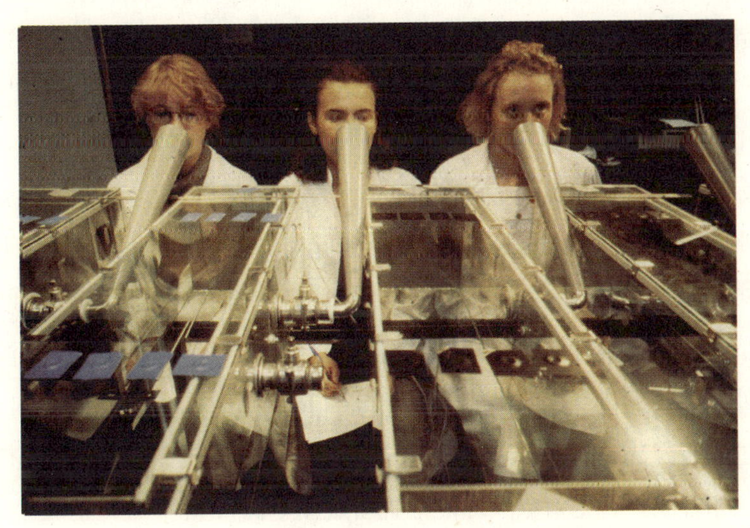

源自：丹麦科技大学

我国在室内空气质量优劣评价方面的研究起步较晚，尤其是在室内污染物的浓度限值取值、暴露时间、测试方法及是否分级等方面尚缺乏结合我国国情的自主性研究基础。同时，我国在主观评价的研究方面更为欠缺。然而，作为评价方法的基础依据比方法本身更为重要。尽管如此，为使读者了解有关评价的现行依据和方法，本章将着重介绍已有的空气质量的客观评价方法及主观评价方法。

在室内空气品质评价中，有两种方法：一种是客观评价，依据室内空气成分和浓度；另一种是主观评价，依据人的感觉，提出“感知空气品质（perceived air quality)”的概念。

应该说，两种方法各有优点，也各有局限。第一种方法通过仪器测定气体成分和浓度后，和相关标准比较，就可确定室内空气品质，便于掌握和理解，且重复性好。但在一些情况下，有害气体种类很多，难以识别，而且一些有害成分浓度很低，仪器也很难精确测定，因此这类方法在有害气体成分复杂或浓度很低的情况下会遇到困难。而且，这种思路忽略了人是室内空气品质的评价主体以及人的感觉存在个体差异。第二种方法中，“感知空气品质”强调了人的感觉。但空气污染物对人的危害与其气味和刺激性不完全相关并一一对应，而且空气质量问题涉及多组分，每种组分对人的影响不尽相同，这些组分并存时其危害按何规则进行叠加尚不清晰。譬如，对多种 VOCs 成分，一些研究者采用了 TVOC 的概念，但问题是，不同 VOCs 成分对人的影响会很不一样，因此同样 TVOC 浓度但成分不同的气体“感知的空气品质”会不一样，危害也会不一样，甚至会出现 TVOC 浓度低而危害反而高的情况。如何确定空气成分与“感知空气品质”的关系，是值得深入研究的课题。此外，一些无色、无味的有毒、有害气体，短时间人体难以感到它的危害，又不能通过实验方法让人去感知它的长期危害。应该说，这两种方法不可互相取代，而应互相补充，否则对空气品质的评价就不全面。

2.1 室内空气质量的客观评价方法

客观评价方法是根据室内各检测点测得的各项控制指标的实际水平与空气质量标准规定的各项指标进行比较来评价室内空气质量。

2.1.1 我国现行室内空气质量标准

我国现行的《室内空气质量标准》GB/T 18883—2002，由卫生部、国家环保总局与国家质量监督检验检疫总局共同发布。标准内包括了物理性、化学性、生物性及放射性等十九项指标，见表 2-1。该标准规定新风量应大于等于规定值，其余除空气温湿度和风速外，空气中各项污染物参数均应小于等于规定值。标准中要求室内空气应无毒、无害、无异常嗅味，但没有明确规定检验指标和检测方法。

《室内空气质量标准》GB/T 18883—2002 表 2-1

序号	参数类别	参 数	单位	标准值	备注
1	物理性	温度	℃	22～28	夏季空调
				16～24	冬季采暖
2		相对湿度	%	40～80	夏季空调
				30～60	冬季采暖
3		空气流速	m/s	0.3	夏季空调
				0.2	冬季采暖
4		新风量	m^3/（h·人）	30	
5	化学性	二氧化硫 SO_2	mg/m^3	0.5	1h 均值
6		二氧化氮 NO_2	mg/m^3	0.24	1h 均值
7		一氧化碳 CO	mg/m^3	10	1h 均值
8		二氧化碳 CO_2	%	0.1	日平均值
9		氨 NH_3	mg/m^3	0.2	1h 均值
10		臭氧 O_3	mg/m^3	0.16	1h 均值
11		甲醛 HCHO	mg/m^3	0.1	1h 均值
12		苯 C_6H_6	mg/m^3	0.11	1h 均值
13		甲苯 C_7H_8	mg/m^3	0.2	1h 均值
14		二甲苯 C_8H_{10}	mg/m^3	0.2	1h 均值
15		苯并［a］芘 B（a）P	ng/m^3	1	日平均值
16		可吸入颗粒物 PM_{10}	mg/m^3	0.15	日平均值
17		总挥发性有机物 TVOC	mg/m^3	0.60	8h 均值
18	生物性	菌落总数	cfu/m^3	2500	依据仪器定
19	放射性	氡 222Rn	Bq/m^3	400	年平均值

注：新风量要求≥标准值。除温度、相对湿度外的其他参数要求≤标准值。

此外，为控制建筑材料和装饰材料对室内环境的污染，由建设部发布的《民用建筑室内环境污染控制规范》GB 50325—2001（见表 2-2）也在建筑竣工验收时发挥重要作用。

《民用建筑室内环境污染控制规范》GB 50325—2001 表 2-2

污染物	Ⅰ类民用建筑	Ⅱ类民用建筑
氡（Bq/m^3）	≤200	≤400
甲醛（mg/m^3）	≤0.08	≤0.12
苯（mg/m^3）	≤0.09	≤0.09
氨（mg/m^3）	≤0.2	≤0.5
TVOC（mg/m^3）	≤0.5	≤0.6

注：1. Ⅰ类民用建筑包括住宅、医院、老年建筑、幼儿园和学校等；Ⅱ类民用建筑包括办公楼、商店、旅馆、文化娱乐场所、书店、图书馆、展览馆、体育馆、公共交通候车室、餐厅和理发店等。
2. 污染物浓度限值除氡外均应以同步测量的室外空气相应值为基点。

2.1.2 客观评价法

（1）按标准规定的客观评价法

在 GB/T 18883—2002 中明确规定除空气温度、相对湿度、风速等物理性指标外，新风量应大于等于标准规定值，而其他化学性、生物性和放射性指标均应小于等于标准规定值。由此可见，这种评价方法直观明确，室内空气质量检测点是否达标或超标能清晰判断。

（2）分级达标评价方法[1]

在标准控制指标分级条件下，这种评价方法可根据标准规定的达标条件确定室内空气质量的等级。

（3）综合指数法

评价指标数据只能在舒适范围内选取，要排除热环境、视觉环境、听觉环境以及人体工效活动环境因子的干扰，在确定无干扰的背景条件下测定的数据才视为有效。然后整理、分析和归纳成指数值以表征环境质量现状。其中分指数定义为污染物浓度 C_i 与指标上限值 S_i 之比，S_i 可采用现有规范标准中的指标数据，其倒数看做其权重系数，形象地表示了某个污染物浓度与其标准上限值之间的距离。由分指数有机组合而成的评价指数包括算术叠加指数 P、算术平均指数 Q 和综合指数 I，能够综合反映室内空气品质的优劣。借用算术平均指数及综合指数作为主要评价指数，算术叠加指数作辅助评价指数。综合指数法可以确定室内主要污染物及其水平，也可评定室内空气品质的等级，并可针对评价过程中发现的问题，提出整改对策。

各种指数如下：

1）算术叠加指数 P：它表示各个分指数的叠加值。

$$P = \Sigma \frac{C_i}{S_i} \tag{2-1}$$

2）算术平均指数 Q：它表示各个分指数的算术平均值。

$$Q = \frac{1}{n} \Sigma \frac{C_i}{S_i} \tag{2-2}$$

3）综合指数 I：它适当兼顾最高分指数和平均分指数。

$$I=\sqrt{\left(\max\left|\frac{C_1}{S_1},\frac{C_2}{S_2},\cdots\cdots,\frac{C_n}{S_n}\right|\right)\cdot\left(\frac{1}{n}\Sigma\frac{C_i}{S_i}\right)} \tag{2-3}$$

(4) 模糊评价方法[2]

针对室内空气品质本身是一个模糊概念的特点，有学者尝试用模糊数学方法加以研究，由于该方法考虑到了室内空气品质等级的分级界限的内在模糊性，评价结果可显示出对不同等级的隶属程度，故这样更符合人们的思维习惯[3]。这种模糊评价方法是将影响室内空气品质的主要指标定为下面七种：CO_2、CO、吸入尘、菌落数、甲醛、NO_2 和 SO_2。室内空气品质的模糊评价就是利用模糊数学的处理方法，综合考虑影响对象总体性能的各个指标，通过引入隶属函数同时考虑各指标在影响对象中的重要程度，经过模糊变换得到每一个被评值的大小即可判定出所衡量的室内空气品质的优劣顺序。模糊评价方法需要建立各因素对每一级别的隶属函数，过程较繁。而且复合过程的基本运算规则是取最小值和取最大值，强调了权值的作用，丢失的信息较多，突出了严重污染物的影响，但忽视了各种污染因子的综合效应。

(5) 灰色理论评价方法[3,4]

灰色系统理论是 20 世纪 80 年代初期由中国学者邓聚龙教授创立的一门系统科学新学科。它以“部分信息已知，部分信息未知”的“小样本”,“贫信息”不确定性系统为研究对象，主要通过对“部分”已知信息的生成、开发，提取有价值的信息，实现对系统规律的正确描述和有效控制。根据灰色系统理论，我们能用时间序列来表示系统行为特征量和各影响因素的发展。灰色系统理论中的灰色关联分析的基本思想是根据序列曲线的相似程度来判断其联系是否紧密，曲线越接近，形状越相似，相应序列之间的关联就越大，反之就越小。序列曲线的相似程度用灰色关联度来衡量，可作为室内空气品质等级划分的一个重要理论依据。

这种灰色关联分析方法简单方便，实测得到的所有数据对评价结果均有影响，充分利用了获得的信息。根据灰色关联矩阵提供的丰富信息，不仅可确定样本的级别，而且能反映处于同一级别样本之间空气品质的差异，评价结果直观可靠。但是这种方法仍没有与人体对室内空气品质的主观感受相联系，不够全面。

(6) 暴露水平和健康风险评价[5]

1) 暴露（Exposure）水平评价

根据世界卫生组织（WHO）推荐的定义，暴露是指人体与一种或一种以上的物理、化学或生物因素在时间和空间上的接触。

暴露可分为外暴露和内暴露。外暴露是指人体直接接触的外环境污染物的水平，是通过空气、水、土壤或食品等环境样品的测定所得的污染物的浓度；或用模型预测等手段，推算出人体接触到的外环境污染物的水平。内暴露是指这些污染物的外环境通过各界面被人体吸收后在体内的实际接触水平，可通过检测人的血液、呼出气、乳汁、头发、尿液、汗液、脂肪、指甲等生物材料样品得到污染物或其生物标志物的浓度。内暴露剂量比外暴露剂量更能反映人体暴露的真实性，将为精确计算剂量一反应（效应）提供更为科学的基础资料。

暴露评价就是对暴露人群中发生或预期将发生的人体危害进行分析和评估。暴露测量的方法可分为询问调查、环境测量和生物测量。

暴露评价的基本要素包括暴露源的分布、暴露浓度和时间、暴露人群的数量等。暴露评价的基本内容和要素如下[6]：

①剂量水平：主要包括人群和暴露的联系、人群分布和个体状况。

②污染来源：调查污染源、污染物传输途径与速率、污染物传输介质、污染物进入人体的方式等。

③暴露特征：指污染物进入机体的方式和频率。

④暴露差异性：这主要是指个体内的暴露差异、个体间的暴露差异、不同人群间的暴露差异、不同时间的暴露差异和暴露空间分布的差异。

⑤不确定性分析：主要指资料缺乏或不准确，暴露测量或模型参数的统计误差，危害确认和因果判定的不准确等构成的不确定性分析。

人体暴露确定不仅要根据暴露量，还要根据暴露途径。吸入暴露量可用式（2-4）[7]计算，口入暴露量可用式（2-5）计算，皮肤接触暴露量可用式（2-6）[8]计算，其表达式如下：

$$IE = \frac{y \times IR \times ED \times CF_1}{BW} \tag{2-4}$$

式中 IE——吸入暴露量[μg/(kg·d)]；

y——污染物的气相或颗粒相浓度(μg/m^3)；

IR——呼吸速率(m^3/d)；

ED——暴露时间(h/d);

CF_1——单位换算因子(1/24);

BW——体重(kg)。

$$OE = \frac{C_w \times I_w}{BW} \tag{2-5}$$

式中 OE——口入暴露量[mg/(kg・d)];

C_w——口入污染物的浓度(mg/L 或 mg/kg);

I_w——每日食入量(L/d 或 kg/d);

BW——体重(kg)。

$$DE = \frac{y \times SA \times f_{SA} \times P \times ED \times CF_2}{BW} \tag{2-6}$$

式中 DE——皮肤接触暴露量[μg/(kg・d)];

y——污染物的气相浓度 (μg/m^3);

SA——皮肤表面积 (m^2);

f_{SA}——与空气接触的皮肤比例 (0.25,假设是在穿短衣短裤的状态下);

P——皮肤总渗透系数 (cm/h);

CF_2——单位转换因子 (0.01)。

通常在进行上述分析的同时还需要人群或个体的“时间—活动”模式资料,这类资料主要记录研究对象每天的日常活动内容、方式与时间安排规律。国内外的研究普遍认为,通过问卷、日记、访视、观察和某些技术手段获得准确的“时间—活动”模式资料对于建立准确合理的室内暴露模型、分析不同人群的室内活动特征,从而对其暴露特征进行评估和研究具有非常重要的意义。

在上述暴露评价的基础上通过对以下指标进行测量、观察,可以评价室内空气品质的好坏。

① 临床症状和体征

许多室内污染物长期作用于人体,就可能引起机体出现一系列的临床症状和体征,例如由于室内装修而造成的甲醛浓度过高可使得暴露人群早期出现眼痒、眼干、嗜睡、记忆力减退等,长期暴露后可能出现嗓子疼痛、急性或慢性咽炎、喉炎、眼结膜炎和失眠等,还可出现过敏性皮炎、哮喘等症状和体征。

② 效应生物标志

很多室内污染物对于健康的影响，早期由于暴露剂量低，人群的不良反应和临床表现不明显，不易被察觉，此时可采用效应生物标志，这对于确定室内污染物对人体健康的“暴露—反应”关系，评价室内空气品质具有显著优越性。

③ 相关疾病发生率

人群长期暴露在低劣的室内空气品质环境中，除发生主观不良反应和临床症状外，还可能使得暴露人群发生各种相关疾病，比如过敏性哮喘、过敏性鼻炎和儿童白血病等。因此该指标也可用来评价室内空气品质。

2）健康风险评价（Risk assessment）[9-12]

健康风险评价（health risk assessment）的定义可以概括为：以大量流行病学、毒理学及相关实验研究结果和数据为基础，根据统计学准则和合理的评价程序，对某种环境因素作用于特定人群的有害健康效应进行综合定性、定量评价的过程。

健康风险评价兴起于20世纪70年代。迄今，经历了三个时期：20世纪70～80年代初，风险评价处于萌芽阶段，风险评价的内涵不甚明确，仅仅采取毒性鉴定的方法；1983年，美国国家科学院（NAS）提出风险评价由四部分组成，即危害鉴定、暴露评价、剂量—反应（效应）关系评价和风险表征，形成了风险评价的基本框架，基于此，美国EPA制定和颁布了有关人体健康风险评价一系列技术性文件、准则或指南；1989年起，健康风险评价的科学体系基本形成，并不断发展和完善。下面对健康风险评价的四个部分（又称四步法）做个简介：

① 危害鉴定

危害鉴定（hazard identification）是健康风险评价的首要步骤，属于定性评价阶段。目的是找出关心的污染物（称为目标污染物）及确定其对接触人群产生的健康效应，从而确定对该污染物进行危险度评价的必要性和可能性。进行危害鉴定时应首先掌握足够的科学资料——流行病学研究、动物实验、体外实验、化学物质的主要理化性质、分子结构及构效关系资料，然后进行综合分析。

由于健康风险评价旨在保护人，因此人的资料应用价值最高。但是流行病学研究往往受资金、时间、人力和物力等条件的限制，研究结果的可靠性受到影响。毒理学研究能人为地控制实验条件和暴露剂量，经费投入较少，易于进行，且时间较短，因此其研究结果常是健康风险评价的重要来源。

危害鉴定中，明确毒理作用或健康有害效应的特征和类型是很重要的。健康有害效应一般分为四类：致癌性（包括体细胞致突变性）；致生殖细胞突变；发育毒性（致畸性）；器官/细胞病理学损伤。前两类效应有遗传物质损伤，属无阈值毒物效应；后两类属有阈值毒物效应。无阈值和有阈值毒物在后续评价中将采用不同的方法进行评价。

国际癌症研究机构（IARC）对已有报告的878种化学物质根据其对人的致癌危险分为以下四类。

1类：对人致癌（carcinogenicity to humans），87种。确证人类致癌物的要求是：有设计严格、方法可靠、能排除混杂因素的流行病学调查；有剂量—反应关系；另有调查资料验证或动物实验支持。

2A类：对人很可能致癌（probably carcinogenicity to humans），63种。此类致癌物对人类致癌性证据有限，对实验动物致癌性证据充分。

2B类：对人可能致癌（possibly carcinogenicity to humans），234种。此类致癌物对人类致癌性证据有限，对实验动物致癌性证据并不充分；或对人类致癌性证据不足，对实验动物致癌性证据充分。

3类：对人的致癌性尚无法分类（unclassifiable as to carcinogenicity to humans），即可疑对人致癌，493种。

4类：对人很可能不致癌（probably not carcinogenic to humans），仅1种。

②暴露评价

在1）暴露（Exposure）水平评价中已介绍，故不再赘述。

③ 剂量—反应（效应）关系评价

剂量—反应（效应）关系评价（dose-response（effect）assessment）是环境污染物暴露与健康不良效应之间的定量评价，是健康风险评价的核心。评价资料可以源于人群流行病学调查，但多数来自动物实验。动物实验资料混杂因素相对较少，得到的剂量—反应（效应）曲线较明确，但它与人类间可能存在着明显的种属差异，所得资料需要慎重地外推到人。

如前所述，化学污染物可分为有阈污染物和无阈污染物两种，其剂量—反应关系不同。有阈污染物的剂量—反应关系曲线通常为非线性的S形曲线，在阈值以下将不会产生或测不出有害效应。对有阈污染物，通常应用未观察到有害效应的剂量或最低观察到有害效应的剂量来计算和推导出参考剂量（reference dose，RfD）。RfD即预期人群一生中出现有害效应的概率极低或实际上不可检出时，个体或人群的终生暴露水平[以 mg/(kg·d)表示]，相当于可接受的每日暴露量。由于要经过从动物向人的外推过程，涉及种间和种内差异，需要用不确定系数（uncertainty factors，UFs）加以修正。此外，动物实验的结果存在缺陷时，还需要以一定的修正系数（modifying factor，MF）修正。

对无阈污染物的剂量－反应关系评价是要确定致癌物剂量或浓度与人群致癌反应率之间的定量关系，并根据这一关系估测某暴露剂量的危险度水平。利用动物致癌实验的结果外推至人时，除了上述的种属和个体差异之外，还有从高剂量动物反应实验结果外推到低剂量人体反应的问题。这种外推需要借助数学模型来实现。美国环保署（EPA）从1986年起推荐线性多阶段模型（linear multi-stage model，LMS），并建议采用致癌强度系数（carcinogenic potency factor，CPF）来表示化学致癌物剂量与致癌反应率之间的定量关系。CPF的定义是：实验动物或人终生暴露于剂量为每日每千克体重1mg致癌物时的终生超额患癌危险度。其值为剂量－反应曲线斜率的95%上限，以$(mg/(kg \cdot d))^{-1}$表示；呼吸道吸入性致癌物以$(\mu g/m^3)^{-1}$表示。某些已知致癌物可以通过查阅美国《综合危险度信息库》（integrated risk information system，IRIS）而得到污染物的致癌强度系数。致癌强度系数值越大，则单位剂量致癌物所导致的动物或人的超额患癌率也越高，故又称单位致癌危险度。一些室内空气常见污染物的RfD和CPF值见表2-3。

一些室内空气常见污染物的RfD和CPF值[12] **表2-3**

污染物	RfD [μg/(kg·d)]	CPF
苯并芘	—	口入单位致癌强度：7.3$(mg/(kg \cdot d))^{-1}$
甲醛	200	吸入单位致癌强度：$1.3\times10^{-5}(\mu g/m^3)^{-1}$
苯	4	口入单位致癌强度：$(1.5\sim5.5)\times10^{-2}(mg/(kg \cdot d))^{-1}$ 吸入单位致癌强度$(2.2\sim7.8)\times10^{-6}(\mu g/m^3)^{-1}$
甲苯	80	—
二甲苯	200	—

④风险表征

风险表征是根据上述三个步骤所得的定性、定量结果，对该污染物所引起的人体健康危害进行综合评价，分析判断人群发生某种健康危害的可能性并指出各种不确定因素。

对非致癌物或致癌物的非致癌效应而言，风险是以暴露量除以参考剂量来表示，即：

$$非致癌危害 - \frac{ADI}{RfD} \tag{2-7}$$

式中 ADI——平均每日每 kg 体重摄入量[mg/(kg·d)]。

对致癌物而言，致癌风险是以人体实际暴露浓度乘以单位致癌危险度，或以剂量乘以致癌强度来表示，即：

$$致癌风险 = ADI \times CPI \tag{2-8}$$

健康风险评价已在世界许多国家展开，已成为许多国家环保及卫生部门管理决策的重要组成部分。它在定量评价或预测环境有害物质对人体健康的影响，建立有害物质的环境卫生标准，为卫生和环保部门制定宏观管理政策以及确定化学污染物防治对策等方面都起了十分重要的作用。

除以上方法外，近年来很多学者借鉴已有相关算法，相继提出了许多新的室内空气品质评价方法，如 BP 神经网络评价方法、基于改进遗传算法的评价方法、基于相似率法的评价方法、可拓评价方法、财务管理信用评价等。另外，考虑室内各种污染源在一天的不同时刻散发的污染物的强度是变化的，有学者建立了动态模式法[13]进行室内空气品质的评价，其基本思路是将室内污染物浓度作为时间的函数，通过该函数确定一天中各不同时刻污染物的浓度值，并确定哪些时刻浓度最大，从而确定最有效的设计方案来将这些污染物的质量浓度降到标准以下。

2.2 室内空气质量的主观评价方法

室内空气质量优劣的评价只用空气质量标准限值的方法来控制是不够的，因为室内大量低浓度污染物和它们的综合作用会对人体产生何种影响至今仍不明确。发达国家大量现场调查所得结果说明，相当数量建筑物的居住者出现病态建筑综合征，而这些建筑内空气的污染物浓度并不超标。由此可见，单用空气质量标准来控制室内空气污染物浓度并不能充分保证令人满意的空气质量。

在1989年室内空气质量国际会议上，丹麦的Fanger教授提出：品质反映了满足人们要求的程度，如果人们对室内空气满意，就是高品质，反之就是低品质；英国的CIBSE（Chartered Institute of Building Services Engineers）认为，如果室内少于50%的人能感觉到任何气味，少于20%的人感觉到不舒服，少于10%的人感觉到黏膜刺激，而且少于5%的人在不足2%的时间内感到烦躁，则可认为此时的室内空气质量是可接受的；这些都意味着主观评价室内空气质量的重要性[14]。

室内空气质量好坏和人们主观感受联系密切，因此，可用人的主观感受来评价室内空气质量。人对室内空气质量最敏感的是嗅觉，因此一般主观评价室内空气品质主要靠嗅觉。

气味浓度就是依赖于嗅觉的一种可测量，是将有气味气体或蒸气用无味、清洁空气稀释到可感阈值或可识别阈值的稀释倍数来描述的。可感阈值定义为一定比例人群（一般为50%）能将这种气味与无味空气以不定义区别区分开的气味浓度。可识别阈值定义为一定比例人群（一般为50%）能将这种气味与无味空气以某种已知区别区分开的气味浓度。可识别阈值比可感阈值高2～5倍。

气味测量的单位为“阈值稀释倍数”（dilutions-to-threshold），简写为D/T。美国已制定测量标准——ASTM Method E679—91。一般调查对象被安排在三个不同的测试口测试，其中两个口通无味的空气，另外一个口通有味空气，测试者尝试识别出有味的空气。测试从高稀释倍数开始，最初测试者一般都不能判断出有味气体，但是随着稀释倍数的降低，测试者逐渐能够判断出有气味的气体。不同测试者判断阈值不同，取大部分人（一般50%）能够识别出的稀释倍数作为气味浓度的识别阈值。

气味强度（odor intensity）是指气味感觉的可感强度，无量纲。是以n-丁醇作为参考物质，遵循ASTM Method E544标准中建议的气味强度测试方法进行标定。在该标准中介绍的标定方法有采用8个测试口的嗅觉计，每个测试口的n-丁醇浓度是前一个测试口的两倍。另一个方法是在12个瓶子中装有浓度成倍递增的n-丁醇水溶液。在这些标定方法中，尽管浓度是成倍递增，但气味强度却增长得越来越慢。图2-1给出的是利用嗅觉计采用1-丁醇作为参考物质来判定某种未知刺激物质的气味强度的示意图，标定者可以确定哪个测试口的1-丁醇气味强度与未知物质的气味强度相同，该物质的气味强度就等于这个测试口的1-丁醇气味强度。图2-2是1-丁醇浓度与气味强度的关系图[15]。

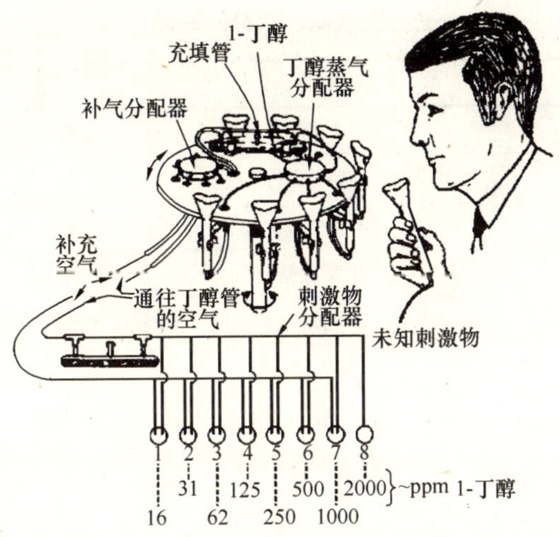

图 2-1 利用嗅觉计和 1-丁醇标定气味强度[15]

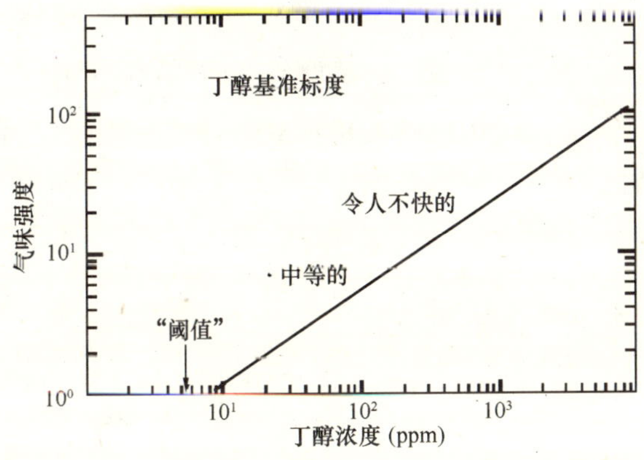

图 2-2 1-丁醇浓度与气味强度之间的关系[15]

气味强度和气味浓度之间的关系可以用斯蒂芬（Steven）定律描述[13]：

$$I = aC^b \tag{2-9}$$

式中 I——气味强度；

C——气味浓度，阈值稀释倍数（D/T）；

a，b——关系常数，不同气味数值不同，其中 b 值通常小于 1。

上式可用于计算当气味浓度降低时，气味强度随之下降的程度。用于预测气体扩散、通风或去味设备要降低气味强度所需要降低的气味浓度。

许多气味都是影响室内空气质量的原因。气味种类繁多，无法一一列举，表 2-4 列出了一些典型气味、成分及来源：

一些典型气味、成分及来源[14] 表 2-4

气味特点	化学成分	典型气味源
臭鸡蛋气味	H_2S	精炼厂、污水厂、垃圾场
肥料气味、牲口圈气味	主要为硫化物：二甲基硫化物、二甲基二硫化物	下水道、堆制肥料、垃圾场
烂卷心菜气味	甲基硫醇	水果工厂、精炼厂、化工厂
洋葱味	丙烷	
天然气	t-丁基	
鱼腥味	胺	颜料厂、污水厂、堆肥
汗味、体味	有机酸，如苯基乙酸	衣物
霉味	醌亚胺、C6～C10 氧化物	杀虫剂、空调系统、颜料厂

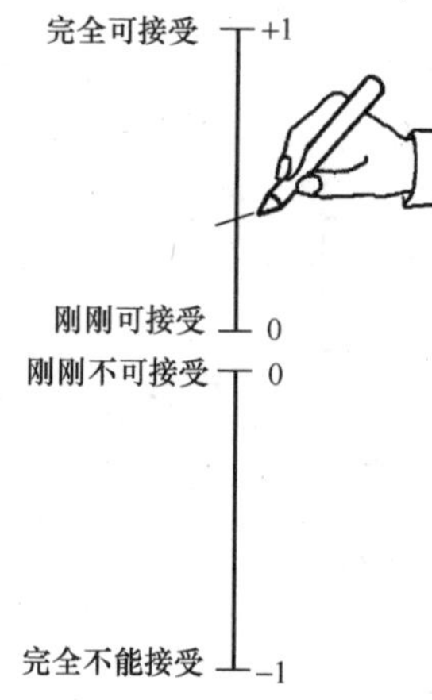

图 2-3 室内空气品质评价问卷[14]

主观评价室内空气质量即人们进入待测空间中，对室内空气质量填写一张调查单，表示自己对空气质量的满意或者不满意程度，图 2-3 是一种被推荐使用的调查单形式。通常用对空气质量的不满意率的百分比来表示，记为 *PD*，其和投票得到的可接受度 *ACC*（在 －1～1 之间的一个值）之间存在以下关系[14]：

$$PD = \frac{\exp(-0.18 - 5.28ACC)}{1 + \exp(-0.18 - 5.28ACC)} \times 100 \tag{2-10}$$

这里有必要介绍几个新概念：

感知负荷（sensory load）：表征室内污染源的强弱，单位为 olf，被一个标准人引起的感知污染负荷被称为 1olf，而其他类型的人或者家具等污染源均被等效为不同数量的标准人，表征成标准人后不同的污染源可以进行简单的叠加，比如室内有 3 个标准人和 4 个等效标准人的家具，则该室内的感知污染负荷为 7olf。

感知空气质量（perceived air quality，PAQ），表示在一定的通风量情况下人对室内污染源的感觉，其单位为 pol。1pol 表示在一个空间内，1olf 的感知负荷的污染源，在通风量 1L/s 下的感知空气质量，即 1pol＝1olf/(L/s)。另一个比 pol 小的常用单位是 dp，1 dp＝0.1pol。

研究表明，感知空气质量 PAQ（dp）和对空气质量的不满意率之间存在着下列关系[14]：

$$PAQ = 112[\ln(PD) - 5.98]^{-4} \tag{2-11}$$

在确定了感知空气质量之后就可以确定室内的感知污染负荷的大小了。

2.3 客观检测与主观评价相结合的方法

（1）美国 ASHRAE 标准 62-2001

该标准提出了可接受的室内空气质量和可感受到的室内空气质量这两个概念[16]。其中可接受的室内空气质量定义为：空调房间中绝大多数人（80%或更多）没有对室内空气不满意，并且房间中没有已知的污染物达到了可能对人体健康产生严重威胁的浓度。这一定义体现了把客观评价和主观评价相结合的评价标准。室内空气质量的主、客观相结合的评价方法是一种综合的评价方法，这种方法不仅运用人体的感觉器官作为评价工具，而且还利用专业仪器对室内空气污染物进行检测，能克服单一的主观或客观评价的局限，从而全面正确地反映室内空气状况。

（2）国内的综合评价方法

20 世纪 90 年代有人提出建立了一套既符合国际通用模式又符合我国国情的室内空气质量综合评价方法[17]。这一评价程序主要分为三条路径，即客观评价、主观评价和背景调查，最后进行综合。其中，客观评价选择常用的综合指数法来评价室内空气质量；主观评价主要是通过对室内人员的问询得到的，即利用人体的感觉器官对环境进行描述和评价；背景调查包括个人资料调查和排他性调查；最后综合主、客观评价，做出结论。根据要求，提出仲裁、咨询或整改对策。

常用的综合评价方法多采用问卷调查与现场测试相结合的形式。

问卷调查的内容一般包括：

1）环境状况，如温度、湿度、灯光、噪声、吹风感、异味、灰尘、静电等；

2）职业状况，如工作满意程度、工作压力、工作环境等；

3）病态建筑综合征状况，如困倦、头痛、眼睛发红、流鼻涕、嗓子疼、恶心、头晕、皮肤瘙痒、过敏等；

4）个人资料，如性别、年龄、是否吸烟、是否有过敏史等；

5）现场的可接受度投票。

现场测量内容一般包括：CO_2、TVOC、微生物、悬浮颗粒及相关标准规定的各污染物浓度，检测空气温度、相对湿度以及通风空调系统的新风量等。

综合评价的具体操作一般可分两个步骤：步骤一，首先通过问卷调查的形式确定居住者对所处环境的主观满意度，是否出现属于病态建筑综合征的症状，初步检查及调查通风空调系统维护管理状况、室内污染源、污染途径以及建筑居住者的活动等，从而得出以主观评价为主要依据的室内空气质量评价。当步骤一无法完整准确地评估室内空气质量时，则需现场测量空气环境的物理性、化学性、生物性等污染控制参数，进一步确定室内空气质量状况。

造成空气质量不良的客观原因可能是单一的，也可能是多种因素的综合作用。要确定影响室内空气质量的各因素需要更全面的检测和分析，最终确定什么是主要和次要的污染源，以及室内实际的通风状况，为进一步控制室内空气污染找出对策。

参考文献

[1] 陆雍森．环境评价(第二版)．同济大学出版社，1999.

[2] 初春玲，曹叔维，周俊彦．室内空气质量的模糊性综合评判．建筑热能通风空调．1999，18(03)：9-11.

[3] 李念平，朱赤晖，文伟．室内空气质量的灰色评价．湖南大学学报(自然科学版)．2002，(04)：85-91.

[4] 张桂芳，汤广发，李念平，张泠，黄宇．室内空气质量的灰色综合评判．湖南大学学报(自然科学版)．2001，28(05)：107-111.

[5] 朱颖心主编．建筑环境学(第二版)．中国建筑工业出版社，2007.

[6] 朱天乐主编．室内空气污染控制．化学工业出版社，2003.

[7] EPA，U. S. Exposure Factors Handbook. 1997.

[8] EPA，U. S. Dermal Exposure Assessment：Principles and Applications. EPA/600/8-91/011B. 1992.

[9] 周中平，赵寿堂，朱立，赵毅红．室内污染检测与控制．化学工业出版社，2002.

[10] 杨克敌主编．环境卫生学(第五版)．人民卫生出版社，2006.

[11] 徐东群主编．居住环境空气污染与健康．化学工业出版社，2005.

[12] http：//www. epa. gov/iris/last acessed on 13 Decembw，2012.

[13] 杨旭，陈文革，陈丹，王戎，张允平．办公楼不良建筑物综合征的现场调查研究(英文). 华中师范大学学报(自然科学版). 2002，36(03)：335-340.

[14] Spengler JD，Samet JM，McCarthy JF. Indoor air quality handbook，McGraw-Hill，2001.

[15] ASHRAE Handbook-2005，Fundamentals (SI)，American Society of Heating，Refrigerating and Air-conditioning Engineers，Inc.，1791 Tullie Circle，N. E.，Atalanta，GA 30329.

[16] ASHRAE. Ventilation for Acceptable Indoor Air Quality，American Society of Heating Refrigerating and Air-Conditioning Engineers：Inc. Standard 62-2001. 2001.

[17] 沈晋明．室内空气品质的评价．暖通空调．1997，27(04)：22-25.

第 3 章　室内空气主要污染物浓度调查

目前室内常见空气污染物可分为：颗粒污染物、化学性污染物、生物污染物和放射性污染。本章将按照建筑物功能性和除建筑物外的其他典型微环境区分，即一类民用建筑：住宅、教室、幼儿园和老年建筑、医院；二类民用建筑：办公楼、商场超市、宾馆饭店、体育场馆、文化娱乐场所、图书馆档案室及博物馆；城市交通工具：公共交通工具、私家车等，通过比较近几年室内空气污染调查和研究成果，分析我国室内空气污染状况，并提出改善室内微环境空气污染的建议。

3.1 一类民用建筑

3.1.1 住宅

人的一生中涉及的环境可以分为居住环境、职业环境、公共场所环境等，但其中心是以住宅为典型代表的居住环境，因此住宅室内空气质量对人们的身体健康有着举足轻重的作用。近年来由于生活水平的提高，我国城市居民住宅普遍呈现以甲醛、苯、TVOC等有机化学污染物为主的装修型污染。本章通过检索并筛选出近二十年来公开发表的学术论文，对我国住宅环境室内空气污染的现状进行描述，主要对室内空气中的化学性和放射性污染物进行分析。

（1）一氧化碳和二氧化碳

《室内空气质量标准》GB/T 18883—2002中对CO和CO_2的规定分别是小时均值小于10mg/m^3和日均值小于0.1%。

一般住宅内CO的污染不严重，浓度水平主要和燃料有关。从表3-1中可以看出北方住宅由于冬季室内取暖导致CO的浓度较高。农村地区室内CO污染情况相对严重一些，主要与燃料种类、炉灶设备、通风情况等有关。CO_2的浓度由于易受室内人员活动以及通风状况的影响，因此各地区各场所的浓度差异较大。新装修的情况对室内CO和CO_2的影响很小，有报道[1]连续观察了正在装修和装修完3个月、1年以及10年以上的住宅中CO和CO_2的浓度变化，结果发现浓度均达标而且并没有显著差异。

（2）二氧化硫和二氧化氮

住宅内的二氧化硫主要来自于厨房做饭与取暖时烧煤、烧柴、烧燃气等产生的污染。住宅内空气中二氧化氮（NO_2）的来源主要是室外大气中污染物渗入以及室内燃料的燃烧，包括燃烧煤气和液化气。另外，吸烟也是室内NO_2的主要来源。我国室内SO_2和NO_2的标准限值分别是1小时均值小于0.50和0.24mg/m^3（GB/T 18883—2002）。

在城市地区，住宅内SO_2的浓度主要受室外影响，由于能源结构、是否取暖等差别导致北方和南方城市中的SO_2污染呈现不同的特点。2007年，在采暖期和非

部分地区住宅室内 CO 和 CO_2 浓度水平　　表 3-1

项目	地区	样本数	浓度①	超标率(%)	参考文献	备注
CO	贵阳	—	0～8.4 ppm	0	程艳丽等[2]	—
	北京	12	2.4mg/m^3	6	陆思华等[3]	厨房冬季
	北京	21	5.8mg/m^3	28		居室冬季
	重庆	20	0.05～0.12mg/m^3	0	郑洁等[4]	—
CO_2	北京	21	0.124%	71	陆思华等[3]	居室冬季
	安徽	88	0.042%～0.078%	—	徐业林等[5]	卧室
	安徽	88	0.042%～0.084%	—		厨房
	大连	—	0.046%～0.155%	23.1	Zhao et al.[6]	卧室
		—	0.040%～0.179	25.0		厨房

①平均浓度或浓度范围。

采暖期对兰州市 108 户楼房住宅的调查[7]显示采暖期 SO_2 的超标率为 24%，非采暖期为 5%，主要原因是采暖期燃料燃烧排放了大量 SO_2。2005 年，对南京市 20 户不同房屋特征的居民住宅调查[8]发现无论是市区还是近郊区的住户家中，冬季 SO_2 超标率仅为 7.5%；但在夏季，室内 SO_2 的浓度明显偏高，超标率高达 97.5%，原因可能是夏季室内外空气交换频繁，而室外交通机动车辆尾气与工业废气等排放到大气中。农村地区 SO_2 的污染状况主要与燃料种类有关。在山西省[9]以煤为主要燃料的农村住宅中，虽然室外的浓度未超标，但厨房中夏季和冬季 SO_2 的超标率分别为 34%和 83%，冬季卧室中 SO_2 的最高浓度竟达到 22mg/m^3。在安徽西南农村[10]，农户主要以柴草为燃料，室内 SO_2 的浓度基本都低于标准中的限值。

住宅中 NO_2 的污染状况相对较轻，整体无严重超标现象。由于 NO_2 主要来源是室外大气，所以受室外机动车尾气影响较大，在车流量大的区域附近的住宅中污染较严重。兰州市[7]的一项住宅环境调查中，所检测的 113 个样本数中非采暖期超标率为 12.4%，采暖期的超标率为 28.5%，说明冬季取暖会造成室内 NO_2 浓度增加。厨房中 NO_2 的浓度一般高于其他房间，另一项研究[11]对分别使用天然气炉具、电炉和电加热器的四户住家室内 24 小时内 NO_2 浓度的变化情况进行测定时发现，燃气炉具的使用造成厨房中 NO_2 浓度升高，小时均值甚至可达到0.27mg/m^3，超出了标准的限定。

(3) 氨

住宅室内的氨主要来自于建筑施工中使用的高碱混凝土膨胀剂和含尿素与氨水的混凝土防冻剂等外加剂。另外，室内装修装饰材料中也会释放部分氨，家具制作过程中使用的添加剂和增白剂大部分都含有氨水。此外，住宅内氨气还可能来源于人和动物的汗液、尿液，体表散发的气体以及蔬菜、植物腐败后产生的气体。GB/T 18883—2002 中对氨的规定是小时均值不超过 0.20mg/m^3。

氨作为混凝土外加剂在北方地区大量使用而在南方地区使用较少，因此北方住宅中氨污染普遍高于南方住宅，但也存在特例。从图 3-1 中可以看出，北方的住宅超标率都在 10%以上，南方部分住宅百分之百达标，而南宁[12]和苏州[13]新装修住宅氨超标竟达到 70%，超过黑龙江[14]、天津[15]等地，原因是高浓度的氨可能来自于装饰装修材料。此外由于国标《混凝土外加剂中释放氨的限量》GB 18588—2001 中规定混凝土外加剂中氨释放量≤0.10%（质量分数），因此新建楼盘较少出现氨污染问题，但已建楼房中氨污染问题仍不容忽视。装饰材料中氨释放较快，氨污染程度与装修时间长短关系不大，但与楼房建成时间长短和温湿度有关。

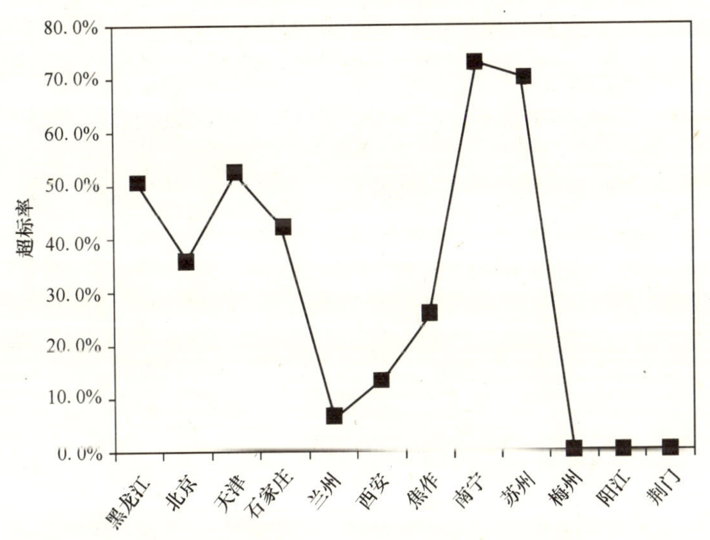

图 3-1 不同地区住宅中氨超标情况[12-23]

（4）颗粒物

室内颗粒物对人体的健康影响，取决于其化学特性、生物学特性、粒径大小等特性。根据颗粒物直径的大小将其分类，其中小于 100μm 的称为总悬浮颗粒物（TSP），小于 10μm 的为可吸入颗粒物（PM_{10}），小于 2.5μm 的为细粒子（$PM_{2.5}$）。住宅内颗粒物的来源也可以分为两类：室外颗粒物的渗透和室内发生源。

室内发生源主要有室内做饭、取暖的燃烧过程、打扫、吸烟等人员活动过程以及建筑材料表面的挥发等。我国室内空气质量标准中仅对可吸入颗粒物的浓度做了限定（24 小时平均浓度≤0.15mg/m³），为了下文讨论方便，对 $PM_{2.5}$ 选用美国环保署（EPA）2007 年制定大气质量标准——24 小时平均浓度不得超过 0.035mg/m³。

总的来说，目前住宅内颗粒物的污染比较严重。从表 3-2 中可以看出文献所报道的 PM_{10} 的平均浓度基本都超标，而以美国 EPA 的标准来衡量 $PM_{2.5}$ 的超标现象更严重，超标率几乎达到 100%。城市住宅中颗粒物主要来源于室外大气，随着近年来大气中 PM_{10} 的浓度逐步下降，室内 PM_{10} 的浓度也呈现下降趋势，但是对健康影响大的细颗粒物的污染水平一直居高不下。国内一些大气颗粒物污染比较严重的城市中室内颗粒污染也相对严重。2004～2006 年对太原市[24] 541 户家庭取暖期和非取暖期的 PM_1、$PM_{2.5}$、PM_7、PM_{10} 和 TSP 的调查发现，对 TSP 贡献最大的颗

部分地区住宅室内 PM_{10} 和 $PM_{2.5}$ 的浓度水平（mg/m³） 表 3-2

项目	地区	样本数	平均浓度	浓度范围	采样时间	参考文献	备注
PM_{10}	北京	278	0.490	0.038～3.602	2000 冬	潘小川等[28]	卧室
		278	0.468	0.039～4.169			厨房
		19	0.158		2002～2003 冬	刘阳生等[29]	
		10	0.167	0.042～0.310	2003	张永等[30]	非采暖期
		10	0.077	0.034～0.284			采暖期
	兰州	87	0.39		2007～2008	李盛等[7]	采暖期
		87	0.13				非采暖期
	贵州农村	31	0.189		2008.3	Wang et al.[25]	
$PM_{2.5}$	北京	278	0.454	0.023～3.188	2000 冬	潘小川等[28]	卧室
		278	0.422	0.021～4.025			厨房
		19	0.065		2002～2003 冬	刘阳生等[29]	
			0.058	0.010～0.666	2008	程鸿等[31]	
		10	0.143	0.027～0.273	2003	张永等[30]	非采暖期
		10	0.064	0.021～0.251			采暖期
	广州	27	0.047	0.032～0.095	2003 夏	赖森潮等[32]	
		36	0.0677		2004 夏	黄虹等[33]	
		36	0.110		2004～2005 冬		
	江苏农村	36	0.0249	0.011～0.164	2008	顾庆平等[27]	

粒物的粒径范围是 2.5～7.0 μm，这个粒径范围的平均浓度为 0.127mg/m^3，PM_{10} 的平均浓度为 0.28mg/m^3，超标约 2 倍。大气颗粒物污染较严重的兰州市[7]和贵州省[25]的调查也呈现同样的结果，而污染较轻地区室内颗粒物基本达标。例如湖南省五个城市的室内环境调查结果表明[26]，所有城市室内 PM_{10} 的平均浓度均未超标，仅怀化市的最大浓度超出标准不到 1 倍。农村地区的生活燃料以生物质和煤为主，而且炉具都是开放式，因此做饭取暖的过程产生较多的颗粒物，相关的调查研究[25, 27]也发现农村住宅的颗粒物污染比城市住宅要严重，而且污染物浓度与燃料的类型和炉具的类型有显著的相关性。

（5）甲醛

住宅环境中甲醛的主要来源有：用作室内装饰的胶合板、刨花板、纤维板等人造板材；用人造板材制作的家具；油漆、涂料、墙纸等各类墙面材料；化纤地毯、泡沫塑料等其他建筑装修材料。另外烟草燃料等的燃烧过程中也会产生高浓度的甲醛。目前居民住宅空气中甲醛的适用标准有《室内空气质量标准》GB/T 18883—2002（1 小时均值≤0.1mg/m^3）和《民用建筑工程室内环境污染控制规范》GB 50325—2010（1 小时均值≤0.08mg/m^3）。

表 3-3 所示的是中国部分城市住宅室内空气中甲醛的浓度水平。从中可知，我国室内甲醛浓度的超标现象比较严重，在所列出的数据中平均浓度超标（0.1mg/m^3）的占了总的 73.7%。不同城市之间类似的住宅环境浓度相差不大，室内甲醛的浓度不存在明显的地域性特点。在同一住宅中，不同功能类型的房间甲醛浓度有一定差别，储藏室的浓度最高，其次卧室的浓度通常高于厨房和客厅[34]。除石嘴山[35]外，相同的采样环境中夏季的浓度通常高于冬季，原因可能是环境温度高导致甲醛散发源的释放速率变大。另外，对室内甲醛浓度影响最大的是距离装修竣工的时间。同一座城市中不同的装修竣工时间和装修档次甲醛浓度相差几倍[36]。从表 3-3 中可知，新装修时间小于 6 个月的住宅，甲醛的最大和平均浓度几乎都超标。

（6）苯系物

室内苯系污染物主要有苯、甲苯和二甲苯等，是室内建筑装修材料、人造板家具、沙发等中的胶粘剂、溶剂和添加剂的主要成分。另外，室内的燃烧行为也会产生一定的苯系物，例如燃料、吸烟、做饭、蚊香、熏香燃烧等。现行的《室内空气质量标准》GB/T 18883—2002 中限定室内苯、甲苯、二甲苯的 1 小时均值分别要小于 0.11、0.20、0.20mg/m^3。

中国部分城市居民住宅室内甲醛的浓度水平（mg/m³） 表 3-3

地区	样本量	平均浓度①	浓度范围	采样时间	距装修时间	参考文献	备注
北京	1207	0.18±0.17	—	2002～2004	<12个月	徐东群等[37]	
	530	0.210±0.152	0.025～1.832	2003冬	<6个月	姚孝元等[35]	
	389	0.278±0.211	0.025～1.879	2003夏			
	83	0.049	0.007～0.283	NA	未装修	丁剑等[38]	卧室
	67	0.06±0.05	0.001～0.180	2003年12月～2004年1月	<12个月	徐东群等[36]	高档装修
	104	0.05±0.03	0.002～0.190				中档装修
	25	0.05±0.03	0.02～0.13				低档装修
上海	166	0.10±0.06		2002～2004	<12个月	徐东群等[37]	
	182	0.205±0.135	0.025～0.869	2003冬	<6个月	姚孝元等[35]	
	17	0.0536	0～0.362	2003年6～9月	<2个月	王春等[34]	客厅
	17	0.108	0.040～0.656				主卧
	17	0.388	0.134～6.442				储藏室
天津	154	0.13±0.08		2002～2004	<12个月	徐东群等[37]	
	164	0.267±0.170	0.025～1.10	2003冬	<6个月	姚孝元等[35]	
重庆	198	0.142±0.084	0.025～0.461	2003冬	小于6个月	姚孝元等[35]	
	202	0.397±0.172	0.121～1.182	2003夏	<6个月	姚孝元等[35]	
	70	0.31	0.07～0.99	2003～2004	新装修	李娟等[39]	卧室
	40	0.20	0.05～0.52				书房
	50	0.11	0.04～0.38				客厅
江西②	167	0.303	0.01～1.070	2004～2005	NA	张丽等[40]	卧室
	148	0.225	0.009～0.790				客厅
	140	0.213	0.006～0.932				厨房
武汉	319	0.239	0.011～1.021	2005	1～4个月	迟欣等[41]	
	128	0.088	0.010～0.381		4～6个月		
太原	140	0.0532		2006冬	NA	齐惠萍等[42]	
	201	0.0655		2006夏			
乌鲁木齐	59	0.43	0～3.17	2002～2004	<6个月	韩涛等[43]	
西安	457	0.121	0.013～1.126	2006～2007	<3个月	Liu et al.[44]	
贵阳	695	0.06③		2004～2005	NA	李湉湉等[45]	
大连	136	0.53	0.22～0.83	2004年9月	<6个月	关磊等[46]	复杂装修
	36	0.19	0.02～0.35				简单装修
石嘴山	212	0.610±0.311	0.104～1.712	2003冬	<6个月	姚孝元等[35]	
	196	0.251±0.139	0.029～1.167	2003夏	<6个月		
香港	100	0.112±0.09		2002冬	NA	Guo et al.[47]	

①包括算术平均浓度和中位数；②包括11个城市：南昌、景德镇、萍乡、九江、新余、鹰潭、赣州、吉安、宜春、抚州、上饶；③根据原文数据计算的平均浓度；NA：原文中未提及。

图 3-2 中数据来源于 12 篇文献所报道的住宅室内苯系物的平均值，住宅室内空气中苯、甲苯、二甲苯、乙苯的平均浓度分别为 0.042±0.048、0.176±0.244、0.057±0.051、0.035±0.036mg/m^3，均值均未超过国家标准，徐东群等[37]在北京、天津、上海、重庆、长春等城市选择装修完成时间一年之内的 1241 户住宅，测定室内二甲苯和乙苯的平均浓度是所有报道中最高的，分别为 0.189、0.107mg/m^3。但是部分住宅尤其是新装修的也存在超标现象。杨辛等[48]报道江西省 11 个居民住宅厨房空气中苯和卧室空气中甲苯的平均浓度是所有数据中最大的，分别为 0.134 和 0.645mg/m^3。

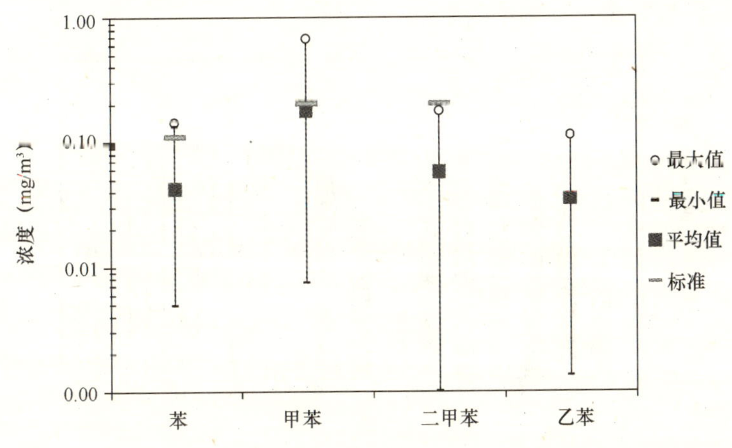

图 3-2 住宅苯系物浓度（最大、最小和平均值）

（数据来源：Bai et al.[49]，邹桂香等[50]，刘建龙等[51]，Pan et al.[44]，高翔等[52]，杨辛等[48]，徐东群等[37]，Guo et al.[53]，李湉湉等[45]，司马冰等[54]，孙成均等[55]，钟天翔等[56]）

(7) 苯并（a）芘

动物实验和流行病学调查等研究表明多环芳烃是一种强致癌物，其中苯并（a）芘（B（a）P）是致癌性多环芳烃中致癌强度比较高的一种。苯并（a）芘的主要来源是不完全燃烧过程，室外大气中来源有森林大火、化学工业排放、机动车尾气等。室内除室外空气的渗透外还存在其他来源，住宅环境中的主要来源是各种燃烧源，包括煤和天然气等燃料燃烧、烹饪油烟、香烟烟雾、蚊香烟雾等。现行标准《室内空气质量标准》GB/T 18883—2002 规定苯并（a）芘的日均值小于1.0ng/m^3。

从图 3-3 中可以看出我国室内苯并（a）芘的污染状况比较严重，农村地区尤甚。城市室内苯并（a）芘的主要来源是吸烟，室外机动车的尾气也有一定的贡献，因此不同城市和场所之间浓度差异大。但北京[57]、成都[58]和杭州[59]等重要城市居民住宅中的苯并（a）芘平均浓度最大值都达到 10ng/m^3 以上，超出国家标准 10 倍以上。农村地区通常采用生物质或煤炭作为燃料，而且炉具落后，因此室内苯并（a）芘的污染状况非常严重。宣威地区燃烧烟煤的农户客厅[60]中苯并（a）芘的平均浓度达到了 238.7ng/m^3，燃烧无烟煤或其他燃料的对照点中的平均浓度为 9.72ng/m^3。西藏[61]燃烧牛粪饼等动物粪便的农户家中苯并（a）芘的平均浓度达到了 82ng/m^3，远远超过标准中的限值。

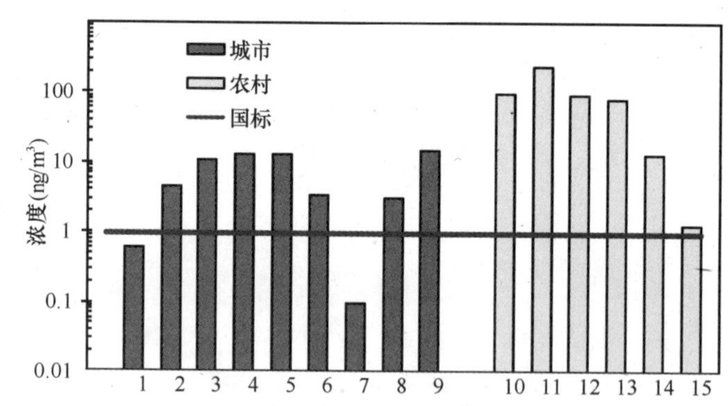

图 3-3 部分地区住宅室内苯并（a）芘

（注解：1～4—杭州[59, 62]，5—北京[57]，6—广州[63]，7—深圳[64]，8～9—成都[58]，10～12—云南宣威[60, 65, 66]，13—西藏[61]，14～15—山西[9]）

（8）总挥发性有机物（TVOC）

TVOC 是评价室内挥发性有机物（VOCs）整体污染状况的指标。住宅室内挥发性有机物的来源极其复杂，包括：有机溶剂、建筑材料、装修材料等。目前 GB/T 18883—2002 规定 TVOC 的 8 小时均值需低于 0.6mg/m^3。

我国居民住宅室内空气中 TVOC 的污染状况较严重，尤其是新装修的住宅。图 3-4 中的数据显示，TVOC 的浓度范围为 0.037～1.808mg/m^3。徐东群等[37]在北京、天津、上海、重庆、长春、宁夏石嘴山等城市选择装修完成时间一年之内的 1241 户住宅，测定室内 TVOC 的浓度，9 个城市中除甘肃平凉和广东珠海外，其余的平均浓度都超标，浓度最高的是上海住宅为 1.808±2.338mg/m^3，超出标准 3

倍多。刚竣工的新装修住宅中 TVOC 一般超过国家标准 2～3 倍，最高的超标 20～30 倍。相比其他污染物而言，TVOC 浓度随着竣工时间的推移下降较快。王春等[34]研究发现竣工两周后 TVOC 浓度达到 1.17mg/m^3，而一个月后就降至 0.64mg/m^3，三个月后浓度远低国家标准。张卫国等[67]也发现居室装修后约 5 个月空气中 TVOC 浓度达到国家标准，而且居室装修程度越高，TVOC 浓度达到国家标准的所需时间也越长。

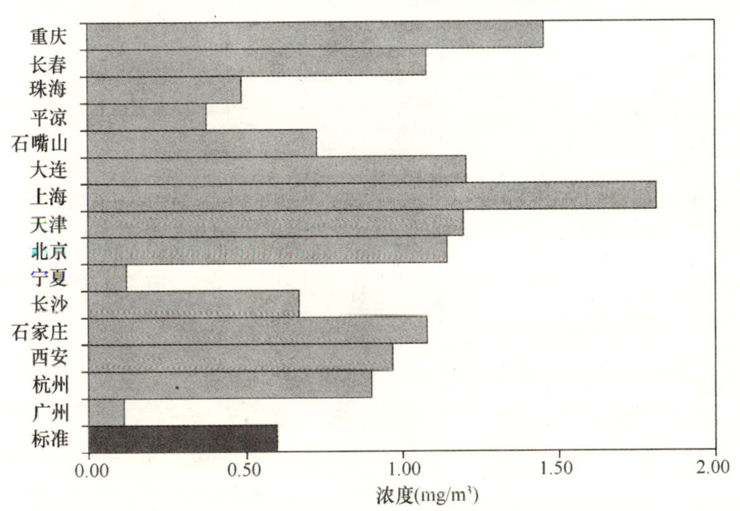

图 3-4　住宅室内 TVOC 浓度

（来源：徐东群等[37]，徐东群等[36]，Pan ct al.[44]，刘汝青等[68]，张旭慧等[69]，戴芳等[70]，郭宁晓等[71]）

（9）氡

氡气是世界卫生组织确认的 19 种重要环境致癌物之一。住宅中氡的主要来源是房屋的地基土壤中含有放射性元素，一旦衰变成氡就会从建筑物缝隙中渗入到室内，另外就是从不合格的建筑材料中衰变产生，例如花岗石、砖瓦等。

中国疾病控制中心[37]在 2002～2004 年我国部分城市进行了一次大规模室内氡浓度调查，调查结果如图 3-5 所示。从数据可看出我国室内氡浓度的平均水平在 40～50 Bqm^{-3}之间，略高于 40 Bqm^{-3}的世界典型值。地质构造较为典型的地区室内氡的含量比较高，例如土壤镭－226 含量较高的上饶地区是所有调查城市中最高的；地质构造以花岗岩为主的黄山和珠海地区的氡浓度也较高。室内氡浓度较高的地区除上述三个城市外，还有乌鲁木齐、吐鲁番、贵阳、深圳、广州、青岛和

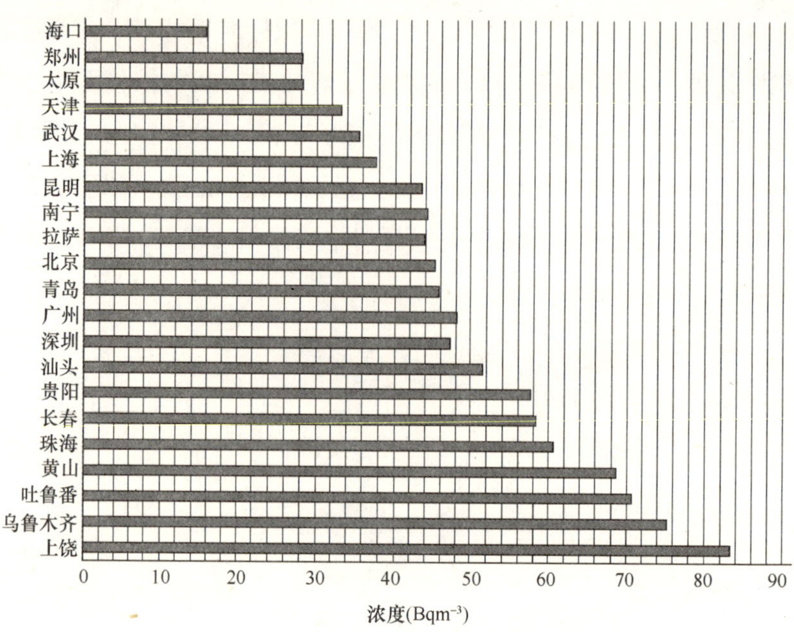

图 3-5 部分城市住宅内氡平均浓度[37]

北京。这些地区分布呈零星状，除了珠三角的三个城市外，其余没有形成区域性。

3.1.2 学校教室

教室内空气质量的好坏，直接影响学生的身心健康和学习效率，尤其是对于处在生长发育期的中小学生。我国中小学班级规模普遍大于西方国家，人数一般在40～60人之间，因此教室的空气质量、通风问题就显得更为重要。下面对我国教室环境内的主要空气污染情况作一个简单介绍。

（1）二氧化碳

教室空气中的二氧化碳除空气中正常含量（0.03%～0.05%）外，主要是由于人体新陈代谢产生的。《中小学校教室换气卫生标准》规定 CO_2 的限值为0.15%。

教室空气中 CO_2 浓度主要取决于室内的人数和通风状况。2004年，对北京市9个区县的94所学校的调查[72]发现人数小于等于45的教室二氧化碳浓度的合格率明显高于人数大于45的教室。2004年湖南大学[73]对大学教室中的 CO_2 进行测定发现污染程度不容乐观，主要原因是人员密度过大和通风量不足。

（2）颗粒物

学校教室的颗粒物污染较为严重。哈尔滨工程大学[74]对某栋教学楼的可吸入颗粒物的调查时发现，当采用多媒体教学时，室内可吸入颗粒物（PM_{10}）质量浓度平均值远低于标准限值，而采用传统的粉笔板书教学时，PM_{10}的平均质量浓度平均达0.295mg/m^3，远高于标准限值。胡衡生等[75]对某大学的各院系教室内的总悬浮颗粒物的研究发现使用传统板书较多的教室的总悬浮颗粒物污染比较严重。上海市奉贤区疾病预防控制中心[76]对冬季该区的中小学教室空气的卫生状况进行调查，课前课后PM_{10}的浓度都达到0.45mg/m^3，远高于标准值。

（3）甲醛

教室环境中甲醛主要来自用作室内装饰的胶合板、刨花板、纤维板等人造板材；油漆、涂料、墙纸等各类墙面材料；以及桌椅等木制品和文具。值得一提的是学校教室装修主要以刷墙和更换桌椅板凳为主，因此释放源相比其他新装场所要少。

教室空气中甲醛的污染状况较轻，表3-4中所示的平均浓度均未超标，即使是装修后的教室，甲醛浓度水平也很低。滕立新等[72]对北京市9个区县的94所中小学校进行了室内空气质量调查，发现甲醛的总合格率为93.6%，城区学校的合格率要略低于郊区学校。对高校教室的研究结果显示[77-80]，教室内甲醛的浓度也要显著低于国标，说明教室中甲醛的来源少。

部分地区教室空气中甲醛的浓度（mg/m^3） **表3-4**

地区	教室类型	样本数	平均浓度	浓度范围	参考文献
北京	中小学	10（未装修）	0.02	0.01～0.06	黄燕娣等[81]
		10（装修）	0.03	0.02～0.06	
贵阳	中小学	47	0.05		李湉湉等[45]
上海	小学		0.0516		卢国良等[82]
深圳	高校	5	0.01～0.04	0.02	贺小凤等[77]
广州	高校	100	0.05±0.03	0.01～0.14	彭燕等[78]
山东	高校	32	0.02	0.00～0.10	徐倩等[79]
福建	高校		0.0164	0.007～0.027	郑晓虹等[80]

(4) 苯系物和TVOC

教室空气中的苯系物及其他挥发性有机物污染主要来源于建筑装饰装修材料和一些特殊的学习用具，例如涂改液、复印纸等。其中劣质的涂改液等香味文具往往含有高浓度的环己烷、对二甲苯和三氯甲烷等卤代烃，长期使用此类产品，有可能破坏人体的免疫功能。

研究结果表明[45, 53, 55, 83]，苯、甲苯和二甲苯无论是老教室还是新装修教室均低于国家标准。但TVOC污染状况不那么乐观。北京20所中小学教室[81]检测时发现，1年内进行过装修和没有进行装修的空气中TVOC浓度有较大差异，没有进行装修的教室空气中最大TVOC浓度为0.56mg/m^3，均未超标；1年内进行过装修的教室空气中最大TVOC浓度超过国家标准近2倍，装修后3个月内空气中TVOC的浓度依然普遍较高，超标率高达78%。

3.1.3 幼儿园

通过文献收集整理发现，对于幼儿园与老年建筑的室内空气质量关注很少，幼儿园主要是疾病预防控制中心或防疫部门对幼儿园及托幼机构卫生情况与消毒情况的调查研究，体现为空气中菌落总数的合格率，而老年建筑的室内空气质量状况调查更少，建议以后加强幼儿园与老年建筑室内空气质量的检测研究。

儿童大部分时间生活在室内，其身体正处于生长发育阶段，呼吸量按体重比要高出成人，并且因生理条件等因素制约，比成人更易受到污染伤害，影响正常生长发育。因此，儿童对室内环境污染更为敏感。该部分的研究主要集中在疾病预防控制中心或防疫部门对幼儿园及托幼机构卫生情况与消毒情况的调查报告，体现为空气中细菌总数的合格率。由于国家尚没有托幼机构及老年建筑的室内空气质量标准，文献中参照了《医院消毒卫生标准》GB 15982—1995、《食（饮）具消毒卫生标准》GB 14934—1994和《室内空气质量标准》GB/T 18883—2002，以及某些地方性标准，如《江苏省托幼机构消毒卫生标准》。

不同隶属性质的幼儿园或托幼机构室内空气质量有显著差异。公办与城区的幼儿园设备好，制度完善，卫生设施投入大，且相关部门给予更多重视；而私立幼儿园和乡镇幼儿园投入资金少，设备差，设施简陋，监管措施不力，卫生意识薄弱。因此，公立幼儿园比私立幼儿园的空气质量好，城区幼儿园优于乡镇幼儿园，见表3-5。

不同性质幼儿园室内空气中菌落总数合格率 表 3-5

地区	年限	合格率（%）				文献来源
		公立	私立	城区	乡镇	
广东	2002	95	60			杨剑英等[84]
广东	2001～2003	77.59	65.57		36.49	叶慧坚[85]
山东	2009	47.42	10.78			李成朝等[86]
吉林	2005～2008	100	59.93			李永浩等[87]
山东	2005～2009			83.61	74.19	王茂林等[88]

自 1999 年中国开始进入老龄社会，老年人口数量不断增加，老龄化程度持续加深，据估计直到 2100 年，老年人口总量仍然高达 3.18 亿，占总人口的 31.1%，人口老龄化将伴随 21 世纪始终[84]。传统的居家养老模式已不能满足实际需求，随之出现了敬老院、老年公寓、老年康乐中心等一系列老年建筑。

由于我国城乡差距以及经济文化水平发展的地区性差异对老年建筑的发展也有很大影响，虽然某些老年公寓选择建在空气清新的市郊，但仍有部分乡镇敬老院是由旧楼改造而成，可能靠近街道或某些污染源，且经济投入少，敬老院人员拥挤，因此其室内空气质量状况不可忽视。因此，应该开展老年建筑的室内空气质量研究。

3.1.4 医院

医院是一个特殊的公共场所，汇集着各种病人，人员流动性非常大，空气中细菌和病毒的浓度比一般室内要高。医院中清洁剂和消毒剂的使用也非常频繁，在一些特殊功能的科室还会使用到大量的化学试剂，如甲醛和二甲苯等。这些污染物都会影响医院的室内空气质量[89]。另外空调系统的过滤器长期使用不但会积累大量的灰尘还会滋生细菌，如果清理不及时将会加剧恶化室内空气质量。可以说医院既是治疗疾病的地方，同时也有可能成为传染疾病的场所。

医院的众多功能区中，候诊区是患者最多，停留时间最长的功能区。由于我国医疗条件有限，所以医院常常人满为患。在调查中我们发现，候诊时间通常占门诊就医时间的 90%以上。因此候诊区的空气质量非常重要。北京大学于 2009 年 8～9 月对北京市 3 家三级甲等医院的 9 个候诊区空气中的挥发性有机物进行了检测。本次调查的候诊区的概况如表 3-6 所示[90]。

采样点概况 表3-6

医院	类型	采样点	采样点室内外环境
H1	口腔医院	挂号处（A），口腔种植科候诊室（B），手术室等候室（C），室外	楼房新；位于商业区；靠近主干路，交通繁忙；周围有建筑工地
H2	综合医院	注射室候诊室（D），麻醉科候诊区（E），病理科候诊区（F），室外	楼房旧，存在装修现象；位于商业区；交通流量大；就诊人数多
H3	综合医院	挂号处（G），口腔科候诊区（H），耳鼻喉科候诊区（I），室外	楼房较新；位于居民区；中等交通流量；周围有建筑施工

（1）TVOCs

医院空气中检出的挥发性有机物的种类较多，包括烷烃、烯烃、芳香烃、卤代烃和含氧烃。医院各采样点空气中 TVOCs 的浓度水平见表 3-7[90]。由表 3-7 可见，医院候诊区中挥发性有机物的浓度范围为 42.07～1678.18 $\mu g/m^3$。多数候诊区 TVOCs 的污染较轻，在较新医院，医院装修期间和一些特殊用途的科室的候诊室挥发性有机物污染严重。例如较新的医院 H3 的候诊区 G、H 的 TVOCs 的平均浓度接近《室内空气质量标准》GB/T 18883—2002 规定的 600$\mu g/m^3$。病理科候诊区的污染最重，平均浓度为 713.22 $\mu g/m^3$，超过了《室内空气质量标准》规定的限值。H2 医院 D、E 候诊区在装修期间 TVOCs 污染严重，浓度超出标准限值。

医院各采样点的 TVOCs 浓度（$\mu g/m^3$） 表3-7

医 院	采样点	浓度范围	平均值±标准差
H1	室外	28.80～286.97	141.58±86.80
	候诊区 A	52.22～319.48	205.57±115.97
	候诊区 B	128.90～289.48	222.34±72.71
	候诊区 C	43.91～631.32	265.77±229.76
H2	室外	31.27～289.26	142.24±89.89
	候诊区 D	60.66～604.05	286.61±205.16
	候诊区 E	209.25～1204.83	532.12±404.00
	候诊区 F	337.69～1678.18	713.22±550.53
H3	室外	22.98～190.56	123.64±57.67
	候诊区 G	42.07～1152.04	512.63±497.21
	候诊区 H	44.19～1310.54	561.04±581.03
	候诊区 I	53.66～346.22	222.41±111.49

（2）苯、甲苯和二甲苯

上述调查中的 9 个候诊区的苯浓度均较低，平均浓度为 14.58 μg/m³。与现有文献报道结果相比[90, 91]，发现医院空气中苯的总体污染水平较轻，均未超过《室内空气质量标准》的限值（110μg/m³），如图 3-6 所示。此外，所有功能区中门诊空气中苯的平均浓度最高，其次为候诊区，而注射室、急诊室和病房的浓度较低，平均浓度分别为 5.7 μg/m³、9.9 μg/m³、12.2 μg/m³。

H3 医院的 G、H 候诊区中甲苯污染较重，超过了《室内空气质量标准》规定的限值（200 μg/m³）。其他候诊区的甲苯浓度相对较低。H3 医院较新，通风情况比较差，容易造成污染物积聚。所以高浓度的甲苯可能来自建筑装修材料的释放后在室内积聚的结果。与文献值比较见图 3-6[90, 91]，可见候诊区中甲苯的污染最重，高于注射室、病房、门诊。急诊室的甲苯污染最轻。

病理科候诊区的二甲苯污染最严重，超标率达 75%。其他候诊区二甲苯污染相对较轻。病理科候诊区二甲苯的浓度是其他候诊区的 2～17 倍[89]。二甲苯是病理科用于制片的主要试剂，病理科普遍存在二甲苯污染现象。文献中报道了病理科的二甲苯污染非常严重[92, 93]，技术室中浓度为 70～5180 μg/m³[92]，病理科诊室的浓度为 70～270μg/m³[93]。病理科候诊区空气中二甲苯的浓度水平低于文献报道值[92, 93]。但候诊室中二甲苯污染最为严重，平均浓度高于注射室、门诊、急诊室和病房[89, 91]（图 3-6）。

（3）细菌

微生物污染一直是医院关注的重点，据统计，发达国家有 5%～10%的病人是在医院受到的感染。英国每年因医院传染而死亡的人数超过 5000 人，因医院传染而患病人数在 10 万以上。美国每年约有 180 万人在医院受到传染。而发展中国家在医院被传染的病人比例高达 25%。国家技术监督总局于 1995 年颁布的《医院消毒卫生标准》，规定了普通病房、重症监护室空气中细菌数应≤200cfu/m³；注射室、换药室、治疗室、急诊室空气中细菌数应≤500cfu/m³。卫生部颁发的《医院候诊室卫生标准》GB 9671—1996 规定候诊室空气中细菌数应≤4000cfu/m³。卫生部颁布的《消毒技术规范》规定了手术室中细菌数应<200cfu/m³。

调查结果汇总如表 3-8 所示[94-101]。表中所列的采样点包括患者比较集中的功能区（如：门诊、候诊区、病房）以及对洁净度要求高的功能区（如：手术室、重

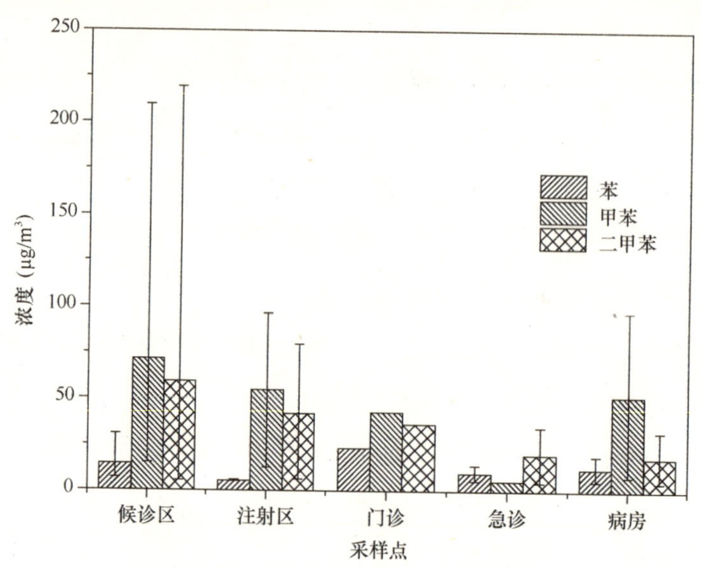

图 3-6 医院苯、甲苯和二甲苯污染状况

症监护室)。重症监护室和手术室的细菌污染水平较轻，基本符合要求。这是因为医院对这些功能区的管理十分严格，清洁消毒工作也做得比较到位。手术室空气随着使用时间延长空气质量会下降，手术后细菌水平大大超过手术前，部分手术室在手术后出现超标现象[95, 96, 101]。门诊、候诊区、病房、妇产科、急诊室、治疗室、注射室等医院中人流大、患者集中的功能区域的污染较重，超标现象非常普遍。这说明细菌超标情况与就医人数和消毒情况密切相关。在就医人数较少时细菌水平达标率高，在就诊高峰时细菌污染严重。

医院细菌污染状况（cfu/m³） **表 3-8**

采样点	样本数	最小值	最大值
病房	＞18	275	19149
妇产科	24	18	1216
候诊区	＞347	12	9000
急诊	48	367	10850
门诊	＞65	156	15857
治疗室	12	459	2904
注射室	8	672	3576
重症监护室	8	36	372
手术室	60	31	910

(4) 其他污染物

医院空气中关注的其他污染物包括 CO、CO_2、甲醛（HCHO）和 PM_{10}（可吸入颗粒物）。从目前的监测报道来看，CO 的污染程度比较轻[95, 98-100]，CO_2 超标现象很显著，特别是在患者较多的候诊室和门诊[94, 95, 97-100, 102]。这是因为 CO_2 与人体代谢有关，在人的呼出气中二氧化碳占 4%～5%，因此在患者多的地方 CO_2 浓度较高。所以加强这些场所的通风换气可以降低 CO_2 的污染状况。甲醛在候诊区的浓度相对较高（约为 20～120$\mu g/m^3$），在手术室、病房和注射室中甲醛的浓度较低，均未出现超标现象[92, 98, 99, 102-105]。甲醛在医院中常用于手术器械熏蒸消毒，还会用于处理病理样本和防腐剂，所以在病理科中甲醛的污染非常严重。在病理科取材室、技术室中甲醛的浓度甚至会超过职业接触限值（500$\mu g/m^3$）[92, 102]。由于甲醛在病理科的特殊用途，所以应该引起重视。医院空气中颗粒物的污染比较严重，候诊室、病房、急诊和注射室的 PM_{10} 都存在不同程度的超标现象[96, 98-100, 106]，其中以候诊室的颗粒物超标最严重[99, 100]。

医院不同功能区空气中 CO、CO_2、HCHO、PM_{10} 污染状况 **表 3-9**

采样点	CO（mg/m^3）	CO_2（%）	HCHO（$\mu g/m^3$）	PM_{10}（$\mu g/m^3$）
候诊室	1.25～9.75	0.02～0.10	20～120	10～600
门诊	0.5～8.75	0.05～0.25	—	66 ～148
手术室	1.8～19.1	0.05～0.16	50～90	—
妇产科	1.1～7.9	0.05～0.07	—	—
治疗室	1.1～3.1	0.05～0.08	—	—
层流室	4.7～11.2	0.06～0.10	—	—
病房	—	0.06～0.07	4～16	77～250
急诊	—	—	—	62～163
注射室	—	0.06～0.10	4～16	72～221
参考标准①	10	0.1	100	150

①《室内空气质量标准》GB/T 18883—2002。

3.2 二类民用建筑

3.2.1 办公楼

现代办公楼的室内空气污染主要来源于装修、办公家具、办公用品以及通风空调系统污染，主要污染物为甲醛、苯系物、TVOC、颗粒物、CO_2、细菌总数以及室内微小环境参数等。由于室内空气质量的原因，人们的身心健康和工作效率受到很大影响，特别是一些现代化密闭办公楼的工作人员受到的影响尤其明显。我国已出台了《室内空气质量标准》GB/T 18883—2002，2006 年卫生部又颁布了《公共场所集中空调通风系统卫生规范》，通过这两个标准控制办公楼的室内空气质量。

通过对一使用面积大于 1000m^2 的现代空调办公室进行了室内空气测试和问卷调查发现[107]，约 60%～70%的职员出现了类似于病态建筑综合征（SBS）。

北京市区内一座 19 层的高档办公写字楼自投入使用以来[108]，入住的客户单位员工感觉办公室内空气质量不好，入住时间较长的客户单位人员还出现有皮肤过敏、皮疹的症状。鉴于此，进行了污染事件的调查。被测办公室内空气中甲醛浓度平均值超过卫生限值（甲醛限值为 0.10mg/m^3）的有 10 处，占被检办公室的 35.7%；各室室内空气中甲醛平均浓度在 0.01～0.66mg/m^3，全部被测办公室氨浓度超标率为 100%（限值为 0.20mg/m^3，氨浓度均值为 0.47～4.86mg/m^3）。室外对照点未测出氨和甲醛的浓度值。

2008 年，陈道湧[109]在上海市中心城区选择 10 层以上的办公楼 7 幢，每幢办公楼选择朝向、楼层有代表性的办公室 6 间（楼层选择按低、中、高 3 个层次，每层选 2 间不同朝向的办公室），共计 42 间办公室。检测指标为温度、湿度、CO、CO_2、甲醛、氨、PM_{10}、照度、新风量。办公楼最近装修时间与本次检测时间的间隔均超过 1 年。办公楼楼层最低的为 11 层，最高的达 50 层，所有办公楼均采用集中式空调系统。调查的 42 间办公室的面积为 10～200m^2，平均为 64.4m^2，东南西北 4 个朝向分别占 19.0%、23.8%、35.7%、21.4%。各办公室平均人数为 17.7 人，合计 742 人。检测结果表明：温度、照度、CO、氨的合格率均为 100.0%，但噪声、新风量的合格率较低，仅为 9.5%和 11.9%（表 3-10）。

上海市办公建筑室内空气质量抽样测试结果　　表 3-10

项　目	测定值		合格率（%）	标准限值
	范围	平均值		
温度（℃）	23.4～28.0	25.5	100.0	22～28
相对湿度（%）	38.7～67.8	48.7	83.3	40～80
照度（lx）	152～835	337	100.0	≥100
噪声（dB）	51.5～71.6	65.8	9.5	≤60
新风量（m^3/（h·人））	2.8～67.8	15.4	11.9	≥30
CO（mg/m^3）	0.02～2.17	0.78	100.0	≤10
CO_2（%）	0.04～0.13	0.08	78.6	≤0.10
PM_{10}（mg/m^3）	0.05～0.96	0.08	78.6	≤0.15
甲醛（mg/m^3）	0.02～0.22	0.11	45.2	≤0.10
氨（mg/m^3）	未检出～0.04		100.0	≤0.20

上述案例分析表明：现代办公楼一般都使用集中式空调通风系统，办公环境相对封闭，新风量不足，及诸多装饰装潢材料与办公电器的大量使用，导致办公楼中甲醛、VOCs、氨、PM_{10}等超标，严重影响办公室的空气质量，容易引发病态建筑综合征（SBS）。

3.2.2 商场超市

商场超市是人们集购物、休闲和人群聚散之地，保证空气质量事关重要，地下营业场所受高湿影响会加重污染。商场超市内的主要污染物是甲醛、细菌、颗粒物、二氧化碳和挥发性有机物等。

在某市 5 大商场 8 层[110]进行的甲醛检测及 5 个超市商场细菌、PM_{10}的检测结果如表 3-11 和表 3-12 所示。建材超市甲醛、苯系物、PM_{10}污染严重，表 3-13 列出了某建材超市内污染物检测结果[111]。

5 个商场各层甲醛浓度（mg/m^3）　　表 3-11

商　场	A	B	C	D	E
地下室	0.10	0.16	—	—	—
一楼	0.13	0.1	0.17	0.13	0.12
二楼	0.17	0.13	0.17	0.16	0.16
三楼	0.16	0.14	0.21	0.14	0.18

续表

商　场	A	B	C	D	E
四楼	0.19	0.17	0.18	—	0.13
五楼	0.10	0.12	0.14	—	0.15
六楼	—	0.18	0.11	—	0.13
七楼	—	0.17	—	—	0.24
室外	0.05	0.03	0.06	0.04	0.06

注：GB/T 18883—2002 标准限值为 0.10mg/m³。

商场超市中细菌、PM_{10}浓度　　**表 3-12**

名称	数量	细菌（cfu/cm）	PM_{10}（mg/m³）
超市	5	1350	0.14
商场	5	800	0.21
标准限值（GB/T 18883—2002）		2500	0.15

某建材超市污染物浓度（mg/m³）　　**表 3-13**

检测点	样品数	甲醛	苯	甲苯	二甲苯	PM_{10}	二氧化碳（%）
装饰区	10	0.43	3.36	3.54	9.28	0.47	0.07
标准限值（GB/T 18883—2002）		0.10	0.11	0.20	0.20	0.15	0.10

3.2.3 宾馆

杨艰萍等[112]在上海浦东、长宁、静安、普陀、徐汇和黄浦 6 区内随机选择 18 家三至五星级宾馆为调查对象，其中三、四、五星级宾馆各 6 家。调查内容包括日常卫生管理状况和客房室内空气温度、相对湿度、CO_2、PM_{10}、甲醛和空气细菌总数。由表 3-14 可见，18 家星级宾馆客房室内空气中 PM_{10}浓度和细菌总数均符合国家卫生标准，而 CO_2 浓度和甲醛浓度合格率分别为 77.8%和 16.7%，甲醛最高超标 2.33 倍。6 家三星级宾馆甲醛浓度均不合格；6 家四星级宾馆中有 5 家甲醛浓度不合格；6 家五星级宾馆中有 4 家甲醛浓度不合格。18 家宾馆中，7 项指标全部合格者仅有 3 家，其中五星级宾馆 2 家，四星级宾馆 1 家。统计检验表明甲醛浓度与相对湿度之间呈正相关性（$p<0.05$）。

上海市18家星级宾馆客房室内空气质量测试结果　表3-14

宾馆类别	样本数	CO_2			细菌总数		
		范围（%）	$\bar{x}\pm s$（%）	合格率（%）	范围（cfu/皿）	$\bar{x}\pm s$（cfu/皿）	合格率（%）
三星级	6	0.049～0.066	0.061±0.006	100.0	6.1～7.3	6.6±0.5	100.0
四星级	6	0.056～0.078	0.066±0.008	66.7	5.6～7.4	6.7±0.7	100.0
五星级	6	0.045～0.073	0.064±0.010	66.7	5.2～7.4	6.3±0.7	100.0
合计	18	0.045～0.078	0.063±0.008	77.8	5.2～7.4	6.5±0.6	100.0
宾馆类别	样本数	PM_{10}			甲醛		
		范围（mg/m^3）	$\bar{x}\pm s$（mg/m^3）	合格率（%）	范围（mg/m^3）	$\bar{x}\pm s$（mg/m^3）	合格率（%）
三星级	6	0.006～0.130	0.073±0.051	100.0	0.139～0.399	0.217±0.097	0.0
四星级	6	0.005～0.067	0.025±0.029	100.0	0.091～0.204	0.157±0.042	16.7
五星级	6	0.017～0.055	0.035±0.017	100.0	0.080～0.230	0.154±0.052	33.3
合计	18	0.005～0.130	0.044±0.039	100.0	0.080～0.399	0.180±0.070	16.7

3.2.4　体育场馆及文化娱乐场所

体育场馆、影剧院及舞厅都是人们社会活动的重要场所，这些场所空气质量与卫生状况的好坏直接影响到人们的身体健康与舒适感觉。这些场所人群密集、人员流动性大，且空调导致的密闭性能高等特点，易导致空气质量恶化，进而引起致病菌，特别是传染病、流行病菌的传播。因此，对这些场所的室内空气质量与卫生状况应当给予更多关注。

（1）体育场馆

体育场馆室内空气污染物主要来源于：1）建筑及装饰材料、比赛地板、塑胶跑道、体育设备及器件等散发的甲醛、苯系物、挥发性有机物（VOC）及半挥发性有机物（SVOC）等；2）人体活动产生的可吸入颗粒物、细菌及二氧化碳（CO_2）等；3）室外大气污染物的侵入，包括附近的建筑扬尘、沙尘暴、汽车尾气、花粉等；4）集中式通风空调系统携带进入以及传播的污染物。即使新建体育场馆的中央空调通风系统，也会起到在各个功能场所之间搬运空气污染物的作用，存在引起交叉感染流行性疾病的威胁。

不同类型的体育场馆由于其建筑装饰装修材料、体育设备和器材、通风系统、室外环境以及运行前后存在很大差异，因而其场馆室内空气的主要污染物也会差异很大。清华大学[113]于2007年12月～2008年4月期间对装修后运行前的一些奥运体育场馆如鸟巢（国家体育场）、水立方（国家游泳中心）、北京奥运篮球馆、国家会议中心等的室内空气污染物进行了测试。主要污染物选取了由建筑、装修和装饰材料以及家具设备引起的甲醛、苯、甲苯、二甲苯、TVOC及氨，并按照国家标准《室内空气质量标准》GB/T 18883—2002的有关规定进行了采样和检测。根据检测点位的大小，选择装修量大、人群密集且停留时间较长并避开了风口的地点进行了检测点的布置，并根据场馆功能区的差异确定检测点位。部分场馆主要检测点位的污染物测试结果见表3-15。

场馆不同检测点位的污染物浓度[113] **表3-15**

检测场馆	检测点位	检测项目平均浓度（mg/m³）					
		甲醛	苯	甲苯	二甲苯	氨	TVOC
场馆1	功能区1	0.03	0.09	**0.29**	**0.25**	0.17	**0.85**
	功能区2	0.05	0.06	0.08	0.13	0.18	0.43
	功能区3	0.06	0.06	0.06	0.14	0.17	0.30
	功能区4	0.05	0.04	0.06	0.11	0.17	0.33
	功能区5	0.03	0.10	**0.22**	**0.23**	0.20	**0.66**
场馆2	功能区1	**0.12**	**0.13**	0.06	0.03	0.15	0.23
	功能区2	0.07	0.02	0.10	0.03	0.15	0.22
	功能区3	0.07	0.03	0.07	0.04	0.14	0.20
	功能区4	0.07	0.02	0.07	0.02	**0.26**	0.26
	功能区5	0.04	0.02	0.05	0.02	**0.31**	0.20
	功能区6	0.08	0.03	0.04	0.05	**0.35**	0.22
	功能区7	0.06	0.03	0.05	0.04	0.13	0.21
	功能区8	0.06	0.03	0.04	0.07	**0.33**	0.24
	功能区9	0.04	0.04	0.04	0.03	**0.22**	0.18
场馆3	功能区1	0.03	0.03	0.03	0.11	**0.25**	0.27
	功能区2	0.04	0.02	0.03	0.14	**0.22**	0.30
	功能区3	0.04	0.04	0.04	0.15	0.17	0.32
	功能区4	0.03	0.03	0.01	0.08	0.18	0.39
	功能区5	0.04	0.01	0.03	0.02	0.11	0.13
标准限值		**0.10**	**0.11**	**0.20**	**0.20**	**0.20**	**0.60**

表3-15显示出，场馆1的功能区1和5室内空气中的甲苯、二甲苯和TVOC测试平均值超出了标准规定上限值，超出百分比为10%～42%。超标的原因在于场馆1测试时刚装修完毕，且超标区装修材料和装饰物品相对较多，装修中的油漆和各种胶粘剂含有苯和苯系物。

场馆2功能区4、5、6、8和9的氨平均值超过了标准上限值的百分比为10%～75%。氨超标的主要原因是场馆在冬期进行施工，冬期施工的混凝土中一般含有尿素成分的防冻剂，如通风不足或尿素成分含量较高。功能区1的甲醛和苯也轻微超标，甲醛超标原因在于功能区1使用了较多的人造板材和胶粘剂等。从场馆2总体调查情况看，虽然检测点位的装修量较大，但由于实行了源头控制措施，再加上装修完成后通风时间较长，污染物散发较充分。

场馆3的结果显示出检测点位的甲醛、苯、甲苯、二甲苯和TVOC测试值都较低，两个点位的氨超标。原因在于该场馆的装修量较小，通风较好。

检测场馆的个别检测点位虽有单项检测指标值超标的现象，但超标率较低。其原因主要为：1）在场馆的建设和装修过程中对其所采取了空气品质控制措施，如建筑、装修、装饰材料的源头控制技术，自然通风和座椅送风的措施等是非常有效的，值得大力提倡。2）测试期间除场馆3外，场馆1和2的一些检测点位都有空调通风，空调通风也起到了稀释室内空气中化学污染物的作用。

臧广悦[114]依据《体育馆卫生标准》对某大学主要室内体育场馆的微小气候（温度、相对湿度、空气流速）以及空气细菌含量从1995年开始进行了跟踪调查研究。表3-16呈现了各场馆在不同年代测试得到的空气细菌总数。结果表明：多数场馆的细菌含量远超过了标准规定值，细菌污染较重。场馆空气细菌总数超标容易导致疾病传播，原因主要在于卫生管理和缺乏良好的通风措施。各场馆均以自然通风为主要通风方式，排风扇很少使用，室内污浊的空气为细菌的繁殖提供了条件。

此外，原《体育馆卫生标准》并未包括随着体育场馆和建筑装修材料及体育设施的发展而引起的一些新型的影响人体健康的污染物参数。如比赛地板、塑胶跑道、海绵垫、橡胶地板等这些专业设施大部分是化学制品，在其生产制作和现场安装的过程中，大量地使用甲醛、苯及苯系物、聚醚和甲苯二异氰酸酯（简称TDI）、乙酸丁酯、氨（胺）等有毒有害易挥发性物质。建议在《体育馆卫生标准》增加一些VOC（挥发性有机物）和半挥发性有机物（SVOC）的污染指标。

各场馆空气细菌总数 表 3-16

场 馆	空气细菌总数（个/m^3）			
	1995 年	1998 年	2002 年	2006 年
乒乓馆	7337	1226	1730	246
举重馆	6115	849	2988	1887
武术馆	5223	5756	5819	3932
艺体馆	—	7486	2799	2107
田径馆	18647	—	1478	1384
标准值	4000cfu/m^3（折算为 1000 个/m^3）			

（2）影剧院

影剧院是丰富人们精神文化生活、增进身心健康的公共娱乐场所，同时也是人群聚集、易于传播传染病的地方。因此，影剧院的空气质量直接影响着观众和工作人员的身体健康。

影剧院室内空气污染物主要来源于建筑及装饰材料、影视设备释放、人员活动及代谢产生的污染物以及室外大气的侵入和集中式通风空调系统携带进入室内的空气污染物。

虽然国内对文化娱乐场所影剧院的室内空气污染及卫生状况有所关注，然而对影剧院室内空气污染状况的了解很不全面，相关研究较少。表 3-17 给出了西安市 9 家影剧院的室内空气污染及卫生状况的调查结果[115]。结果表明：开映后气温、湿度逐渐上升，主要原因是门窗紧闭，通风不良，部分设有空调设备，但未启用。二氧化碳、细菌总数有随场次增加而上升的趋势，细菌总数超标严重。

另外，《文化娱乐场所卫生标准》GB 9664—1996 并未包括随着影剧院和建筑装修材料的发展而引起的一些新型的影响人体健康的污染物参数。建议在《文化娱乐场所卫生标准》中增加一些 VOCs 和 SVOCs 的污染指标，并在检测文化娱乐场所室内空气污染时，要关注通风空调系统的送风品质状况。

西安市 9 家影剧院室内空气中 CO_2 及细菌总数调查结果 表 3-17

采样时次	样本数	CO_2			细菌总数		
		浓度范围（%）	中位数	超标率（%）	浓度范围（个/m^3）	中位数	超标率（%）
场前	31	0.018～0.096	0.039	0.0	967～21829	4415	52.9
场中 1	49	0.012～0.121	0.057	0.0	226～60662	3621	46.9
场中 2	18	0.043～0.100	0.071	0.0	967～16977	4563	55.6
室外		0.019～0.120	0.040	0.0	226～8630	1358	

3.2.5 图书馆、档案馆及博物馆等公共建筑

(1) 基本情况

图书馆、档案馆及博物馆等公共建筑，在室内空气质量方面会更侧重于对藏品长久保护的影响，这与其他室内环境仅关注人体健康有所不同。此类文化机构都专门设有库房以长久保存文物、图书、档案为目的，和其他室内环境相比具有密闭、通风不良的特点，容易形成具有特色的室内藏储类空气污染物。

随着工业经济的发展，污染气体明显地侵蚀着各种位于室外的文物。而博物馆、图书馆、档案馆内保存的藏品也出现了可见的损伤和侵蚀。过去，温度、相对湿度、光照等物理因素是保护专家主要关注的对象。近些年，文化机构保护工作的重点已从微小气候条件转移到室内空气污染方面。1965 年 Thomson[116] 首先提出了大气化学中对于保管者而言存在的影响博物馆环境的因素，如 SO_2、H_2S、NH_3、NO_x 和 O_3 等污染气体。针对室内空气污染而言，博物馆、图书馆和档案馆比较特殊，既要能够发挥阻止藏品被侵蚀的功能，同时不能威胁保管工作人员的身体健康。我国在 1996 年出台了《图书馆、博物馆、美术馆和展览馆卫生标准》GB 9669—1996（见表 3-18），此标准是从开放的展览类环境对公众身体健康的角度制定的，但没有涉及文化遗产保护机构的藏储类环境。

图书馆、博物馆、美术馆和展览馆卫生标准　　表 3-18

项　目		图书馆、博物馆、美术馆	展览馆
温度（℃）	有空调装置	18～28	18～28
	无空调装置的采暖地区冬季	≥16	≥16
相对湿度(%)	有中央空调	45～65	40～80
风速(m/s)		≤0.5	≤0.5
二氧化碳(%)		≤0.10	≤0.15
甲醛(mg/m³)		≤0.12	≤0.12
可吸入颗粒物(mg/m³)		≤0.15	≤0.25
空气细菌数	撞击法，cfu/m³	≤2500	≤7000
	沉降法，个/皿	≤30	≤75
噪声(dB(A))		≤50	≤60
台面照度(lx)		≤100	≤100

近年来国家日益重视对图书古籍的保护工作。2006年我国文化部发布《图书馆古籍特藏书库基本要求》WH/T 24—2006行业标准对古籍书库的室内空气质量做出了明确要求(见表3-19)。2007年出台《国务院办公厅关于进一步加强古籍保护工作的意见》(国办发〔2007〕6号)提出“改善古籍保管条件”和“建立健全古籍书库的建设标准和技术标准”等意见。

古籍书库灰尘和有害气体浓度限值 **表3-19**

污染类别	浓度限值(mg/m^3)
可吸入颗粒物	0.15
二氧化硫	0.01
二氧化氮	0.01
总挥发性有机化合物	0.06

注:1. 表中各项参数要求不大于限值;2. 表中各项参数为1小时平均值。

2004年国家文物局“全国馆藏文物腐蚀损失调查”表明,由环境污染引起的文物腐蚀情况相当严重,其中一些省市文物自然腐蚀约占馆藏文物总数的7.8%,而且各地都存在不同程度的腐蚀损害。2009年国家文物局发布了《馆藏文物保存环境质量检测技术规范》WW/T 0016—2008行业标准,指出了馆藏文物保存环境质量检测项目(表3-20),检测总项目超过25项,多于其他室内环境。

馆藏文物保存环境质量检测项目 **表3-20**

应测项目	其他项目
温度、相对湿度、风速、紫外光照、二氧化硫、二氧化氮、甲酸、乙酸、氨、臭氧、甲醛、硫化氢、挥发性有机物(VOCs)、颗粒物(包括细颗粒$PM_{2.5}$和可吸入颗粒物PM_{10})、霉菌等	大气压、噪声、一氧化碳、亚硝酸、羰基硫、氯化氢、苯、甲苯、二甲苯、甲苯二异氰酸酯(TDI),氡(^{222}Rn)等

(2)主要污染物及浓度水平

博物馆、图书馆和档案馆等公共建筑的室内污染物,可以从来源上分为两大类,一类是源于室外大气的污染物,如SO_2、NO_2、O_3、颗粒物等;另一类是主要源于室内环境的污染物,如氡(^{222}Rn),氨(NH_3),甲醛、甲酸乙酸和VOCs等。

目前我国大多数博物馆、图书馆和档案馆都处于城市中心,受城市大气污染的影响明显,其室内SO_2、NO_2、O_3等气体污染物浓度与建筑结构有关,一般低于室外污染物浓度。大部分的颗粒物也源自于室外大气，颗粒物中只有少部分的生物类气溶胶，如霉菌、细菌等，具有可生长性，在一定的温湿度条件下（高温高湿），可以认为源自于室内环境。博物馆档案馆库房中源自室外的主要污染物浓度水平如表 3-21 所示。

博物馆档案馆库房中源自室外的主要污染物浓度水平 **表 3-21**

污染物	检测浓度	检测地点	参考文献
SO_2	41.0～90.2 $\mu g/m^3$（被动法）； 41.0～61.5 $\mu g/m^3$（主动法）	中国钱币博物馆	黄锡全等[117]
	10 $\mu g/m^3$（小时平均）	上海博物馆	解玉林[118]
	超过 110 ppb	中国国家博物馆	张月玲[119]
	0.07～0.23mg/m^3	江西档案库房	万国林等[120]
	0～0.041mg/m^3	江西档案库房	万国林等[121]
	0.045～0.086mg/m^3	济南档案库房	左连等[122]
	0.05mg/m^3	某档案库房	刘波和王金富[123]
	2.3～5.5mg/m^3	重庆博物馆	陈元生和解玉林[124] 陈元生和解玉林[125]
	5.9～23.1mg/m^3	重庆渝北区文管所库房	
	0.005～0.101mg/m^3	广东省博物馆	
NO_2	37.1～66.6$\mu g/m^3$（被动法）； 24.0～27.6$\mu g/m^3$（主动法）	中国钱币博物馆	黄锡全等[117]
	78.7 $\mu g/m^3$（年平均）	上海博物馆	解玉林[118]
	0.41～9.63 $\mu g/m^3$（被动法）	武汉博物馆	徐方圆等[126]
O_3	4～14$\mu g/m^3$（小时平均）	上海博物馆	解玉林[118]
	3～234 $\mu g/m^3$	广东省博物馆	陈元生和解玉林[125]
颗粒物	0.091～0.264mg/m^3	济南档案库房	左连等[122]
	0.07mg/m^3	某档案库房	刘波和王金富[123]
	0.036～0.078mg/m^3	江西档案库房	万国林等[127]
	0.024～0.155mg/m^3（日平均）； 172.4 $\mu g/m^3$（TSP）； 108.4 $\mu g/m^3$（$PM_{2.5}$）	广东省博物馆 秦始皇兵马俑博物馆	解玉林[118] 李华等[128]
	28.2～1460.4 $\mu g/m^3$； （非开放洞窟） 25.1～1523.8 $\mu g/m^3$ （非开放洞窟）	敦煌莫高窟	张二科等[129]

SO_2、NO_2、O_3 对多种材质的文物、档案均起腐蚀破坏作用。颗粒物会沉降于文物、档案表面，覆盖原有的色彩，携带的化学物质在一定的温湿度光照条件下，会侵蚀毁坏文物、档案图书。氮氧化物中目前被注意到对文物构成危害的主要是 NO_2 和 HNO_3，目前检测较多是 NO_2。除此之外，H_2S 在空气中的浓度较低，在 5～30μg/m^3（约 3～22ppb）范围内，但已可以使银失去光泽，生成硫化银。储藏在橱柜内的银器变色可能与有机硫化物有关，例如羰基硫等，这些有机硫化物来自橡胶、蛋白类胶粘剂、羊毛等材料。目前国内博物馆、图书馆、档案馆中检测 H_2S 的数据还比较少。

博物馆、图书馆和档案馆源于室内的污染物，主要有氡（^{222}Rn）、甲醛、甲酸乙酸和挥发性有机物（VOCs）等，其浓度水平见表 3-22。大气中的氨（NH_3）不是重要的污染物，但当尿素作为防冻剂在建筑施工过程中使用时，建成后的室内环境中会不断分解累积氨（NH_3），对人体健康造成影响。曾有新建成某图书馆氨超标的案例。

博物馆图书馆档案馆库房中源自室内的主要污染物浓度水平　　表 3-22

污染物	检测浓度	地　点	参考文献
氡	64.8±69.4 Bq/m^3（全省平均）	山东省档案馆	谈彩璋和刘志和[131]
	203.7±106.4 Bq/m^3	开封市档案馆	孟繁卿等[132]
	31.16 Bq/m^3（库房） 43.43 Bq/m^3（标准馆）	济南市档案局	赵志杰等[130]
	63.23±12.30 Bq/m^3	青岛海洋大学图书馆	肖鹏等[133]
	28.1±8.5 Bq/m^3 40.3±11.4 Bq/m^3（地下室）	解放军医学图书馆	李蓉等[134]
甲醛	0.01～0.25mg/m^3	武汉市博物馆	徐方圆等[126]
	超过 0.05mg/m^3； 最高达到 0.50mg/m^3	江西某档案馆	万国林等[120]
	春 0.024mg/m^3； 夏 0.109mg/m^3； 秋 0.089mg/m^3； 冬 0.026mg/m^3	江西省档案库房	陈剑等[135]
	0.020～0.093mg/m^3	江西省档案库房	万国林等[121]
	0.07mg/m^3	某档案库房	刘波和王金富[123]
	最大值 0.26mg/m^3	广州市 16 家档案室	陈建雄等[136]
甲酸 乙酸	甲酸 27.42～52.47 ug/m^3 乙酸 202.15～277.55 ug/m^3	武汉市博物馆	徐方圆等[126]

续表

污染物	检测浓度	地点	参考文献
VOCs	1090.7 μg/m³	武汉市博物馆	徐方圆等[126]
	1.20mg/m³(最大值)	广州市16家档案室	陈建雄等[136]
	555.99 μg/m³(平均)	广州市某图书馆	王伯光等[137]

氡和甲醛是典型的室内环境污染物，博物馆、图书馆和档案馆环境中的氡和甲醛与其他室内环境的来源基本相同，但在库房环境中，由于通风不良等因素，更容易累积，明显要高于其他室内环境。如赵志杰等[130]对济南市档案库房检测氡的浓度结果显示：档案库房氡平均浓度为档案馆一般办公室环境的1.74倍，是库房外环境氡浓度的5.9倍。甲醛也曾作为熏蒸剂用于档案库房消毒灭菌，经过熏蒸的库房浓度明显较高。

挥发性有机物(VOCs)在博物馆、图书馆和档案馆环境中除了浓度较高外，种类也较多，除了源于建筑材料外，还有藏品本身的释放，以及在这些环境中经常使用的防虫霉药品所释放的有机挥发成分(表3-23)。徐方圆等[126]检测武汉博物馆VOCs多达102种。

有别于其他室内环境的是，甲酸、乙酸是博物馆、图书馆和档案馆近年来从藏品老化分解角度新认识的污染物，微环境中(例如展柜中)积聚的甲酸和乙酸同样会对藏品侵蚀，加速藏品的老化分解。

防虫霉药品的有机挥发性成分 **表3-23**

常用防虫霉药品	挥发性有机化合物的主要成分
防霉剂	樟脑萜烯6.1%，樟脑40.4%，异冰片醇31.1%，长叶烯11.3%，异冰片酯酸4.3%，其他6.7%
防霉杀虫剂	右旋1,8-萜二烯15.1%，樟脑8.3%，异冰片4.5%，异长叶烯30.5%，长叶烯41.5%
香草药防虫剂	3-甲基丁烯醛，2-甲基丙醛，2-甲基丁醛，3-甲基丁醛，2-丁酮
人工樟脑丸	对二氯苯

博物馆、图书馆和档案馆环境中，特别是库房环境检出的防虫防霉剂成分主要有樟脑、萘、对二氯苯等(见表3-24)。

库房中防虫霉药品成分 表 3-24

挥发性成分	检测浓度	检测地点	资料来源
樟脑	0.075～0.21mg/m^3	某档案馆	宋景平等[138]
	1.00mg/m^3(使用合成樟脑库房的平均浓度) 0.74mg/m^3(使用商品防霉剂库房的平均浓度) 0.14mg/m^3(使用天然樟脑库房的平均浓度)	江西 17 个档案库	万国林等[121]
	0.541mg/m^3(平均浓度)	江西 14 个档案库	万国林等[120]
	0～2.01mg/m^3	江西 14 个档案库	万国林等[127]
萘	0.80mg/m^3(最大浓度)	济南 8 个档案库房	左连等[122]
	0.02mg/m^3	某档案库房	刘波和王金富[123]
对二氯苯	56.8 μg/m^3	武汉市博物馆	徐方圆等[126]

博物馆、图书馆和档案馆环境中另一显著特点是高温高湿条件下会出现微生物污染情况。王宁娟等(2007)对河北省石家庄地区档案库房空气中检测出有微球菌、表皮葡萄球菌、枯草芽孢杆菌、奴卡菌和毛霉菌等微生物，发现库房内空气中的各种微生物含量与室温有密切关系，室温 25～30℃，是各种微生物活动最猖獗的环境。

3.3 城市交通工具

3.3.1 公共交通工具

北京大学于 2005～2007 年的两年时间，对北京市公交系统中的城铁、地铁、出租车、公共汽车的室内空气污染物质浓度进行了检测，污染物总样本量为 7203 个。其中城铁、地铁、出租车、公共汽车的样本量分别为 782 个、1003 个、1149 个及 4269 个。调查的总体情况如表 3-25 所示。

由于目前我国未出台交通工具微环境内的空气质量标准，故测得的交通工具微环境内污染物浓度数值与我国《室内空气质量标准》GB/T 18883—2002 相比较。一氧化碳、二氧化碳、PM_{10}、苯、甲苯、二甲苯具有室内空气质量标准值，如表 3-26 所示。各种交通工具中，公交汽车的污染最严重，除苯不超标外，其他污染物质有不同程度的超标，以 PM_{10} 超标最严重，超标率高达 84%。而城铁的车内空气质量最好，仅有二氧化碳超标。所有交通工具微环境内的二氧化碳均呈现不同程度的超标现象，以出租车内二氧化碳的超标率为最大，达到 92%。一氧化碳在公共汽车及出租车中出现了超标现象，且出租车的超标率要高于公共汽车。除城铁外，其他交通工具内的颗粒物污染均呈现超标状况，其中地铁的 PM_{10} 污染较为严重，超标率为 91%。而苯系物在各交通工具内的浓度均较低，仅在公共汽车内出现甲苯及二甲苯的超标现象，且超标率仅为 3%。

交通工具微环境内污染物浓度 **表 3-25**

目标污染物	单位	公共汽车			出租车			城铁			地铁		
		样本数	平均值	标准差	样本数	平均值	标准差	样本数	平均值	标准差	样本数	平均值	标准差
CO	ppm	642	6.8	18.5	173	8.5	5.6	194	0.8	0.4	156	1.8	0.8
CO_2		660	1253.5	633.0	170	2004.9	937.0	201	1177.4	402.0	156	086.0	279.0
TSP	μg/m³	633	1042.5	1242.3	158	175.1	169.0	84	165.8	78.7	156	456.2	176.7
PM_{10}		633	757.9	1116.7	142	131.5	144.8	83	108.4	56.0	156	324.8	125.5
$PM_{2.5}$		633	165.3	169.7	158	49.1	68.6	83	36.9	18.7	156	112.6	42.7
PM_1		633	60.7	62.0	158	20.2	31.4	83	14.7	6.6	156	38.2	13.9
苯		87	17.3	15.9	38	14.5	11.1	18	13.7	5.5	21	7.6	2.1
甲苯		88	44.2	67.0	38	12.7	10.2	18	12.4	4.7	26	9.7	3.5
乙苯		88	16.9	22.1	38	3.6	3.8	—	—	—	—	—	
二甲苯 m/p-二甲苯		87	38.5	45.7	38	10.8	11.2	18	4.1	2.3	20	7.7	2.3
二甲苯 o-二甲苯		85	16.9	25.0	38	5.4	5.6						

交通工具微环境内污染物质超标情况 **表 3-26**

监测项目	单位	标准值①	超标率(%)			
			公交车	出租车	城铁	地铁
CO	ppm	8.0	10	45	0	0
CO_2	%	0.10	50	92	60	37
PM_{10}	mg/m³	0.15	84	33	0	91
苯	mg/m³	0.11	0	0	0	—
甲苯	mg/m³	0.20	3	0	0	—
二甲苯	mg/m³	0.20	3	0	0	—

① 来自于《室内空气质量标准》GB/T 18883—2002。

将本研究中的污染物浓度均值与文献中报道的数据相比较，如图 3-7 所示。与文献值相比，本调查的一氧化碳数值较低，公共汽车及出租车的平均浓度处于文献报道值的中间水平，而地铁和城铁的数值则基本等于或低于文献报道的低值[139]。公共交通工具中的颗粒物浓度较高，除城铁内的 $PM_{2.5}$ 浓度外，均大幅度地高于文献报道的数值，其中公共汽车内的颗粒物浓度最高(如图 3-8、图 3-9 所示)。

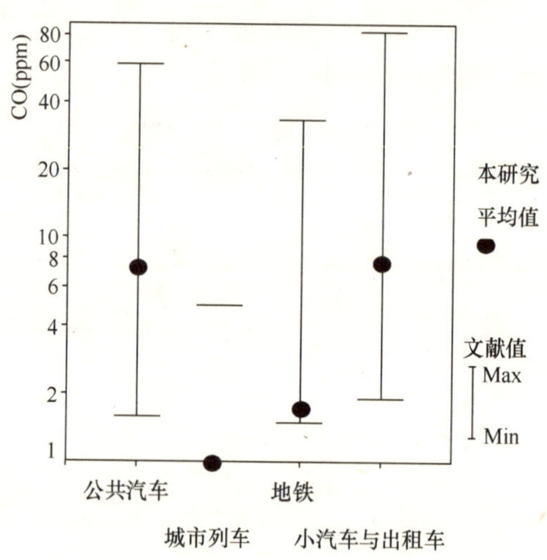

图 3-7 CO 浓度与文献报道浓度比较

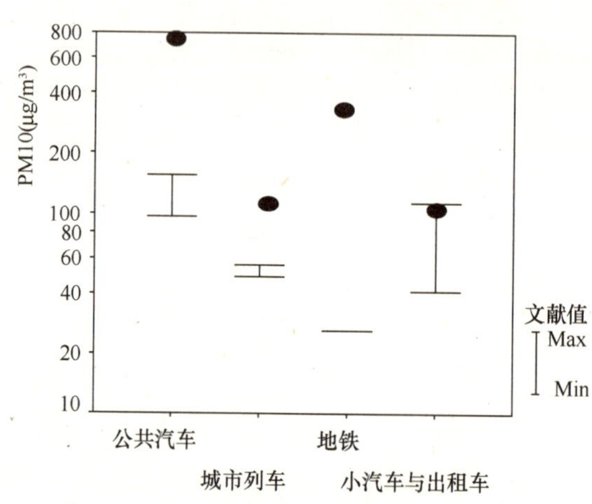

图 3-8 PM_{10} 浓度与文献报道浓度比较

与文献值相比，公共汽车内的苯系物浓度较高，乙苯及二甲苯超出了文献报道的浓度范围。城铁内的苯系物浓度均在文献报道的范围内。而出租车内的苯系物浓

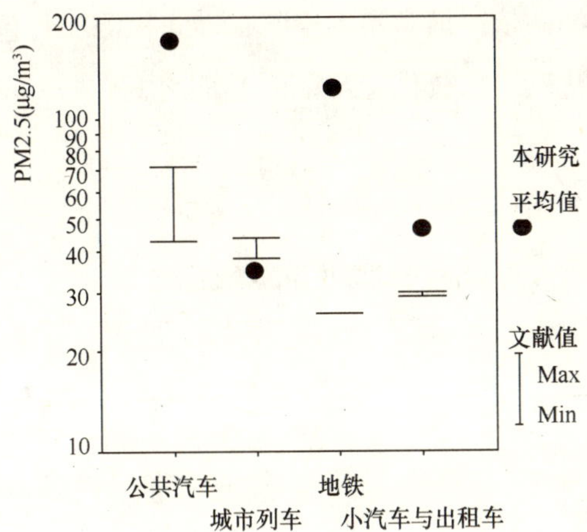

图 3-9 $PM_{2.5}$浓度与文献报道浓度比较

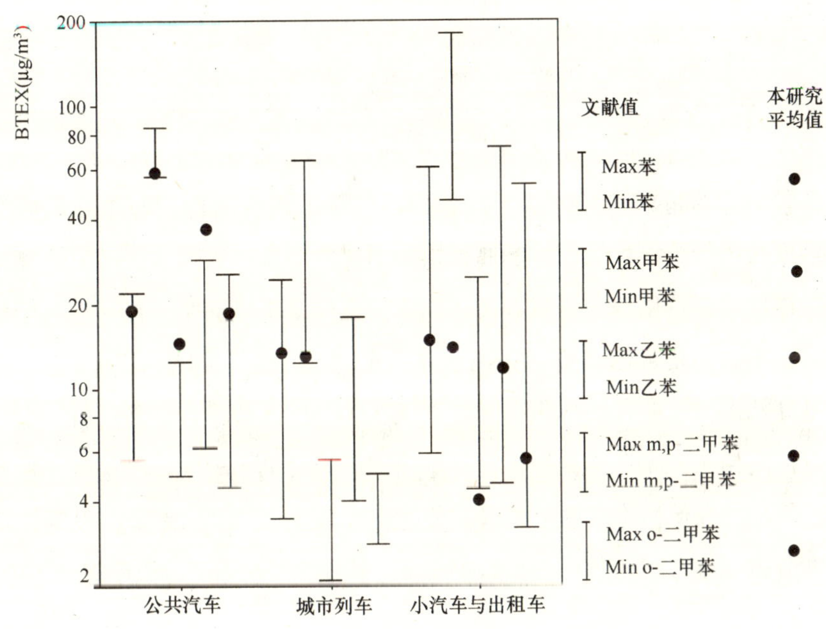

图 3-10 苯系物浓度与文献报道浓度比较

度则较低，甲苯及乙苯的浓度均低于文献报道的低值。在各交通工具内，甲苯的浓度非常低，均基本等于或略低于文献报道的数值。

3.3.2 轿车

2004 年 4～6 月，对 800 多辆驾驶时间约为 1.3 年的新车和 20 辆旧车的车内微环境进行了静态检测。依照国家室内空气标准，检测项目包括甲醛、苯、甲苯、乙苯、二甲苯、一氧化碳、二氧化碳及颗粒物等。

(1)甲醛

统计结果如表 3-27 所示。

各种档次车内甲醛的统计结果 **表 3-27**

	高档次	中档次	低档次	总体
平均值(mg/m^3)	0.082	0.081	0.085	0.084
标准差(mg/m^3)	0.035	0.030	0.065	0.061
范围(mg/m^3)	0.033～0.168	0.029～0.127	0.021～1.108	0.021～1.108
超标率(%)	23	24	24	24
样本数	48	82	672	802

从表 3-27 中可见，各种档次车内甲醛的平均浓度都低于室内标准 0.10mg/m^3。甲醛在各种档次的超标率都在 23%～24%，说明车内污染比较严重。低档次车内的甲醛污染最为严重，然后依次是高档次和中档次轿车。出现这一结果可能与价格较低的低档次轿车选用普通材料有关，问卷调查的结果也证实了这一点，低档车内部的座套和座垫多是合成织物，方向盘是合成橡胶为主，脚垫一般由化纤制品组成。但是高档次轿车各种目标化合物浓度仅次于低档次轿车，出乎意料，不过仔细分析发现，高档车密闭性能良好，使得车内释放物聚集在车内，以至于各种目标化合物浓度偏高。在低档次车内甲醛最高值达到 1.108mg/m^3，此车内甲苯、苯和二甲苯浓度分别是 3.376mg/m^3、1.110mg/m^3 和 0.264mg/m^3，说明这个车内污染整体都比较严重。

为便于比较，将文献中的车内甲醛浓度数据以及本次检测的新车内的测定值一并列于表 3-28。从表中可见，美国加利福尼亚州和韩国大邱市的车内甲醛浓度都比较低，戴涟漪[140]报道的结果与本文的结果相差不大，造成这种结果的原因可能是国外车内的装饰材料与国内不同，释放的甲醛比较少。在国内，销售商在车辆出售时，一般附赠免费装修、打蜡，此时赠送的产品多是市场上的最低档的，这样的材料释放甲醛量较多[141]。

车内甲醛浓度平均水平($\mu g/m^3$)[141] 表 3-28

研究者	Shikiya	Jo WK		戴涟漪	张广山	
地点	美国加州	韩国大邱		中国北京	中国北京	
时间	1989	2000		2004	2004	
车型	轿车	客车	公共汽车	轿车	新私家车	旧私家车
平均值	15.4	19.1	21.2	60	86	73

(2)苯系物

我国《室内空气质量标准》GB/T 18883—2002 规定了各种污染物的浓度阈值，苯浓度 0.11mg/m^3，甲苯浓度 0.20mg/m^3，二甲苯浓度 0.20mg/m^3。表 3-29 列示了本次检测不同档次车内的苯系物浓度的统计值。

各种档次车内苯系物的统计结果 表 3-29

项目		样本数(个)			
		高档次(48)	中档次(82)	低档次(672)	总体(802)
苯	平均值	0.245	0.225	0.273	0.268
	标准差	0.175	0.226	0.254	0.247
	范围	0.025～0.986	0.02～0.57	0.01～1.75	0.01～1.75
	超标率(%)	72	70	75	75
甲苯	平均值	1.210	0.976	1.249	1.219
	标准差	1.594	1.087	1.895	1.812
	范围	0.044～5.568	0.031～2.649	0.01～16.24	0.01～16.24
	超标率(%)	77	75	82	82
二甲苯	平均值	0.237	0.144	0.170	0.171
	标准差	0.560	0.236	0.319	0.331
	范围	0.02～1.245	0.02～0.521	0.02～3.67	0.02～3.67
	超标率(%)	29	26	25	25

从表 3-29 可见，各种档次车的超标率基本相当，都是甲苯超标最为严重，本次检测车内甲苯超标率达到 82%；其次苯超标也相当严重，达到 75%。苯和甲苯都是在低档次车里超标最为严重，然后依次是高档车和中档车。二甲苯在高档车里超标最为严重，在低档次车里最轻。

苯和甲苯的平均浓度在各种档次车内都超过了室内空气标准；二甲苯的平均浓度在高档车里超过了室内标准，在中档次和低档次车里没有超过室内空气标准。苯和甲苯的平均浓度都是在低档次车里浓度最高，苯的平均浓度在高档次车里最低，而甲苯的平均浓度在中档次车里最低。在低档次车里甲苯浓度的平均值是室内标准的6倍。

苯和甲苯浓度的最高值都出现在低档车里，说明低档车的污染非常严重。其次是高档车，中档车的污染是最小的。高档车内苯系物浓度比中档次车内高，结果与预想中不符。但是从问卷中可以看出，高档次轿车座套、方向盘等基本都是真皮材料，且高档车密闭性能良好，导致车内释放物聚集在车内，以至于各种目标化合物浓度偏高。在高档车里，甲苯浓度最高值 5.6mg/m^3，该车内二甲苯浓度 1.2mg/m^3。从问卷调查里可以看到一款高品牌车，刚购置两个月，内装置豪华，可以明显闻到皮子的味道，说明新车车内装饰品正处在高度释放期，不适宜驾车。汽车就像房子一样，装修后要经过一段的释放期后，再利用才不会对人体的健康带来过多的影响。

由于苯系物的高毒性和车内浓度水平较高的原因，苯系物的浓度水平一直是车内污染研究的重点和热点。国内外对大量的公交系统、出租车和私家车内的苯系物都做了很多工作，表 3-30 列示了国内外部分研究者对苯、甲苯和二甲苯在私家车的检测结果[141]。

车内微环境苯系物的浓度水平[141] **表 3-30**

研究者	检测地点	车内目标化合物平均浓度(mg/m^3)		
		苯	甲苯	二甲苯
本研究	中国北京	0.27	1.22	0.17
戴涟漪(2004)	中国北京	0.018	0.78	0.071
Lau W L(2003)	中国香港	0.006	0.05	0.007
Jo W K(1999)	韩国大邱	0.047	0.17	0.04
Leung P L(1999)	英国伯明翰	0.018	0.04	0.14
Dor F(1995)	法国巴黎	0.012	0.08	—

可以看到，本调查研究与其他研究者的检测结果相比，苯系物浓度水平都是最高的。原因有二，一是新车内装饰了各种新型材料，污染物释放量比较高；二是材料的污染物释放率随时间衰减。本调查选择的车型较新，检测甲苯的平均浓度非常高，达到 1.22mg/m^3，可能跟车内装饰所用胶粘剂的主要成分甲苯有关。表中显示的文献中数值和调查结果都有很大区别，原因在于采样状态、车型、驾驶条件、

燃料组成、气象条件以及当地的大气背景都是不相同的。

从整个苯系物来看，在车内微环境里国产车污染比国外严重得多，这一方面是国内市场大打价格战，汽车厂商为了降低成本对车内材料选择不当造成的；另一方面也是国内没有相关的汽车出厂的车内环境检测标准，导致不能很好的制约厂商的生产行为。

(3)一氧化碳

我国《室内空气质量标准》GB/T 18883—2002 规定 CO 浓度限值为 10mg/m^3。表 3-31 列出了本次检测车的不同档次车内的一氧化碳浓度。

各种档次车内一氧化碳的统计结果 **表 3-31**

	高档次	中档次	低档次	总体
平均值(mg/m^3)	9.0	8.6	9.4	9.4
标准差(mg/m^3)	4.6	4.5	5.0	5.1
范围(mg/m^3)	1.9～20.9	1.5～15.8	0.3～29.9	0.3～29.9
超标率(%)	42	44	45	45
样本数	48	82	672	802

从表 3-31 中可以看到，各种档次车内 CO 超标率相当，都在 42%以上。各种档次车内的 CO 浓度都比较高，平均浓度都比较接近室内标准限值 10mg/m^3，污染较为严重。低档次车内污染最是严重，平均值是 9.4mg/m^3。CO 浓度最高值是室内标准的 3 倍，从问卷调查可以看到此车是一款捷达车，这与该车的空气交换率较大有关。其次分别是高档车和中档车，CO 浓度范围变化都比较大。由于本次是静态检测，车内没有 CO 释放源，但是由于汽车是进入预定检测位置仅 20min 就开始测量的，车内发动机温度较高，必然导致汽油挥发，通过发动机管道或车体缝隙进入车内，造成车内 CO 浓度偏高。

客观和主观结果显示出低档次车里的污染与构件和内饰等所用材料及质量有关，低档车内以合成材料为主。鉴于国内没有明确车内材料的环保指标，这些可能会导致低档车内污染最为严重。而高档车内真皮使用量最多，且车体密封性能最好，致使车内污染比中档次车内严重。

3.4 结论与建议

虽然我国已出台了《室内空气质量标准》GB/T 18883—2002 和《民用建筑工程室内环境污染控制规范》GB 50325—2010 等多项室内空气质量相关标准，对我国室内空气污染控制起了重要作用，但调查结果表明我国住宅、教室、医院和办公场所等建筑中的甲醛、VOCs、氨、颗粒物和细菌等污染依然严重，主要原因是大量使用新型建筑装饰材料、物品，以及通风量不足。由于人员拥挤和通风不良，城市交通工具中的可吸入颗粒物和 CO_2 普遍超标。

不同环境室内空气污染物种类及浓度水平差异较大，甚至出现了一些在我国现行室内空气质量标准中未涉及的新型污染物，譬如对人体健康有重要危害的半挥发性有机物(SVOCs)和颗粒物 $PM_{2.5}$ 等，因此在室内空气污染控制过程中，需弄清这些主要污染物来源及特性，并研究适用于不同建筑的室内空气质量控制技术及方法，才能营造健康、舒适的室内环境。

参考文献

[1] 王怀富，高鲁红. 居室装修后室内空气污染状况调查. 预防医学论坛. 2008，(10)：872-873.

[2] 程艳丽. 贵阳市民居室内外空气污染物分布及来源研究. 中国环境监测. 2007，23(5).

[3] 陆思华，白郁华，龚幸颐，虞江平. 北大园区室内空气质量卫生学研究. 环境与健康杂志. 1999，(01).

[4] 郑洁，张卫华，杨朝杰. 重庆市某居民区室内外空气品质调查. 顺德职业技术学院学报. 2006，(01)：20-26.

[5] 徐业林，赵玉琳，王志強，林超，袁思泉. 室内空气中二氧化碳变化趋势及现状调查. 安徽预防医学杂志. 2010，(04)：272-273+280.

[6] Zhao Y，Chen B，Guo YL，Peng FF，Zhao JL. Indoor air environment of residential buildings in Dalian，China. Energy and Buildings. 2004，36(12)：1235-1239.

[7] 李盛，王金玉. 兰州市住宅内空气污染状况调查. 中国自然医学杂志. 2009，(01)：12-14.

[8] 田园春，孙亚兵，冯景伟，李署. 南京市居室内 SO_2、HCHO 和 TVOCs 污染的研究. 环境科学学报. 2007，(02)：190-194.

[9] 李智文，任爱国，关联欣，李竹. 山西省农村地区室内燃煤空气污染状况调查. 中国公共卫生. 2006，(06)：728-729.

[10] 董兆举. 皖西南农村地区空气污染水平调查. 环境与健康杂志. 2001，18(5).

[11] 解军，程磊，李晶. 使用不同能源炉具对厨房空气中 NO_2 浓度的影响. 中国环境管理干部学院学报. 2008，(03)：66-68.

[12] 万逢洁，韦小敏，张志勇，仇小强，庞伟毅. 南宁市新装修居室空气污染状况及其对人群健康的影响. 环境与健康杂志. 2008，(12)：1069-1071.

[13] 周慧. 苏州市区室内空气污染现状调查与分析. 甘肃科技纵横. 2005，34(1).

[14] 蒋志军，连娜. 海伦市居民室内空气中氨污染现状分析. 黑龙江环境通报. 2009，(02)：92-94.

[15] 林文宝，张凯. 新装修居室空气污染状况. 环境与健康杂志. 2003，(01)：29.

[16] 张明宝，张金艳. 北京市 74 户居室装修竣工之初的污染状况. 职业与健康. 2007，(21)：1965-1966.

[17] 闫斌，郭占景，程锦隆. 石家庄市装修居室空气质量. 环境与健康杂志. 2006，(01)：44-45.

[18] 孟宪军. 兰州市部分住户居室装修后室内空气污染及对人体不良反应的调查与分析. 甘肃科技. 2005，(06)：6-8+68.

[19] 刘俊含，郭玉明，潘小川. 西安市部分新装修居室空气污染及其影响因素. 环境与健康杂志 . 2008，(04)：323-325.

[20] 赵立峰，崔明. 焦作市部分装修居室空气污染调查. 环境与健康杂志. 2007，(09)：712-714.

[21] 陈梅秀，王志城. 梅州市新装修建筑物室内空气污染状况调查. 职业与健康. 2006，(05)：368-369.

[22] 梁雄宇，黄义活，麦浪，黄志标，柯兴发. 阳江市装修后室内空气质量调查与研究. 中国卫生检验杂志. 2009，(05)：1140-1142.

[23] 范丽，杨东岳，郭孝鹏. 荆门市装修后居室空气质量的调查. 职业与健康. 2009，(23)：2592-2593.

[24] 史建平，梁丽绒，张燕萍，刘力，苏兵. 太原市室内外空气中颗粒物污染特征. 环境与健康杂志. 2008，(03)：224-226.

[25] Wang SX，Wei W，Li D，Aunan K，Hao JM. Air pollutants in rural homes in Guizhou，China - Concentrations，speciation，and size distribution. Atmospheric Environment. 2010，

44(36)：4575-4581.

[26] 刘建龙，谭超毅，焦胜，谭鑫. 湖南省5城市住宅室内空气质量调查与评价. 环境与职业医学. 2009，(05)：461-463.

[27] 顾庆平，高翔，陈洋，余琦，张艳，陈立民. 江苏农村地区室内 $PM_{2.5}$ 浓度特征分析. 复旦学报(自然科学版). 2009，(05)：593-597.

[28] 潘小川，田中华，王灵菇. 北京市三城区室内空气污染水平的初步研究. 环境与健康杂志. 2002，(04)：312-314.

[29] 刘阳生，陈睿，沈兴兴，毛小苓，郝鹏鹏，曾明. 北京冬季室内空气中 TSP，PM_{10}，$PM_{2.5}$ 和 $PM_{1.0}$ 污染研究. 应用基础与工程科学学报. 2003，11(3)：255-265.

[30] 张永，李心意，姜丽娟，魏建荣，盛欣，刘玉敏，郭新彪. 住宅室内空气颗粒物污染状况及其与大气浓度关系的初探. 卫生研究. 2005，(04)：407-409.

[31] 程鸿，胡敏，张利文，万霖. 北京秋季室内外 $PM_{2.5}$ 污染水平及其相关性. 环境与健康杂志. 2009，(09)：787-789+847.

[32] 赖森潮. 广州市部分居室空气中 PM2.5 污染特征. 环境与健康杂志. 2006，23(1).

[33] 黄虹，李顺诚，曹军骥，邹长伟，陈新庚，范绍佳. 广州市夏、冬季室内外 $PM_{2.5}$ 质量浓度的特征. 环境污染与防治. 2006，(12)：954-958.

[34] 王春，张焕珠，蒋蓉芳，蒋全，宋伟民. 装修后居室空气中甲醛和总挥发性有机物污染现状. 环境与健康杂志. 2005，(05)：356-358.

[35] 姚孝元，王雯，陈元立，张文丽，宋钰，刘遂谦，高星，黄浩，曲莉萍，刘亚平，刘洪亮，戚其平. 中国部分城市装修后居室空气中甲醛浓度及季节变化. 环境与健康杂志. 2005，(05)：353-355.

[36] 徐东群，董小艳，王桂芳，唐志刚，李韵谱. 北京市装修居室空气有机物污染状况调查. 中国卫生检验杂志. 2006，(11)：1281-1282+1307.

[37] 徐东群，尚兵，曹兆进. 中国部分城市住宅室内空气中重要污染物的调查研究. 卫生研究. 2007，(04)：473-476.

[38] 丁剑，彭瑞玲，岳伟，潘小川. 北京某城区居室内空气污染现状及其影响因素. 环境与健康杂志. 2004，(06)：361-363.

[39] 李娟，黄海燕，邵茂清. 重庆住宅室内空气中甲醛污染调查. 重庆大学学报(自然科学版). 2006，(09)：144-146.

[40] 张丽，万志勇，杨辛，李莹. 江西省城市室内空气中甲醛调查研究. 江西科学. 2007，102(04)：476-480.

[41] 迟欣，石玉琴，颜进，付承红，张本延．武汉市室内装修后甲醛浓度动态变化规律研究．环境与健康杂志．2007，140(02)：81-83.

[42] 齐惠萍，杜银梅，王向纯，李常青，武兰英，卢建华，李跃光，赵丽．太原市部分居室甲醛污染状况调查．环境与健康杂志．2009，26(03)：253.

[43] 韩涛，何秉宇，李娜．乌鲁木齐市室内甲醛污染分析．中国科技信息．2007，327(10)：36-38.

[44] Pan XC, Liu JH, Guo YM. Study of the Current Status and Factors That Influence Indoor Air Pollution in 138 Houses in the Urban Area in Xi'an. Environmental Challenges in the Pacific Basin. 2008, 1140: 246-255.

[45] 李湉湉，程艳丽，颜敏，刘兆荣，白郁华．贵阳市室内空气中苯和甲醛的健康风险评价．环境与健康杂志．2008，(09)：757-759.

[46] 关磊，张淑云，洪雅洁，王民，盛玉美．2004 年大连市部分居室空气中甲醛浓度调查．预防医学论坛．2007，(07)：604-605.

[47] Guo H, Kwok NH, Cheng HR, Lee SC, Hung WT, Li YS. Formaldehyde and volatile organic compounds in Hong Kong homes: concentrations and impact factors. Indoor Air. 2009, 19(3): 206-217.

[48] 杨辛，胡正生，万志勇，李晓燕，张丽，李莹．江西省室内空气中苯系物调查研究．江西科学．2007，No.104(06)：737-740.

[49] Bai ZP, Zhou JA, You Y, Hu YD, Zhang JF, Zhang N. Health risk assessment of personal inhalation exposure to volatile organic compounds in Tianjin, China. Science of the Total Environment. 2011, 409(3): 452-459.

[50] 邹桂香，戴友芝，刘煜竑．某地区室内挥发性有机物污染状况的调查研究．环境科学与技术．2008，(08)：80-83.

[51] 刘建龙，谭超毅，张国强，李志生．湖南省 4 城市住宅室内环境健康风险评价．环境与职业医学．2008，No.111(04)：375-377.

[52] 高翔，白志鹏，游燕，苗娟，刘冰．不同室内环境空气中挥发性有机物的暴露水平及其对健康的影响．环境与健康杂志．2006，(04)：300-303.

[53] Guo H, Lee SC, Li WM, Cao JJ. Source characterization of BTEX in indoormicroenvironments in Hong Kong. Atmospheric Environment. 2003, 37(1): 73-82.

[54] 司马冰，招康赛，金兆根，邓桂云．深圳室内挥发性有机物污染初探．四川环境．2003，(05)：55-57.

[55] 孙成均，后藤纯雄. 室内空气中苯系物污染调查. 现代预防医学. 1998，(03)：362.

[56] 钟天翔，刘谡帆，田军. 杭州市居室空气中芳香族化合物污染现状及其来源解析. 中国环境监测. 2005，(06)：66-70.

[57] 郎畅，刘娅囡，吴水平，左谦，兰天，徐福留，曹军，李本纲，王学军，刘文新，陶澍. 北京大学非采暖期室内空气中的气态多环芳烃. 环境科学学报. 2004，(04)：655-660.

[58] 孙成均，张德云. 成都市室内空气中多环芳烃污染现状调查. 中华预防医学杂志. 2003，(05).

[59] 朱利中，刘勇建，松下秀鹤. 室内空气中多环芳烃的污染特征、来源及影响因素分析. 环境科学学报. 2001，(01)：64-68.

[60] 张霖琳，吕俊岗，吴国平，魏复盛. 我国某肺癌高发区人群多环芳烃和微量元素的日暴露量研究. 中国环境科学. 2010，(01)：104-109.

[61] 陆晨刚，高翔，余琦，李春雷，陈立民. 西藏民居室内空气中多环芳烃及其对人体健康影响. 复旦学报(自然科学版). 2006，(06)：714-718+725.

[62] Zhu LZ，Lu H，Chen SG. Pollution level，phase distribution and health risk of polycyclic aromatic hydrocarbons in indoor air at public places of Hangzhou，China. Environmental Pollution. 2008，152(3)：569-575.

[63] Li CL，Fu JM，Sheng GY，Bi XH，Hao YM，Wang XM，Mai BX. Vertical distribution of PAHs in the indoor and outdoor PM2.5 in Guangzhou，China. Building and Environment. 2005，40(3)：329-341.

[64] 刘国卿，刘德全，张干，李少艾，谭晓风，孙慧斌. 深圳市室内大气多环芳烃的含量与组成. 生态环境. 2008，(03)：971-974.

[65] 林海鹏，谢满廷，武晓燕，刘占旗，王进军，姜如意，高增林. 宣威市空气中多环芳烃污染健康风险评价对比研究. 环境与健康杂志. 2010，(06)：511-513.

[66] Jiang GB，Lv J，Xu R，Wu GP，Zhang QH，Li YM，Wang P，Liao CY，Liu JY，Wei FS. Indoor and outdoor air pollution of polycyclic aromatic hydrocarbons (PAHs) in Xuanwei and Fuyuan，China. Journal of Environmental Monitoring. 2009，11(7)：1368-1374.

[67] 张卫国，郝森，黄培林，殷忠，卢世乾，蒋励. 新装修居室空气中总挥发性有机物随时间的变化规律. 环境与健康杂志. 2007，(10)：782-783.

[68] 刘汝青，杜德荣，蔡承铿，任铁铃. 广州市装修居室室内空气污染状况及其对人群健康的影响. 环境与健康杂志. 2010，(04)：361.

[69] 张旭慧，周紫鸿，徐玲，杨章萍，姜彩霞，曹坚忠. 杭州市室内装修空气污染状况调查与

分析. 中国卫生检验杂志. 2009，(03)：669-671.

[70] 戴芳，何静，吴未红. 长沙市装修居室室内空气污染状况调查. 环境与健康杂志. 2008，(08)：732-733.

[71] 郭宁晓，马福海，舒学军，许秉忠. 232户新装修居室空气污染状况及对居民健康的影响. 宁夏医学院学报. 2008，(04)：452-454.

[72] 滕立新. 北京市中小学教室空气卫生质量现况. 中国学校卫生. 2005，26(10).

[73] 郑聪，张国强. 长沙市某大学教室内外空气品质调查. 建筑热能通风空调. 2005，(02)：15-18+53.

[74] 朱卫兵. 北方地区教室内空气质量测试与分析. 暖通空调. 2007，37(5).

[75] 胡衡生. 教室空气总悬浮颗粒物污染对教师健康的影响. 环境与健康杂志. 2003，20(4).

[76] 易可华. 上海市奉贤区冬季部分中小学教室空气卫生学评价. 中国学校卫生. 2007，28(10).

[77] 贺小凤，王国胜. 深圳市某高校室内空气中甲醛污染状况的调查分析. 深圳职业技术学院学报. 2010，(01)：62-65.

[78] 彭燕，张琦，陈迪云，曹小安. 广州大学城部分室内空气中甲醛浓度的调查. 环境与健康杂志. 2008，(10)：910.

[79] 徐倩，杜前明，高灿柱. 山东大学室内空气中甲醛的污染状况. 环境与健康杂志. 2006，(06)：524-526.

[80] 郑晓虹，杜克武，卢婷婷，吴春山，王菲凤. 福建师范大学旗山校区室内空气质量状况监测与分析. 福建师范大学学报(自然科学版). 2009，(01)：73-79.

[81] 黄燕娣，赵寿堂，蔡馨. 北京某区中小学教室挥发性有机物污染现状. 中国学校卫生. 2007，(05)：468-469.

[82] 卢国良，吴金贵，庄祖嘉，钮春瑾，唐传喜. 室内空气污染物暴露水平及影响因素分析. 中国公共卫生. 2010，(06)：751-753.

[83] 李爽，陈凤君，朱利中，沈学优. 大学校园室内BTEX的浓度水平、来源及健康风险. 环境科学学报. 2009，(03)：511-515.

[84] 全国老龄工作委员会办公室. 中国人口老龄化发展趋势预测研究报告. 北京；2006.

[85] 叶慧坚. 连州市幼儿园卫生质量监测分析. 中国初级卫生保健. 2004，18(03)：67.

[86] 李成朝，张伟东，刘德顺. 2009年金乡县托幼机构消毒效果调查. 医学动物防制. 2009，25(9)：651-652.

[87] 李永浩，郎丽华. 2005～2008年珲春市托幼机构细菌污染调查. 预防医学论坛. 2010，16

(07)：640-641.

[88] 王茂林，荣凤仙，王永胜. 2005～2009年文登市托幼机构消毒状况监测分析. 预防医学情报杂志. 2010，(12)：1007-1008.

[89] 骆娜，刘晓途，闫美霖，罗超文，刘兆荣. 医院和实验室室内环境中挥发性有机污染物的比较研究. 中国环境科学. 2011，7(30)：423-430.

[90] 骆娜，刘晓云，谢鹏，罗超文，刘兆荣. 北京市医院候诊区空气中VOCs的污染特征. 中国环境科学. 2010，30(07)：992-996.

[91] 吕辉雄，文晟，蔡全英，王新明，盛国英，傅家谟. 广州市医院空气中苯系物的污染状况与来源解析. 中国环境科学. 2008，(12)：1127-1132.

[92] 张熔熔，唐威，蔡颖，孙屏. 某医院病理科空气污染现状及解决方法初探. 环境与职业医学. 2008，25(02)：188-189.

[93] 周庆. 医院病理科人员接触甲醛、二甲苯的健康影响及其防护的知信行调查，硕士学位论文，中南大学；2007.

[94] 涂岱昕，王丽旻，胡振杰，涂光备，田雨辰. 天津市某医院空气品质调查. 洁净与空调技术. 2002，(01)：49-52.

[95] 唐晓敏，梁克为，杨振洲，刘雪林，邹淑华，贾瑞忠，张萍. 医院空气监测及结果分析. 中华医院感染学杂志. 2003，13(2)：133-134.

[96] 梁克为，唐晓敏，刘雪林，邹淑华，杨振洲，贾瑞忠，张绪，武雪冰. 空气中可吸入颗粒物对患者危害的监测与探讨. 中华医院感染学杂志. 2003，13(3)：230-232.

[97] 张瑞娟，李宇飞，于燕. 医院候诊室空气质量监测及评价. 中国公共卫生学报. 1995，14(02)：71.

[98] 黄汝明. 广州市属医院门诊候诊室室内空气质量调查. 华南预防医学. 2003，29(4)：63.

[99] 杨声. 南京市医院候诊室空气质量监测结果分析. 职业与健康. 2006，22(19)：1596-1597.

[100] 郭本英，黄璐. 新老门诊候诊室的空气污染状况对比调查. 中国卫生工程学. 1999，8(01)：23-25.

[101] 张丽，苏明彦. 手术室空气细菌污染状况调查. 中外医疗. 2009，(11)：144.

[102] 戴英健，何舰，崔瑞华，魏立平. 某二甲医院手术室及重症监护病房空气质量分析. 中国职业医学. 2008，35(02)：175-176.

[103] 李文英，李爱琴. 北京市4家医院病理科空气中甲醛浓度的检测结果. 职业与健康. 2007，23(03)：214.

[104] 承泽农，李银艳，梁波，王春华. 临床病理科甲醛浓度及人员健康调查. 蚌埠医学院学

报. 2004，29(03)：266-267.

[105] 吕辉雄，文晟，冯艳丽，王新明，毕新慧，盛国英，傅家谟. 广州医院低分子量羰基化合物研究. 环境科学研究. 2006，19(05)：70-73.

[106] 王歆华. 医院微环境可吸入颗粒物的化学组成、来源及暴露评价，中国科学院研究生院(广州地球化学研究所)博士学位论文；2005.

[107] 王桂芳，陈烈贤，宋瑞金，韩克勤，史黎薇，井海宁，李霞. 办公室内空气污染的调查. 环境与健康杂志. 2000，17(03)：156-157.

[108] 郭文宏，刘江. 一起办公楼室内空气污染案例的调查报告. 安全. 2002，(01)：20-21.

[109] 陈道湧. 上海市7幢办公楼室内环境状况调查. 上海预防医学杂志. 2009，21(03)：118-119.

[110] 文远高，张丛丽，陈俭. 商场室内空气质量测试与分析. 环境科学与技术. 2006，20(11)：48-49.

[111] 张明宝，张金艳，孙晓冰. 北京市某建材仓储超市室内空气污染调查分析. 职业与健康. 2008，24(14)：1424-1425.

[112] 杨艰萍. 星级宾馆客房室内空气卫生质量调查分析：第二军医大学硕士学位论文；2007.

[113] 张金萍，张寅平，高鹏，姚远，周中平. 奥运场馆室内空气质量测评. 建筑科学. 2009，25(06)：26-32.

[114] 臧广悦. 沈阳体院室内体育场馆空气卫生学状况研究. 辽宁师专学报(自然科学版). 2006，(03)：71-72+108.

[115] 王淑梅. 西安市9家影剧院卫生学调查报告. 职业与健康. 2004，20(09)：94-95.

[116] Thomson G. Air pollution：a review for conservation chemists. Studies in conservation. 1965：147-167.

[117] 黄锡全，周卫荣，张新祥，施子龙，张胜利，陈荣. 博物馆展厅与库房空气中有害气体的测定与除去研究. 光谱学与光谱分析. 1999，19(05)：742-746.

[118] 解玉林. 上海博物馆书画陈列馆环境监测与治理. 文物保护与考古科学. 2002，14(S1)：204-217.

[119] 张月玲. 中国国家博物馆环境空气质量监测报告. 文物保护与考古科学. 2006，18(02)：41-45.

[120] 万国林，甘为民，操惠玉，宋群，杨吉增. 档案库有害气体的初步调查. 中国工业医学杂志. 1999，(06)：373.

[121] 万国林，陈剑，甘为民. 防霉驱虫剂对档案库空气质量的影响. 环境与健康杂志. 2000，

(06)：336-337.

[122] 左连，赵志杰，夏青梅，邱媛. 档案库房环境对人体健康危害的调查研究. 档案学研究. 2000，(04)：28-32.

[123] 刘波，王金富. 档案库房的卫生学调查分析. 职业与健康. 2001，117(07)：26-27.

[124] 陈元生，解玉林. 影响文物保存的环境因素. 文物保护与考古科学. 1998，10(02)：37-43.

[125] 陈元生，解玉林. 博物馆文物保存环境质量标准研究. 文物保护与考古科学. 2002，(S1)：152-191.

[126] 徐方圆，吴来明，解玉林. 武汉博物馆文物保存环境研究. 文物保护与考古科学. 2007，(01)：8-17.

[127] 万国林，陈剑，甘为民，喻荣珍，吴红娥，谭向文. 档案库室内空气污染研究. 职业与健康. 2002，(04)：3-5.

[128] 李华，曹军骥，杨雅媚，容波，连防，朱振宇. 秦始皇兵马俑陶器库房冬季室内空气质量初步研究. 中国粉体技术. 2009，15(2)：50-55.

[129] 张二科，曹军骥，王旭东，张国彬，张正模，杜娜，沈振兴. 敦煌莫高窟室内外空气质量的初步研究. 中国科学院研究生院学报. 2007，(05)：612-618.

[130] 赵志杰，毕德祥，邱媛. 档案库房氡浓度调查及评价. 中国档案. 2001，(03)：41-42.

[131] 谈彩璋，刘志和. 山东省档案馆空气氡浓度调查及其卫生学评价. 中国辐射卫生. 1993，(04)：165-166.

[132] 孟繁卿，丁华光，芦国甫. 档案馆内放射性气体氡的污染. 中国辐射卫生. 1993，(02)：75.

[133] 肖鹏，杨洪勋，徐海. 放射性气体氡对档案库房内环境影响的探讨. 档案学研究. 1996，(01)：49-50.

[134] 李蓉，郭勇，骆亿生，罗成基，杜杰，王卫东. 解放军医学图书馆环境空气中氡浓度调查. 中华放射医学与防护杂志. 2000，20(03)：213-214.

[135] 陈剑，万国林，甘为民，喻荣珍，吴红娥，李继国，谭向文. 档案库房空气甲醛污染调查. 环境与健康杂志. 2001，(02)：100-101.

[136] 陈建雄，张子群，严燕. 档案室空气质量调查. 中国卫生工程学. 2007，6(01)：36-38.

[137] 王伯光，张远航，邵敏，谢绍东，李拓，陈迪云，彭燕. 预浓缩-GC-MS技术研究室内空气中挥发性有毒有机物. 环境化学. 2001，20(06)：606-615.

[138] 宋景平，杜欢永，季永平，周素梅. 作业场所空气中樟脑的气相色谱测定方法. 铁道劳动

安全卫生与环保. 1997，24(2)：130-132.

[139] 李湉湉. 公共交通微环境空气污染物人群暴露研究，北京大学博士学位论文；2007.

[140] 戴涟漪，邓大跃，张哲，蔡金岩，崔巍，陈双基. 汽车内空气的污染与健康驾驶. 北京联合大学学报(自然科学版). 2004，(01)：60-65.

[141] 张广山. 北京市微型车内空气品质调查及驾车人员暴露评价研究. 北京大学硕士学位论文；2005.

第 4 章　室内污染物的健康影响

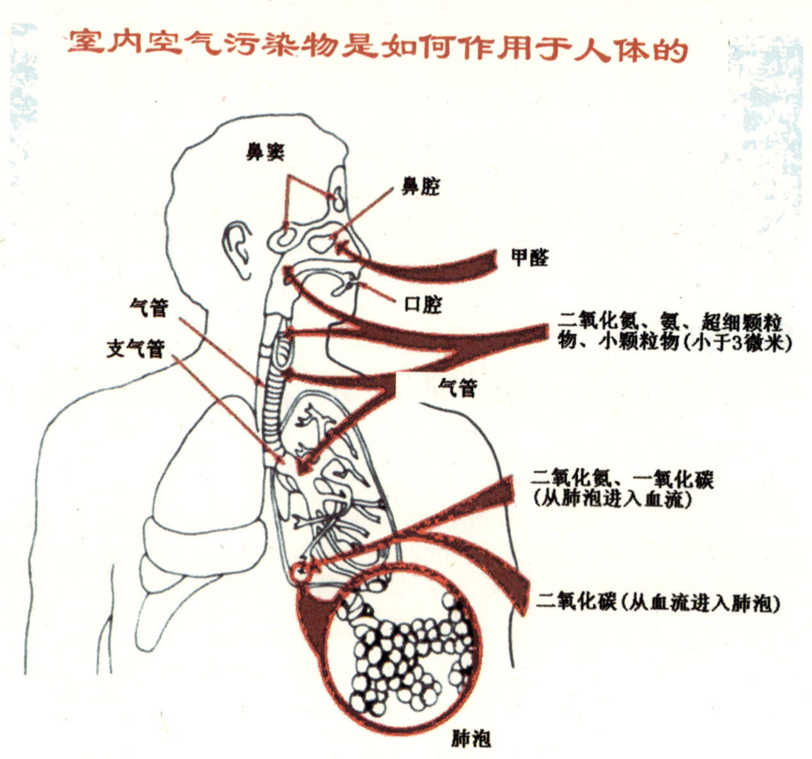

源自：http：//profiles. nlm. nih. gov/ps/access/VCBBDD. jpg

室内空气污染对人体健康有十分重要的影响，其影响程度总体上可分为两个方面：一方面，重大的健康影响，能够导致癌症、死亡或严重性疾病，如白血病、哮喘、慢性阻塞性肺部疾病等；另一方面，有限的健康影响，能够导致严重影响人们身体舒适的非致死性症状，如多重化学物敏感症、不良建筑物综合征、建筑物相关疾病、室内环境相关性过敏性疾病、空调综合征等。本章将系统阐述室内典型空气污染物（甲醛等挥发性有机物 VOCs、邻苯二甲酸酯等半挥发性有机物 SVOCs、颗粒物 PM 或人造纳米材料、细菌等微生物等）对人体健康的毒理学作用与研究进展。

4.1 室内空气污染所致的健康影响

4.1.1 重大的健康影响

根据“欧洲室内空气质量及其对人体健康影响联合行动委员会报告10室内空气污染对人体健康的作用”，重大的健康影响包括死亡、癌症、严重疾病。室内空气污染能够引起重大健康影响的疾病主要有以下几种：

（1）白血病（Leukemia）：白血病是一种血癌，主要侵犯儿童和青少年，对社会、家庭和人类健康有很大的创伤性。世界卫生组织WHO所属的国际癌症研究会在2004年6月15日关于《甲醛是人类的致癌物》的公告中指出：“在白血病方面的结论也反映出，基于目前可以获得的资料，虽然流行病学家在人群研究中发现的证据十分充分，但是白血病诱发机制的研究资料尚不完备，并不足以证明甲醛可以诱发白血病”；国际癌症研究会确定了尚需进一步研究证实的方向，进一步提供公共卫生服务[1]。我国的室内环境监测数据也充分说明，醛系物和苯系物是我国室内环境比重最大的两种空气污染物，而这两者都被怀疑可以在低剂量水平导致白血病。加强对醛系物和苯系物单独或联合致白血病的研究不但有重大的现实意义，也有重大的理论意义。

（2）哮喘（Asthma）：世界卫生组织WHO把哮喘定为终身性疾病，哮喘给世界各国带来沉重的经济负担。近四十年哮喘的发病率和死亡率在世界各地持续增长，空气污染物被怀疑是主要原因，但其诱发过敏性哮喘的分子机制不清楚。揭示“非过敏原性空气污染物诱发过敏性哮喘的分子机制”不但有重要社会意义，也有重要的理论意义。国内外的研究发现，近四十年来过敏性哮喘呈现出非常明显的三大流行病学特征[2]，即：① 发病率逐年上升；② 发达国家发病率高于不发达国家；③ 城镇发病率高于乡村，富人发病率高于穷人。传统的过敏哮喘发病机制理论（I型变态反应，及其导出的过敏体质、过敏原的二元论）无法解释上述哮喘的流行病学特征：一方面，从遗传学的观点来看，过敏性哮喘的内因——遗传性过敏体质（基因多态性）——数量和强度不会随时间变化；另一方面，在先进发达的现代社会中，过敏性哮喘的外因——吸入性过敏原——数量正在减少。1997年美国哮喘学权威Platts-Mills等指出：“到底是什么使过敏性哮喘发病率持续增高？原因并不清楚。这使得许多学者开始了过敏性哮喘的其他致病因素和致病机制的研究”。2004年Nowak等指出“室内化学性空气污染更像是哮喘发病率增加的合理解释[3]。因为过去四十年间人造化学品——空气污染物不论是种类上还是数量上都以惊人的速度发展，它们的不断增长可能是哮喘真正的成长性致病因素”。室内外$PM_{2.5}$也被认为与哮喘的发病有关。

(3) 慢性阻塞性肺部疾病（COPD）：这是呼吸系统疾病中最常见和最难治的疾病之一[4]，我国用于COPD的直接和间接治疗费用已超过美国（240亿美元）。根据20世纪90年代我国人口疾病死因谱统计结果，呼吸系统疾病在死因分类构成中居首位，占22.77%，其中因COPD致死的患者占了多数。另外，COPD主要影响的是我国贫困地区的中老年人群（弱势群体）。和上述两种疾病与家庭装修密切相关的情况不同，不洁家庭燃料的使用可能是COPD更危险的致病因素。由家庭燃煤和吸烟所产生的空气颗粒物（特别是$PM_{2.5}$）与COPD的关系密切。汽车燃料燃烧也产生数量巨大的$PM_{2.5}$颗粒物。

(4) 其他有关的重大疾病：暴露与疾病二者的因果联系还存在置疑，主要包括：不孕和流产（即生殖毒性）、老年痴呆、糖尿病、肥胖症和动脉粥样硬化等等，这些疾病与室内空气污染物的关系还很不明确，目前只有少数学术论文开始探讨污染物与上述疾病的关系。室内氡气与肺癌的关系曾经受到广泛的关注，但是我国处在低氡浓度水平的地区，室内氡气与肺癌的因果联系并不明确。

4.1.2 有限的健康影响

有限的健康影响是指能够导致严重影响人们身体舒适的非致死性症状，其共同特点是非致死性、较低的医疗花费，但是往往波及的范围较大。在今后的室内空气污染与健康关系的研究中应适当考虑这些健康效应的研究。按影响程度由高到低排序分别为：

(1) 多重化学物敏感症MCS（multiple chemical sensitivity）。环境化学物的摄入方式多，成分不明确，病情涉及免疫毒性，严重患者可能失去工作能力，西方国家较为多见。

(2) 不良建筑物综合征SBS（sick building syndrome）。SBS为大多数居住人员对室内环境的一种特定的反应，主要表现为眼鼻咽刺激症状、神经衰弱和全身不适（神经毒性），离开建筑物症状减弱或消失，目前认为可能是多种作用机制不同环境因素的综合作用结果。

(3) 建筑物相关疾病 BRI（building related illness），如军团病（legionellosis）。军团病的病原明确是军团菌，严重者可以导致军团菌性肺炎，但影响的人群范围较小。

(4) 室内环境相关性过敏性疾病（allergic diseases），如过敏性鼻炎、过敏性皮炎等。为过敏原引起，影响的人数也较多。但是非过敏原性的化学物是否具有诱导和促进作用，目前还不清楚。

(5) 空调综合征（air conditioning syndrome）。由于房间安装空调系统，导致室内空气环境质量的恶化，引起人体出现异常临床表现，称为空调综合征。主要表现为疲乏、头痛、胸闷、恶心，甚至呼吸困难和嗜睡。主要的危险因子为空气负离子的减少，室内挥发性有机化合物、一氧化碳、二氧化碳和可吸入颗粒物等污染物浓度的增加。

(6) 加湿器热（humidifier fever）。加湿器热是一种波及免疫系统的感冒样疾病，与室内空气的生物性污染有关。通常 X 线透视无异常。但是否由于致敏原、细菌内毒素或其他毒素引起尚有争论，真正的病因还不清楚。但是可以肯定的是，接触微生物污染的加湿器系统的人群可出现此病。我国内地较为少见。

4.2 室内空气污染物毒理学研究进展

4.2.1 室内空气甲醛的毒理学研究

(1) 甲醛遗传毒性研究

近十年来，随着我国经济的快速发展，人民生活水平的提高，室内装修已成为一种时尚，但是由于使用了含有污染物的劣质建筑装饰材料，使目前我国城市室内空气污染，特别是甲醛的污染十分严重。我国城市 60％～94％新装修的房间内甲醛浓度超过国家标准，且平均浓度为国家居室内甲醛的卫生标准（0.08mg/m^3）的 3～10 倍，不仅远高于西方发达国家水平，也高于其他发展中国家水平，甲醛已成为我国目前室内空气中的首要污染物[6]。甲醛的毒作用种类繁多，机制不清。甲醛暴露有关的症状有：眼炎、嗓子发干、流鼻涕、咳嗽、鼻窦感染、头痛、乏力、压抑、失眠、出疹鼻血、恶心、腹泻、胸痛和腹痛等。

研究证实，甲醛的遗传毒性涉及细胞的三个不同层次：第一个层次为基因水平，在这一水平上甲醛可引起基因突变（gene mutation）；第二个层次为DNA水平，在这一水平上甲醛可以引起DNA单链断裂（DNA single strand break，DSSB）、DNA-DNA交联（DNA-DNA crosslinks，DDC）以及DNA-蛋白质交联（DNA-protein crosslinks，DPC）；第三个层次为染色体水平，在该水平甲醛可以导致染色体畸变（chromosomal aberrations，CA）和姐妹染色单体的交换（sister chromatid exchange，SCE）。

1）甲醛引起基因突变

Recio等使F344大鼠长期暴露于10ppm甲醛，诱导大鼠鼻腔鳞状细胞癌，分析了11个肿瘤，其中的5个肿瘤发现了P53基因点突变。Günter Speit和Oliver Merk用甲醛处理L5178Y细胞2小时，观察到甲醛造成小鼠淋巴瘤细胞的基因突变。Loshon，C. A. 等发现甲醛能使野生型Bacillus subtilis孢子发生显著突变：当用甲醛处理的孢子发芽时，recA-lacZ复合物大量表达。

2）甲醛对DNA的损伤

甲醛导致DNA断裂作用。包括以下几种：①甲醛作为一种亲电子剂，作为一种自由基及弱氧化剂，进入机体或细胞后可发生类似Fenton反应的化学过程，作用类似于过氧化氢，产生羟自由基等强氧化剂，进而导致氧化应激对DNA造成损伤；②甲醛可以损害生物或细胞内的抗氧化系统，如引起超氧化物歧化酶、过氧化氢酶、谷胱甘肽过氧化物酶等抗氧化酶活性的降低，以及抗氧化物质如还原型GSH的耗竭等；③甲醛进入细胞后可以打开线粒体上的线粒体渗透性转运通道，降低线粒体膜电位，抑制线粒体的呼吸作用，产生更多的活性氧自由基（ROS），使得细胞或机体内的氧化压力增加。即甲醛可以通过多种途径破坏机体的氧化平衡状态，使得机体内的ROS水平增加，进而对核苷酸进行攻击产生DNA断裂。

甲醛导致DNA-DNA交联。从代谢生理的角度上看，DNA-DNA的交联是甲醛正常代谢的一种方式，因此，正常的细胞中存在着微量的DNA-DNA交联产物。当有外来物理、化学因素如：射线、烷化剂、甲醛以及一些金属化合物如镍等直接或间接的作用时，则可诱导出过量的 DNA-DNA 交联。这些 DNA-DNA 交联必将对 DNA 的构象和功能（复制与转录）产生严重的影响，并在其复制过程中造成某些重要基因（如抑癌基因）的丢失，从而对生物体造成严重的危害。由于 DNA-DNA 交联对生物体的危害较大，所以也引起了不少学者的重视。

甲醛导致 DNA-蛋白质交联。在正常细胞中存在着一定量的 DNA-蛋白质交联（DNA -protein crosslink，DPC）。这是 DNA 与核蛋白的正常联系或其代谢的结果，对维持细胞的正常活动具有重要作用，当有外来物理、化学因素作用时，则可诱导出过量的 DPC。DPC 与其他 DNA 损伤相比，较难修复，导致肿瘤或某些严重疾病的发生，是 DNA 分子的一种严重的遗传损伤。Shaham 等通过体内试验和体外试验中检测了暴露甲醛后人血白细胞的 DNA-蛋白交联（DPC）总量，结果发现在人血自细胞培养基中加入不同浓度甲醛后，白细胞的 DPC 总量随甲醛浓度升高而增加，甲醛接触组白细胞 DPC 含量较未接触组显著升高，而且 DPC 的量与暴露年限具有线性关系。

3）甲醛对染色体的损伤

体外实验表明，甲醛能造成各种啮齿动物和人的细胞染色体损伤。常用于反映甲醛对染色体损伤效应的指标包括：染色体畸变（chromosomal aberrations，CA）、微核（micronuclei，微核）和姐妹染色单体的交换（sister chromatid exchange，SCE）等。

甲醛与姐妹染色体交换。Yager 等研究医学院学生在上解剖实验课过程中接触甲醛对他们外周血淋巴细胞染色体的影响，结果发现，与接触前相比，姐妹染色体交换发生率增加。Shaham 和他的同事用较大样本研究了甲醛对外周血淋巴细胞姐妹染色体交换的影响，结果表明，暴露组两指标均显著高于对照组，而且暴露工龄大于 15 年的高于暴露工龄小于 15 年的，提示姐妹染色体交换与暴露工龄有相关关系。

甲醛与微核。微核是由于无着丝粒染色体片段聚集或整条染色体在复制后期的移动期间被滞留所造成。因此，可认为存在微核就意味着有染色体畸变。王晓平等在研究气态甲醛致小鼠微核作用中发现气态甲醛能诱导小鼠骨髓嗜多染红细胞微核率和早期精细胞微核率增加，均呈现一定的剂量-反应关系，表明甲醛是一种染色体的断裂剂，在很低的浓度下就可以诱发小鼠减数分裂前细线期的初级精母细胞发生染色体断裂增多，提示甲醛对雄性小鼠生殖细胞具有较强的遗传损伤作用。

甲醛与染色体畸变。张桂芝等[7]用甲醛作用人支气管上皮细胞系（BEAS-2B）

后，呈现大量染色体畸变，包括染色体丢失、内复制、易位、断裂、双/三着丝粒，同时伴有大量非稳定性畸变。甲醛作用后可特异性引起 2 条 14 号染色体缺失，同时有 2 条新标志染色体 M4 出现，5 号或 16 号染色单体与 M1 或 M3 各 2 条所形成的三体型的出现。Dllas 等[8]给雄性大鼠吸入 15ppm 甲醛 5 天后，结果显示肺巨噬细胞染色体畸变率升高。

（2）甲醛暴露致白血病作用研究

甲醛暴露是否能增加白血病发生的风险是一个备受关注的社会问题，也是近年来室内甲醛污染毒性研究中的一个热点。白血病是骨髓造血细胞，特别是白细胞和淋巴细胞的遗传物质发生突变后引起的造血组织癌症，主要侵犯青少年和中青年，病死率很高。其确切病因至今未明，许多因素被认为和白血病的发病有关，如病毒、遗传因素、环境化学毒物和药物等因素。由室内空气污染导致的甲醛与白血病的关系目前已成为国内外环境与健康领域关注的热点。由于甲醛及其衍生成分在血液中的转移机制复杂，且甲醛在骨髓中对微环境组分的作用机制尚不明朗，许多学者对甲醛能否导致白血病一直存在着争议，争论的焦点主要在于“甲醛是否能到达骨髓并对其产生毒性”[9]。近几年，开展的甲醛暴露与白血病发生关系的研究，在围绕甲醛能否在动物体内引起骨髓造血细胞毒性方案研究中，主要从以下几方面进行了研究：

1）气态甲醛致小鼠骨髓组织细胞 DNA-蛋白质交联的研究

为探讨吸入性甲醛能否对小鼠骨髓造血细胞产生遗传毒性，程文文等人[10]以 SPF 级昆明雄性小鼠为材料，采用动态吸入方式连续染毒，取骨髓细胞测定 DNA-蛋白质交联，实验结果见图 4-1。研究结果发现：随着甲醛浓度的升高（0、0.5、

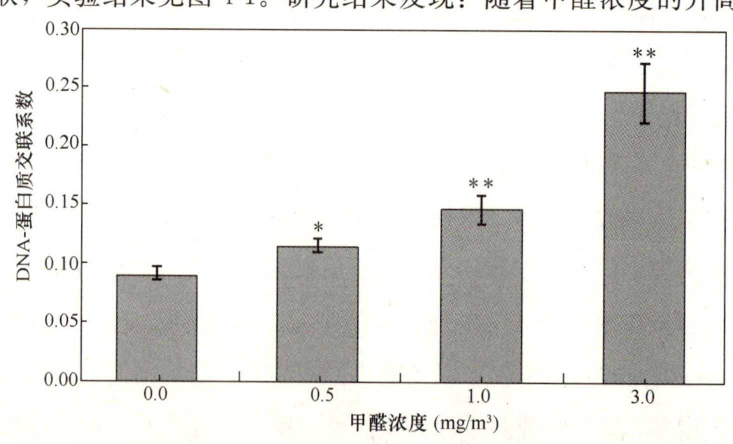

图 4-1 气态甲醛致小鼠骨髓细胞 DNA-蛋白质交联系数

1.0、3.0mg/m^3)，小鼠骨髓细胞 DNA-蛋白质交联系数逐渐升高，0.5mg/m^3 组与对照组存在显著差异（$p<0.05$）；1.0、3.0mg/m^3 组与对照组存在极显著差异（$p<0.01$）。该结果与王昆等（2009）研究同样发现气态甲醛可显著诱导大鼠骨髓细胞 DNA-蛋白质交联物的产生，这表明气态甲醛对骨髓细胞具有一定的遗传毒性。

2）气态甲醛对小鼠骨髓组织细胞分裂与分化影响的研究

高娜娜等[11]选用 SPF 级昆明种纯系雄性小鼠作为研究对象，用不同浓度的气态甲醛对小鼠进行连续动态染毒，染毒结束后，用细胞流式仪分析小鼠骨髓细胞细胞周期的变化，实验结果如表 4-1 所示。结果发现：S 期比例下降，G2 期的比例回升，说明甲醛对 DNA 的复制过程有显著的抑制作用，推测是甲醛抑制小鼠骨髓细胞进入 M 期，使大量细胞停滞于 G2 期。

吸入甲醛对细胞周期的作用（%） **表 4-1**

细胞周期	气态甲醛浓度（mg/m^3）			
	0.0	0.5	1.0	3.0
G1 期	84.614	80.345	84.048	84.415
S 期	11.845	8.143	6.821	7.640
G2 期	3.540	11.512	9.132	7.945

3）甲醛对骨髓细胞 DNA 多态性影响的研究[12]

研究发现小鼠在连续 72 小时染毒后，不同染毒浓度下基因组 DNA 的 RAPD 图谱也发生了明显的变化。结果表明：染毒组与对照组 RAPD 图谱之间存在明显差异，扩增条带变化数随甲醛浓度升高而增多；基因组模板稳定性（GTS）下降。反映了不同浓度的甲醛对实验动物骨髓组织细胞的分裂、分化有显著的影响。

4）甲醛对干细胞毒作用的研究

甲醛暴露可以对小鼠骨髓组织核干细胞分化因子基因、骨髓组织造血的调控因子 HOXB4 基因、骨髓组织 CYP1B1 基因表达造成严重的影响。白血病常被认为是造血干细胞的转变所致。Zhang 等[13]在甲醛与白血病关系研究中，提出了三种机制：① 同其他致白血病原因一样，直接破坏骨髓中的干细胞；② 破坏外周血中的造血干细胞或祖细胞，进而进入骨髓，最终导致白血病；③ 破坏鼻黏膜等组织中的多功能干细胞，通过血液进入骨髓，导致白血病的产生。这说明骨髓是一个枢纽，其基因发生改变是白血病发生的根本原因。为了研究甲醛能否影响骨髓组织中干细胞分化，影响造血细胞机能，高娜娜等人以骨髓组织核干细胞分化因子基因、骨髓组织造血的调控因子 HOXB4 基因、骨髓组织 CYP1B1 基因为研究对象，探讨了不同甲醛暴露对它们的表达的影响[11]。

上述研究结果可看出：在一定浓度范围内，气态甲醛暴露可以引起小鼠骨髓细胞 DPC，细胞周期，基因组 DNA 的 RAPD 及干细胞因子基因的变化，且随着浓度的增大，与对照组相比出现一定的剂量效应，从而有可能导致白血病。这些都为甲醛致白血病的研究提供了有力的证据。然而，甲醛能否导致白血病，其机制如何，如今仍有很大的争议，任重而道远。还有待进行持续性地研究，以确定它们之间的关联性。

（3）甲醛的致哮喘病作用

最新流行病学研究 FA 暴露和哮喘之间的内在关系，但它们之间的因果关系仍存在争论。刘丹丹等[14]用 Balb/c 鼠 36 只（雄性，18～20g），分为六组。实验结果表明：肺部组织病理切片（图 4-2）和气道高阻力的测定（图 4-3），其中 Re、Ri

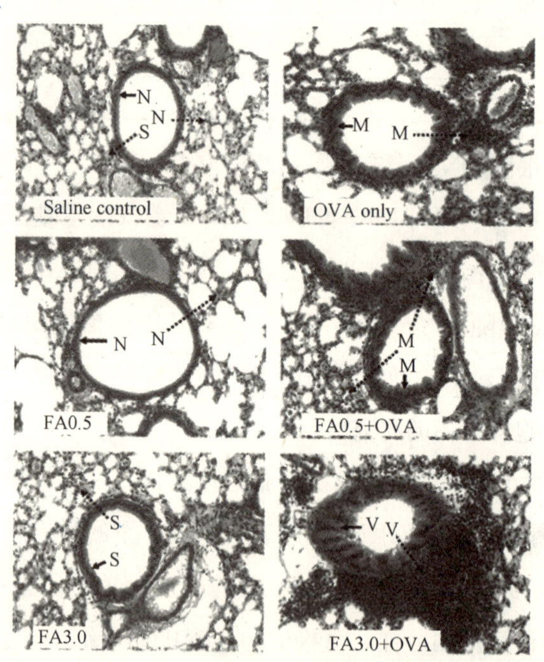

图 4-2 吸入甲醛对小白鼠肺部影响的病理组织学切片；

（注：Saline：生理盐水；OVA：卵清蛋白（过敏原）；FA：甲醛；N：正常；S：轻微改变；M：中度改变；V：严重损伤）

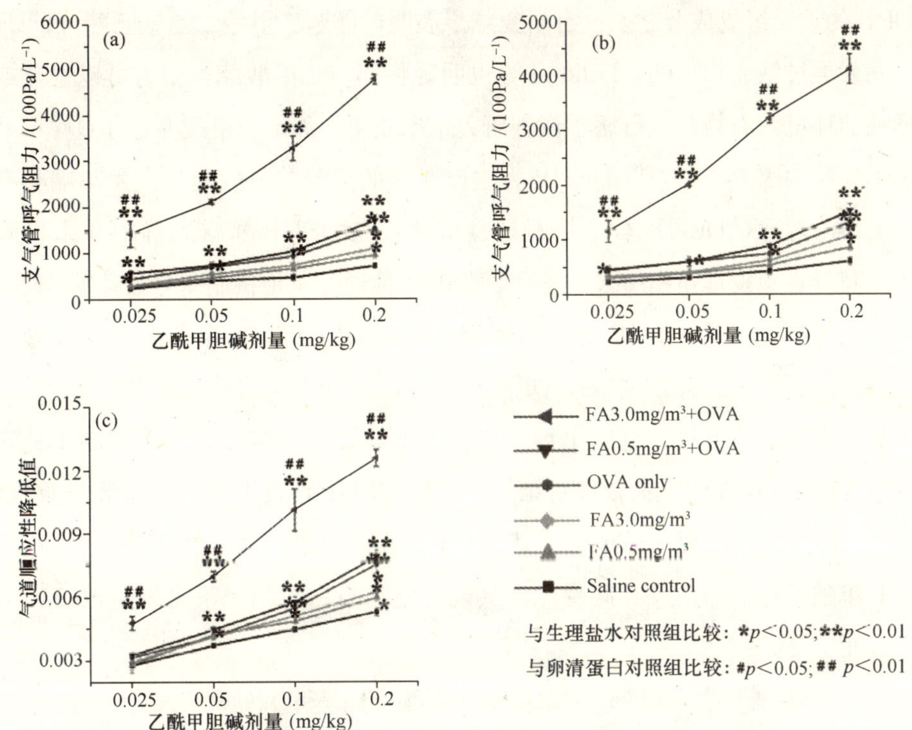

图 4-3 吸入甲醛对小白鼠气道阻力的测定

的上升具有剂量依赖性，肺顺应性下降。FA0.5＋OVA 组、FA3.0＋OVA 组的 AHR 与 OVA 组和生理盐水组相比具有显著差异性，检测发现了清晰的组织病理变化。FA3.0＋OVA 组小鼠细胞的渗透性和气道重塑最为严重。结果表明：以 Balb/c 小白鼠为甲醛诱导哮喘的实验动物模型只能诱导肺部气道的炎症反应，未激起哮喘反应。若甲醛暴露和过敏原致敏结合则引起哮喘反应；虽然 balb/c 小白鼠是化学物质诱导职业性哮喘的最好的动物模型，但因物种间免疫反应的差异不能忽略，所以这些结论不能直接外推到人类；实验中所用的方法可能为进一步研究甲醛诱导哮喘的分子机理提供了一个实验平台。

4.2.2 室内空气邻苯二甲酸酯的毒理学研究

(1) 致哮喘病作用研究

邻苯二甲酸酯（phthalates）是典型的具有雌激素功能的内分泌干扰物，其作为增塑剂是人类使用量最大的一组环境内分泌干扰物，也是持久性有机污染物

(POP)的重要组成成分之一。有研究结果表明，邻苯二甲酸二乙基己酯(DEHP)可诱发人类过敏症和哮喘，Leikauf 等也明确将邻苯二甲酸酯类归为可以恶化或诱发哮喘的环境污染物。流行病学调查研究结果表明，邻苯二甲酸酯是导致哮喘及其他过敏症状的因素之一，以 DEHP 为主要成分的邻苯二甲酸酯与发生哮喘具有剂量相关性。然而，DEHP 本身并不是过敏原，在 DEHP 暴露人群中并未检测到 DEHP 特异性免疫球蛋白 IgE，提示 DEHP 可能通过其他机制而导致哮喘。

杨光涛等[15]研究 DEHP 诱导型哮喘，发现 DEHP 对大鼠肺组织支气管影响(组织切片结果)组织切片结果，如图 4-4 所示。经 OVA 致敏，雾化激发后大鼠肺组织支气管较空白组气管壁已出现一定程度的增厚，细胞浸润增多。DEHP 暴露则可显著改变 OVA 致敏大鼠气管结构，随着 DEHP 浓度升高，气管腔严重狭窄，平滑肌面积增多，出现气道重塑。其效果在 70mg 时最明显。然而 70mg/(kg·d) DEHP 单独处理组却并没有此变化，其气管壁与空白组相比没有发生改变，细胞也没有发生浸润。

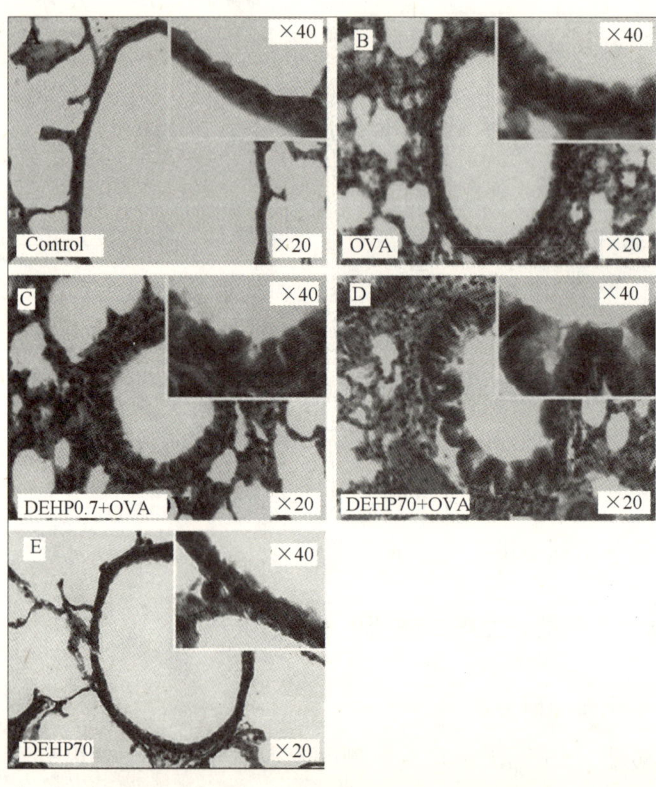

图 4-4 用 DEHP 染毒制备的大白鼠哮喘模型

(2) 致学习与记忆能力下降的研究

关于 DEHP 对哺乳动物的神经组织影响的研究表明，DEHP 的暴露可导致细胞内钙离子在大鼠神经末梢和嗜铬细胞瘤细胞的水平增加。一项针对学龄儿童智力的研究表明，尿液中邻苯二甲酸酯代谢物含量和智商之间成反比关系，与注意缺陷多动障碍症（ADHD）呈正相关关系。唐佳琪等人（待发表）研究了增塑剂邻苯二甲酸二乙基己酯对小鼠学习和记忆能力的影响。

小鼠 Morris 水迷宫学习记忆能力测试结果：经过定位航行实验和空间探索实验，得到如下结果。图 4-5 表示各实验组小鼠在实验过程中 6 天的训练后，逃避潜伏期均有缩短；其中，对照组与 5mg/kg 浓度组小鼠的平均潜伏期缩短最明显，说明具有很强的学习能力，而 50、500mg/kg 浓度组潜伏期缩短不明显，说明学习能力较差。图 4-6 空间探索实验的结果可以反映出小鼠的记忆能力。从结果中可以看到，在第 10 天的实验中，对照组小鼠在平台所在象限（即 NE 象限）所停留的时间明显多于其他象限，DEHP 染毒组的小鼠在平台所在象限停留的时间较少。同时 50mg/kg 染毒组的小鼠与对照组相比，在平台所在象限停留时间有显著性差异。说明 DEHP 染毒组小鼠的记忆能力则受到了不同程度的损伤。从空间探索实验的游泳路径（图 4-7）中可以看出，对照组小鼠游泳路径具有很强的目的性和方向性，主要集中在 NE 象限即原平台所在象限，而 DEHP 染毒组小鼠游泳路径大多是不规则的、无目的性的。

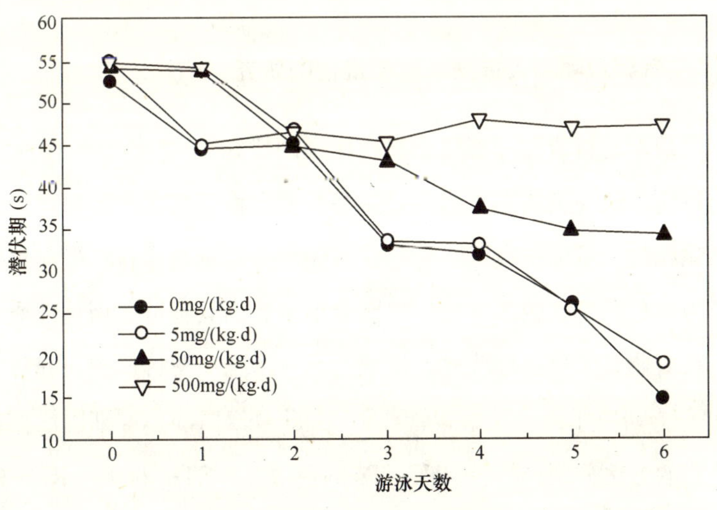

图 4-5 小鼠定位航行实验结果

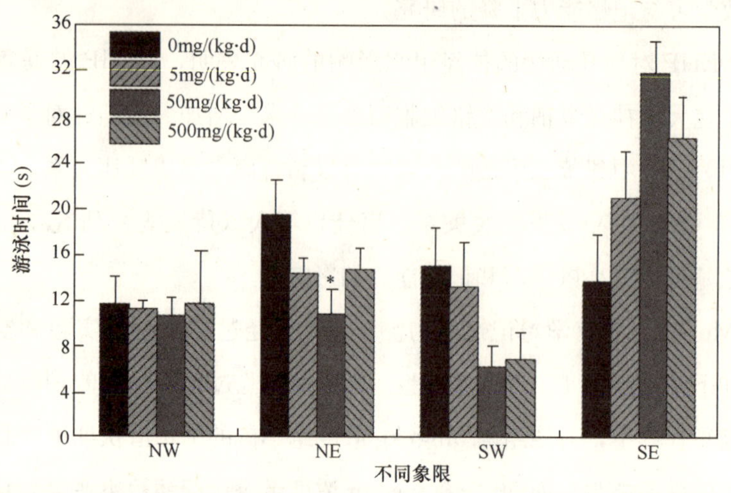

图 4-6 小鼠空间探索实验结果

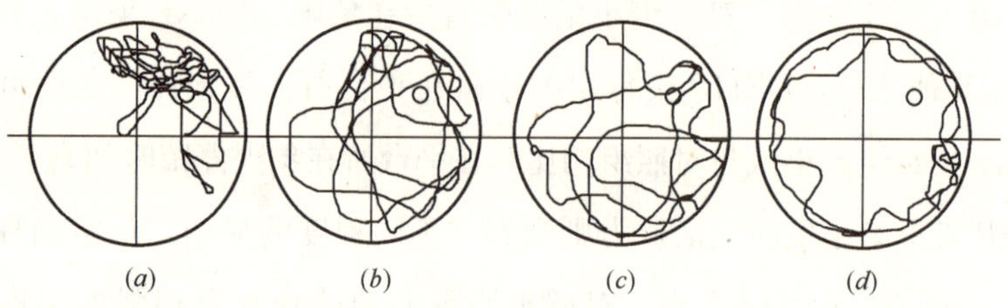

图 4-7 空间探索实验中小鼠游泳轨迹图

(a) 0mg/kg；(b) 5mg/kg；(c) 50mg/kg；(d) 500mg/kg

4.2.3 空气颗粒物和人造纳米材料毒性的研究

(1) 人造纳米材料所致细胞氧化损伤作用的研究

环境流行病学认为大气颗粒物质暴露是引发心血管疾病的重要诱因。纳米毒理学证明超细颗粒物质可以被吸入并参与血液循环，暗示纳米材料暴露可以影响心血管系统。作为一种典型的纳米材料，单壁碳纳米管因其独特的理化性质正在受到广泛的关注，在商业、医疗和环境等方面成为具有潜在应用价值的研究对象。

程文文等[16]研究了纳米单壁碳管（SWCNTs）对 RAECs 细胞活性的影响。本实验中所选用的方法分别包括：SWCNTs 的色散、WST-8 检测、ROS 的产生、胞内诱导谷胱甘肽水平、DNA-蛋白质交联、膜电位的检测、细胞凋亡蛋白酶-3 的检测、膜连蛋白 V-FITC/PI 检测、细胞周期分析，对 p53、肿瘤坏死因子-α 和 β-肌动蛋白进行 RT-PCR、免疫荧光检测、Western blotting。对 RAECs 细胞进行免疫荧光显微镜和投射显微镜表征。本实验观察到 SWCNTs 进入细胞，并通过在细胞内的积累造成细胞功能异常。用浓度为 100μg/mL 的 SWCNTs 暴露 12 或 20 小时后，可发现细胞核膜肿胀、线粒体损伤等现象。低浓度（12.5，25，50μg/mL）SWCNTs 暴露，除了造成 GSH 水平下降，线粒体膜电位降低以外，不对细胞产生明显毒性。由此我们认为，低于 100μg/mL 的 SWCNTs 暴露是相对安全的。

（2）人造纳米材料致哮喘病作用的研究

纳米材料研究的进步使得其在各个方面都有广泛应用，但是纳米毒性和这种材料的潜在危害并没有透彻研究。已有研究显示，环境颗粒物的暴露，尤其是超微颗粒物的暴露可以引起肺功能的损伤和恶化肺病患者的病情。然而，纳米颗粒物对过敏性哮喘的恶化作用及其机制还鲜有研究。正因为此，韩冰等[17]探讨了纳米二氧化硅在有无卵清蛋白免疫情况下对大鼠肺功能的影响，实验结果（图 4-8）发现：在每次注射乙酰甲胆碱后（0.025、0.05、0.1 和 0.2 mg/kg），OVA 组（D、E 和 F 组）大鼠 Ri 和 Re 指标高于生理盐水组（A、B 和 C 组）大鼠（Ri：$F=64.898$，$p<0.01$；Re：$F=83.118$，$p<0.01$）。同时，更高的 nano-SiO_2 染毒浓度导致 Ri 和 Re 曲线的极显著上升（Ri：$F=6.460$，$p<0.01$；Re：$F=19.059$，$p<0.01$）。随着 nano-SiO_2 浓度的升高，Cldyn 曲线降低，但 nano-SiO_2 对 Cldyn 的影响没有显著性差异（$F=0.597$，$p<0.05$）。此外，生理盐水组较 OVA 组显示出更高的 Cldyn 值（$F=21.874$，$p<0.01$）。

在动物哮喘模型中，Th1/Th2 细胞平衡被打乱，同时气道中 Th2 细胞为主导。这些细胞诱导 IgE 的产生，并且通过产生 Th2 细胞因子例如 IL-4、IL-5 和 IL-13 来引发气道炎症。Th1/Th2 细胞平衡被打乱同时也伴随着 Th1 细胞因子的减少，例如 IFN-γ 和 IL-2。实验结果显示，更高的 nano-SiO_2 浓度可以在生理盐水组（A、B 和 C 组）和 OVA 组（D、E 和 F）中诱导 IL-4 含量的上升。因此，虽然 nano-SiO_2 的暴露在所有实验组中几乎没有引起 IFN-γ 含量的下降，但他们确信 nano-SiO_2 颗粒可以在有无 OVA 免疫的情况下导致 IL-4 的升高，进而进一步加速了 Th1/Th2 细胞因子平衡的打破并加重 OVA 诱导的哮喘的症状，例如气道高反应性和气道重塑。免疫调节是一个非常复杂的系统，其中还有很多未被了解。

$nano\text{-}SiO_2$ 也许与一个或一些特定的存在于 IL-4 分泌路径上游的触发器相互作用，并推进了 IL-4 的产生。根据 IL-4 结果，可以发现 IL-4 在 80μg/ml 暴露组（C 和 F 组）的含量显著高于它们的对照组（A 和 D 组）含量。然而 40μg/ml 暴露组（B 和 E 组）的含量与它们的对照组（A 和 D 组）含量相比没有显著性差异。因此他们认为在 40μg/ml 和 80μg/ml 之间有一个 $nano\text{-}SiO_2$ 对于 IL-4 分泌的阈值。与低浓度的 $nano\text{-}SiO_2$ 暴露组（OVA 和生理盐水处理组）相比较，高浓度的 $nano\text{-}SiO_2$ 暴露组显示出更为严重的炎症症状（炎症细胞浸润）。同时，OVA 处理组比生理盐水处理组炎症迹象更严重。哮喘气道重塑的一些气道结构改变包括：气道壁增厚、上皮下纤维化、黏液增多、上皮下层胞外基质聚沉、成肌纤维细胞增生、支气管平滑肌增生和肥大、黏膜下腺体增生和黏膜下血管增加（图 4-9）。基于这些

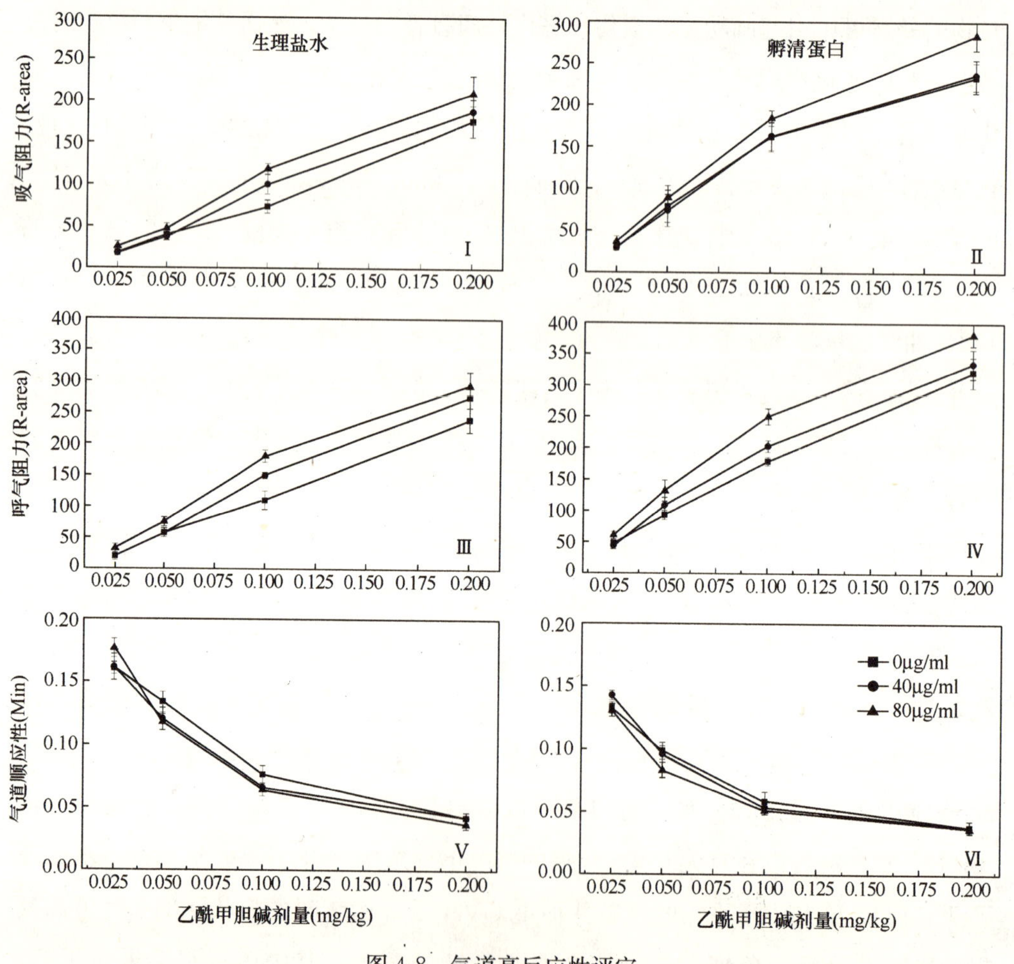

图 4-8 气道高反应性评定

特点，他们可以看出，80μg/ml nano-SiO_2+生理盐水组（C组）与80μg/ml nano-SiO_2+OVA组（F组）出现了明显的气道重塑症状，但是后者要比前者更为明显。除此之外，在气道高反应性检测中，较之生理盐水组而言，OVA组的Ri和Re值都普遍偏高（Ri：$F=64.898$，$p<0.01$；Re：$F=83.118$，$p<0.01$）。并且以生理盐水处理过的大鼠具有更高的Cldyn数值（Cldyn：$F-21.874$，$p<0.01$）。因此气道高反应性检测和肺部组织镜检分析都显示nano-SiO_2颗粒对经OVA免疫后的大鼠能够产生更强的有害影响。

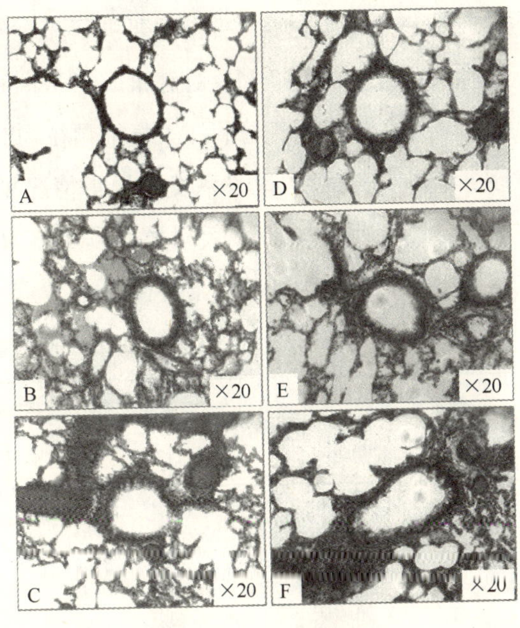

图4-9 肺组织学镜检

一般认为，过敏性哮喘的一项基本特征为气道嗜酸性粒细胞炎症。因此本实验选择嗜酸性粒细胞百分比作为过敏性哮喘的主要生物指标。但是他们的结果显示出一个出乎意料的剂量浓度关系。增加nano-SiO_2染毒浓度后，这一指标不但没有像预期中的那样增加，反而随着浓度升高而下降，并且这一剂量浓度关系在OVA组中更为明显。有研究显示哮喘患者中，典型的嗜酸性粒细胞炎症只是小部分，而嗜中性粒细胞炎症则更为常见。此外，空气污染颗粒物被认为可以在哮喘中触发非嗜酸性粒细胞主导的气道炎症。受意料之外的结果启发，他们猜测nana-SiO_2也许参与了哮喘中非嗜酸性粒细胞炎症的发生和恶化。但是为了论证这一假设，有必要进行进一步的试验，包括分析此试验处理过后大鼠肺泡灌洗液中各种炎症细胞、细胞因子和化学趋化因子的含量。

4.2.4 细颗粒物致心脏和血管系统的不良作用

细颗粒物$PM_{2.5}$（粒径小于2.5μm）进入血液作用于心脏和血管系统，但机制仍不清楚。心室肌细胞间隙连接主要的连接蛋白Connexin43（Cx43）的分布或表达异常是心律失常发生的一个重要机制。

邓芙蓉等[18]观察$PM_{2.5}$对健康成年Wisatr大鼠心电图及心肌组织Cx43分布和表达的影响，探讨了气管滴注大气细颗粒物对大鼠心脏的急性毒性及其机制。实验发现：$PM_{2.5}$染毒后大鼠心率发生异常情况见表4-2。染毒30min时所有组心律失常发生数均有所增加。1h后对照组基本恢复正常，染毒组仍多数发生心律失常，染毒24h后，各组均恢复正常心律。

$PM_{2.5}$大鼠心律失常发生情况 **表4-2**

剂量(mg/kg)	基础心电图	染毒后不同时间心电图测定结果		
		30min	60min	24h
0	0	2 (2/7)	1 (1/7)	0 (0/7)
7.5	0	4 (4/7)	4 (4/7)	0 (0/7)
15	0	5 (5/7)	6 (6/7)	0 (0/7)
30	0	5 (5/7)	5 (5/7)	0 (0/7)

采用免疫荧光细胞化学法对心肌组织连接蛋白Cx43分布进行测定，结果如图4-10、图4-11所示，染毒24h时对照Cx43荧光强度很强；15mg/kg和30mg/kg $PM_{2.5}$可使心肌组织Cx43荧光强度极显著降低（$p<0.01$）。

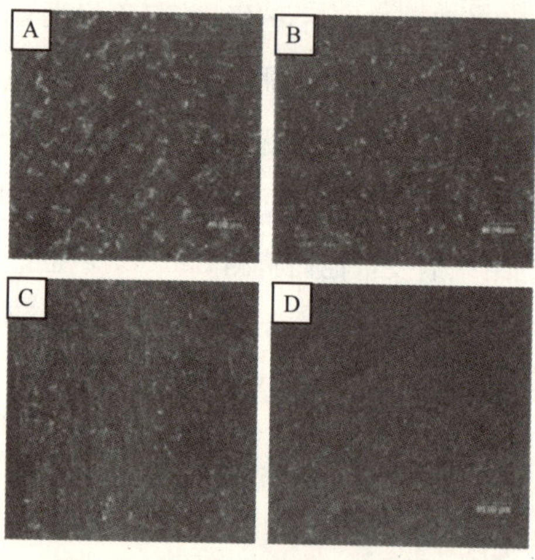

图4-10 $PM_{2.5}$染毒24h对大鼠心肌组织Cx43分布的影响
（A：空白膜对照；B：7.5 mg/kg；C：15 mg/kg；D：30 mg/kg）

用Western blot法对心肌组织Cx43表达测定，结果如图4-12、图4-13所示。可以看到随$PM_{2.5}$剂量增加，磷酸化Cx43（P_1、P_2）和非磷酸化Cx43（P_0）蛋白表达均逐渐降低，15mg/kg和30mg/kg剂量Cx43表达下降更为显著（$p<0.01$）。

$PM_{2.5}$染毒24h后，大鼠心肌组织病理切片观察结果如图4-14所示。各剂量及对照组均可见到心肌横纹，心肌排列正常，横纹清晰，未见明显心肌细胞萎缩、变性，未见炎细胞浸润，提示气

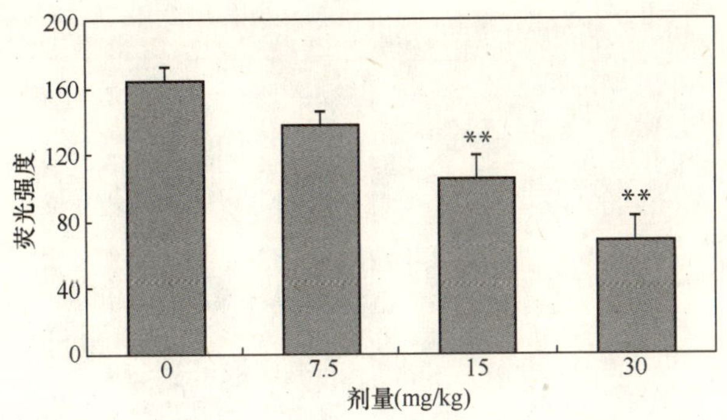

图 4-11 $PM_{2.5}$染毒 24h 对大鼠心肌组织 Cx43 分布影响的定量分析结果（$n=7$；**：与对照组比较，$p<0.01$）

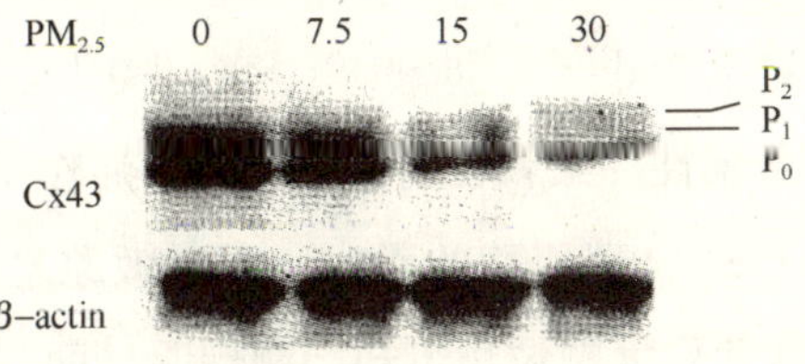

图 4-12 $PM_{2.5}$染毒 24h 对大鼠心肌组织 Cx43 表达的影响

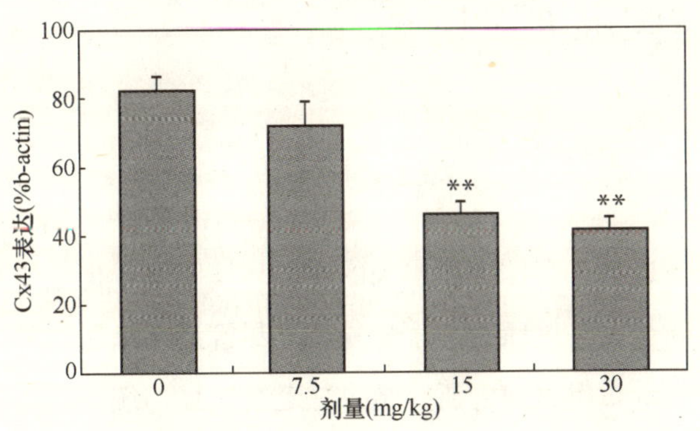

图 4-13 $PM_{2.5}$染毒 24h 对大鼠心肌组织 Cx43 表达影响的定量分析结果（$n=7$；**：与对照组比较，$p<0.01$）

管滴注 $PM_{2.5}$未对健康成年 Wistar 大鼠造成心脏病理损伤。

4.2.5 仿室内霉菌性污染颗粒物致呼吸窘迫症作用的研究

动物实验和体外研究都已表明，空气中有机颗粒物可引起肺部炎症反应。最近的研究表明，含葡聚糖颗粒物的暴露会影响鼻腔和肺部的功能，并伴随炎症反应。

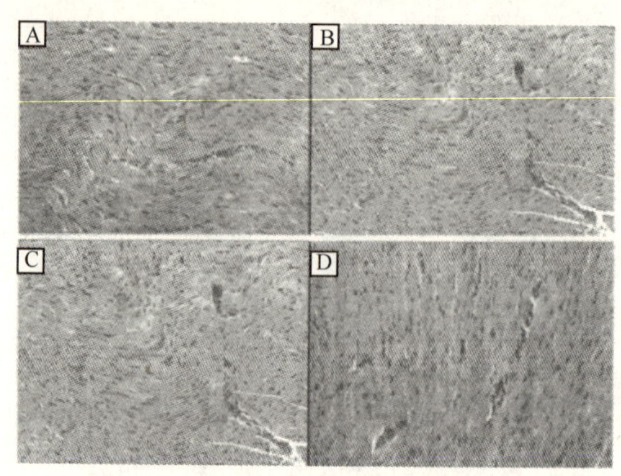

图 4-14 $PM_{2.5}$染毒 24h 后大鼠心脏病理改变

（A：空白膜对照；B：7.5 mg/kg；C：15 mg/kg；D：30 mg/kg）

曹毅等人开展了仿室内霉菌性污染颗粒物致呼吸窘迫症作用的研究，旨在检测含葡聚糖颗粒物暴露对肺部 GSNO 还原酶的影响。在过敏原暴露组并未观察到明显的 GSNOR 活力升高，但含葡聚糖颗粒物组却检测到明显的 GSNOR 活力升高。这个结果同样也得到了 RT-PCR 实验的证明。这些结果提示：含葡聚糖颗粒物暴露诱导了小鼠肺中 GSNOR 的活化。

4.3 结论与建议

室内空气污染是近年来我国突显出来的重要环境问题，但由于室内空气污染物种类繁多、暴露时间长，其健康效应十分复杂。尽管近年来国内外对室内空气污染的毒理学研究十分活跃，但目前的研究结果缺乏系统性与统一性结论，因此，毒理学机制尚不清楚，有待进一步加强该领域的研究。

参考文献

[1] International Agency for Research on Cancer. IARC classifies formaldehyde as carcinogenic to humans[R/OL] 2004. Available online at http://www. iarc. fr/ENG/Press _ Releases/pr153a. html.

[2] Weiss KB, Buist AS, Sullivan SD, Asthma's Impact on Society: The Social and Economic Burden, Lung Biology in Health and Disease, Vol. 138, page 1, Dekker, New York 2000.

[3] Nowak D, Ulrik CU, Mutius EV. Asthma and atopy: has peak prevalence been reached? [J] Eur Respir J, 2004, 23, 359-360.

[4] 谢强敏. 药理学前沿-哮喘与COPD新概念及新药. 北京科学出版社,2003:125-130.

[5] Kalasz Huba, Biological role of formaldehyde and cycles related to methylation, demethylation and formaldehyde production. Mini Reviews in Medical Chemistry, 2003, 3:175-192.

[6] Nandate K, Ishidao T, Hori H, et al. ,The effect of formaldehyde exposure on cytokine production in murine alveolar macrophages. J UOEH, 2003, 25(2):197-205.

[7] 张桂芝,熊玮,刘长庭,刘东山. 甲醛对人支气管上皮细胞系转化和染色体不稳定性影响的研究. 第三军医大学学报,2006,28(13):1388-1392.

[8] Dalene M, Persson E Skarping G Determination of formaldehyde in air by chemisorption on glass filters impregnated with 2,4-dinitrophenylhy-drazine using gas chromatography with thermionic specificdetection. JChromatogr, 1992, 626:284-288.

[9] Henry dA. Heck, Mercedes Casanova. The implausibility of leukemia induction by formaldehyde: a critical review of the biological evidence on distant-site toxicity. Regul Toxicol Pharmacol, 2004(40): 92-106.

[10] CHENG Wen-wen, LI Lan, HU Chuan-lu, et al. Gaseous Formaldehyde-Induced DNA-Protein Crosslinks in Mouse Bone Marrow Cells. Asian Journal of Ecotoxicology. 2010; 2, 262-267. (In chinese).

[11] Gao Na-na, Chang Qing, Liu Dan-dan, Cheng Wen-wen, Ding Shu-mao. Study on Genotoxicity of Formaldehyde on the Liver Cells in Mice. Bioinformatics and Biomedical Engineering (iCBBE), 2010 4th international conference on. DOI: 10.1109/ICBBE.2010.5163474.

[12] Gao Na-na, Cheng Wen-wen, Deng Yu-jie, et al. Research of DNA damage in marrow cells of mice exposed to gaseous formaldehyde by RAPD method. Bioinformatics and Biomedical Engineering (iCBBE), 2010 4th international conference on. DOI: 10.1109/ICBBE.2010.5516274.

[13] Luoping Zhang, Craig Steinmaus, David A. Eastmond et al.. Formaldehyde exposure and leukemia: A new meta-analysis and potential mechanisms. Mutation Research/Reviews in Mutation Research, 2009:150-168.

[14] Y. Qiao, B. Li, G. Yang, H. Yao, J. Yang, D. Liu, Y. Yan, T. Sigsgaard, X. Yang. Irritant and Adjuvant Effects of Gaseous Formaldehyde on the Ovalbumin-induced Hyperresponsiveness and Inflammation in a Rat Model. Inhalation Toxicology, 2009:1-8.

[15] Guangtao Yang，Yongkang Qiao，Bing Li，Jiwen Yang，Dandan Liu，Hanchao Yao，Dongqun Xu，Xu Yang. Adjuvant effect of di-(2-ethylhexyl) phthalate on asthma-like pathological changes in ovalbumin-immunised rats，Food and Agricultural Immunology . 2008，19-4,351-362.

[16] Wen-wen Cheng，Zhi-Qing Lin，Bo-Fei Wei，et al. Single-walled carbon nanotube induction of rat aortic endothelial cell apoptosis：Reactive oxygen species are involved in the mitochondrial pathway. Int J Biochem Cell Biol. 2011 Apr；43(4)：564-72. Epub 2010 Dec 21. doi：10. 1016/j. biocel. 2010. 12. 013 .

[17] Bing Han，Jing Guo，Tesfamariam Abrahaley，Longjuan Qin，Li Wang，Dandan Liu，Yuduo Zheng，Bing Li，Hanchao Yao，Jiwen Yang，Zhuge Xi，Xu Yang. Adverse effect of nano-silicon dioxide on rat lung function with or without OVA immunization . PLoS One. 2011，6(2)：e17336.

[18] 邓芙蓉；郭新彪；胡婧；吕鹏；气管滴注大气细颗粒物对大鼠心脏的急性毒性及其机制研究，生态毒理学报，2009，4(1)，57-62.

第5章 建材和家具污染散发及标识

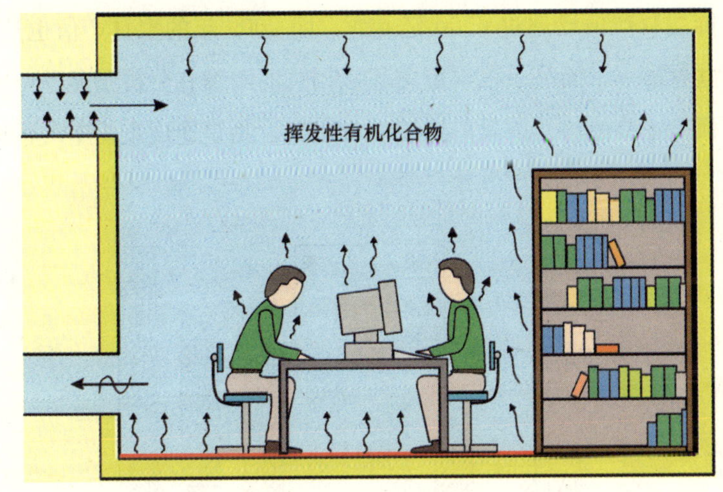

源自：丹麦技术大学

建材和家具作为室内挥发性有机化合物的主要散发源，对室内空气质量有重要影响。本章以建材和家具为对象，分两节进行介绍。对于建材，介绍了其规模、产值及导致室内空气污染的原因；介绍了挥发性有机化合物从建材到室内环境中的散发过程及影响散发特性的关键参数；在回顾国外参数测定研究进展的基础上，介绍了我国在该领域取得的进展并重点提及了密闭舱 C-history 方法，该方法具有测试时间短、精度高、操作方便等优点。对于家具，对国外相关标识进行了综述，指出了其优点和存在的主要问题（测试时间长）；结合密闭舱 C-history 方法，简介了家具散发标识的一种快速方法；以调研建立的标准房间为依据，介绍了家具 VOCs 限值的确定方法。本章内容可为我国建材和家具散发及标识的深入开展提供帮助。

5.1 建材挥发性有机化合物散发检测原理和方法

5.1.1 背景介绍

目前我国已成为世界人造板生产第一大国，截至2008年底，我国人造板企业超过6000家[1]，产量在2009年突破1亿m^3[2]。图5-1为近年来我国人造板产量示意图[2-7]，可以看出，人造板年产量以接近20%的速度增长。统计表明，我国2005年的装修装饰建材产值已超过6500亿元[8]，而2009年的家具产值也达到7300亿元[9]，均居世界第一。而另一项与室内环境相关的调查和分析则显示：室内建材和家具（人造板是主要原料）散发的挥发性有机化合物是造成室内空气污染的“罪魁祸首”[10]。

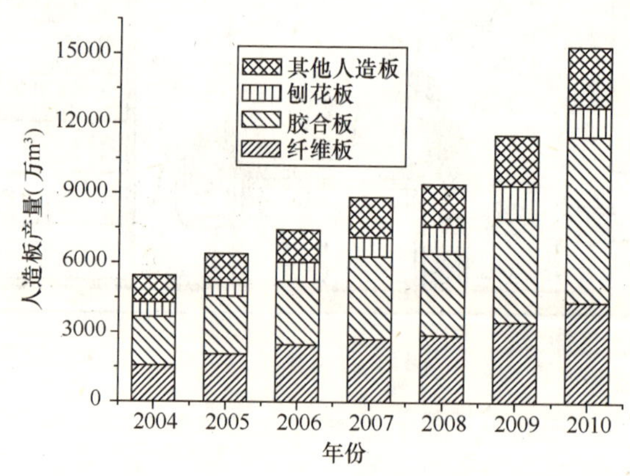

图5-1 我国近年来人造板产量示意图[2-7]

人造板之所以会散发VOCs，这与其生产原料和工艺密切相关。图5-2为一种纤维板的生产流程示意图[11]，其通常包括：进料、剥皮、切片、清洗、干燥、拌胶、成型、热压和切割。出于性能和成本考虑，我国有80%以上的人造板大量使用脲醛树脂作为胶粘剂[12]。脲醛树脂由甲醛和尿素制备而成，为了保证建材的优良性能生产时需要一定量的富余甲醛，因此人造板在室内使用过程中会常散发甲醛。室内装修装饰用的涂料和家具用的油漆则成为苯、甲苯、二甲苯等苯系物的重要来源。室内环境中VOCs的大量存在对人体健康有着重要影响，是导致病态建筑综合征的主要原因之一[13]。

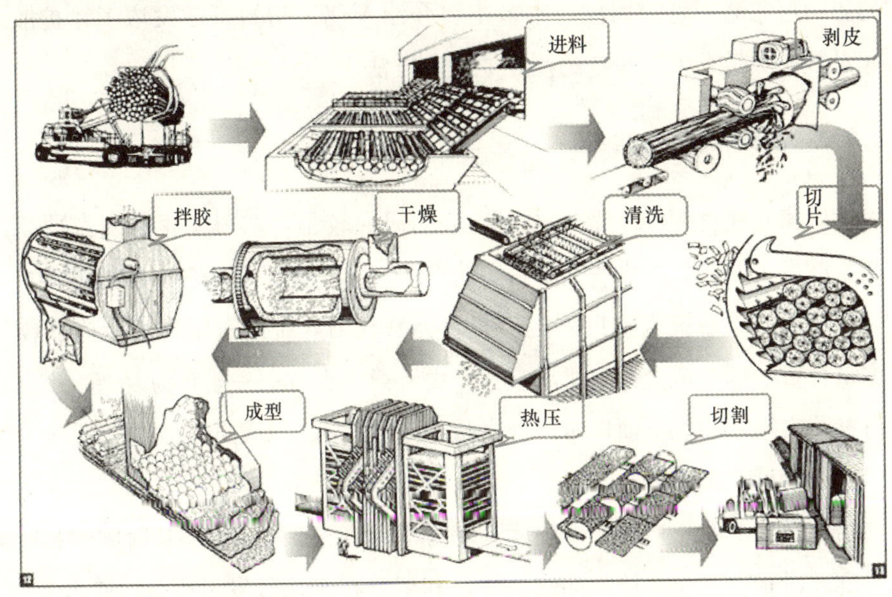

图 5-2 人造板生产流程示意图[11]

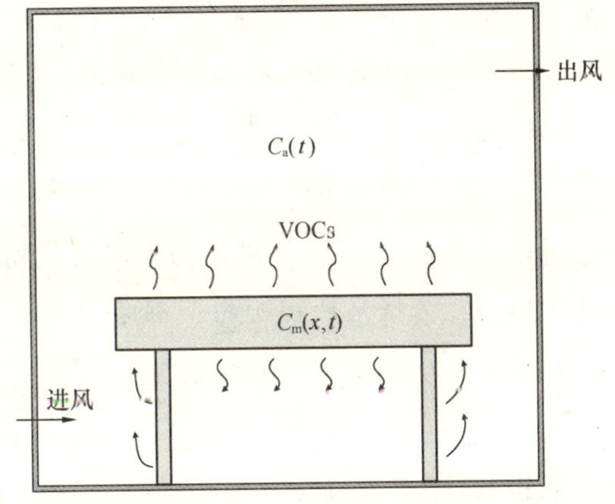

图 5-3 室内环境中建材或家具散发过程示意图

建材或家具在室内环境中的散发过程如图 5-3 所示。VOCs 经过建材内部的扩散传质和表面的对流传质散发出来，进而导致环境中 VOCs 浓度的逐时变化。研究表明[14，15]，该过程中建材 VOCs 散发特性由四个关键参数表征：建材中 VOCs 初始可散发浓度 C_0，VOCs 在建材中的扩散系数 D_m，VOCs 在空气和建材界面处的分配系数 K，建材表面处的对流传质系数 h_m。初始可散发浓度的高低直接影响到建材"绿色度"的评价。如果能够准确测定上述散发关键参数，则可以借助数学模型或数值方法[14-16]实时预测室内环境中建材 VOCs 的散发情况，进而便于对室内污染状况进行控制和改善。对于大多数建材而言，对流传质系数仅仅对散发初期的环境 VOCs

浓度产生影响，当散发过程进行到一定阶段（传质傅立叶数大于0.2），对流传质系数的影响可忽略不计。因此，本节主要介绍VOCs初始可散发浓度、扩散系数和分配系数三大散发关键参数的测定原理和方法。

5.1.2 国外相关研究综述

发达国家对建材VOCs散发关键参数的研究较早，取得了很多研究成果。迄今，测定散发关键参数的方法大致可分为两类：第一类是利用各个参数的定义，通过设计相应的实验系统来直接测定；第二类是利用直流或密闭环境舱内VOCs浓度数据结合数学模型拟合得到所求参数。由于第二类方法一般较为复杂，有兴趣的读者可参阅文献[14-18]，下面仅对国外文献中涉及的第一类测定方法进行简要介绍。

（1）初始可散发浓度

初始可散发浓度是指在外界环境浓度为零的情况下经过足够长时间建材能够散发的VOCs总量。对于环境舱测试系统，其困难在于，散发过程是一个长期过程，从而导致目标VOCs全部散发出来的时间很长。Schwarzenbach等人[19]指出散发速率和传质的路径长度平方倒数及扩散系数成正比，因此，可以通过减小传质路径或者加热增加扩散系数的方式来降低散发时间。目前，直接测定初始可散发浓度的方法主要包括流化床解吸附法[20]和常温萃取法[21]。

Cox等人[20]提出了一种测量乙烯基地板中初始可散发浓度（含量）的流化床解吸附法（Fluidized-bed desorption，简称FBD法）。该方法先采用低温研磨技术将乙烯基地板在－140℃的液氮槽下研磨成粉末，然后在室温条件下用流化床解吸附使VOCs从乙烯基地板颗粒中释放出来。由于传质路径的缩短和散发面积的增加，VOCs散发速率的增加非常显著。文献[20]中还用高温热解析的方法（Direct thermal desorption，简称DTD法）测量乙烯基地板中VOCs含量，并和FBD法测试的结果对比，发现对于检测到的7种VOCs，FBD法的测量结果仅为DTD法的30％～70％，论文作者用多聚物的自由体积概念对测量结果的差异进行了初步解释。需要指出的是，FBD法存在一些不足：①实验系统复杂，需要低温研磨设备和流化床；②实验过程中浓度逐渐降低，VOCs的采样精度和频率均会影响浓度的累积结果；③实验时建材被研磨成粉末，破坏了建材的固有结构，测量的结果不一定能反映建材的真实使用状况。

Smith 等人[21]应用低温研磨技术发展出了一种常温萃取法来测定初始可散发浓度，其实验装置如图 5-4 所示。该方法先将材料研磨成粉末，再将粉末置于机械振荡器中使 VOCs 加速释放到一个密闭环境舱中。当浓度达到平衡后，用高效液相色谱（High performance liquid chromatography，简称 HPLC）采样，称之为 1 个周期。然后向环境舱中持续通入一定流量的干净空气直至达到检测下限，再进行建材释放、平衡、吹风过程，形成多个散发周期，直至最后 1 个周期的平衡浓度低于第 1 个周期平衡浓度的 1%。建材中 VOCs 某种初始可散发质量 M_t 可由式（5-1）计算，其与建材体积的比值即为初始可散发浓度。

$$M_t = \sum_{n=1}^{N} VC_n + \frac{VC_N}{C_{N-1}/C_N - 1} \tag{5-1}$$

式中：V 为密闭环境舱的体积，m^3；C_n 为第 n 个周期密闭环境舱中某种 VOC 的平衡浓度，$\mu g/m^3$；N 为实验的总周期数。

常温萃取法实验系统简单，比传统直流实验舱法具有更快的散发速率。文献[21]中指出，传统实验舱法 1 个月内对于建材中甲醛、乙醛和己醛初始可散发浓度的测量结果还不到常温萃取法测量值的 1/2。然而，该方法也存在一些不足之处：①建材的测试状态（粉末）和使用状态（平板）不一致；②需要执行多个周期

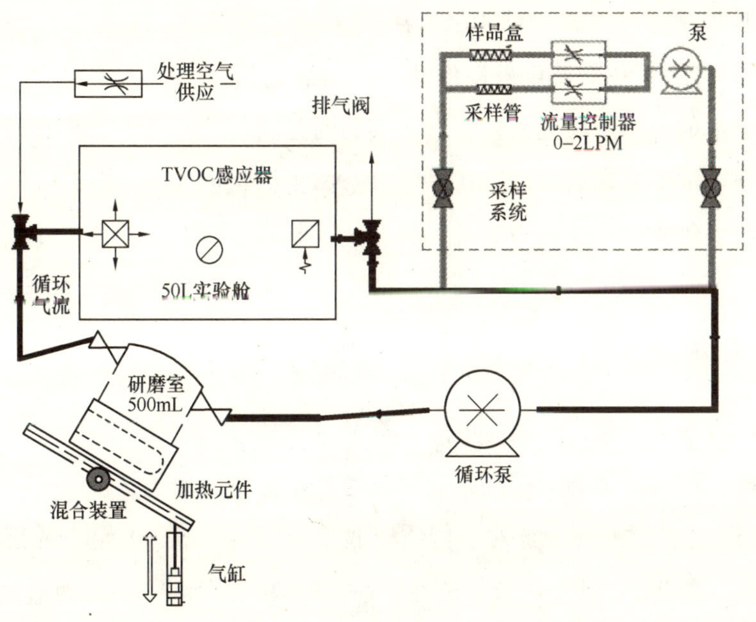

图 5-4 常温萃取法实验系统图[21]

来满足该方法“最后1个周期的平衡浓度低于第1个周期平衡浓度的1%”的这一条件，因此实验相当费时，通常需要4周左右时间；③在实验的后期，由于舱内VOC浓度较低，测量结果的不确定度增大。

（2）扩散系数

扩散系数反映了建材内部某种VOC（本章中VOC为Volatile organic compound的缩写，为单数，不同于VOCs）扩散过程的强度，其直接测定方法包括湿杯法、双舱法和压汞法。

湿杯法是最简便的测定扩散系数的方法。实验时被测建材紧紧压在盛有纯VOC液体的杯子口上，杯子和建材都被置于电子天平上，其总质量被逐时记录。根据斐克扩散定律，扩散系数 D_m 可由稳态传质时VOC的质量损失率计算[22]：

$$D_m = \frac{\dot{m}}{A}\frac{L}{C_{sat}} \tag{5-2}$$

式中：$\dot{m}$ 为VOC以纯扩散的方式通过建材的质量流量，$\mu g/s$；C_{sat} 为测试温度下VOC的饱和浓度，$\mu g/m^3$；L 为建材的厚度，m；A 为建材的表面积，m^2。

湿杯法主要存在两大缺点：杯内VOCs的浓度为饱和浓度，远远高于室内浓度，由于扩散系数和VOC浓度正相关，湿杯法的测定结果将高估 D_m；由于采用纯VOC液体，故1次实验只能测量1种VOC的扩散系数。

针对湿杯法中VOC浓度较高的缺陷，之后的研究者提出了双舱法以保证扩散系数在正常的室内浓度范围内测得。实验时建材被置于两个完全相同的舱体之间，一舱通以浓度恒定的VOC，而另一舱通以干净空气，两舱出口处的浓度被实时记录。当传质过程达到稳态时，根据斐克扩散定律，扩散系数 D_m 可由下式计算[23]：

$$D_m = -\frac{\dot{m}}{A}\frac{\Delta x}{\Delta C} = \frac{QL}{A}\frac{C_2}{C_1 - C_2} \tag{5-3}$$

式中：C_1，C_2 分别为稳态时两舱中的平衡VOC浓度，$\mu g/m^3$。

由公式（5-3）计算出的扩散系数仅仅考虑了建材内部的扩散效应，而忽略了建材表面的对流传质效应，这对于传质毕渥数（$Bi_m = h_m L/D_m$）小的情况将引起较大的偏差。在 Bi_m 较小时，该方法在处理实验数据时尚待进一步改进。

此外，压汞法也可以用来测定多孔介质材料的扩散系数。压汞法的基本思想是多孔介质扩散系数主要与其的结构有关，可表示成孔隙率、曲折度和参考扩散系数三个变量的函数。通过压汞实验，可以比较简便的获得孔隙率和曲折度等参数，因此压汞法的关键问题就转变为如何选择合适的模型来计算参考扩散系数。Blondeau 等人[24]提出了平行孔模型来计算参考扩散系数，即认为建材内部的孔是由一系列不同直径的孔并联而成；Seo 等人[25]则提出了平均孔模型，即把建材内部的孔分布等效为一个当量直径的平均孔，参考扩散系数按过渡扩散计算。

压汞法的主要优点是测试时间短，压汞实验 2 小时即可完成。相比于湿杯法和两舱法，压汞法的计算结果通常要大得多，有时甚至相差一两个数量级。因此，有必要针对不同类型的建材进行详细的介观结构分析，发展更加合适的模型来计算参考扩散系数。需要指出的是，压汞法也存在一定的局限性：①只适用于各向同性的建材；②未考虑相对湿度的影响；③未考虑建材表面分子和 VOC 分子之间的相互作用。

（3）分配系数

分配系数表征 VOC 在气相和固相分配的程度。对于大多数建材中 VOC 的吸附/散发过程而言，VOC 在气相的分压力足够低，此情形下亨利定律作为朗缪尔定律在低压下的近似而广泛应用。相对于建材内部的扩散过程，建材界面处的吸附平衡瞬时就能完成，因此可以认为建材界面处的吸附平衡一直存在，据此假设结合亨利定律，分配系数定义为建材界面处固相浓度和气相浓度之比。

据此定义，Tiffonnet 等人[26]采用吸附的思想测定了丙酮在三种建材（刨花板、丙烯酸涂料、石膏板）中的分配系数。该方法中，不含 VOC 的建材（体积为 V_m，m^3）被置于密闭环境舱（容积为 V，m^3）中，然后注入质量为 M_s 的丙酮。记吸附平衡时气相丙酮浓度为 C_a（mol/m^3 或 $\mu g/m^3$），则分配系数 K 可由下式计算：

$$K=\frac{C_m}{C_a}=\frac{M_s-C_aV}{C_aV_m} \tag{5-4}$$

其中 C_m 为 VOC 在材料中的浓度（mol/m^3 材料或 $\mu g/m^3$ 材料）。

对于前述的双舱法，当系统达到平衡时，建材内部的 VOC 浓度呈线性分布，亦可根据质量守恒计算出分配系数。但文献［23］在考虑系统 VOCs 的质量守恒时漏掉了一项：即只考虑了两舱系统中输入、输出和建材吸附的 VOCs 这三部分质量，未考虑平衡时两个舱体中残留的 VOCs 质量，其结果将高估分配系数值，在处理数据时应进行修正。

5.1.3 我国建材挥发性有机化合物散发检测研究进展

虽然我国在建材 VOC 散发检测方面的研究起步较晚，但近十年取得了显著进展，如发展了测定扩散系数的宏观-介观双尺度模型[27]，提出了测定初始可散发浓度和分配系数的多平衡态回归法[28]、多次散发回归法[29]等，最近又建立了同时快速测定三大散发关键参数的密闭舱 C-histoy 方法[30]。需要指出的是，这些方法可方便地测定初始可散发浓度，其是表征建材“绿色度”的重要参数。而国标 GB 18580—2001[31]和 GB 17657—1999[32]推荐的对室内装修材料人造板及饰面人造板污染水平进行评价的穿孔萃取法，测定的则是建材中甲醛总含量。实际上对室内空气质量造成影响的是常温使用状态下材料中的初始可散发甲醛而不是总含量。研究表明，在一些情况下，两者相差甚远，如对于文献中的一种中密度板，在常温 25.2℃时，后者不到前者的 10%[33]。对于建材来说，甲醛总含量高并不意味着初始可散发量就高，两者不存在线性关系。因此，不加区分的将总含量当成初始可散发量，会给建材的质量评定造成误判，其后果将可能导致大规模经济损失，并在一定程度上误导消费者。因此上述国标测试方法亟需修正，并建立以初始可散发量（浓度）为指标的科学评价体系。当然，为实现此目标，还需做更深入的研究及更广泛的相关工作。

相比于其他测试方法，密闭舱 C-history 方法具有测试时间短、测试精度高、操作方便等优点，便于工程应用。因此，下面对密闭舱 C-history 方法的测定（检测）原理、测试系统及典型建材的测量结果做一详细介绍。

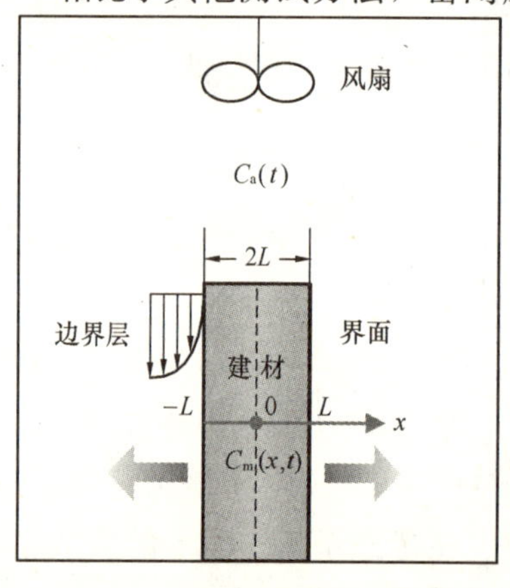

图 5-5 密闭舱中建材 VOC 双面散发示意图

(1) 密闭舱 C-history 方法的测定原理

对于建材在密闭舱中的散发过程，其双面散发的示意图如图 5-5 所示。图中建材的两个表面都暴露于空气中，所有的边缘均用不含 VOCs 的铝箔胶带密封。基于对称性，为简便起见，可以将双面散发处理成以建材中心为对称轴的单面散发过程。假设：①初始时刻建材内部 VOC 浓度均匀分布；②建材内部的扩散过程是一维的，垂直于建材表面方向；③环境舱内 VOCs 混合均匀，即舱中任意点的浓度均能代表舱内 VOC 浓度。基于物理分析和数学推导，可建立建材散发过程的如下关系式：

$$\ln\left(\frac{C_{equ}-C_a(t)}{C_{equ}}\right)=SL\cdot t+INT \tag{5-5}$$

式中，C_a 为环境舱内逐时 VOC 浓度，$\mu g/m^3$；C_{equ} 为环境舱内平衡 VOC 浓度，$\mu g/m^3$；t 为散发时间，s；斜率 SL 和截距 INT 均为与 D_m 和 K 有关的参数。

此时，可通过如下步骤获得散发关键参数[31]：

①将环境舱内建材 VOCs 散发过程的浓度数据按方程（5-5）的形式进行整理；

②通过线性拟合获得斜率 SL 和截距 INT；

③考虑到扩散系数 D_m 和分配系数 K 为 SL 和 INT 的函数，解两个方程获得 D_m 和 K；

④在获得 K 后，再结合文献中平衡浓度 C_{equ} 的表达式，得到初始可散发浓度 C_0。

考虑到该方法的主要特点是应用了密闭舱中的逐时浓度数据，故称其为密闭舱 C-history 方法（C 代表浓度）。

（2）测试系统

为了考查密闭舱 C-history 方法对于环境舱体积的适应性，实验过程中采用了两种容积的环境舱测试系统，即 30L 的小型环境舱和 $30m^3$ 的大型环境舱。目标 VOC 选为人造板中最主要的污染物甲醛。小型环境舱测试系统图如图 5-6 所示。环境舱由不锈钢制造，顶部有风扇来加强舱内 VOC 和空气的混合。多组分气体分析仪 INNOVA-1312 用来采集环境舱内甲醛的逐时浓度和平衡浓度，其测量甲醛的结果已由高效液相色谱校准过。实验中用恒温水浴来控制环境舱的温度。

大型环境舱测试系统位于 $120m^3$ 的房间内部，舱体外面未覆盖保温层，环境舱和房间由独立的空调系统控制，其示意图如图 5-7 所示。和小型环境舱实验不同的是，此处用国标《公共场所空气甲醛测定方法》GB/T 18204.26 推荐的酚试剂法简称 MBTH）来测定舱内的甲醛浓度。对于密闭舱测试系统，其平衡态的判据为：环境舱内相邻 2 小时 VOC 浓度的平均值变化不超过 1%。

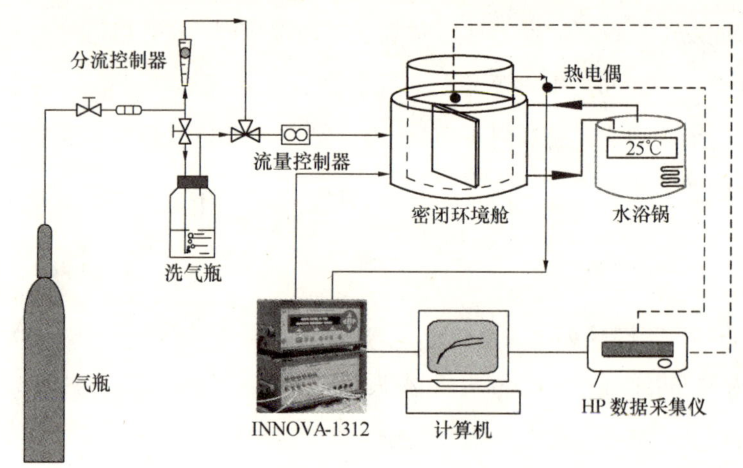

图 5-6　小型环境舱测试系统示意图[30]

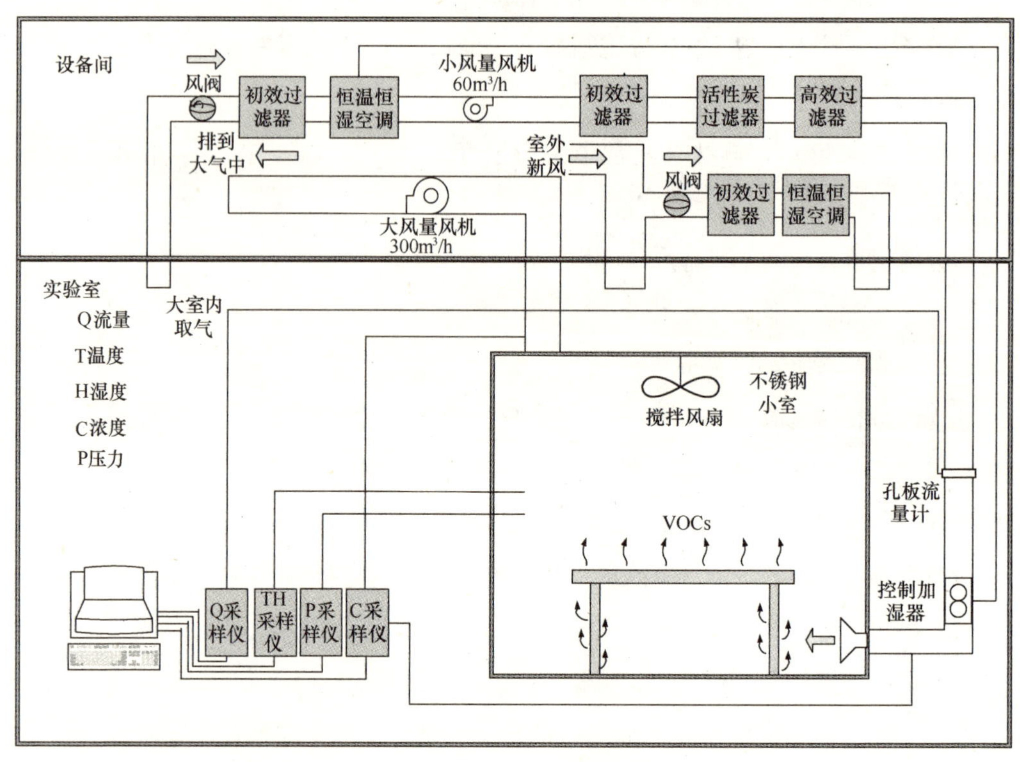

图 5-7　大型环境舱测试系统示意图[34]

考虑到人造板在我国大规模使用，实验选取了三种中密度板、两种刨花板和一种大芯板进行分析。表 5-1 列出了被测建材的几何尺寸及测试条件。实验时环境舱内的相对湿度控制在50±5%，为了研究密闭舱C-history方法对于温度的适应性，实验过程选择了四个不同的温度。中密度板1、中密度板2、刨花板1和大芯板的实验在小型环境舱中进行，而中密度板3和刨花板2的实验在大型环境舱中进行。

被测试建材的实验工况 **表5-1**

建材	温度（℃）	舱体积（m^3）	长×宽×高（m×m×m）	块数
中密度板1	33.0±0.5	0.03	0.1×0.1×0.0028	2
中密度板2	25.0±0.5	0.03	0.1×0.1×0.0038	1
中密度板3	23.0±0.5	30	1.225×1.025×0.004	4
刨花板1	27.0±0.5	0.03	0.1×0.1×0.0158	1
刨花板2	23.0±0.5	30	1.22×1.22×0.016	4
大芯板	27.0±0.5	0.03	0.1×0.1×0.0159	1

（3）测量结果及分析

对于密闭环境舱中所测试的6种建材，其散发过程达到平衡的时间均不超过3天。应用公式（5-5）对环境舱中甲醛的测试数据进行线性拟合，其结果如图5-8所示。

表5-2列出了所测定的6种建材的散发关键参数（C_0，D_m和K）及相关系数平方（R^2）。据ASTM D5157—97标准的规定，相关系数（R）高于0.9即可认为拟合精度可接受。对于所研究工况，表5-2显示所有的相关系数平方均高于0.97，说明拟合精度较高。

密闭舱C-history方法测定的散发关键参数值 **表5-2**

建材	C_0（$\mu g/m^3$）	D_m（m^2/s）	K	R^2
中密度板1	$(1.91\pm0.10)\times10^7$	$(5.58\pm0.25)\times10^{-11}$	$(1.46\pm0.09)\times10^3$	0.995
中密度板2	$(4.01\pm0.34)\times10^6$	$(2.72\pm0.21)\times10^{-11}$	$(5.52\pm0.53)\times10^3$	0.976
中密度板3	$(1.53\pm0.12)\times10^7$	$(9.25\pm0.71)\times10^{-12}$	$(5.94\pm0.58)\times10^3$	0.992
刨花板1	$(2.68\pm0.22)\times10^7$	$(5.52\pm0.27)\times10^{-10}$	$(1.64\pm0.15)\times10^3$	0.993
刨花板2	$(2.80\pm0.21)\times10^7$	$(4.16\pm0.17)\times10^{-10}$	$(4.23\pm0.34)\times10^3$	0.991
大芯板	$(4.19\pm0.27)\times10^6$	$(3.38\pm0.22)\times10^{-10}$	$(4.31\pm0.40)\times10^2$	0.995

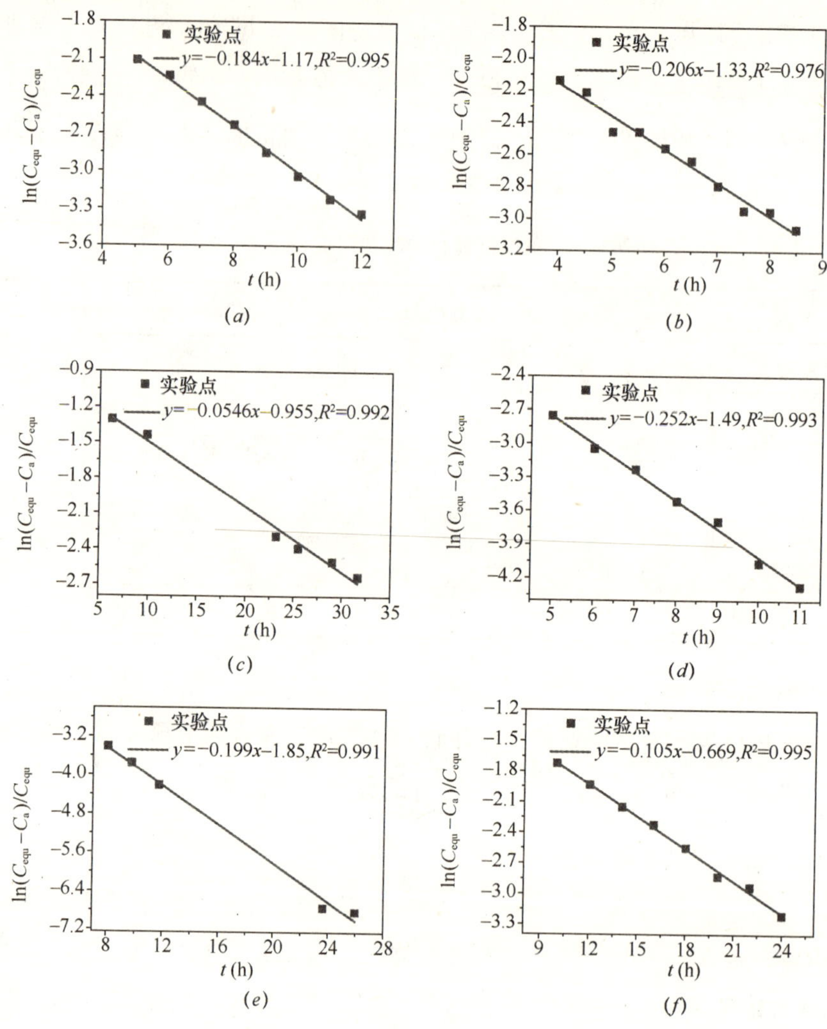

图 5-8 应用公式（5-5）对于 6 种建材的线性拟合结果

（*a*）中密度板 1；（*b*）中密度板 2；（*c*）中密度板 3；（*d*）刨花板 1；（*e*）刨花板 2；（*f*）大芯板

散发关键参数的标准偏差可通过数值计算获得，其结果亦列于表 5-2 中。基于这些数据，可方便地得到散发关键参数的相对标准偏差值。计算结果显示，初始可散发浓度、扩散系数和分配系数的最大相对标准偏差值分别为 8.5%（中密度板 2）、7.7%（中密度板 2）和 9.8%（中密度板 3）。表 5-2 显示中密度板 2 具有最低的拟合相关系数，其与相对标准偏差的分析结果是一致的。需要指出的是，所测试工况的最大相对标准偏差值是比较小的，均不超过 10%，因此密闭舱 C-history 方法精度较高，非常便于工程应用。

对于密闭舱 C-history 方法，由于散发关键参数并非用密闭舱解析解[31]直接对实验数据进行非线性拟合得到，因此，可将求得的初始可散发浓度、扩散系数和分配系数等代入解析解计算出舱内甲醛浓度的预测值，然后与实验测量值进行对比，以此来作为密闭舱 C-history 方法的初步验证。

图 5-9 为 6 种建材舱内甲醛浓度的模型预测值与实验值的对比，图中竖条表示

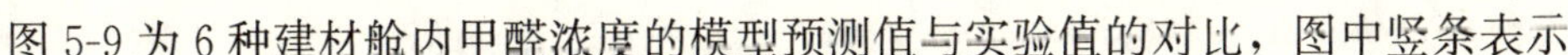

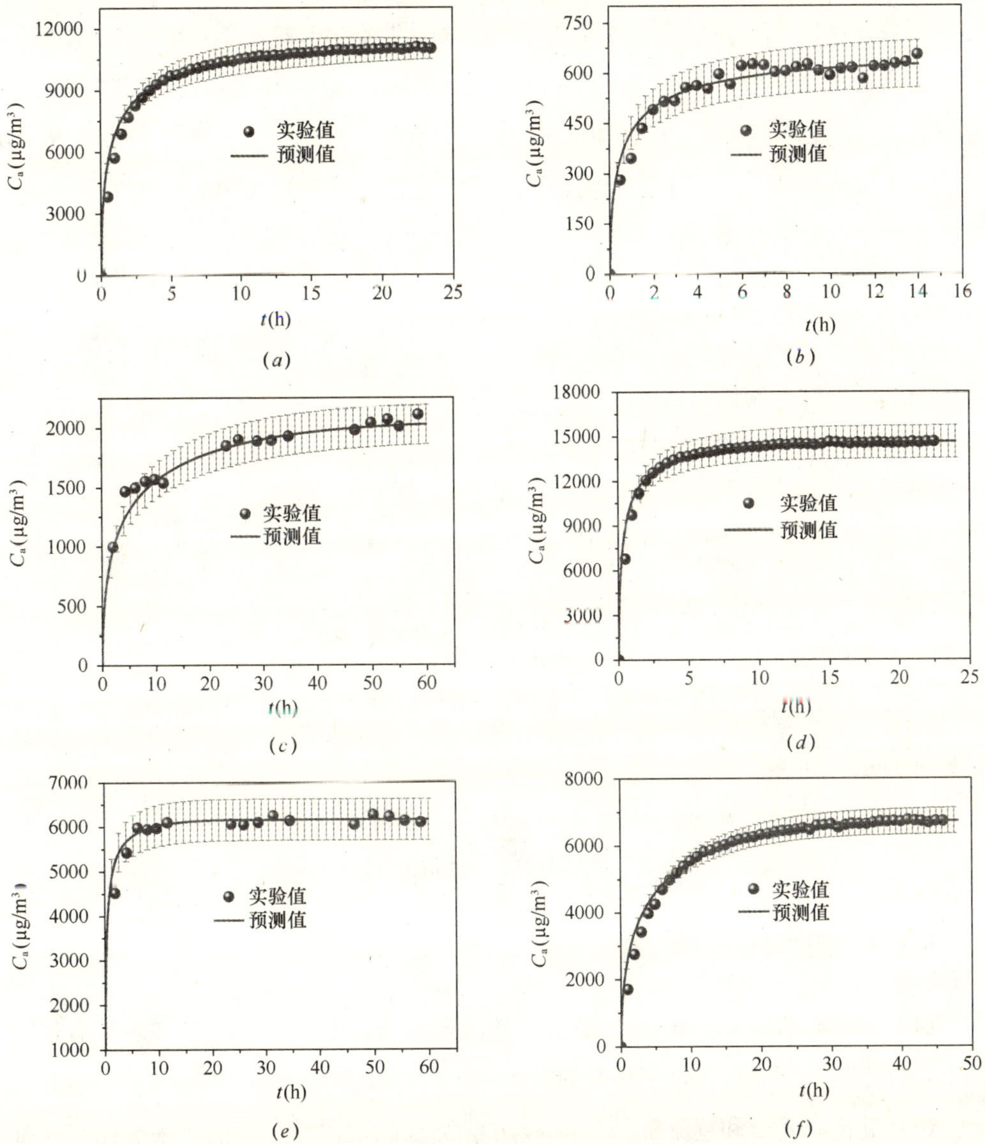

图 5-9 密闭舱中甲醛浓度的预测值和实验值的对比

(*a*) 中密度板 1；(*b*) 中密度板 2；(*c*) 中密度板 3；(*d*) 刨花板 1；(*e*) 刨花板 2；(*f*) 大芯板

由于散发关键参数存在误差所导致的舱内甲醛浓度误差范围。对于所测试工况，由于仪器测试的相对误差不超过3.6%，其值较小故未显示在图中。从图5-9可以看出，大多数实验数据均落在模型预测的散发曲线上，只是中密度板2前期3h以内的数据存在一定的偏差。然而，如果将散发参数的测试误差考虑进来，实验数据绝大部分都位于包含参数测量误差的带状区域之内，表明所测参数是准确的。

需要指出的是，为了进一步验证所测参数的准确性，独立性实验（非密闭舱实验）是必需的。同时，我们也需要考虑通过密闭舱方法所测定的散发关键参数能否用来预测实际通风空间中VOC的散发情形。为此，对于中密度板3和刨花板2，我们在大型环境舱中进行了流通实验。基于密闭舱所测定的散发关键参数及环境舱流通条件下的解析模型，可方便计算得到环境舱内的VOC浓度。图5-10显示了流通条件下环境舱内甲醛浓度的预测值和实验值的对比，可以看到，对于所测试的180h，两者符合较好，从而证明密闭舱C-history方法所测定的散发关键参数可用来预测实际条件下的散发情形。

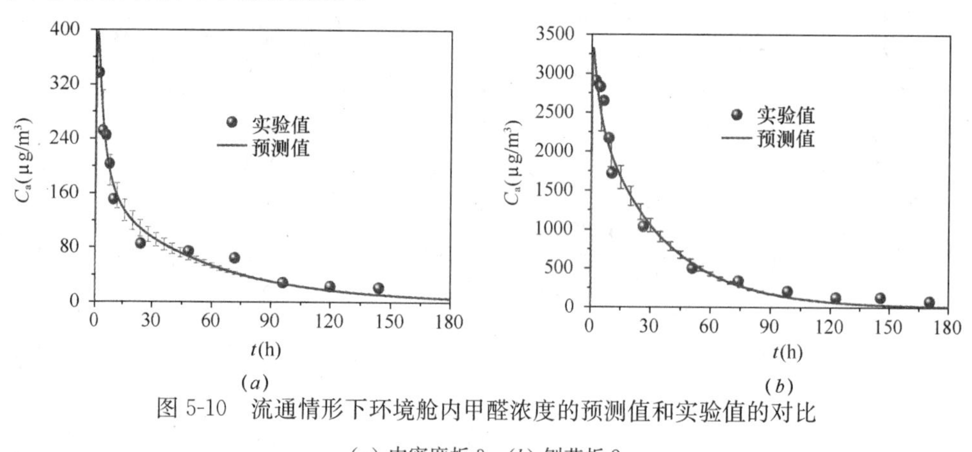

图5-10 流通情形下环境舱内甲醛浓度的预测值和实验值的对比

(*a*) 中密度板3；(*b*) 刨花板2

5.1.4 需进一步开展的工作

(1) 此处介绍的C-history方法针对的是密闭舱，要求VOCs采样时质量损失较小，可进一步发展适合于直流舱的C-history方法；

(2) 进行密闭舱和直流舱C-history方法测定散发关键参数的结果对比与互推研究；

(3) 研究环境因素如温度、相对湿度及散发时间等对散发关键参数的影响规律；

（4）研究常用湿建材如涂料、漆等的散发特性。

5.2　家具挥发性有机化合物散发标识技术

5.2.1　背景介绍

据实际生产情况和相关统计数据测算[9]，2009 年我国家具产值（前已述及为 7300 亿元）比 2008 年增长 13%左右，同年家具出口额 259.47 亿美元，出口至 222 个国家和地区，我国已成为世界上最大的家具生产国和出口国。图 5-11 表示了我国不同省市及自治区规模以上家具企业数及其总产值[9]，家具行业的发展表现出东部沿海较为成熟、西部内陆地区发展迅猛的特点。北京作为首都，统计在册的

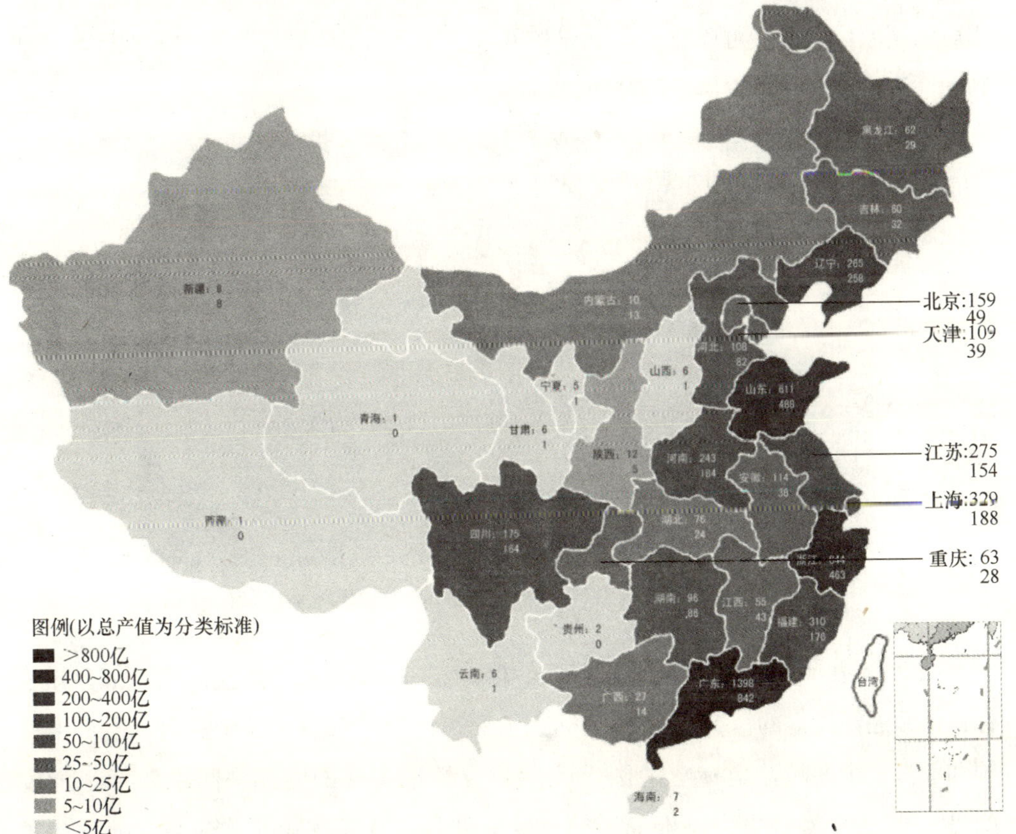

图 5-11　根据文献［9］中的数据绘制的我国各省市 500 万规模以上家具企业产值分布图[34]

年产值500万以上的家具企业138家，完成产值49亿元。而据不完全统计，中小家具企业多达2000余家，产值远超过100亿元。各家具企业生产的木制家具产品质量参差不齐。家具作为室内VOCs的重要散发源之一，应得到充分的重视。

随着我国百姓对室内空气质量要求不断提升，消费者购买室内物品时对于物品散发VOCs的关注程度也不断提高。

5.2.2 国外相关研究综述

20世纪70年代后期以来欧美政府、室内材料及家具生产企业和第三方机构率先尝试建立了室内材料物品标识制度，为更加环保的室内材料物品发放标识。该制度是通过市场调节的手段促使商家自主提升产品的环保性能，进而提升室内空气质量，起到了很好的效果。

图5-12将现有与室内材料及家具散发相关的部分标识体系标注在了世界地图相应的国家位置上，可以看出，欧洲和美国是两个标识体系较为集中的地区，亚洲和大洋洲也有部分标识体系的分布。

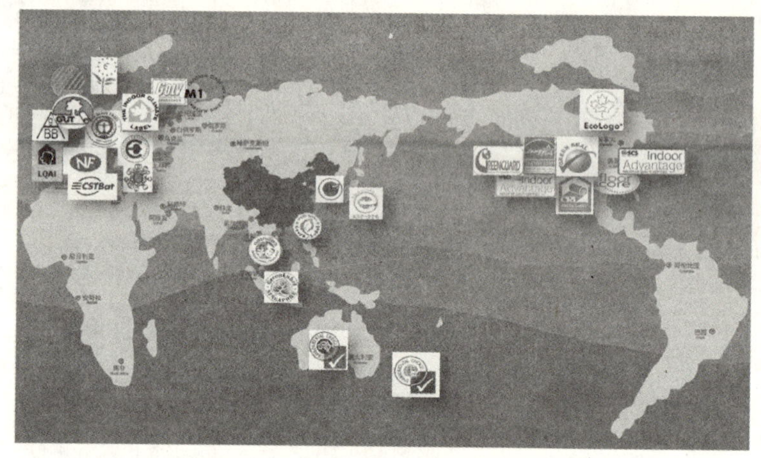

图5-12 全球室内材料及家具污染物散发标识体系分布[34]

图5-13表示了自1978年德国蓝天使标识（Blue Angel）建立以来，部分知名标识体系逐渐建立的情况[34]。横坐标表示标识出现的年份，纵坐标表示欧洲、美国和亚洲三个区域，坐标上的圆点表示相应标识出现的时间。图中各标识的说明[34]：Blue Angel，德国，低散发建材及家具测试及评估标准；Swan，北欧建材及家具环保标准；GUT，德国，地毯散发评估标准；ICL，丹麦，室内用品散发测

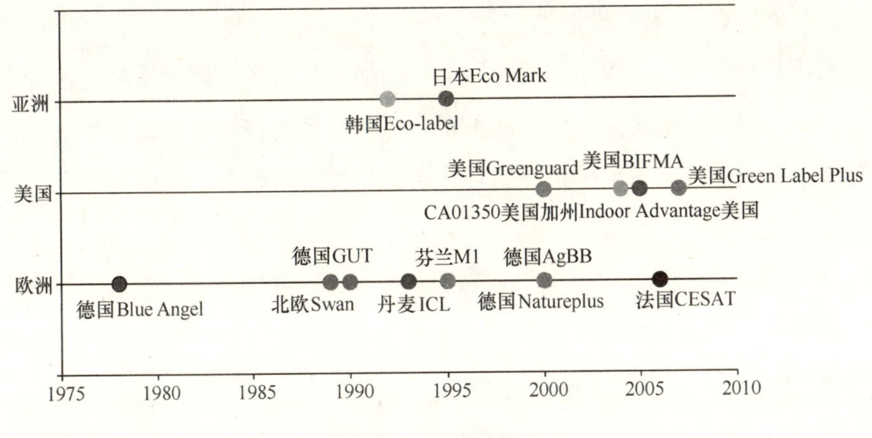

图 5-13 各国污染物散发标识体系的出现[34]

试及评估标准；M1，芬兰，建材散发分级标准 M1 级；AgBB，德国，建材 VOCs 散发健康评估程序；Natureplus，德国，建材环保性能评估标准；CESAT，法国，建材环保性能评估标准；Greenguard，美国，建材及家具散发测试评估标准；CA 01350，美国加州，建材及家具散发测试评估标准；Indoor Advantage（Indoor A），美国，低散发家具评估程序；BIFMA，美国，办公家具 VOCs 散发测试评估标准；Green Lable Plus（GLP），美国，地毯及胶粘剂低散发评估程序，Eco-label，韩国，建材及家具等产品环保标识；Eco Mark，日本，建材及家具等产品环保标识。下文中同样的标识再次出现时将不再进行说明。

从图中可以看出，标识体系起源于欧洲并在 20 世纪 90 年代初期开始逐步发展；美国相关标识体系出现在 2000 年之后，近年来发展迅猛；日韩等亚洲国家也建立了各自的标识体系。

不同的标识体系各有特点，简单来说，流程可表述为：从厂家选择有代表性的样品，按某技术流程进行污染物散发测试，从而判断样品是否达到贴标识的要求。归纳起来，一个完整的标识体系包含如下三个部分：技术环节、政策环节和实操环节。技术环节是标识的核心部分，主要规定了包括检测设备、目标污染物、测试方法及限值等详细的技术信息；政策环节主要规定了标识体系是政府推动还是行业协会推动，以及标识是强制性还是自愿性；实操环节主要规定了参加标识体系的产品厂家和进行检测的实验室应遵循怎样的规程进行样品选取以及如何出具测试报告等。本节主要对技术环节进行综述。

（1）欧美标识技术环节综述

技术环节是整个标识体系的核心环节，如何客观科学的评价样品是否符合标识要求是技术环节需要解决的问题。欧美现有标识体系的技术环节相互间既有相同之处也有各自特点，下面对比较重要的目标污染物种类与限值、测试时间进行系统的介绍。

1）目标污染物及其限值

标识体系中规定的需被检测的有害物质称为目标污染物，各个标识体系都对各自关注的目标污染物进行了详细的规定。

对于VOCs的约束，不同标识的要求有所不同。在欧洲，最为流行的参考依据为LCI（Lowest Concentration of Interest）指标。LCI为一个列表，列出了多种污染物及其限值要求。限值考虑了最不利人群可容忍的浓度及多种污染物的综合效应。最初的LCI列表于1997年发布在欧盟室内空气质量委员会的报告中。在欧洲被广泛采用的两个LCI数据库来自德国[35]和法国[36]，其中德国的LCI列表包含170种VOCs，法国的LCI则对164种VOCs进行了规范。虽然两个数据库的目的都是包括尽可能全面的污染物种类并设置限值使得满足要求的产品对人体无害，然而两个数据库从污染物数量到限值本身都有相当的差异。

标识体系在使用相关数据时，有些直接选取LCI数据库中的所有VOCs作为其目标污染物，如AgBB，选择德国LCI中的全部170种VOCs；有些则选取其中的部分污染物作为约束对象，如丹麦的ICL标识等。

在美国，污染物选择的参考依据为环境健康危害评估办公室发布的关于非致癌性有机化合物长期暴露（Chronic reference exposure level，简称CREL）推荐浓度数据库[37]。美国的标识体系大都从CREL中选择全部或者部分污染物作为测试对象。

不同标识体系所制定的限值并不相同，图5-14表示了欧美不同标识体系对于甲醛的限值要求[34]。图中部分标识的说明：Emicode，德国，胶粘剂及相关材料低散发分级评估程序；CARB，美国，木制品甲醛释放标准；Floorscore，美国，地板及地板胶粘剂环保评估程序；Indoor A G（Indoor Advantage Gold），美国，建材及家具散发评估程序；LQAI，葡萄牙，室内物品散发评估标准；EU-E1，欧洲，人造板材E1级标准；其余标识参考图5-13的文中说明。从图中可以看出，不同标识体系限值间相差较大。造成此现象的原因大概有：①测试时间不同，造成对限值的要求也有差别，图 5-14 横轴包含了不同标识体系测试时间的信息，可以看出，对同种污染物考核时间可能是第 3、7、14、28 天；②测试对象不同，有的标识体系涵盖的产品比较单一，有的则对应多种产品；③不同标识所选择的污染物数据库不同，数据库本身所规定的污染物限值要求也不同；④不同标识体系在选择污染物数据库后根据各自的需求对限值做了相应的个性化处理，而相应的处理方式往往缺乏科学依据，这也是造成此现象的主要原因。

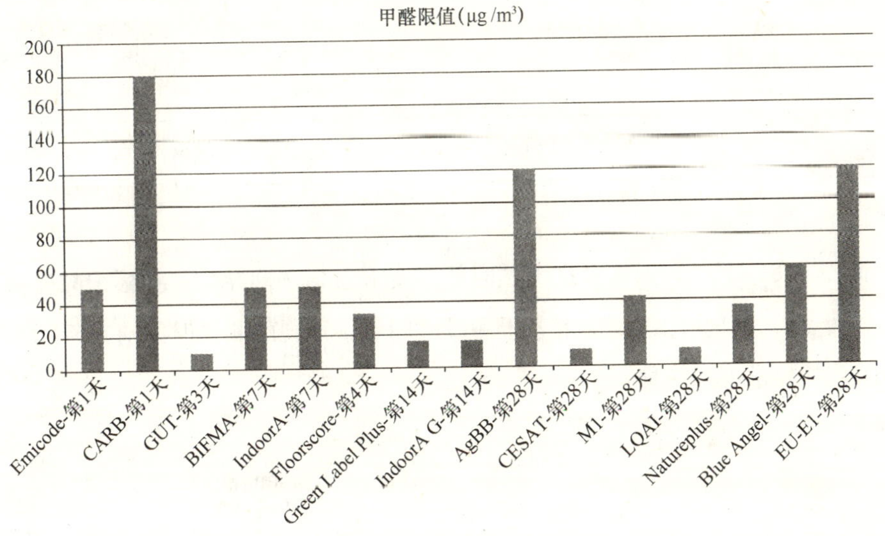

图 5-14 不同标识体系甲醛的限值要求[35]

欧洲标识使用最为普遍的“LCI+R”方法来确定限值[35]。对于某一种污染物 i，若将其测试浓度与其 LCI 值的比值表示为 R_i，

$$R_i = \frac{C_i}{\text{LCI}_i} \tag{5-6}$$

欧洲标识要求所有污染物 R_i 值之和不大于 1，即：

$$R = \sum_i \leqslant 1 \tag{5-7}$$

美国普遍以 CREL 数据库中的限值为基础，不同标识体系根据各自需求对此进行修正。有的标识体系直接选取 CREL 值作为限值，有的标识体系选取 CREL 值的一半作为限值来考核产品，且没有给出科学的解释。表 5-3 总结了部分标识体系的目标污染物及其限值[34]。

国外部分标识关于目标污染物的规定及限值 表 5-3

标识	TVOCs	甲 醛	单种 VOCs	其 他
BIFMA	≤0.5mg/m³	≤50ppb	4 苯环己烯 ≤0.0065mg/m³	醛类总和≤100ppb
CA01350	—	16.5μg/m³	共 35 种 VOCs，≤1/2CREL	—
Blue Angel	板材 300μg/m³；家具 600μg/m³	0.05ppm	—	致癌、致突变、致畸物<1μg/m³
AgBB	第 3 天≤10mg/m³；第 28 天≤1.0mg/m³	—	共 170 种 VOCs	致癌物：第 3 天≤0.01mg/m³；第 28 天≤0.001mg/m³
M1	<0.2mg/(m²·h)	<0.05mg/(m²·h)	—	致癌物<0.005mg/(m²·h)

2）测试时间

前已述及，不同标识体系在测试时间的要求上存在差异。一些标识只要求一个测试时间点，而有些标识则要求若干测试时间点，不同的测试时间对目标污染物种类或限值的要求也不一样。

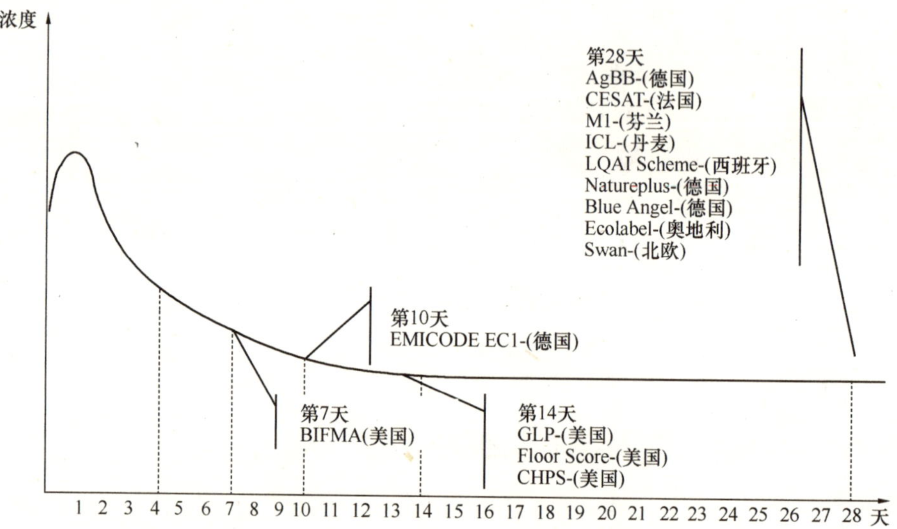

图 5-15 欧美标识体系对测试时间的要求[34]

图 5-15 直观地表示了不同标识对测试时间的要求[34]。图中部分标识的说明：EMICODE EC1，德国，胶粘剂及相关材料低散发分级评估程序 EC1 级；CHPS，

美国，高质量学校环境评估程序；Ecolabel，奥地利，环境友好产品标识；其余标识参考图 5-13 和图 5-14 的文中说明。对于欧洲的标识，最普遍的测试时间为第 28 天，美国的测试时间普遍为第 7 天或第 14 天，目的均是使得测试样品尽可能地接近实际使用状态。几乎所有的标识都选择直接测试至规定的时间并得到浓度结果。美国家具标识体系 BIFMA[38] 提出了使用模型预测作为可选方法之一，通过第 4 天和第 7 天的测试结果，使用模型预测第 14 天舱内浓度。所使用模型为指数衰减模型，属于经验模型的一种。

（2）总结和评价

综上所述，欧美等发达国家已经开展了大量有关室内物品及家具标识相关工作，标识已成功运行多年。在选用环境舱进行整体产品测试、甲醛和 VOCs 的采样与分析方法以及标识的管理手段等方面我国应充分借鉴发达国家标识的成功经验。

与此同时，结合我国国情分析，现有标识仍存在一些不足或局限，譬如：

（1）样品的测试时间长达 7～28 天，时间过长，不适合我国国情；

（2）标识所要求的目标污染物种类过多，不适用于我国目前家具企业的生产工艺水平；

（3）污染物限值的定值过于严格且限值确定方法的科学性还可商榷。

5.2.3 我国家具挥发性有机化合物散发标识研究进展

（1）家具挥发性有机化合物散发快速测试方法

现有标识体系最大的不足在于测试时间过长（7～28 天），成本过高。而使用模型预测的方法，则可大幅度缩短测试时间。前已述及，密闭舱 C-history 方法可方便快速的用于测定建材散发关键参数，本节拟将其扩展用于测定家具表观散发关键参数，并借此预测家具长期散发特性，从而为我国家具的散发标识服务。该工作主要包括以下贡献[39]：①分析了多层材料存在散发关键参数的条件，发现所测常见板式家具的散发可用三个表征其散发规律的表观关键参数表示：表观初始可散发浓度、表观扩散系数和表观分配系数；②在大型环境舱中使用密闭舱 C-history 方法对家具样品进行了测试，结果表明，该方法精度可满足家具标识要求，并可将测试时间由 7～28 天缩短到 3 天以下。需要指出的是，将密闭舱 C-history 方法用于我国家具散发标识目前只是一个初步的尝试，其大规模的推广和应用还需要更多的测试和完善。

1）家具表观关键参数存在性分析

密闭舱 C-histroy 方法提出及验证的对象为人造板材，将该方法应用到家具中的关键问题是：对于结构相对复杂，常由多层材料组成的家具是否同样存在散发关键参数。为简化问题，只分析双层板材的情形，如图 5-16 所示，图（a）表示双层板材叠放，各自的散发关键参数分别为 C_1，D_1，K_1；C_2，D_2，K_2；厚度和体积分别为 d_1，V_1 和 d_2，V_2。假设双层板材拥有统一的散发关键参数，则图（b）表示等效单层模型，统一的特征参数为 C_e，D_e，K_e；厚度和体积为 d_e，V_e。

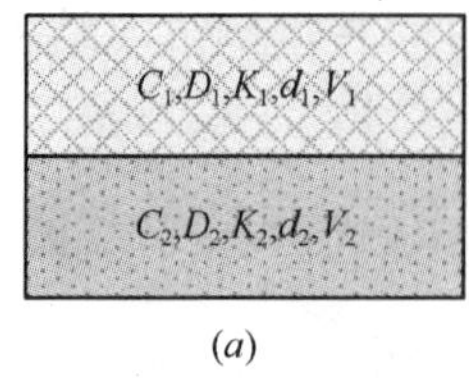

(a)

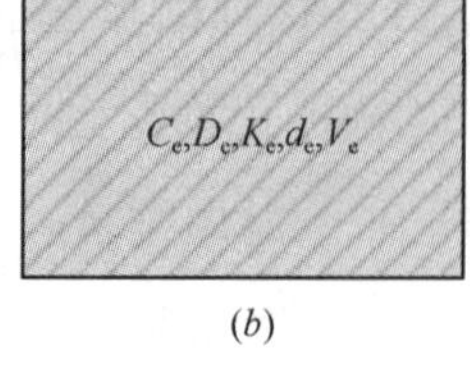

(b)

图 5-16 双层板材等效为单层板材示意图[39]

（a）双层模型；（b）等效单层模型

通过简单的分析可得到等效单层板材的初始可散发浓度 C_e 和分配系数 K_e[39]，问题的核心转化为分析等效单层板材中扩散系数的存在性。考虑到密闭舱 C-histoy 方法的求解过程是一个纯粹数学过程，通过密闭舱浓度数据曲线经过一系列数学计算求得散发关键参数。因此，如果将双层板材放入密闭舱中散发，仍可以得到一条浓度上升的曲线（密闭散发曲线），通过该曲线使用 C-history 方法我们可以计算出扩散系数的数学结果，表示为 D'_e。接下来的问题即是：验证通过 C-history 方法计算出的 D'_e 是否可以当作表观扩散系数 D_e。

验证准确的 D_e 是否存在的方法流程如图 5-17 所示。

将图 5-17 所示的验证方法进行模拟分析，为了使结果表达更直观，采用图 5-18 和图 5-19 的方式。纵坐标表示两层板材 K 比值的对数 log（K_2/K_1），横坐标表示两层板材 D_m 比值的对数 log（D_2/D_1）。越接近原点，表示两层板材性状越相似，越远离原点表示两层板材性状差距越大。图中圆点代表扩散系数存在的区域。

从模拟结果可以看出，圆点集中在原点附近，说明两层板材散发关键参数越接近，结果有效性范围越大。结合常见人造板家具的构成方式可以看出，对于所测人造板家具，存在描述其散发过程的散发关键参数，本文称之为表观关键参数。下文将家具的表观关键参数分别表示为：表观初始可散发浓度 $C_{0,equ}$、表观扩散系数 D_{equ} 和表观分配系数 K_{equ}。表观关键参数可由密闭舱 C-history 方法通过一次密闭

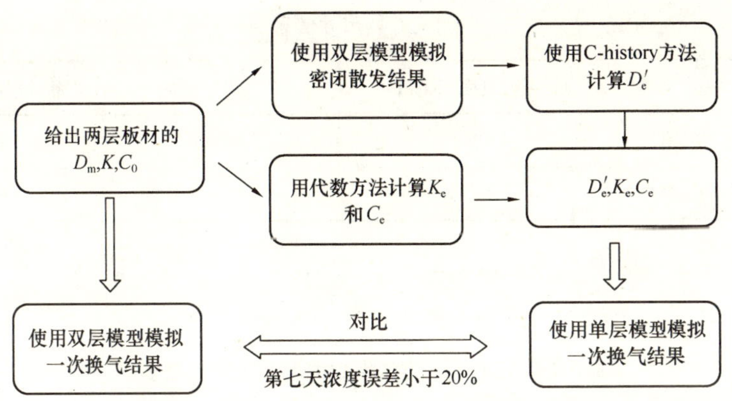

图 5-17 表观扩散系数存在性分析方法框图

测试计算。本节的模拟验证使得使用模型预测进行家具标识的思路成为可能，具有重要的应用价值，但还需大量的实验测试和分析作为进一步的支撑。

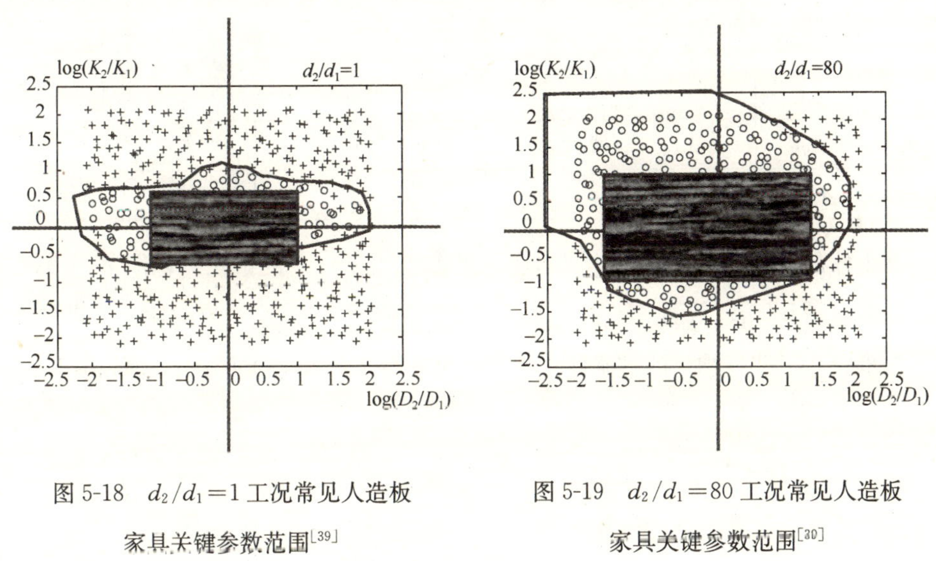

图 5-18 $d_2/d_1=1$ 工况常见人造板家具关键参数范围[39]

图 5-19 $d_2/d_1=80$ 工况常见人造板家具关键参数范围[39]

2）家具实验验证

选择两类常见人造板家具进行测试，验证密闭舱 C-history 方法在家具测试中的可行性。家具均为衣柜，测试分为密闭实验和流通实验两部分，均在 30m^3 的大型环境舱中进行，测试样品相关几何参数见表 5-4。测试的目标污染物除甲醛外，对于家具 B 还选择了甲苯、二甲苯、乙苯、乙酸和环己酮，用以验证方法对大分子 VOCs 的可行性。

测试家具尺寸信息 表 5-4

样　品	可散发面积（m^2）	厚度（m）	测试承载率（m^{-1}）
家具 A（仿实木）	32.368	0.018	1.079
家具 B（板式）	16.286	0.019	0.543

首先使用密闭舱对家具进行测试，得到密闭散发曲线，然后使用密闭舱 C-history 方法计算家具表观散发关键参数，结果如表 5-5 所示。

由密闭舱 C-history 方法得到的家具散发关键参数 表 5-5

样品	污染物	$C_{0,e}$（$\mu g/m^3$）	D_e（m^2/s）	K_e
家具 A	甲醛	$(1.00 \pm 0.14) \times 10^6$	$(5.71 \pm 0.20) \times 10^{-11}$	$(4.32 \pm 0.36) \times 10^2$
家具 B	甲醛	$(5.10 \pm 0.49) \times 10^5$	$(3.13 \pm 0.22) \times 10^{-10}$	$(4.82 \pm 0.47) \times 10^2$
家具 B	甲苯	$(2.89 \pm 0.20) \times 10^6$	$(2.52 \pm 0.21) \times 10^{-10}$	$(5.90 \pm 0.44) \times 10^2$
家具 B	二甲苯	$(4.59 \pm 0.29) \times 10^6$	$(2.31 \pm 0.25) \times 10^{-10}$	$(4.68 \pm 0.23) \times 10^2$
家具 B	乙酸	$(7.57 \pm 0.51) \times 10^6$	$(5.05 \pm 0.21) \times 10^{-10}$	$(6.27 \pm 0.64) \times 10^2$
家具 B	乙苯	$(3.39 \pm 0.26) \times 10^6$	$(2.44 \pm 0.19) \times 10^{-10}$	$(5.14 \pm 0.56) \times 10^2$
家具 B	环己酮	$(4.74 \pm 0.19) \times 10^6$	$(2.55 \pm 0.10) \times 10^{-10}$	$(5.67 \pm 0.24) \times 10^2$

基于计算的散发关键参数，使用模型模拟密闭条件下的散发，以家具 A 的甲醛散发为例，图 5-20 表示了密闭舱污染物浓度实测结果与模拟结果对比，二者吻合度高，初步验证了计算结果的准确性。本节同时采用独立实验验证方法，得到图 5-21 所

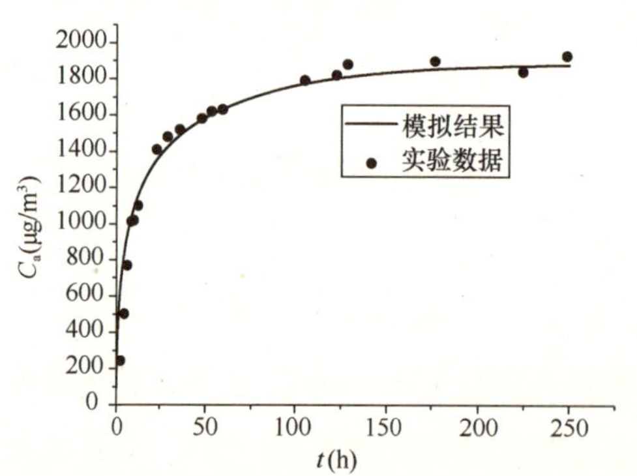

图 5-20 家具 A 测试模拟结果与实验结果对比（甲醛，密闭舱）

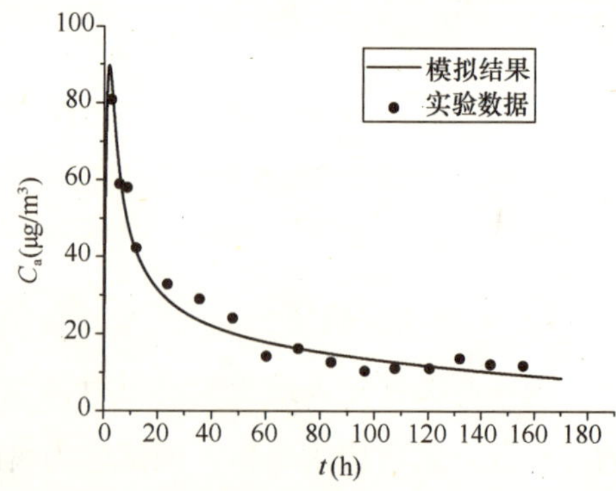

图 5-21 家具 A 测试模拟结果与实验结果对比（甲醛，流通舱）

示的流通舱污染物浓度测试结果。结果显示，实测结果与模拟结果吻合较好，进一步证明了使用密闭舱 C-history 方法计算家具表观关键参数、并借此预测家具长期散发特性的可行性。

(2) 家具挥发性有机化合物散发限值确定方法

限值是判断产品是否可以获得标识的标尺，科学的确定限值是建立标识体系的重要工作之一。我国制定家具标识产品限值的核心思路为三点：①针对家具的可散发量而非总含量制定限值；②建立家具产品限值和室内空气质量标准之间的科学联系；③制定与散发面积无关的限值，方便家具使用。

首先通过对北京 1500 户住宅的调研，归纳出住宅家具的实际使用情况，并借此建立对家具标识体系非常重要的“标准房间”模型。标准房间表示住宅中某房间的最普遍状况，建立标准房间的核心目的是将环境舱测试结果与实际使用环境结果联系起来，使得两者之间可转化。室内空气质量标准的约束对象为实际使用环境，标准房间也就成为空气质量标准与环境舱测试标准之间的桥梁。然后以室内空气质量标准为依据，就可以确定家具污染物散发速率限值。该限值表征了产品的生产工艺水平，且适用于不同散发面积的家具，使用方便。

1) 住宅家具使用情况调研及结果

在北京随机选取 1500 户住宅作为调研样本，采用问卷调查与入户测量相结合的方法进行调研。问卷调查部分的内容包括：房屋当前价格及装修费用；不同功能房间面积及层高等物理信息；不同功能房间内木制家具使用的种类及个数；地面及墙面所用材料；开窗习惯等。入户测量部分为实地测量每件木制家具的可散发表面积。

房间内木制家具承载率的定义为：木制家具的可散发面积与家具所处房间体积的比值，单位为 m^2/m^3。木制家具的可散发面积指家具所有可散发的木质表面，包括柜式家具的内表面。在 1500 个统计样本中，卧室和起居室作为住宅中最基本的房间配置，统计结果最全面。同时，卧室和起居室也是人们在家中停留时间最长的房间。因此，进行数据分析时，选择上述两个房间为分析对象。

对房间承载率分布和房间面积分布统计结果进行了对数正态拟合，结果如图 5-22 所示，从拟合结果发现，两个功能房间的木家具承载率分布和房间面积分布均很好地符合了对数正态分布规律，且拟合相关系数的平方均在 0.90 以上。

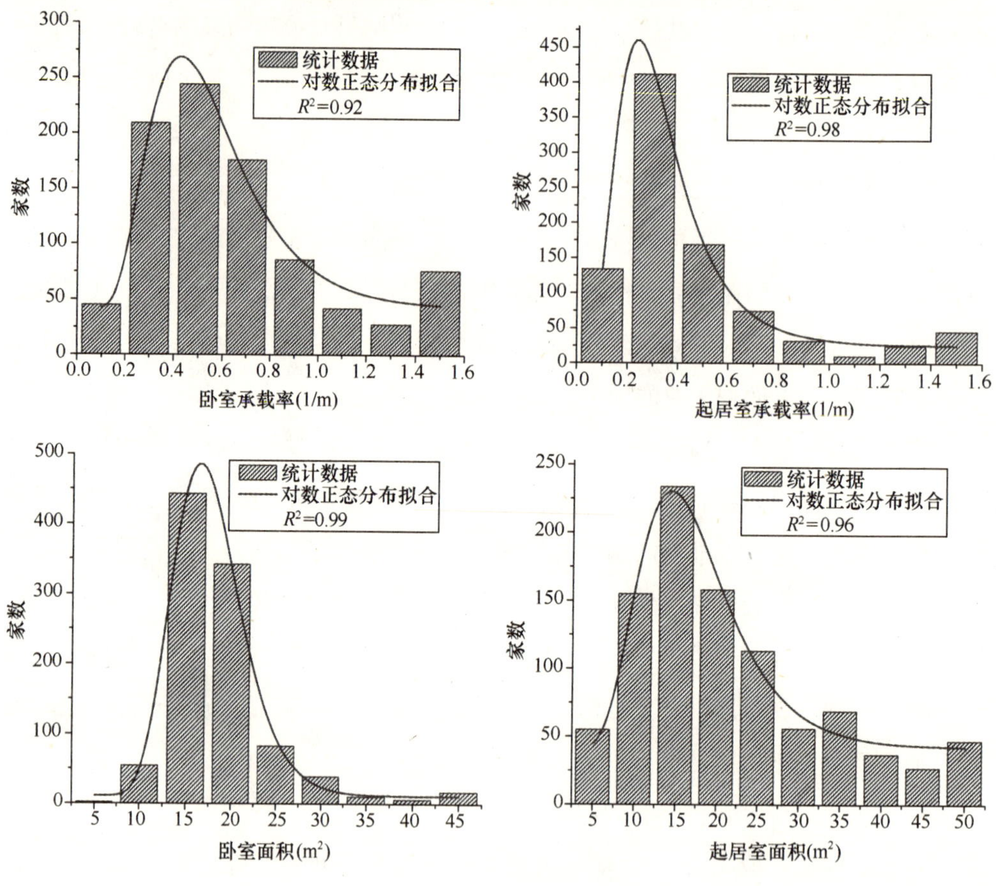

图 5-22 卧室、起居室承载率及面积分布

对于符合对数正态分布的样本数据，在统计学上，可由其几何平均值或中值代表样本数据的最可能值，在统计频次分布图中也代表着统计频次曲线的峰值。结合蒙特卡洛方法分析不确定度[35]，得到如表 5-6 所示结果。

不确定度分析结果 **表 5-6**

参数	卧室面积 (m^2)	起居室面积 (m^2)	卧室承载率 (m^{-1})	起居室承载率 (m^{-1})
值	16.5 ± 0.8	22.0 ± 1.1	0.42 ± 0.04	0.23 ± 0.02

2）标准房间的建立

利用上述调研结果，建立的标准房间模型如图 5-23 所示，具体标准房间参数列于表 5-7 中。

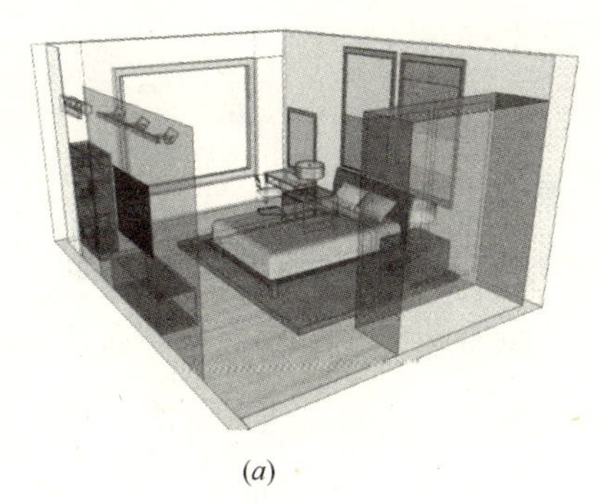
(a)

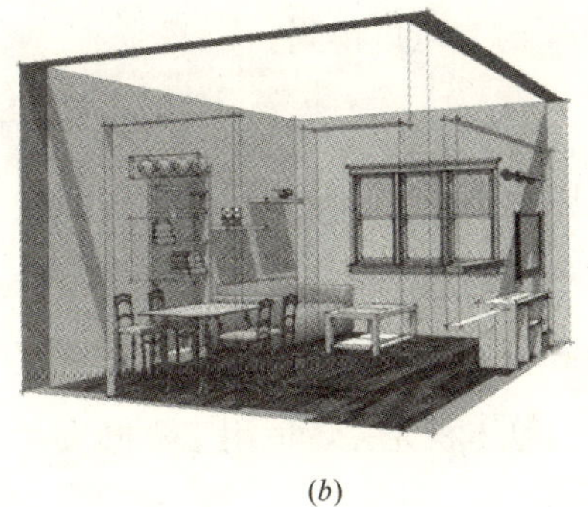
(b)

图 5-23 标准房间示意图

(a) 标准卧室；(b) 标准起居室

标准房间相关参数 表 5-7

项　　目	标准卧室参数	标准起居室参数
体积（m^3）	16.5 × 2.6 = 42.9	22 × 2.6 = 57.2
地面面积（m^2）	16.5	22.0
门（m^2）	0.8 × 2 = 1.6	0.8 × 2 = 1.6
窗（m^2）	1.8 × 1.5 = 2.7	1.8 × 1.5 = 2.7
承载率（不含地板）（m^{-1}）	0.42	0.23
承载率（含地板）（m^{-1}）	0.70	0.42
所含家具	1 双人床 2 床头柜 1 大衣柜 1 梳妆台 1 椅子 1 其他饰品柜	1 沙发 1 茶几 1 电视柜 1 餐桌 4 椅子 1 储物柜

3）家具污染物散发限值确定方法

对于置于环境舱进行散发测试的家具，当舱内 VOCs 浓度趋于稳定时，浓度随时间的变化可忽略不计，即达到准稳态，此时家具的散发速率由下式给出：

$$E(t)=\frac{N}{L}C(t) \tag{5-8}$$

式中，E 为测试家具的散发速率，$\mu g/(m^2 \cdot h)$；C 为环境舱内 VOCs 浓度，$\mu g/m^3$；N 为换气次数，h^{-1}；L 为家具的承载率，m^{-1}。

在准稳态条件下，家具在环境舱和标准房间中的散发速率相等[35]，当换气次

数为 $1h^{-1}$时，可以得到：

$$E_2(t)=\frac{C_2(t)}{L_2}=\frac{C_1(t)}{L_1} \tag{5-9}$$

式中，脚标1和2分别表示标准房间中及环境舱中的参数。

对于公式（5-9），当 C_1 为室内空气质量标准浓度时，E_2 即为环境舱测试家具的散发速率限值。使用散发速率作为限值的优点有两个：①限值与家具散发表面积无关，与舱体积无关，适用于不同尺寸家具的测试；②散发速率限值表示了构成产品原材料的生产工艺水平，物理意义清晰，可以用于规范组成家具的板材散发水平，进而指导家具设计。

标准房间的承载率 L_1 分别按卧室 $0.7m^{-1}$、起居室 $0.42m^{-1}$计算，则可计算得到卧室家具和起居室家具的散发速率限值，结果见表5-8。

家具散发常见污染物的限值 表5-8

	甲醛	TVOC	苯	甲苯	二甲苯
我国室内空气标准（mg/m^3）	0.1	0.6	0.11	0.2	0.2
$E_{卧室}$（$mg/(m^2\cdot h)$）	0.14	0.86	0.16	0.29	0.29
$E_{起居室}$（$mg/(m^2\cdot h)$）	0.24	1.43	0.26	0.48	0.48

将环境舱中测试家具至准稳态时的散发速率与散发速率限值比较即可方便地判断所测产品是否符合要求。需要指出的是，计算限值的过程是在准稳态假设下进行的，即舱内污染物浓度随时间变化不大的阶段，实践中，美国将此时间定为7天或14天。

5.2.4 需进一步开展的工作

以下问题值得进一步深入研究：

（1）进行大样本实验，测试结构更为复杂或包含其他装饰材料的家具，进一步验证快速测试方法的可行性；

（2）由家具的原材料测试预测整体家具的散发状况；

（3）应用家具表观关键参数预测放入家具的空间室由空气质量并与实验结果比较；

（4）建立合理的家具散发标识体系，研究支持标识体系运行的抽样策略及分级方法。

5.3 结论与建议

(1) 我国建材和家具的规模和产值均居世界第一，但是其所散发的挥发性有机化合物亦成为我国不少城市家居或办公建筑中室内空气污染的“罪魁祸首”，需引起足够重视。

(2) 挥发性有机化合物从建材到室内环境中的传输过程由初始可散发浓度、扩散系数和分配系数等参数控制，密闭舱 C-history 方法可快速测定上述散发关键参数，并具有测试时间短、精度高、操作方便等优点，非常便于工程应用。该方法可测定对室内空气质量产生影响的建材中初始可散发甲醛含量，而非国标 GB 18580—2001 和 GB 17657—1999 推荐的萃取法所测定的甲醛总含量，因而更适合对建材质量进行评价和遴选。

(3) 欧美发达国家所构建的家具标识体系普遍存在测试时间长（7～28）、成本高的特点，不适合我国国情。

(4) 应用密闭舱 C-history 方法，通过将多层家具等效为单层建材来测试家具表观散发关键参数，可预测家具长期散发特性。该方法可将测试时间由目前的 7～28 天缩短到 3 天甚至更短，可实现我国家具的快速标识。然而，该家具标识方法的大规模推广和应用需要更多的家具测试和分析作为支撑。

(5) 基于大量调研构建的标准房间模型，可建立以散发速率为指标的家具污染物散发限值确定方法。使用散发速率作为限值的主要优点在于：限值与家具散发表面积无关，与环境舱舱体积无关，适用于不同尺寸家具的测试。

源头治理是最为有效的控制室内空气污染的方法。本章以散发源——建材和家具为对象，阐述了其散发和标识中的一些关键科学和技术问题，对这些问题的深入认识和研究必将对防治空气污染、营造健康舒适的室内环境具有重要意义。然而，这方面的研究还需持续深入开展，可靠实用的研究成果应对我国相关的国家标准或行业标准的制定/修定起实质性帮助作用。

参 考 文 献

[1] 钱小瑜. 我国人造板行业发展现状、前景与挑战. 木材工业，2010，24(1)：15-18.

[2] 国家林业局. 2009年我国人造板产量. 中国人造板，2010，7：37.

[3] 国家林业局. 2006年我国人造板产量. 林业机械与木工设备，2007，35(7)：48.

[4] 国家林业局. 2007年我国人造板产量. 林产工业，2008，35(4)：45.

[5] 国家林业局. 2008年我国人造板产量. 林产工业，2009，36(4)：30.

[6] 国家林业局. 2005年我国人造板产量. 林业工业，2006，33(4)：10.

[7] 国家林业局. 2010年我国人造板产量统计数据. 木材工业，2011，7：54.

[8] 刘姝威，杨徽，谢中圆. 装修建材零售行业发展趋势. 农村金融研究，2006，8：57-59.

[9] 中国家具协会. 中国家具年鉴，2010.

[10] 周中平，赵寿堂，朱立. 室内污染检测与控制. 北京：化学工业出版社，2002.

[11] http：//www. forestinfo. org/teachers/2003/lstt/Fri/pm. htm.

[12] 严顺英. 低毒型脲醛树脂的合成动力学研究[硕士学位论文]. 云南：昆明理工大学，2006.

[13] Molhave L. The sick buildings and other buildings with indoor climate problems. Environment，1989，15：65-74.

[14] Little J C，Hodgson A T and Gadgil A J. Modeling emissions of volatile organic compounds from new carpets. Atmospheric Environment，1994，28(2)：227-234.

[15] Xu Y and Zhang Y P. An improved mass transfer based model for analyzing VOCs emissions from building materials. Atmospheric Environment，2003，37(18)：2497-2505.

[16] Yang X，Chen Q，Zhang J S，et al. Numerical simulation of VOCs emissions from dry materials. Building and Environment，2001，36(10)：1099-1107.

[17] Li F and Niu J L. Simultaneous estimation of VOCs diffusion and partition coefficients in building materials via inverse analysis. Building and Environment，2005，40(10)：1366-1374.

[18] He G，Yang X and Shaw C Y. Material emission parameters obtained through regression. Indoor and Built Environment，2005，14：59-68.

[19] Schwarzenbach R，Gschwend P M and Imboden D M. Environmental Organic Chemistry. New York：John Wiley&Sons，1993.

[20] Cox S S，Little J C and Hodgson A T. Measuring concentrations of volatile organic compounds in vinyl flooring. Journal of the Air & Waste Management Association，2001，51(6)：1195-1201.

[21] Smith J F，Gao Z，Zhang J S，et al. A new experimental method for the determination of emittable initial VOCs concentrations in building materials and sorption isotherms for IVO-

Cs. CLEAN-Soil Air Water, 2009, 37(6): 454-458.

[22] Haghighat F, Lee C S and Ghaly W S. Measurement of diffusion coefficients of VOCs for building materials: review and development of a calculation procedure. Indoor Air, 2002, 12: 81-91.

[23] Xu J, Zhang J S, Grunewald J, et al. A study on the similarities between water vapor and VOCs diffusion in porous media by a dual chamber method. Clean-Soil Air Water, 2009, 37 (6): 444-453.

[24] Blondeau P, Tiffonnet A L, Damian A, et al. Assessment of contaminant diffusivities in building materials from porosimetry tests. Indoor Air, 2003, 13: 302-310.

[25] Seo J, Kato S, Ataka Y, et al. Evaluation of effective diffusion coefficient in various building materials and absorbents by mercury intrusion porosimetry. Proceedings of the 10th International Conference on Indoor Air Quality and Climate (Indoor Air 2005), Beijing, China, 2005: 1854-1859.

[26] Tiffonnet A L, Blondeau P, Allard F, et al. Sorption isotherms of acetone on various building materials. Indoor and Built Environment, 2002, 11: 95-104.

[27] Xiong J Y, Zhang Y P, Wang X K, et al. Macro-meso two-scale model for predicting the VOCs diffusion coefficients and emission characteristics of porous building materials. Atmospheric Environment, 2008, 42: 5278-5290.

[28] Wang X K and Zhang Y P. A new method for determining the initial mobile formaldehyde concentrations, partition coefficients and diffusion coefficients of dry building materials. Journal of the Air & Waste Management Association, 2009, 59: 819-825.

[29] Xiong J Y, Chen W H, Smith J F, et al. An improved extraction method to determine the initial emittable concentration and the partition coefficient of VOCs in dry building materials. Atmospheric Environment, 2009, 43: 4102-4107.

[30] Xiong J Y, Yao Y and Zhang Y P. C-history method: rapid measurement of the initial emittable concentration, diffusion and partition coefficients for formaldehyde and VOCs in building materials. Environmental Science & Technology, 2011, 45: 3584-3590.

[31] 中华人民共和国国家质量监督检验检疫总局. GB 18580—2001. 室内装饰装修材料-人造板及其制品中甲醛释放限量. 北京：中国标准出版社，2001.

[32] 中华人民共和国国家质量监督检验检疫总局. GB 17657—1999. 人造板及饰面人造板理化性能试验方法. 北京：中国标准出版社，2001.

[33] Xiong J Y and Zhang Y P. Impact of temperature on the initial emittable concentration of formaldehyde inbuilding materials: experimental observation. Indoor Air, 2010, 20(6): 523-529.

[34] 姚远. 家具化学污染物释放标识若干关键问题研究[博士学位论文]. 北京: 清华大学, 2011.

[35] AgBB. A contribution to the Construction Products Directive: Health-related evaluation procedure for volatile organic compounds emissions (VOCs and SVOCs) from building products. 2008.

[36] Afsset. Procedure de qualification des emissions de composes organiques volatils par les materiaux de construction et produits de decoration. 2009.

[37] Cal/EPA. OEHHA list of chemicals with noncancer chronic Reference Exposure Levels (RELs).

[38] ANSI/BIFMA. M7. 1. Standard Test Method for Determining VOCs Emissions from Office Furniture Systems, Components and Seating. 2007.

[39] Yao Y, Xiong J Y, Liu W W, et al. Determination of the equivalent emission parameters of wood-based furniture by applying C-history method. Atmospheric Environment, 2011, 45: 5602-5611.

第 6 章　室内颗粒物污染与控制

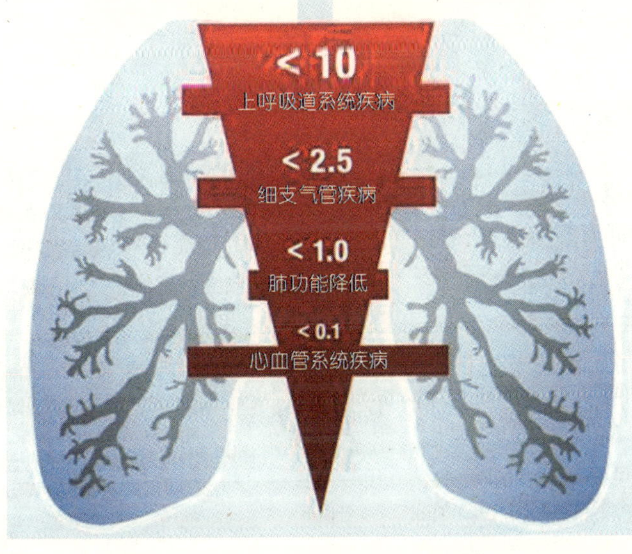

颗粒物已成为我国乃至世界各国城市环境空气中的首要污染物，颗粒物不仅能够导致全球气候恶化与城市能见度降低，而且对人体健康有十分重要的影响。流行病学研究结果表明：大气环境中颗粒物浓度与人的呼吸系统、心脑血管系统及其他系统疾病的入院率、致残率与死亡率显著相关。颗粒物健康效应的影响因素主要有三方面：暴露时间、浓度水平、化学毒性。与室外环境空气中颗粒物相比，室内颗粒物的健康效应更大，因为：人们一生中 90%左右的时间是在室内度过的，室内暴露时间更长；室内普遍存在颗粒物产生源且通风不足，导致室内颗粒物浓度更高；室内颗粒物粒径更小，其表面吸附的化学组分更多，因而毒性更强。本章系统介绍室内颗粒物的浓度水平与现状、变化规律及其影响因素、控制与改善技术。

6.1 颗粒物基本概念

6.1.1 定义与分类

颗粒物PM（particulate matter）是指悬浮在空气中微小的固体颗粒与液滴混合物。由于颗粒物的物理化学性质及生物学健康效应均与其粒径大小密切相关，因此通常根据其空气动力学当量直径 d_p 的大小分为以下几类（图6-1）：

可吸入颗粒物——PM_{10}（$d_p \leqslant 10\mu m$）；

粗颗粒物——$PM_{2.5-10}$（$2.5 \leqslant d_p \leqslant 10\mu m$）；

细颗粒物——$PM_{2.5}$（$d_p \leqslant 2.5\mu m$）；

超细或纳米颗粒物——$PM_{0.1}$（$d_p \leqslant 0.1\mu m$）。

粒径大于10μm的颗粒物能够在空气中快速沉降，影响很小，所以很少予以考虑。由于我们肉眼的可见范围是50μm左右，因此空气中悬浮颗粒物基本都是看不见的。

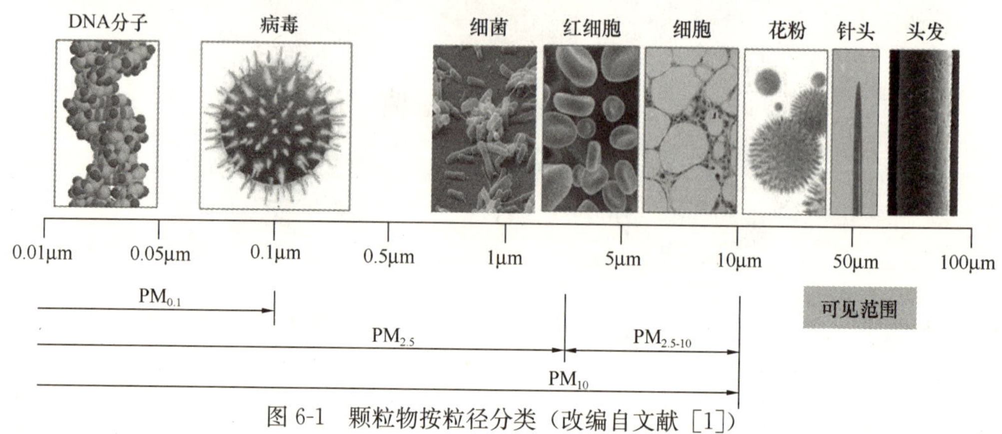

图6-1 颗粒物按粒径分类（改编自文献[1]）

6.1.2 形成与来源

不同颗粒物的来源与形成过程不同。颗粒物体积浓度随粒径分布（图6-2）呈现三种模态：

核模态（nuclei mode）——主要为超细颗粒物 $PM_{0.1}$；

积聚态（accumulation mode）——主要为细颗粒物 $PM_{0.1-2.5}$；

粗模态（coarse mode）——主要为粗颗粒物 $PM_{2.5-10}$。

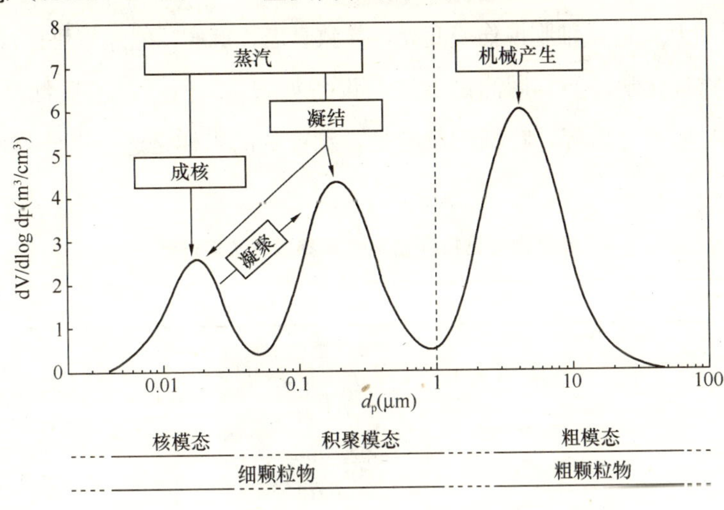

图 6-2 颗粒物的粒径分布、模态与形成过程

核模态颗粒物主要是由气体分子通过化学反应均相成核作用或蒸汽凝结而形成的。它们粒径小、数量多，容易相互碰撞而凝聚成积聚态颗粒物。积聚态颗粒物的另一主要来源也是由蒸汽的凝结形成的。这两种模态颗粒物主要是二次颗粒物，由于其粒径小，因此为细颗粒物。粗模态颗粒物主要来源于机械过程（如粉碎）所产生的一次颗粒物，其粒径较大，通常为粗颗粒物。

6.1.3 物理化学性质与测试方法

颗粒物的毒性与其物理化学性质密切相关，如质量、数量、粒径、密度、水溶性、表面积、形态、化学组分等。其中，颗粒物浓度（质量或数量）、粒径大小与化学组分备受关注。对于大颗粒物通常采用质量浓度来衡量，而对于小粒径颗粒物（如超细或纳米颗粒物）通常采用数量浓度来描述。另一方面，颗粒物粒径越小，其比表面积越大，吸附的化学组分越多，而且进入人体呼吸系统部位就越深，健康危害越大。

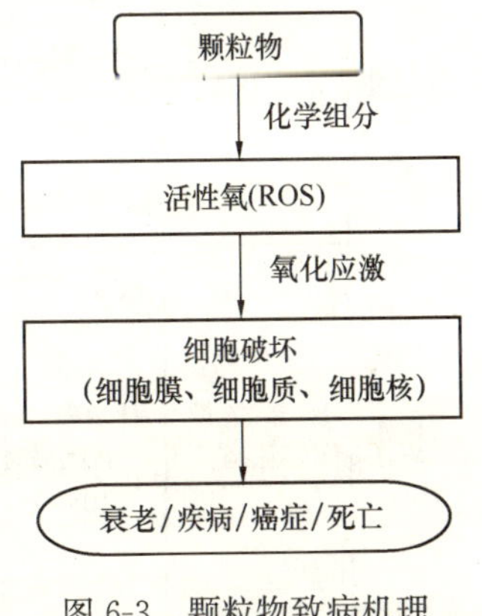

图 6-3 颗粒物致病机理

颗粒物的化学组分近年来引起人们的高度关注，逐渐被认为是颗粒物致病的根本原因。目前被广泛接受的颗粒物“氧化损伤理论”认为颗粒物化学组分（特别是金属元素）在机体内能够产生活性氧 ROS，通

过诱导与催化多种化学反应，破坏细胞膜与细胞质中的脂类与蛋白质及细胞核中的遗传物质DNA，从而造成细胞损伤或变异，导致衰老、疾病、癌症与死亡（图6-3）。

颗粒物物理化学性质常用测试方法与设备如表6-1所示，包括颗粒物的浓度、粒径、组分与形态分析等，特别注意的是，颗粒物的采样是进行组分与形态分析的前提。

颗粒物常见物理化学性质测试方法与仪器　　表6-1

测试参数	工作原理	仪器介绍	仪器外观	用途/说明
质量浓度	微量振荡天平称重法	大气颗粒物监测仪 TEOM 1400a (Thermo R&P)		对大气中 $PM_{1.0}$、$PM_{2.5}$、PM_{10}等不同粒径颗粒物的质量浓度的实时监测；适用于室内外空气质量和工业环境质量测量；通过美国EPA认证
	光散射	手持式粉尘仪 Dust Trak 8520 (TSI)		对 $PM_{1.0}$、$PM_{2.5}$、PM_{10} 等颗粒物质量浓度进行实时监测。具有体积小、重量轻、噪声低、携带方便等优点。但其结果可靠性较差，需要根据称重法结果进行校正
数量浓度	空气动力学原理	空气动力学粒径谱仪 APS 3321 (TSI)		实时测定粗颗粒物（0.5—20μm）的空气动力学粒径，并给出颗粒物数量浓度、表面积浓度、体积浓度及质量浓度随粒径的分布情况。分辨率高、准确度和稳定性好
	颗粒物电迁移率	扫描电迁移率颗粒物粒径谱仪 SMPS 3936 (TSI)		由静电迁移率分析仪（DMA）和凝聚核粒子计数器（CPC）组成，前者测量颗粒物粒径，后者测定颗粒物浓度。实时测量细颗粒物（0.01～0.5 μm）的数量浓度随粒径分布
	激光散射	便携式激光粒子计数器 GRIMM Model 1.108		利用激光散射原理测量0.3～20μm颗粒物的数目浓度，具有8～15个通道。具有体积小、重量轻、噪声低、携带方便等优点，也可用来测量质量浓度

续表

测试参数	工作原理	仪器介绍	仪器外观	用途/说明
采样器	滤膜过滤	大气颗粒物采样仪 Partisol 2025 (Thermo)	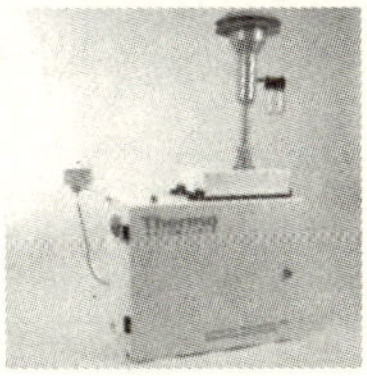	适用于室内(外)大气颗粒物(PM_{10}、$PM_{2.5}$、PM_1)的样本采集(12小时、24小时)。可用于颗粒物样本的离线分析,如计算采样期间的平均质量浓度、化学组分与形态分析等
化学组分	不同元素在X射线照射下发出波长不同的荧光	X射线荧光光谱仪 ED-2000 (Oxford)		可检测颗粒物样本中化学组分(Na～U)质量浓度。能够对颗粒物样本进行无损分析。X射线荧光光谱仪具有重现性好,测量速度快,灵敏度高等特点,并可在无标样情况下对样本进行定性与半定量分析
形态	显微镜观察	扫描电子显微镜 SEM		分析采集样本中颗粒物的微观形态,如颗粒大小、形状、排列、均匀程度等。通常与X射线荧光光谱仪结合使用,分析不同形态颗粒物的化学组成

室内颗粒物浓度水平状况 **表 6-2**

文献	地点	室内	$PM_{2.5}$ ($\mu g/m^3$)	PM_{10} ($\mu g/m^3$)
Baek et al.[2]	韩国	居民住宅	—	100±56(有吸烟)
		办公室		99±68(有吸烟)
Chao and Wong[3]	中国香港	居民住宅	42.7(无吸烟)	60(无吸烟)
			50.6(有吸烟)	71.5(有吸烟)
Dermentzoglou et al.[4]	希腊	居民住宅	74±18(无吸烟)	—
			146±15(有吸烟)	
Fromme et al.[5]	德国	教室	13.5～23	71.7～105
Funasaka et al.[6]	日本	居民住宅	20	34
Geller et al.[7]	美国	居民住宅	15.4	21
Gemenetzis et al.[8]	希腊	教室	67±32(无吸烟)	93±43(无吸烟)
			111±65(有吸烟)	139±78(有吸烟)
Gotschi et al.[9]	芬兰	居民住宅	9.5±6.1	—
	希腊	居民住宅	35.6±29.4	
	瑞士	居民住宅	21.0±16.7	
	捷克	居民住宅	34.4±28.7	

续表

文献	地点	室内	$PM_{2.5}$ ($\mu g/m^3$)	PM_{10} ($\mu g/m^3$)
Heavner et al. [10]	美国	办公室	—	30.3±17.6（无吸烟） 67.1±44.3（有吸烟）
		居民住宅	—	27.6±19.8（无吸烟） 88.8±147.5（有吸烟）
Jiang and Bell [11]	中国	居民住宅	—	61.3±111.8（城市） 100.6±203.1（农村）
Jones et al. [12]	英国	居民住宅	7.9	16.5
Janssen et al. [13]	荷兰	教室	23±6.3	—
Keeler et al. [14]	美国	教室	8.0～16.4	8.7～31.6
Lee and Change [15]	中国香港	教室	—	21～617
Liu et al. [16]	中国	办公室	28.1	63
		教室	44	133
		学生宿舍	68	201
Monn et al. [17]	瑞士	居民住宅	18.3（无人） 26.0（有人活动）	25.8（无人） 32.8（有人活动）
Monkkonen et al. [18]	印度	居民住宅	86.4	—
Morawska et al. [19]	澳大利亚	居民住宅	11.1±2.6（无人） 15.5±7.9（有人活动）	—
Na et al. [20]	美国	居民住宅	33.2（无吸烟） 86.1（有吸烟）	—
Stranger et al. [21]	比利时	教室	54～72	—
Wang et al. [22]	中国	医院	40～214.9	61.8～250

6.2 室内颗粒物浓度水平

表6-2总结了文献中报道的世界各地不同类型民用建筑室内的颗粒物日平均浓度。可看出，室内颗粒物污染相当严重，许多甚至都超出了相应的国家环境空气质量标准（PM_{10}：65$\mu g/m^3$；USEPA $PM_{2.5}$：35$\mu g/m^3$），因此必然对居民身体健康造成重要危害。通过分析表中的数据，我们可得出室内颗粒物浓度具有以下特点：

（1）发展中国家>发达国家。我国与印度等发展中国家室内颗粒物浓度明显高于美国、英国、澳大利亚、日本等发达国家，有两方面原因：一方面与发达国家室外颗粒物浓度水平较低有关，另一方面与发展中国家的能源利用有关。

（2）医院或教室>居民住宅>办公室。室内颗粒物浓度水平与人员密度密切相关，人员越多，活动产生的颗粒物就越多，因此学校教室颗粒物浓度非常高。居民住宅颗粒物浓度较高与家庭的烹饪有关。另外，办公建筑大多采用中央空调系统，其过滤作用也是造成室内颗粒物浓度较低的主要原因。

（3）吸烟室内>非吸烟室内。吸烟对室内颗粒物浓度的影响非常显著。特别是在发达国家，吸烟已逐渐成为室内最主要的污染源。

（4）农村>城市。这主要与城乡之间的能源结构有关，农村广泛采用生物质（如木材与秸秆）、煤炭等高污染、低效率固体燃料作为能源，而城市则主要利用气（如天然气、液化石油气）、电等高效率清洁能源。表 6-3 统计了部分发展中国家农村厨房颗粒物浓度水平与烹饪燃料，进一步说明农村广泛采用固体能源燃料是造成室内颗粒物浓度较高的主要原因。另一方面，农村烹饪炉具对固体燃料的燃烧效率具有直接而且重要的影响，从而影响其颗粒物污染排放强度，也是造成室内颗粒物浓度较高的重要原因，因此，传统炉具的改造对室内颗粒物浓度水平的降低作用明显。

发展中国家农村厨房颗粒物浓度水平 **表 6-3**

国家	地　点	烹饪燃料	颗粒物	浓度（μg/m³）	文　献
中国	沈阳	秸秆	PM_{10}	101	Jiang and Bell [11]
	济南	煤、秸秆、电、气	PM_4	312	Fischer and Koshland[23]
	甘肃	木材与秸秆	PM_4	518（2003 年）	Jin et al. [24]
	贵州	煤、木材与秸秆	PM_4	352（2003 年）	
	陕西	煤、木材与秸秆	PM_4	187（2003 年）	
	内蒙古	木材与秸秆	PM_4	718（2003 年）	
	贵州	煤与秸秆	PM_4	1944	He et al. [25]
	陕西	煤与秸秆	PM_4	205	
	浙江、湖北、陕西	秸秆	PM_4	283（夏季） 456（冬季）	Edwards et al. [26]
印度	Tamil Nadu	木材与秸秆	PM_4	1442	Balakrishnan et al. [27]
	Andhra Pradesh	木材与牛粪	PM_4	500（木材） 732（牛粪）	Balakrishnan et al. [28]

续表

国家	地点	烹饪燃料	颗粒物	浓度 ($\mu g/m^3$)	文献
危地马拉	La Victoria	木材与秸秆	$PM_{3.5}$	1019 (传统炉) 351 (改良炉)	Bruce et al. [29]
	La Victoria	木材	$PM_{3.5}$	1560 (传统炉) 250 (改良炉)	Albalak et al. [30]
	Quetzaltenango	木材	$PM_{2.5}$	528 (传统炉) 97 (改良炉)	Naeher et al. [31]
			PM_{10}	717 (传统炉) 186 (改良炉)	
玻利维亚	Cantuyo	牛粪	PM_4	1830	Albalak et al. [32]

6.3 室内颗粒物动力学行为及其影响因素

研究室内颗粒物通常有三种方法：(1) 现场测试 (Field measurement)；(2) 实验室测试 (Lab/chamber test)；(3) 理论研究 (Theoretical study)。由于室内环境的个体差异特别大，因此室内颗粒物的研究以现场测试结果的统计学分析为主。理论研究则能够为现场测试的方案设计、结果分析提供重要的科学指导。实验室测试主要为精确分析某一因素对室内颗粒物浓度影响进行验证性研究。为此，本节先介绍室内颗粒物的传输动力学理论模型，为后文中现场测试结果分析提供很好的帮助。

图 6-4 是室内颗粒物的传输动力学物理模型。室内颗粒物来源主要有两方面：一方面来自于室外，即室外颗粒物通过建筑围护结构渗透进来的；另一方面来自于室内本身，即室内源产生的颗粒物。我们忽略以下过程与作用对室内颗粒物浓度的影响：室内颗粒物之间的碰撞凝聚作用 (Coagulation)、气体凝结产生新的颗粒物 (Condensation)、通风空调系统或净化过滤设备的机械过滤排除的颗粒物 (Filtration)、室内人员活动导致的再扬尘作用 (Resuspension)，因此，室内颗粒物浓度的主要影响过程为室外渗透 (Infiltration)、室内排出 (Exfiltration)、室内沉降 (Deposition) 与室内源项 (Source)，由此建立质量或数量守恒方程如下：

$$\frac{dC_{in}}{dt} = \alpha p C_{out} - (\alpha + k) C_{in} + \dot{S} \tag{6-1}$$

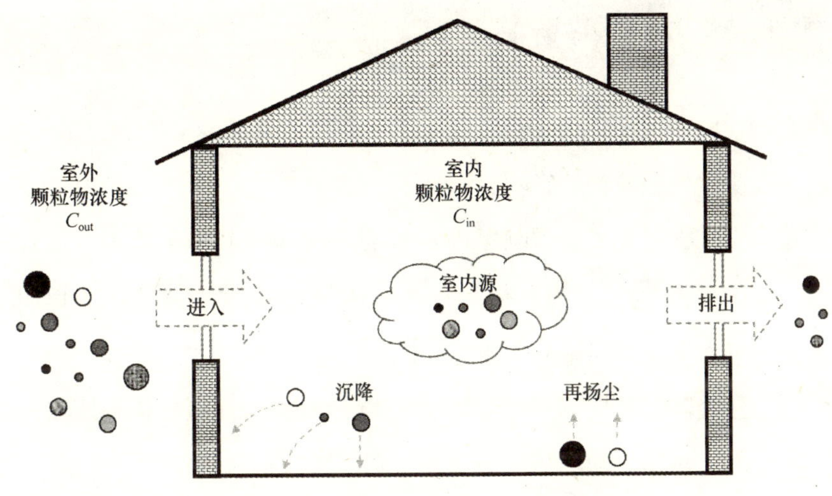

图 6-4 室内颗粒物传输动力学过程模型

式中 C_{in}——室内颗粒物质量浓度（$\mu g/m^3$）或数量浓度（个/m^3）；

C_{out}——室外颗粒物质量浓度（$\mu g/m^3$）或数量浓度（个/m^3）；

$\dot{S}$——室内源产生率，即房间单位体积单位时间产生的颗粒物质量（$\mu g/(m^3 \cdot h)$）或数量（$particle/(m^3 \cdot h)$）；

α——房间通风或换气次数（次/小时，h^{-1}）；

k——表面去除率常数，$k = \frac{\sum_i V_{d,i} A_i}{V}$，$V_{d,i}$ 表示 i 表面的颗粒沉积速率，A_i 表示 i 表面面积，V 表示房间体积。

p——颗粒物穿透系数（$0 \leqslant p \leqslant 1$），表征室外颗粒物通过建筑围护结构能力的无因次参数。$p=1$ 表示完全穿透，如建筑门窗完全开启情况，室外颗粒物可以自由进入；$p=0$ 表示室外颗粒物无法穿透，如建筑墙体与门窗完全密封。

稳态情况下（$dC_{in}/dt=0$），可将上式进一步简化得：

$$C_{in} = \frac{\alpha p}{\alpha + k} C_{out} + \frac{\dot{S}}{\alpha + k} \tag{6-2}$$

该式表明：室内颗粒物浓度由两部分组成："室外源贡献量（outdoor contribution）"与"室内源贡献量（indoor source contribution）"，因此，室内颗粒物浓度主要由室外源与室内源共同贡献的。为衡量室内颗粒物受室外影响程度，通常定义室内外颗粒物浓度比（I/O）：

$$I/O = \frac{C_{\text{in}}}{C_{\text{out}}} \tag{6-3}$$

如果 $I/O \geqslant 1$，则室内颗粒物主要是由室内污染源引起的；如果 $I/O \leqslant 1$，则室内颗粒物主要受室外颗粒物的影响。

由上述模型方程可看出，影响室内颗粒物浓度（C_{in}）的主要因素有：室外浓度（C_{out}）、室内源强（$\dot{S}$）、颗粒物的穿透系数（p）与沉降率（k）、房间通风换气次数（α）。下文将分别探讨上述参数的影响：首先（6.4节）介绍室内源，然后介绍颗粒物的穿透与沉降性能（6.5节），接着分析室内外颗粒物浓度之间的相关性 I/O（6.6节），最后介绍通风对室内颗粒物浓度的影响（6.7节）。

6.4 室内源散发强度与粒径分布

室内颗粒物浓度变化具有"短暂（brief）、间歇性（intermittent）、剧烈（highly variable）"等特征。图6-5是室内外颗粒物浓度变化特性比较（Long et al.[33]）。图中可明显看出室内源（如人员走动与做饭）对颗粒物浓度变化有十分重要影响：室内源存在时，颗粒物浓度迅速升高；室内源停止时，颗粒物浓度快速衰减；然后，室内颗粒物浓度跟随室外浓度变化。室外颗粒物浓度变化则明显不同，呈现出连续缓慢变化的规律。

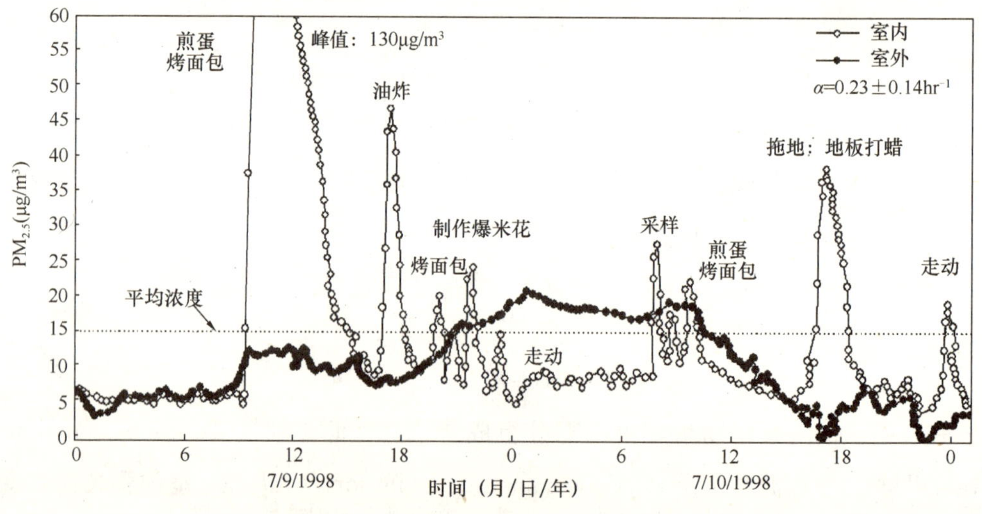

图6-5 室内外颗粒物浓度变化[33]

室内颗粒物受室内源影响导致的“瞬时”高浓度（有时高达室外浓度的几十倍甚至上百倍）对个人暴露有重要影响，是不能忽略的！为了更好捕捉室内颗粒物浓度变化的特征，我们需要：① 高分辨率连续监测。由于室内 $PM_{2.5}$ 浓度呈现许多瞬时的高浓度峰值，其时间尺度从秒到分钟，因此准确描述室内颗粒物浓度变化必须进行高分辨率连续监测。②数量浓度监测。由于室内源产生的超细颗粒物非常多，其数量浓度的变化比质量浓度更加剧烈。③ 详细记录室内源及其活动规律。室内源的开关具有很大的随机性，而且不同源对室内颗粒物浓度影响不同。

室内常见的颗粒物源散发强度 **表 6-4**

源类型		散发率（个/min×10^{11}）	文献
烹饪	油炸	8.3	Afshari et al.[34]
		54.0	Gehin et al.[35]
		4.8	He et al.[36]
	电炉	6.8	Afshari et al.[34]
		4.2	Gehin et al.[35]
		12.5	Wallace & Ott[37]
		7.3	He et al.[36]
	气炉	1.3	Afshari et al.[34]
		18.9	Wallace & Ott[37]
	电烤箱	48.0	Gehin et al.[35]
		1.3	He et al.[36]
	烤面包	6.8	He et al.[36]
		38.1	Wallace & Ott[37]
	烧烤	7.3	He et al.[36]
	微波炉	0.6	He et al.[36]
燃烧	香烟	3.8	Afshari et al.[34]
		1.9	He et al.[36]
		4.8	Wallace & Ott[37]
		0.8	Hussein et al.[38]
	蜡烛	3.7	Afshari et al.[34]
		7.2	Gehin et al.[35]
		5.6	Wallace & Ott[37]
	蚊香	0.2	Hussein et al.[38]
		4.1	Gehin et al.[35]

续表

源类型		散发率（个/min×10^11）	文献
清洁	真空吸尘	0.4	Afshari et al. [34]
		0.9	He et al. [36]
		12.0	Gehin et al. [35]
		0.6	Wallace & Ott [37]
熨烫	衣服	2.4	Wallace & Ott [37]
		0.1	Afshari et al. [34]
加热	取暖器	8.8	Afshari et al. [34]
		3.9	Afshari et al. [34]
		4.1	He et al. [36]
		1.3	Wallace & Ott [37]
烘干	电吹风	0.1	He et al. [36]
		2.3	Wallace & Ott [37]
	干衣机	44.2	Wallace & Ott[37]
打印	激光打印机	0.6	Wallace & Ott [37]
		13.8	Gehin et al. [35]
喷洒	空气新鲜剂	2.3	Afshari et al. [34]
		26.0	Wallace & Ott [37]
		18.0	Gehin et al. [35]

室内源不仅影响室内颗粒物的浓度水平而且影响室内颗粒物的粒径分布。掌握室内源的排放强度与粒径分布对于把握室内颗粒物浓度分布与变化规律具有重要的指导意义。表6-4总结了常见的不同室内燃烧源的散发强度，表6-5则给出了不同室内源产生的颗粒物平均粒径。我们发现室内源产生的颗粒物基本上分为两类：

①超细颗粒物（$d_p<0.1\mu m$），主要由室内燃烧源产生的；

②粗颗粒物（$d_p>2.5\mu m$），主要由人员走动引起的粗颗粒物再扬尘导致的。

文献［39，40］详细分析并比较了室内颗粒物不同粒径范围颗粒物（$PM_{0.02-0.1}$，$PM_{0.1-0.5}$，$PM_{0.7-2.5}$，$PM_{2.5-10}$）之间的关系，证明室内源主要影响室内超细颗粒物$PM_{0.02-0.1}$与粗颗粒物$PM_{2.5-10}$浓度水平，而对中间尺度的颗粒物（$PM_{0.1-0.5}$与$PM_{0.7-2.5}$）影响较小。另外，这两类室内源具有独立性，如室内燃烧源主要影响超细颗粒物而不影响粗颗粒物浓度水平，相反，人员活动主要影响粗颗粒物而不影响超细颗粒物浓度水平。

室内源产生的颗粒物粒径分布 **表 6-5**

粒径范围（μm）	颗粒物源
0.01～0.02	燃气燃烧、气炉
0.03	电炉、电烤箱
0.1	蚊香
0.3	蜡烛
0.05～0.1	煎炸
0.07～0.09	吸烟
0.13～0.25	烹饪
3～5	打扫卫生、真空吸尘
5～10	人员走动

6.5 颗粒物的穿透与沉降

图 6-6 统计了不同研究得出的颗粒物穿透系数随粒径的分布，其中散点图是实验室测试结果，线型图为 Liu and Nazaroff[41] 理论模型结果，后者考虑了不同室内

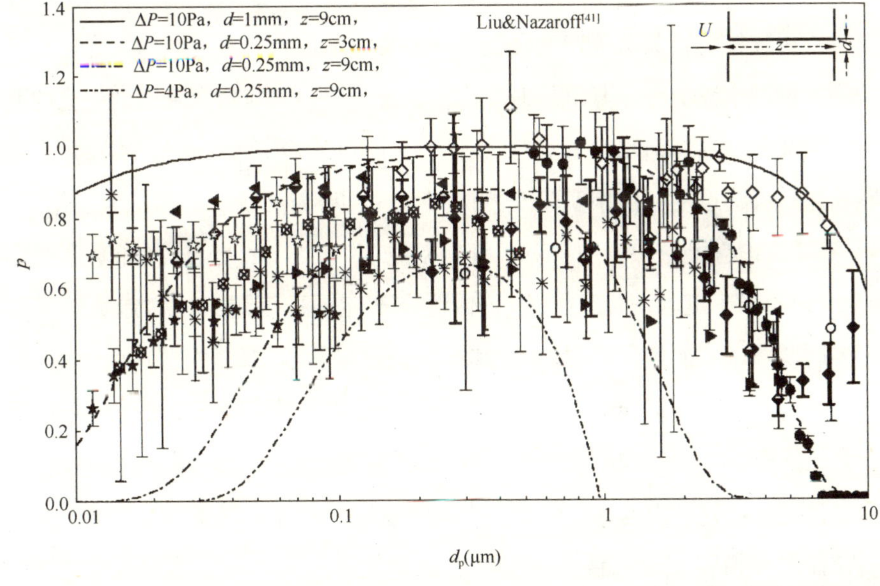

图 6-6 颗粒物穿透系数（p）随粒径分布[38, 43, 47-52]

外压力差(ΔP)、裂缝宽度(d)与深度(z)对颗粒物穿透性能的影响。理论模型结果表明：室内外压力差越大、裂缝(如门、窗、墙体)宽度越大、深度越浅，颗粒物的穿透能力越强。图中实验室测试结果与理论模型结果基本一致。颗粒物的穿透能力呈“∧”型，对于粒径较小的颗粒物，其穿透能力随粒径的增加而增大，但对于粒径较大的颗粒物，其穿透能力随粒径的增加而降低。图中数据表明：较大或较小颗粒物的穿透能力较弱，而中等尺度大小的颗粒物穿透能力最强，也就是说，室外较大或较小颗粒物进入室内比较困难，而中等尺度大小的颗粒物则比较容易进入室内。图中还表明，增加房间通风能够有效提高颗粒物的穿透能力，如图中文献[42]比较了开窗与关窗两种情况的颗粒物的穿透系数；文献[43]比较了 Clovis 与 Richmond 两个不同地点建筑的颗粒物穿透系数，后者房间通风明显大于前者，因此颗粒物穿透系数也明显提高。

图 6-7 统计了近年来不同研究得出的室内颗粒物的沉降率。可明显看出，颗粒物的沉降性能与穿透能力相反。颗粒物的沉降率随粒径分布呈“∨”形，对于粒径较小的颗粒物，其沉降率随粒径的增加而减小，但对于粒径较大的颗粒物，其沉降率随粒径的增加而增大。因此，对于超细颗粒物，其沉降速度较大，主要是由于布朗扩散导致的沉降；对于粗颗粒物，其沉降速度也较大，主要由于重力作用导致的沉降；对于中间大小的颗粒物则难以沉降，其沉降速度比较小。另外，颗粒物沉降速度受室内空气速度影响，如文献[44，45]比较了室内风扇开关对颗粒物沉降的影响，风扇开启能有效提高颗粒物的沉降速度。图中实验室测试结果(散点)与文献[41]理论模型结果(线型)基本一致。理论模型结果表明：对于细颗粒物($d_p<0.5\mu m$)，其沉降率主要受空气摩擦速度(即相当于流动速度)的影响，因为空气流动速度越大，u^* 越大，导致颗粒浓度边界层变薄，从而使得扩散(湍流和布朗扩散)增强，颗粒沉降越快(如比较阻力速度为 $u^*=1.0m/s$ 与 $u^*=0.1m/s$)；对于粗颗粒物，其沉降率主要受颗粒物密度和动力学直径的影响，即颗粒物密度越大(如比较密度为 $\rho_p=10g/cm^3$ 与 $\rho_p=1g/cm^3$)或动力学直径越大，其重力越大，因此重力沉降越快。另外，现场测试与理论模型结果在中间粒径颗粒物存在较大误差，主要是由于实际房间的壁面粗糙度引起的[46]，因为理论模型中壁面均假设光滑壁面。

总结上述颗粒物的穿透与沉降性能随粒径分布的变化规律为：对于超细颗粒物($d_p\leqslant0.1\mu m$)或粗颗粒物($2.5\leqslant d_p\leqslant10\mu m$)，其穿透能力或进入室内的能力较弱，而且即

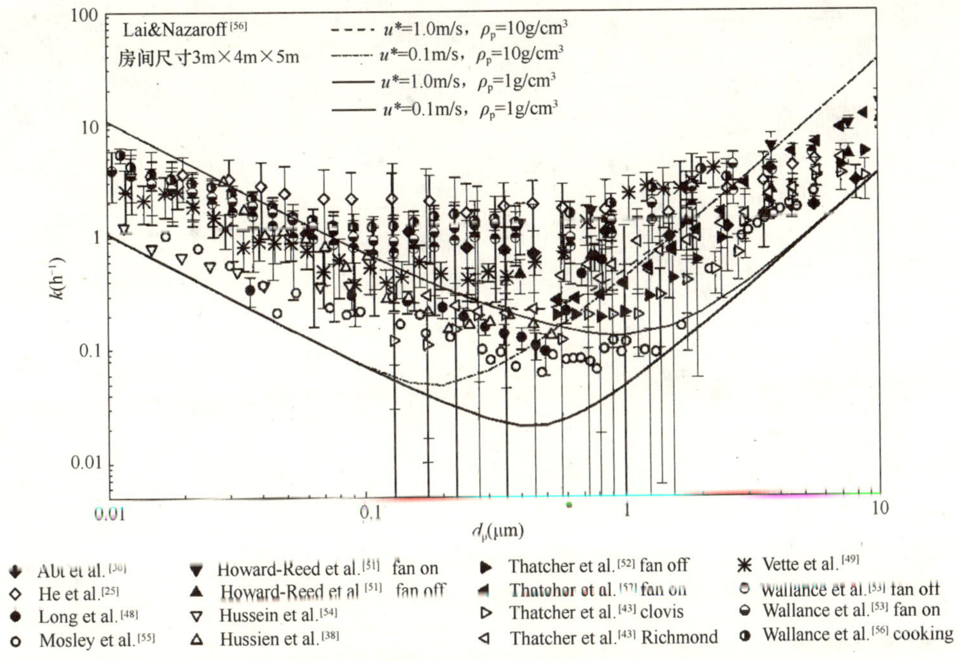

图 6-7 颗粒物沉降率（k）随粒径分布[25, 38, 43-45, 51-58]

使进入室内，其沉降率较大或比较容易沉降，因此由室外进入室内的超细或粗颗粒物较少；但是对于中等粒径颗粒物，其穿透能力较强而且沉降率低，因此室内浓度较高。

6.6 室内外颗粒物相关性

6.6.1 室内外浓度比

表 6-6 宏观上统计了近年来文献中室内外颗粒物浓度比 I/O（包括 PM_{10}、$PM_{2.5}$、超细颗粒物）状况，从中可以明显看出室内源与通风的影响：一方面，室内无源情况 I/O$<$1，室内有源情况 I/O$>$1；另一方面，通风能够有效提高室内外浓度比 I/O。

由于室内源与颗粒物穿透及沉降特性具有很明显的粒径分布特性，因此粒径分布对室内外颗粒物浓度比有重要影响。

首先是室内无源的情况。室内颗粒物浓度与室外浓度之间的关系主要是由颗粒物穿透系数与沉降率决定的。图 6-8 统计了近年来不同研究者对室内外颗粒物浓度

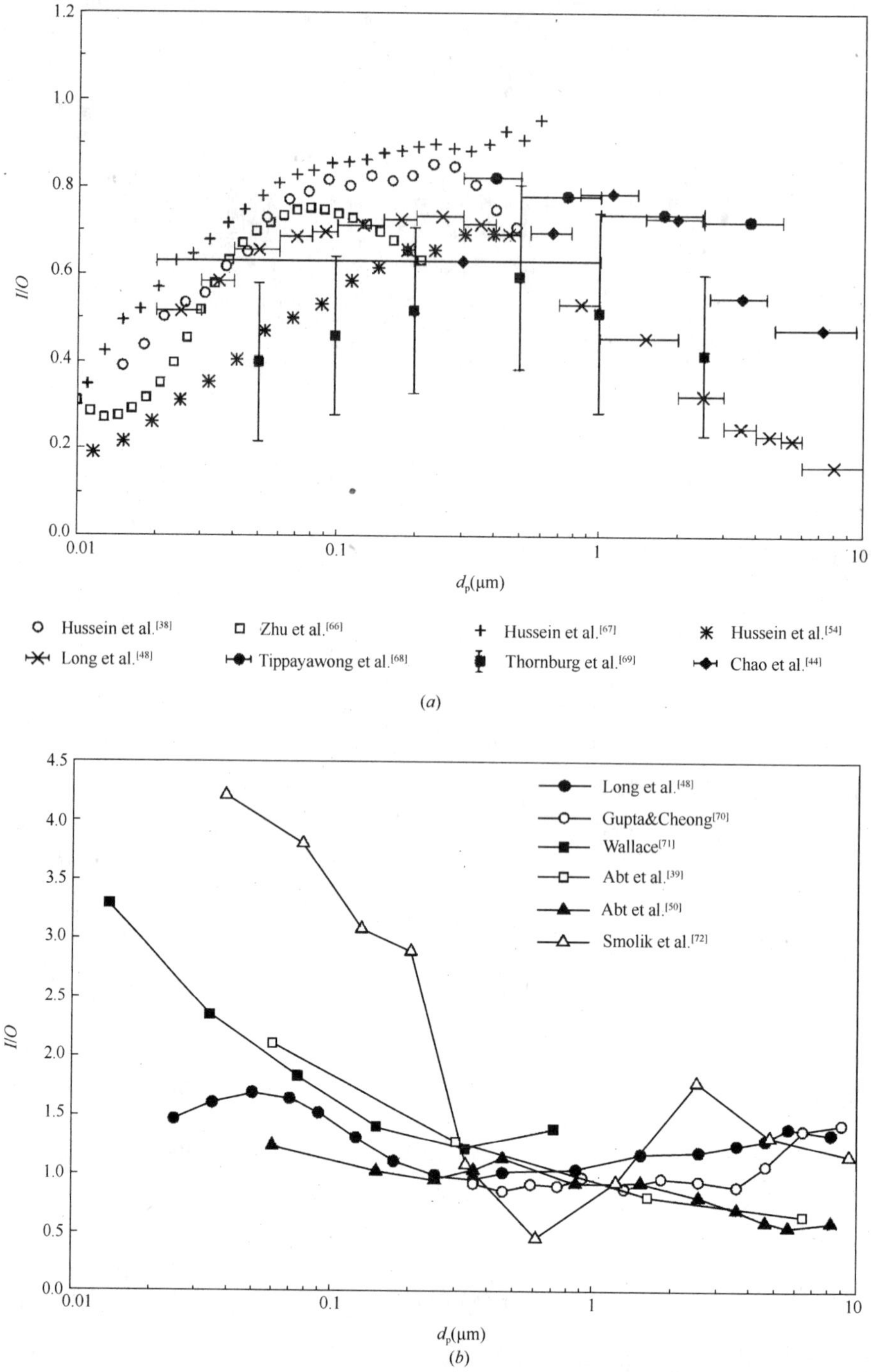

图 6-8 颗粒物室内外浓度比（I/O）随粒径分布

(a) 室内无源情况[38, 47, 51, 55, 66—69]；(b) 室内有源情况[39, 51, 53, 70—72]

比（I/O）随颗粒物粒径分布的研究结果。一方面，颗粒物室内外浓度比（I/O）均小于1，即室内颗粒物浓度低于室外颗粒物浓度水平；另一方面，I/O随粒径分布呈“∧”型（先增后降），首先对于小颗粒物（dp<0.5μm），I/O随粒径增大而增加；然后对于大颗粒物（dp>0.5μm），I/O则随粒径增大而降低。因此，对于超细颗粒物（dp<0.1μm）与粗颗粒物（dp>1μm），I/O最低，分别为0.4与0.5；而对于中等大小的颗粒物，I/O最高，可达0.6～0.8。这主要是受室内颗粒物的穿透能力与沉降速度决定的：即对于较大或较小的颗粒物，其穿透能力较弱，而其沉降速度较大。另外，颗粒物室内外浓度比（I/O）受通风影响较大，通风越大，其I/O越大[51]。图中的实验统计结果与前面理论模型分析结果是一致的。在室内无源而且通风较大时（如夏季门窗全开），室内颗粒物浓度比较接近室外浓度水平，即I/O≈1，因此可以近似采用室外颗粒物浓度来衡量室内颗粒物浓度水平；但在通风较小（如冬季门窗紧闭），室内颗粒物浓度远低于室外水平，即I/O≪1，因此则不能采用室外颗粒物浓度来衡量室内颗粒物浓度水平。

其次是室内有源情况。一方面，室内外颗粒物浓度比（I/O）基本上都大于1，即室内颗粒物浓度高于室外水平；另一方面，I/O比随粒径分布呈“∨”形，对于较大与较小的颗粒物，其I/O都比较大，而对于中等大小的颗粒物I/O最小。根据前面的室内源特性可知，室内源产生的颗粒物主要是两类：一是燃烧源产生的超细颗粒物，另一种是由人员走动产生的再扬尘粗颗粒物。因此，超细颗粒物与粗颗粒物的I/O都较大，但是由于室内燃烧源产生的超细颗粒物强度显著高于人员活动再扬尘产生的粗颗粒物强度，因此超细颗粒物I/O明显高于粗颗粒物。另外，由于越细的颗粒物，室内源贡献越多，因此对于超细颗粒物的I/O随颗粒物粒径增加而降低。对于中等粒径颗粒物，一方面室内源基本上不产生该尺寸范围的颗粒物；另一方面根据颗粒物的穿透及沉降特性可知，室外源进来的多而且沉降的少，因此I/O≈1。可以看出，在室内源存在的情况下，室内外颗粒物浓度比（I/O）变化规律存在一定的不确定性，是由室内源与室外源共同作用的结果。如果室内仅存在燃烧源（如做饭、吸烟、加热等），则室内外超细颗粒物的I/O>1，而室内外粗颗粒物的I/O仍遵循室内无源情况下的变化规律，即I/O<1而且随粒径增加而减小。同样，如果室内仅存在人员活动引起的再扬尘粗颗粒物源，则室内外超细颗粒物的I/O仍遵循室内无源情况下的变化规律，即I/O<1而且随粒径增加而增加，

而室内外粗颗粒物的I/O>1。

室内外颗粒物浓度比（I/O）文献统计 **表6-6**

文献	实验地点	颗粒物	I/O	实验条件
Abt et al. [39]	美国	PM_{10} $PM_{2.5}$	1.15 1.19	居民家庭：室内有源
Chao and Wong [3]	香港	PM_{10} $PM_{2.5}$ PM_{10} $PM_{2.5}$	0.88 0.92 1.04 1.09	居民家庭：换气次数大于3.5 居民家庭：换气次数小于3.5
Cyrys et al. [59]	德国	$PM_{2.5}$	0.63 0.83	居民家庭：门窗关闭 居民家庭：每天通风两次，每次15min
		NC①	0.33 0.43	居民家庭：门窗关闭 居民家庭：每天通风两次，每次15min
Diapouli et al. [60]	希腊	PM_{10} $PM_{2.5}$ NC	1.55 1.83 0.65	教室（三个小学教室平均）
Goyal and Khare [61]	印度	PM_{10} $PM_{2.5}$ PM_1	3.21 2.20 1.85	教室：工作日
Jones et al. [12]	英国	PM_{10}	1.58 2.13 2.46	郊区居民家庭 城市居民家庭 农村居民家庭
Koistinen et al. [62]	芬兰	$PM_{2.5}$	2.20 0.86	居民家庭：吸烟 居民家庭：非吸烟
Lazaridis et al. [63]	挪威	PM_{10}	1.37 0.77 1.03 0.69	工作日：室内有源 工作日：室内无源 周末：室内有源 周末：室内无源
Meng et al. [64]	美国	$PM_{2.5}$	0.85 0.99 1.16	加利福尼亚：换气次数1.22 h^{-1} 新泽西：换气次数1.22 h^{-1} 德克萨斯：换气次数0.71 h^{-1}
Mönkkönen et al. [18]	印度	NC	0.72 1.07	城市居民家庭：空调 城市居民家庭：自然通风
Monn et al. [17]	瑞士	PM_{10} $PM_{2.5}$ PM_{10} $PM_{2.5}$	0.67 0.54 1.40 1.23	郊区居民家庭：室内无源 城市居民家庭：室内有源

续表

文　献	实验地点	颗粒物	I/O	实验条件
Morawska et al. [19]	澳大利亚	NC $PM_{2.5}$	1.35 1.72	居民家庭：室内有源
Pellizzari et al. [65]	加拿大	PM_{10} $PM_{2.5}$	1.23 1.40	居民家庭：室内有源

① NC：细颗粒物的数量浓度（number concentration）。

6.6.2 室内外粒径分布特性

室内颗粒物的穿透系数与沉降速度不仅影响室内颗粒物浓度分布，而且对室内颗粒物的粒径分布也有重要影响。在室内无源的情况下，室内颗粒物一方面浓度明显比室外低，另一方面平均粒径比室外大（图 6-9*a*）。这是因为超细颗粒物的穿透能力很弱（p 小），而且一旦穿透进来沉降速度也很快（k 大），因此室内颗粒物粒径越小浓度越低，从而造成室内颗粒物的平均粒径明显比室外大。

在室内源存在的情况下，室内颗粒物浓度明显高于室外，同时平均粒径也比室外大。图 6-9（*b*）是室内做饭时颗粒物浓度随粒径分布及与室外比较。其原因是两方面的：一方面是上述室外源颗粒物的穿透与沉降特性导致的；另一方面则是室内源产生的超细颗粒物数量浓度过高，这样颗粒物很容易相互碰撞而凝并（coagulation）成粒径较大的颗粒物。为进一步证明室内源产生的高浓度颗粒物之间的相互凝并作用，图 6-10 给出了室内做饭与吸烟所产生的烹饪烟雾与烟草烟雾浓度分布

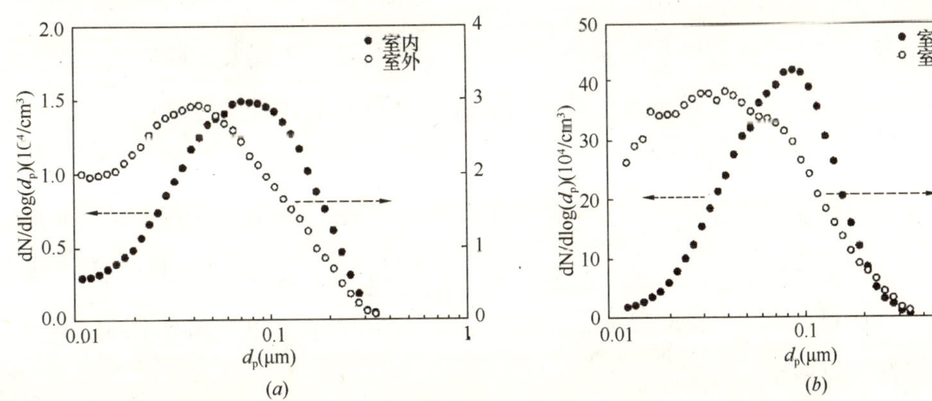

图 6-9　室内外颗粒物粒径分布比较[73]

（*a*）室内无源；（*b*）室内有源

随时间的变化过程。图中结果表明，烹饪烟雾与烟草烟雾浓度快速衰减，主要是因为颗粒物之间的相互碰撞导致颗粒物向大尺寸转移造成的。

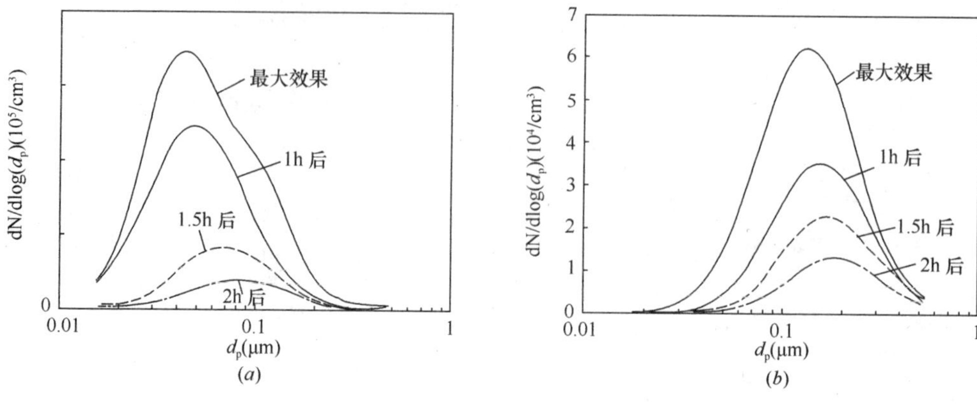

图 6-10 室内颗粒物粒径分布随时间变化[38]

(*a*) 烹饪烟雾；(*b*) 烟草烟雾

6.7 通风对室内颗粒物浓度影响

6.7.1 室内无源

图 6-11 比较了不同文献中通风换气次数对室内外浓度比 I/O 的影响。从图中可看出，随着房间通风换气次数的增加，室内外颗粒物浓度比（I/O）逐渐升高，即室内颗粒物浓度水平逐渐接近室外浓度水平。特别是对于较大的通风换气次数（$\alpha>3$），室内外浓度比 I/O 基本保持不变；而对于较小的通风换气次数（$\alpha<3$），室内外浓度比（I/O）变化显著。

由于通风增加了室外颗粒物污染对室内的影响，因此在室外污染较重时，通风将会加重室内空气污染。也就是说，在室外空气质量较好，加强房间通风有利于提高室内空气质量，但应尽量避免室外大气污染较重时的开窗通风，此时关闭门窗则将有利于降低室内空气污染。

图 6-12 是文献［51］中给出的在不同通风换气次数时的室内外颗粒物 $PM_{2.5}$ 浓度实时变化，其中图 6-12（*a*）是 1998 年夏季 6 月 20～23 日通风换气次数为 4.9，

图 6-12（b）是 1998 年冬季 11 月 9～11 日通风换气次数为 0.62。根据图中结果，可以得出如下结论：(1) 如果房间通风换气次数较大，如夏季门窗开启，则室内颗粒物浓度紧随室外浓度变化，即对室外浓度变化反应迅速，而且室内浓度水平基本与室外持平，I/O≈1；(2) 如果房间通风换气次数较小，比如冬季门窗紧闭，则室内颗粒物浓度对室外浓度变化的响应变慢，存在明显的时间延迟与滞后效应，而且室内浓度水平显著低于室外，I/O<1。

上述结果表明：室外颗粒物浓度只有在房间通风换气次数较大时才能代表室内颗粒物浓度水平与变化规律，也因此可用于健康评价。但在房间通风较小时，室外颗粒物浓度不能代表室内颗粒物浓度水平与变化规律，也因此不可用于健康评价。

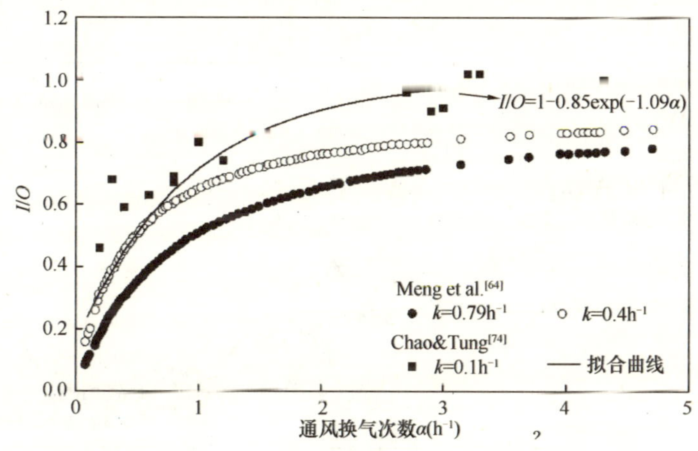

图 6-11 通风换气次数对室内外颗粒物 $PM_{2.5}$ 浓度比（I/O）的影响[64, 74]

6.7.2 室内有源

为说明室内源对颗粒物浓度水平与变化规律的影响，图 6-13 分析了做饭对细颗粒物（粒径小于 0.5μm，采用 SMPS 进行测量）和粗颗粒物（粒径大于 0.5μm，采用 APS 进行测量）数量浓度与颗粒物质量浓度 $PM_{2.5}$ 变化的影响。细颗粒物对事件反应十分迅速，做饭开始，浓度迅速增加，做饭结束浓度降低。粗颗粒物数量浓度与 $PM_{2.5}$ 质量浓度对事件的响应存在明显的延时滞后效应，主要原因是室内粗颗粒物主要是由细颗粒物不断碰撞凝并而形成的。在最小通风情况下（图 a），做饭结束 50 分钟后房间颗粒物浓度仍远高于做饭前室内浓度水平；而在通风比较大的情况下（图 b），做饭结束 10 分钟后房间颗粒物浓度基本接近于做饭前室内浓度

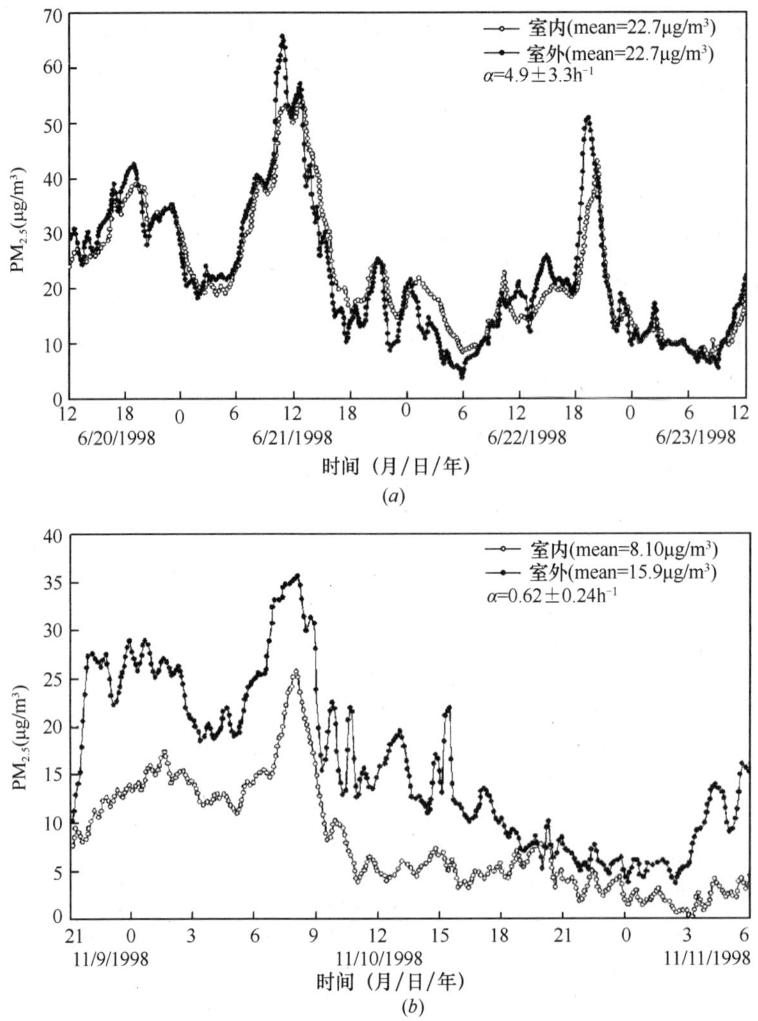

图 6-12 通风换气次数对室内颗粒物浓度水平的影响[51]

(*a*) 1998 年 6 月 20～23 日；(*b*) 1998 年 11 月 9～11 日

水平。因此，通风较小时，室内颗粒物浓度衰减很慢（沉降慢而且排出较慢），颗粒物长时间驻留堆积而导致室内颗粒物浓度升高；通风较大时，室内颗粒物浓度衰减十分迅速（沉降快而且排出较快），因此对室内浓度总体水平基本不受影响，因而浓度较低。

因此，我们得出如下主要结论：(1) 房间通风大时，室内颗粒物源的排放影响小而且短暂并能够迅速排出，因此室内颗粒物浓度水平基本受室外影响，I/O≤1；

(2) 房间通风小时，室内颗粒物不能及时排出而逐渐堆积，导致室内颗粒物浓度升高，I/O>1。因此，加强通风是降低室内源对室内颗粒物浓度影响的重要手段。特别值得注意的是，室内有源情况结论与室内无源情况完全相反。

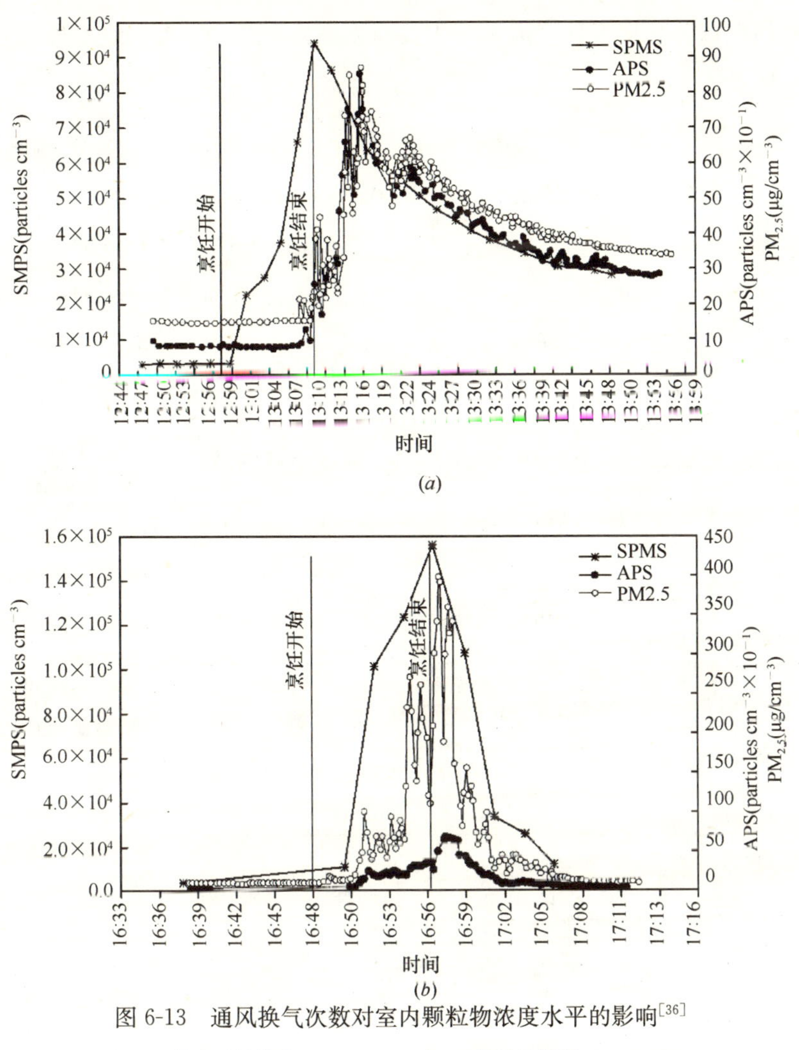

图 6-13　通风换气次数对室内颗粒物浓度水平的影响[36]

(a) 最小通风情况 (α=0.62)；(b) 正常通风情况 (α=4.9)

6.8　室内颗粒物的控制与改善技术

室内污染的控制方法主要有三类：源控制、通风、净化。颗粒物污染控制也不例外。自然通风是最有效而且是免费的，因此合理利用通风是降低室内空气污染的重要技术与手段，上节已详细讨论，这里不再重复。

6.8.1 室内源控制

室内颗粒物源有很多种，但本节主要讨论室内两类最主要的颗粒物源：烟草烟雾与烹饪烟雾。

(1) 禁烟

近年来，吸烟对人体健康的危害逐渐得到世界范围的高度重视，并积极推广禁烟运动。表6-7是文献［75］分析比较了不同国家吸烟场所与非吸烟场所的颗粒物浓度比。吸烟明显增加了所有国家室内颗粒物浓度水平，其中吸烟对发达国家的影响最为严重，因为发达的颗粒物背景浓度较低，如美国、加拿大、法国、新加坡等国家吸烟与非吸烟室内 $PM_{2.5}$ 浓度比高达十倍以上。相比之下，由于发展中国家的室内背景浓度较高，吸烟室内颗粒物浓度与非吸烟室内浓度比明显降低，如我国吸烟与非吸烟室内 $PM_{2.5}$ 浓度比仅为2.2。因此，禁烟是降低室内颗粒物污染非常有效的措施。

吸烟对室内颗粒物浓度水平的影响[75]　　表6-7

国家	吸烟	调查样本数	吸烟密度①	$PM_{2.5}$（$\mu g/m^3$）平均值（范围）	$PM_{2.5}$浓度比（吸烟/非吸烟）
加拿大	否	13	0.00	9（6～13）	14.8（8.0～27.5）
	是	7	0.57	133（69～257）	
中国	否	20		91（55～153）	2.2（1.4～3.4）
	是	72	0.49	197（161～241）	
法国	否	14		18（9～35）	14.6（6.7～31.6）
	是	45	2.56	238（159～354）	
德国	否	3		18（7～45）	11.7（3.6～38.2）
	是	97	1.82	214（174～263）	
马来西亚	否	11		33（18～58）	3.1（1.5～6.5）
	是	39	2.02	102（71～146）	
新加坡	否	6		20（13～32）	22.6（9.5～53.7）
	是	9	2.71	456（227～916）	
西班牙	否	6		23（8～64）	12.5（4.0～39.1）
	是	7	0.78	287（125～657）	

续表

国 家	吸烟	调查样本数	吸烟密度①	$PM_{2.5}$（μg/m³）平均值（范围）	$PM_{2.5}$浓度比（吸烟/非吸烟）
泰国	否	29		26（22～32）	6.3（3.7～10.6）
	是	24	1.53	164（95～283）	
美国	否	64		15（12～19）	11.4（8.8～14.9）
	是	163	1.03	177（153～203）	

①吸烟密度：每 100m³ 房间体积中点燃香烟的数目。

（2）烹饪炉具改造与清洁燃料

影响烹饪产生颗粒物浓度的因素有两方面：炉具与燃料。特别是农村地区，炉具燃烧效率低以及固体燃料的广泛使用是导致室内颗粒物浓度高的主要原因。改善炉灶以提高炉灶的燃烧效率能够大大降低室内颗粒物的浓度水平（见表 6-3）。表 6-8 比较了不同燃料的颗粒物散发量与室内颗粒物浓度水平。我们明显发现：生物质（如木材、秸秆等）燃烧导致的总悬浮颗粒物 TSP 散发量最高，而且导致室内颗粒物 PM_{10}浓度也最高；煤燃烧导致的颗粒物散发量与室内颗粒物浓度水平其次，燃气燃烧导致的颗粒物散发量与室内颗粒物浓度水平最低。因此，采用燃烧效率高、排放率低的炉具与燃料是降低烹饪烟雾对室内颗粒物浓度影响最有效的方式与手段。特别是对于广大农村地区室内颗粒物浓度改善具有重要指导意义。

不同燃料的散发量及其导致的室内颗粒物浓度水平（标准偏差） 表 6-8

	散发量（单位：g/kg；文献［76］）		PM_{10}浓度（单位：μg/m³；文献［77］）	
	TSP	CO	厨房	客厅
生物质（木材与秸秆）	8.05	86.3	1056（527）	1198（327）
煤	1.30	71.3	832（173）	314（72）
燃气	0.26	3.72	201（31）	136（15）

6.8.2 净化与过滤

对室内空气进行过滤是降低室内颗粒物浓度比较有效的方式与技术。图 6-14 比较了室内不同过滤材料对室内颗粒物的沉降率的影响，从中可明显看出高性能过滤材料（HEPA）或静电过滤能够非常显著地提高颗粒物的沉降率，从而降低室内颗粒物浓度水平。

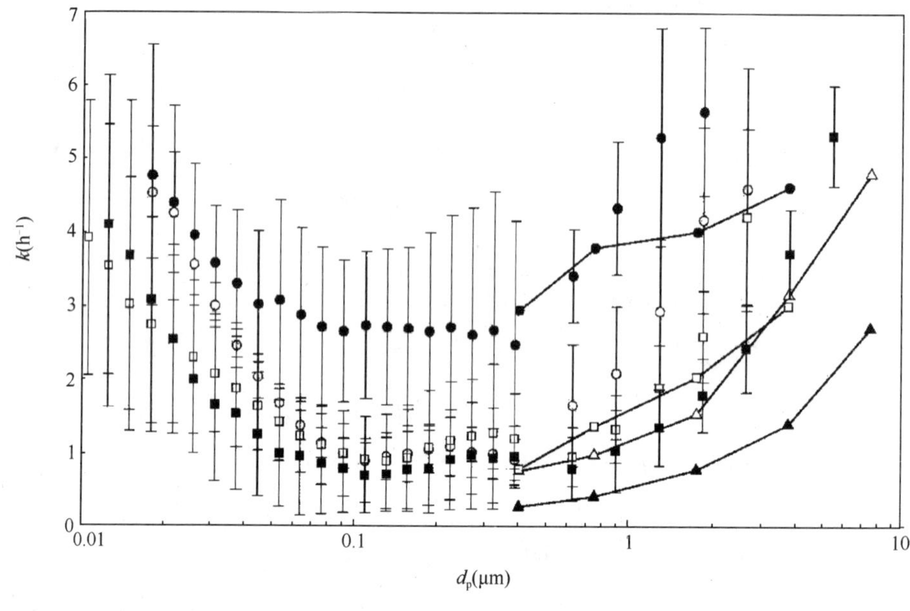

图 6-14 过滤器对颗粒物沉降率的影响[53, 54]

6.9 结论与建议

世界各国的室内颗粒物污染都相当严重，许多甚至都超出了相应的国家环境空气质量标准，因此必然对居民身体健康造成重要危害。

室内颗粒物浓度水平具有以下特点：(1) 发展中国家＞发达国家，一方面与发达国家室外颗粒物浓度水平较低有关，另一方面与发展中国家的能源利用有关；(2) 医院或教室 ＞ 居民住宅＞办公室，室内颗粒物浓度水平与人员密度密切相关，人员越多，活动产生的颗粒物就越多；(3) 吸烟室内＞非吸烟室内，吸烟对室内颗粒物浓度的影响非常显著；(4) 农村＞城市，这主要与城乡之间的能源结构有关，农村广泛采用生物质（如木材与秸秆）、煤炭等高污染、低效率固体燃料作为能源，而城市则主要利用气（如天然气、液化石油气）、电等高效率清洁能源。

室内颗粒物浓度变化由于受室内源活动的影响具有“短暂、间歇性、剧烈”等特征。室内源存在时，颗粒物浓度迅速升高；室内源停止时，颗粒物浓度快速衰减。影响室内颗粒物浓度的主要因素有：室外浓度、室内源、颗粒物的穿透与沉降性能、房间通风换气次数。

颗粒物的穿透性能随粒径分布呈“∧”形，而沉降率随粒径分布呈“∨”形。对于粒径较小或较大的颗粒物，其穿透能力较小，但是沉降率较高；而对于中等粒径颗粒物的穿透能力最强，而且沉降率较小。由于较大或较小颗粒物进入室内比较困难，而且一旦进入室内沉降速度也比较快，而中等尺度大小的颗粒物比较容易进入室内而且沉降较慢，因此，室内外颗粒物浓度比 I/O 对于较小与较大颗粒物比较小，而对于中等粒径颗粒物比较高。

室内源产生的颗粒物基本上分为两类：由室内燃烧源产生的超细颗粒物（$D_p<0.1\mu m$）与由人员走动再扬尘引起的粗颗粒物（$D_p>2.5\mu m$）。因此，室内有源存在时，室内外超细颗粒物与粗颗粒物浓度比 I/O 基本上都大于 1，即室内颗粒物浓度高于室外水平；由于室内源基本不产生中等粒径大小颗粒物，因此其基本来自于室外，室内外浓度比 I/O 基本为 1。

通风对室内颗粒物浓度有重要影响。首先，室内无源时：（1）如果通风换气次数较大，则室内颗粒物浓度紧随室外浓度变化，而且室内浓度水平基本与室外持平，I/O=1；（2）如果房间通风换气次数较小，则室内颗粒物浓度对室外浓度变化的响应变慢，存在明显的时间延迟与滞后效应，而且室内浓度水平显著低于室外，I/O<1。其次，室内有源时：（1）房间通风大，室内源排放颗粒物的影响小而且短暂并能够迅速排出，影响很小，I/O≤1；（2）房间通风小，室内颗粒物不能及时排出而堆积，致室内浓度升高，I/O>1。因此，在室外污染比较重时，应该减少通风；而在室内源存在时应该加强通风。

源控制是降低室内颗粒物污染最有效的方式。吸烟与烹饪是室内颗粒物最主要的污染源。吸烟明显增加了室内颗粒物浓度水平，因此，禁烟是降低室内颗粒物污染非常有效的措施。提高炉具燃烧效率、减少固体燃料使用、推广清洁能源能够非常有效地降低室内烹饪烟雾浓度水平。

过滤也是降低室内颗粒物浓度比较有效的方式与技术。高性能过滤材料（HEPA）或静电过滤能够非常显著地提高颗粒物的沉降率，从而降低室内颗粒物浓度水平。

参考文献

[1] Kaiser J. Mounting evidence indicts fine-particle pollution. Science. 2005，307(5717)：1858-1861.

[2] Baek SO，Kim YS，Perry R. Indoor air quality in homes，offices and restaurants in Korean urban areas - Indoor/outdoor relationships. Atmospheric Environment. 1997，31(4)：529-544.

[3] Chao CY，Wong KK. Residential indoor PM10 and PM2.5 in Hong kong and the elemental composition. Atmospheric Environment. 2002，36(2)：265-277.

[4] Dermentzoglou M，Manoli E，Voutsa D，Samara C. Sources and patterns of polycyclic aromatic hydrocarbons and heavy metals in fine indoor particulate matter of Greek houses. Fresenius Environmental Bulletin. 2003，12(12)：1511-1519.

[5] Fromme H，Twardella D，Dietrich S，Heitmann D，Schierl R，Liebl B，Ruden H. Particulate matter in the indoor air of classrooms - exploratory results from Munich and surrounding area. Atmospheric Environment. 2007，41(4)：854-866.

[6] Funasaka K，Miyazaki T，Tsuruho K，Tamura K，Mizuno T，Kuroda K. Relationship between indoor and outdoor carbonaceous particulates in roadside households. Environmental Pollution. 2000，110(1)：127-134.

[7] Geller MD，Chang MH，Sioutas C，Ostro BD，Lipsett MJ. Indoor/outdoor relationship and chemical composition of fine and coarse particles in the southern California deserts. Atmospheric Environment. 2002，36(6)：1099-1110.

[8] Gemenetzis P，Moussas P，Arditsoglou A，Samara C. Mass concentration and elemental composition of indoor PM2.5 and PM10 in university rooms in Thessaloniki，northern Greece. Atmospheric Environment. 2006，40(17)：3195-3206.

[9] Gotschi T，Oglesby L，Mathys P，Monn C，Manalis N，Koistinen K，Jantunen M，Hanninen O，Polanska L，Kunzli N. Comparison of black smoke and PM2.5 levels in indoor and outdoor environments of four European cities. Environmental Science & Technology. 2002，36(6)：1191-1197.

[10] Heavner DL，Morgan WT，Ogden MW. Determination of volatile organiccompounds and respirable suspended particulate matter in New Jersey and Pennsylvania homes and work-

places. Environment International. 1996, 22(2): 159-183.

[11] Jiang RT, Bell ML. A comparison of particulate matter from biomass-burning rural and non-biomass-burning urban households in northeastern China. Environmental Health Perspectives. 2008, 116(7): 907-914.

[12] Jones NC, Thornton CA, Mark D, Harrison RM. Indoor/outdoor relationships of particulate matter in domestic homes with roadside, urban and rural locations. Atmospheric Environment. 2000, 34(16): 2603-2612.

[13] Janssen NAH, van Vliet PHN, Aarts F, Harssema H, Brunekreef B. Assessment of exposure to traffic related air pollution of children attending schools near motorways. Atmospheric Environment. 2001, 35(22): 3875-3884.

[14] Keeler GJ, Dvonch JT, Yip FY, Parker EA, Israel BA, Marsik FJ, Morishita M, Barres JA, Robins TG, Brakefield-Caldwell W, Sam M. Assessment of personal and community-level exposures to particulate matter among children with asthma in Detroit, Michigan, as part of Community Action Against Asthma (CAAA). Environmental Health Perspectives. 2002, 110: 173-181.

[15] Lee SC, Chang M. Indoor and outdoor air quality investigation at schools in Hong Kong. Chemosphere. 2000, 41(1-2): 109-113.

[16] Liu YS, Chen R, Shen XX, Mao XL. Wintertime indoor air levels of PM10, PM2. 5 and PM1 at public places and their contributions to TSP. Environment International. 2004, 30(2): 189-197.

[17] Monn C, Fuchs A, Hogger D, Junker M, Kogelschatz D, Roth N, Wanner HU. Particulate matter less than 10 mu m (PM10) and fine particles less than 2. 5 mu m (PM2. 5): relationships between indoor, outdoor and personal concentrations. Science of the Total Environment. 1997, 208(1-2): 15-21.

[18] Monkkonen P, Pai P, Maynard A, Lehtinen KEJ, Hameri K, Rechkemmer P, Ramachandran G, Prasad B, Kulmala M. Fine particle number and mass concentration measurements in urban Indian households. Science of the Total Environment. 2005, 347(1-3): 131-147.

[19] Morawska L, He CR, Hitchins J, Mengersen K, Gilbert D. Characteristics of particle number and mass concentrations in residential houses in Brisbane, Australia. Atmospheric Environment. 2003, 37(30): 4195-4203.

[20] Na KS, Sawant AA, Cocker DR. Trace elements in fine particulate in western Riverside

County, matter within a community CA: focus on residential sites and a local high school. Atmospheric Environment. 2004, 38(18): 2867-2877.

[21] Stranger M, Potgieter-Vermaak SS, Van Grieken R. Characterization of indoor air quality in primary schools in Antwerp, Belgium. Indoor Air. 2008, 18(6): 454-463.

[22] Wang XH, Bi XH, Sheng GY, Fu HM. Hospital indoor PM10/PM2.5 and associated trace elements in Guangzhou, China. Science of the Total Environment. 2006, 366(1): 124-135.

[23] Fischer SL, Koshland CP. Daily and peak 1 h indoor air pollution and driving factors in a rural Chinese village. Environmental Science & Technology. 2007, 41(9): 3121-3126.

[24] Jin YL, Zhou Z, He GL, Wei HZ, Liu J, Liu F, Tang N, Ying B, Liu YC, Hu GH, Wang HW, Balakrishnan K, Watson K, Baris E. Geographical, spatial, and temporal distributions of multiple indoor air pollutants in four Chinese provinces. Environmental Science & Technology. 2005, 39(24): 9431-9439.

[25] He CR, Morawska L, Gilbert D. Particle deposition rates in residential houses. Atmospheric Environment. 2005, 39(21): 3891-3899.

[26] Edwards RD, Li Y, He G, Yin Z, Sinton J, Peabody J, Smith KR. Household CO and PM measured as part of a review of China's National Improved Stove Program. Indoor Air. 2007, 17(3): 189-203.

[27] Balakrishnan K, Parikh J, Sankar S, Padmavathi R, Srividya K, Venugopal V, Prasad S, Pandey VL. Daily average exposures to respirable particulate matter from combustion of biomass fuels in rural households of southern India. Environmental Health Perspectives. 2002, 110(11): 1069-1075.

[28] Balakrishnan K, Sambandam S, Ramaswamy P, Mehta S, Smith KR. Exposure assessment for respirable particulates associated with household fuel use in rural districts of Andhra Pradesh, India. Journal of Exposure Analysis and Environmental Epidemiology. 2004, 14: S14-S25.

[29] Bruce N, McCracken J, Albalak R, Schei M, Smith KR, Lopez V, West C. Impact of improved stoves, house construction and child location on levels of indoor air pollution exposure in young Guatemalan children. Journal of Exposure Analysis and Environmental Epidemiology. 2004, 14: S26-S33.

[30] Albalak R, Bruce N, McCracken JP, Smith KR, De Gallardo T. Indoor respirable particulate matter concentrations from an open fire, improved cookstove, and LPG/open fire com-

bination in a rural Guatemalan community. Environmental Science & Technology. 2001, 35(13): 2650-2655.

[31] Naeher LP, Leaderer BP, Smith KR. Particulate matter and carbon monoxide in highland Guatemala: Indoor and outdoor levels from traditional and improved wood stoves and gas stoves. Indoor Air-International Journal of Indoor Air Quality and Climate. 2000, 10(3): 200-205.

[32] Albalak R, Keeler GJ, Frisancho AR, Haber M. Assessment of PM10 concentrations from domestic biomass fuel combustion in two rural Bolivian highland villages. Environmental Science & Technology. 1999, 33(15): 2505-2509.

[33] Long CM, Suh HH, Koutrakis P. Characterization of indoor particle sources using continuous mass and size monitors. Journal of the Air & Waste Management Association. 2000, 50(7): 1236-1250.

[34] Afshari A, Matson U, Ekberg LE. Characterization of indoor sources of fine and ultrafine particles: a study conducted in a full-scale chamber. Indoor Air. 2005, 15(2): 141-150.

[35] Gehin E, Ramalho O, Kirchner S. Size distribution and emission rate measurement of fine and ultrafine particle from indoor human activities. Atmospheric Environment. 2008, 42(35): 8341-8352.

[36] He CR, Morawska LD, Hitchins J, Gilbert D. Contribution from indoor sources to particle number and mass concentrations in residential houses. Atmospheric Environment. 2004, 38(21): 3405-3415.

[37] Wallace L, Ott W. Personal exposure to ultrafine particles. Journal of Exposure Science and Environmental Epidemiology. 2011, 21(1): 20-30.

[38] Hussein T, Glytsos T, Ondracek J, Dohanyosova P, Zdimal V, Hameri K, Lazaridis M, Smolik J, Kulmala M. Particle size characterization and emission rates during indoor activities in a house. Atmospheric Environment. 2006, 40(23): 4285-4307.

[39] Abt E, Suh HH, Allen G, Koutrakis P. Characterization of indoor particle sources: A study conducted in the metropolitan Boston area. Environmental Health Perspectives. 2000, 108(1): 35-44.

[40] Hoek G, Kos G, Harrison RM, de Hartog J, Meliefste K, ten Brink H, Katsouyanni K, Karakatsani A, Lianou M, Kotronarou A, Kavouras I, Pekkanen J, Vallius M, Kulmala M, Puustinen A, Thomas S, Meddings C, Ayres J, van Wijnen J, Hameri K. Indoor-out-

door relationships of particle number and mass in four European cities. Atmospheric Environment. 2008, 42(1): 156-169.

[41] Liu DL, Nazaroff WW. Modeling pollutant penetration across building envelopes. Atmospheric Environment. 2001, 35(26): 4451-4462.

[42] Rim DH, Wallace L, Persily A. Infiltration of Outdoor Ultrafine Panicles into a Test House. Environmental Science & Technology. 2010, 44(15): 5908-5913.

[43] Thatcher TL, Lunden MM, Revzan KL, Sextro RG, Brown NJ. A concentration rebound method for measuring particle penetration and deposition in the indoor environment. Aerosol Science and Technology. 2003, 37(11): 847-864.

[44] Thatcher TL, Lai ACK, Moreno-Jackson R, Sextro RG, Nazaroff WW. Effects of room furnishings and air speed on particle deposition rates indoors. Atmospheric Environment. 2002, 36(11): 1811-1819.

[45] Wallace LA, Emmerich SJ, Howard-Reed C. Effect of central fans and in-duct filters on deposition rates of ultrafine and fine particles in an occupied townhouse. Atmospheric Environment. 2004, 38(3): 405-413.

[46] Hussein T, Smolik J, Kubincova L, Dzumbova L, Hruska A, Dohanyosova P, Hemerka J. Deposition of aerosol particles on rough surfaces inside a test chamber. Building and Environmcnt. 2009, 44(10): 2056-2063.

[47] Chao CYH, Wan MP, Cheng ECK. Penetration coefficient and deposition rate as a function of particle size in non-smoking naturally ventilated residences. Atmospheric Environment. 2003, 37(30): 4233-4241.

[48] Bennett DH, Koutrakis P. Determining the infiltration of outdoor particles in the indoor environment using a dynamic model. Journal of Aerosol Science. 2006, 37(6): 766-785.

[49] Rim D, Wallace L, Persily A. Infiltration of Outdoor Ultrafine Particles into a Test House. Environmental Science & Technology. 2010, 44(15): 5908-5913.

[50] Chen C, Zhao B, Zhou WT, Jiang XY, Tan ZC. A methodology for predicting particle penetration factor through cracks of windows and doors for actual engineering application. Building and Environment. 2012, 47: 339-348.

[51] Long CM, Suh HH, Catalano PJ, Koutrakis P. Using time- and size-resolved particulate data to quantify indoor penetration and deposition behavior. Environmental Science & Technology. 2001, 35(10): 2089-2099.

[52] Vette AF, Rea AW, Lawless PA, Rodes CE, Evans G, Highsmith VR, Sheldon L. Characterization of indoor-outdoor aerosol concentration relationships during the Fresno PM exposure studies. Aerosol Science and Technology. 2001, 34(1): 118-126.

[53] Abt E, Suh HH, Catalano P, Koutrakis P. Relative contribution of outdoor and indoor particle sources to indoor concentrations. Environmental Science & Technology. 2000, 34(17): 3579-3587.

[54] Howard-Reed C, Wallace LA, Emmerich SJ. Effect of ventilation systems and air filters on decay rates of particles produced by indoor sources in an occupied townhouse. Atmospheric Environment. 2003, 37(38): 5295-5306.

[55] Hussein T, Hameri K, Heikkinen MSA, Kulmala M. Indoor and outdoor particle size characterization at a family house in Espoo-Finland. Atmospheric Environment. 2005, 39(20): 3697-3709.

[56] Mosley RB, Greenwell DJ, Sparks LE, Guo Z, Tucker WG, Fortmann R, Whitfield C. Penetration of ambient fine particles into the indoor environment. Aerosol Science and Technology. 2001, 34(1): 127-136.

[57] K. Lai AC, Nazaroff WW. Modeling indoor particle deposition from turbulent flow onto smooth surfaces. Journal of Aerosol Science. 2000, 31(4): 463-476.

[58] Wallace LA, Emmerich SJ, Howard-Reed C. Source strengths of ultrafine and fine particles due to cooking with a gas stove. Environmental Science & Technology. 2004, 38(8): 2304-2311.

[59] Cyrys J, Pitz M, Bischof W, Wichmann HE, Heinrich J. Relationship between indoor and outdoor levels of fine particle mass, particle number concentrations and black smoke under different ventilation conditions. Journal of Exposure Analysis and Environmental Epidemiology. 2004, 14(4): 275-283.

[60] Diapouli E, Chaloulakou A, Mihalopoulos N, Spyrellis N. Indoor and outdoor PM mass and number concentrations at schools in the Athens area. Environmental monitoring and assessment. 2008, 136(1): 13-20.

[61] Goyal R, Khare M. Indoor-outdoor concentrations of RSPM in classroom of a naturally ventilated school building near an urban traffic roadway. Atmospheric Environment. 2009, 43(38): 6026-6038.

[62] Koistinen KJ, Hänninen O, Rotko T, Edwards RD, Moschandreas D, Jantunen MJ. Be-

havioral and environmental determinants of personal exposures to PM2. 5 in EXPOLIS-Helsinki, Finland. Atmospheric Environment. 2001, 35(14): 2473-2481.

[63] Lazaridis M, Aleksandropoulou V, Smolik J, Hansen J, Glytsos T, Kalogerakis N, Dahlin E. Physico chemical characterization of indoor/outdoor particulate matter in two residential houses in Oslo, Norway: measurements overview and physical properties-URBAN AEROSOL Project. Indoor Air. 2006, 16(4): 282-295.

[64] Meng QY, Turpin BJ, Korn L, Weisel CP, Morandi M, Colome S, Zhang JFJ, Stock T, Spektor D, Winer A, Zhang L, Lee JH, Giovanetti R, Cui W, Kwon J, Alimokhtari S, Shendell D, Jones J, Farrar C, Maberti S. Influence of ambient (outdoor) sources on residential indoor and personal PM2. 5 concentrations: Analyses of RIOPA data. Journal of Exposure Analysis and Environmental Epidemiology. 2005, 15(1): 17-28.

[65] Pellizzari ED, Clayton CA, Rodes CE, Mason RE, Piper LL, Fort B, Pfeifer G, Lynam D. Particulate matter and manganese exposures in Toronto, Canada. Atmospheric Environment. 1999, 33(5): 721-734.

[66] Zhu YF, Hinds WC, Krudysz M, Kuhn T, Froines J, Sioutas C. Penetration of freeway ultrafine particles into indoor environments. Journal of Aerosol Science. 2005, 36 (3): 303-322.

[67] Hussein T, Kulmala M, Hameri K, Aalto P, Asmi A, Kakko L. Particle size characterization and the indoor-to-outdoor relationship of atmospheric aerosols in Helsinki. Scandinavian Journal of Work Environment & Health. 2004, 30: 54-62.

[68] Tippayawong N, Khuntong P, Nitatwichit C, Khunatorn Y, Tantakitti C. Indoor/outdoor relationships of size-resolved particle concentrations in naturally ventilated school environments. Building and Environment. 2009, 44(1): 188-197.

[69] Thornburg J, Ensor DS, Rodes CE, Lawless PA, Sparks LE, Mosley RB. Penetration of particles into buildings and associated physical factors. Part I: Model development and computer simulations. Aerosol Science and Technology. 2001, 34(3): 284-296.

[70] Gupta A, Cheong KWD. Physical characterization of particulate matter and ambient meteorological parameters at different indoor-outdoor locations in Singapore. Building and Environment. 2007, 42(1): 237-245.

[71] Wallace L. Indoor sources of ultrafine and accumulation mode particles: Size distributions, size-resolved concentrations, and source strengths. Aerosol Science and Technology. 2006,

40(5): 348-360.

[72] Smolík J, Dohányosová P, Schwarz J, Ždímal V, Lazaridis M. Characterization of Indoor and Outdoor Aerosols in a Suburban Area of Prague . Water Air & Soil Pollut: Focus. 2008, 8(1): 35-47.

[73] Diapouli E, Eleftheriadis K, Karanasiou AA, Vratolis S, Hermansen O, Colbeck I, Lazaridis M. Indoor and Outdoor Particle Number and Mass Concentrations in Athens. Sources, sinks and variability of aerosol parameters. Aerosol and Air Quality Research 2011, In press.

[74] Chao CYH, Tung TC. An empirical model for outdoor contaminant transmission into residential buildings and experimental verification. Atmospheric Environment. 2001, 35(9): 1585-1596.

[75] Hyland A, Travers MJ, Dresler C, Higbee C, Cummings KM. A 32-country comparison of tobacco smoke derived particle levels in indoor public places. Tobacco Control. 2008, 17 (3): 159-165.

[76] Zhang J, Smith KR, Ma Y, Ye S, Jiang F, Qi W, Liu P, Khalil MAK, Rasmussen RA, Thorneloe SA. Greenhouse gases and other airborne pollutants from household stoves in China: a database for emission factors. Atmospheric Environment. 2000, 34 (26): 4537-4549.

[77] Mestl HES, Aunan K, Seip HM, Wang S, Zhao Y, Zhang D. Urban and rural exposure to indoor air pollution from domestic biomass and coal burning across China. Science of the Total Environment. 2007, 377(1): 12-26.

第7章　传染病空气传播及其工程控制

源自：The Health Bulletin North Carolina State Board of Health，October 1919

2003年SARS及2010年H1N1流感的爆发，引发了人们对空气传染病的关注。大部分爆发的案例都是在室内环境发生的事实表明了室内环境对空气传染病传播的重要性。本章首先介绍了空气传染病的传播媒介——飞沫核传播空气传染病的原理及其在室内环境的散布特征，并由此引出了室内空气环境在其中的重要性。并据此简要介绍了医院传染隔离病房的设计理念及创造安全室内环境的方法。在此基础上，讨论了使用工程方法包括通风、净化、紫外线等来降低空气传染病感染概率的方法，并简要介绍了工程控制空气传染病的一些最新研究进展。

7.1 现 状 简 介

7.1.1 空气传染病的重要性

自古至今，传染病一直威胁着人类，人类的历史就是与传染病斗争的历史，史上死于传染病的人数甚至多于死于战争的人数[1]。尽管随着人类医疗科技水平及卫生防疫的进步，死于传染病的人数越来越少。但传染病依然是威胁人类生命的一大因素。根据世界卫生组织（WHO）的统计，2002 年全球有超过 1490 万人死于传染性疾病，占总死亡人数的 26.1%，更是有超过 620 万人死于呼吸道传染病（包括肺结核、风疹）占到总死亡人数的 10.9%，如图 7-1 所示。2003 年的 SARS 流行及 2009 年 H1N1 流感的全球爆发再次说明了防治传染病和预防未知突发性传染病尤其是空气传染病的重要性。

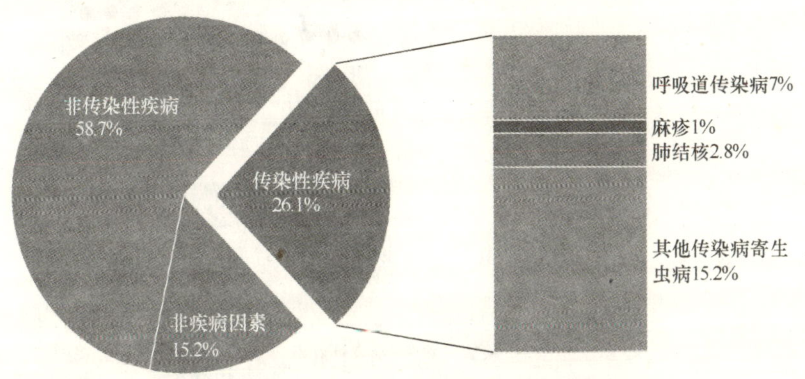

图 7-1 2002 年世界死亡原因及死亡比例分布图
（数据来源于世界卫生组织 WHO，2004）

随着我国国民经济的快速发展，人们物质生活条件的改善、文化素质的提高及卫生知识的普及，我国近几十年来甲、乙类法定传染病的流行势头有了明显遏制，并逐渐趋于平稳。如图 7-2 所示，发病率从 1985 年 872.33/10 万陡降至 1996 年 167.05/10 万，1997 年至 2003 年趋于平稳，2003 年之后，发病率又开始小幅上升[2]。据卫生部统计 2009 年全国报告 28 种甲、乙类法定传染病总发病率 263.49/10 万，死亡率 1.12/10 万，病死率 0.425%[3]，其中作为呼吸道传染病的肺结核发病率高达 81.09/10 万，高居传染病类第二位。甲型流感发病率 9.17/10 万，麻疹发病率为3.95/10万，如图7-3所示。2003年SARS大爆发，仅仅7个月，全球有32个国家和地区8360人确诊被感染，其中764例病例死亡，包括中国大陆5328例确诊病例，332例死亡病例[4]；2009年3月甲型H1N1流感在全球范围内爆发，截至2010年12月31日，我国累计报告甲型H1N1流感确诊病例154460例，死亡799例[5]。由上述数据可以看出，呼吸道传染病已经对人类的健康造成了重大威胁，对生活生产造成了巨大的影响，同时也给社会经济带来了巨大的损失。因此我们有必要对传染病的传播与室内空气质量控制之间的关系进行深入研究，以便采取有效的手段来减小传染病的发病率，控制疫情的传播，减小生命财产的损失。

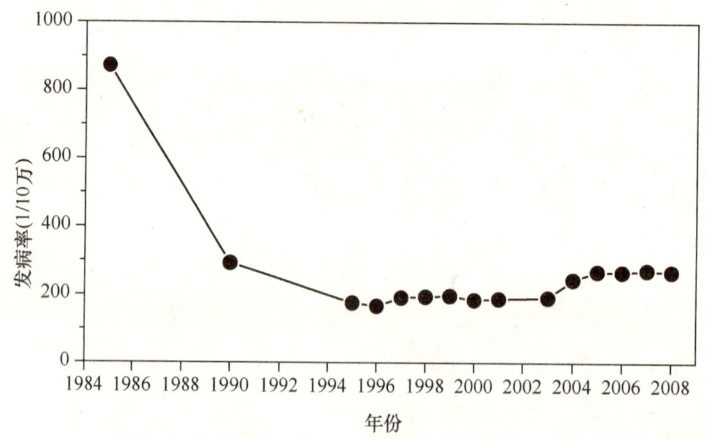

图7-2　2000～2008年中国法定传染病发病率

（数据来源于中国卫生部《1985～2008年法定报告传染病发病及死亡率》[2]）

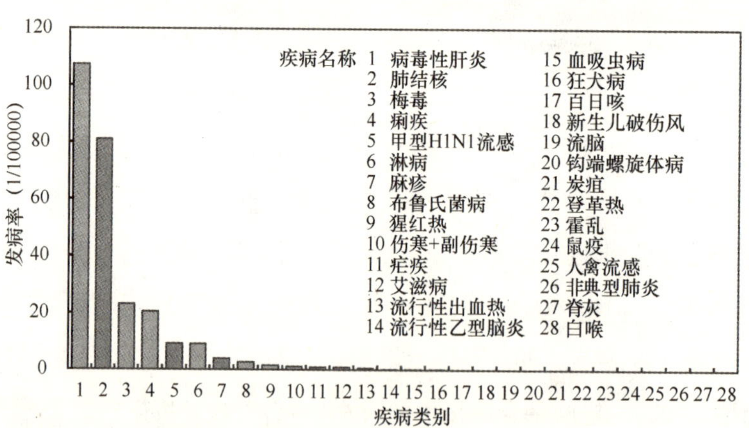

图7-3　2009年甲、乙类法定传染病发病率

（数据来源于中国卫生部《2010年度全国法定传染病报告发病、死亡统计表》[3]）

7.1.2 空气传染病的传播途径

传染病是指具有传染性的感染性疾病，它可在人群中传播并造成流行。感染性疾病（infectious diseases）是由病原微生物（细菌、病毒、立克次体、螺旋体等）和寄生虫（原虫、蠕虫等）感染易感个体后引起的疾病[6]。

病原体离开传染源，通过分泌物、排泄物及其所适应的外界环境，到达易感者从而致病的途径即为传染病的传播途径[6]，传染病的传播途径分为以下几类[6,7]：(1)直接接触传播、(2)医源性传播、(3)虫媒传播、(4)经水传播、(5)食物传播、(6)土壤传播、(7)经胎盘传播、(8)飞沫传播、(9)空气传播。呼吸道传染病是传染病中的一种，是指病原体由呼吸道侵入易感者机体，在呼吸道内寄生和繁殖，且可由呼吸道排出的传染病。呼吸道传染病的传播途径包括接触传播、飞沫传播及空气传播。

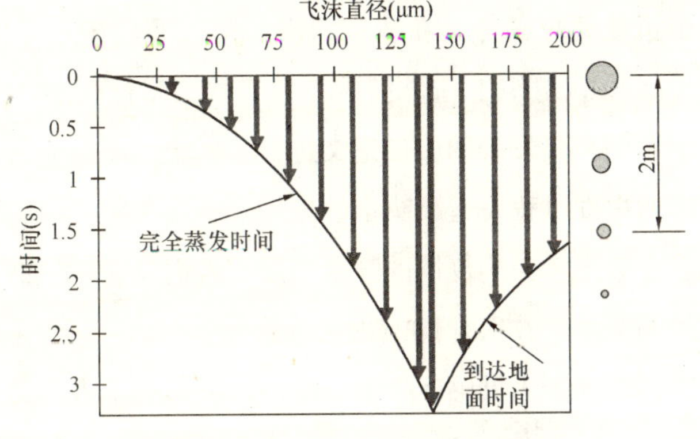

图 7-4 飞沫在空气中蒸发及沉降特性

（文献［8］改自哈佛大学 Wells 教授 1934 年文献［9］）

空气传染病是指患者排出的病原体以气溶胶为载体经由空气传播给其他人员或动物，并致其染病。空气传播疾病是以携带病菌的飞沫蒸发后残余的飞沫核为媒介进行传播的[7]。当病源病人呼吸、打喷嚏、咳嗽、唱歌、讲话时，会喷出带病原体的飞沫，这些飞沫在很短的时间内会蒸发，留下直径 5μm 以下的飞沫核，并附着飞沫中的致病微生物。图 7-4 为根据哈佛大学 Wells 教授 20 世纪 30 年代研究重新绘制的从距地面 2m 处释放的飞沫最终命运的图片。图中显示了当飞沫直径为 140μm 时，在空气中存在时间最长；比 140μm 小的飞沫会在 3s 内完全蒸发形成飞沫核，比 140μm 大的飞沫则在 3s 内落到地面。这些微小的飞沫核会悬浮在空气中，随空气流动。如果附着在飞沫核上的微生物在飞沫蒸发和脱水过程中没有死亡，仍留有致病性，那么这些飞沫核被易感人群吸入后会致病。根据 Wells 的研究，小的飞沫会在 6s 内蒸发完形成飞沫核，而大的飞沫则会由于重力作用沉降到地面或物体表面。因此飞沫传播的距离通常在 2m 以内。而粒径小于 5μm 的飞沫核则会随气流长距离流动，因此以飞沫核为载体的空气传染病的传播范围较广。

7.1.3 室内环境工程控制在传染病控制中的作用

众多研究表明，室内环境是呼吸道传染病爆发的最重要的场所，室内气流组织在其中起了重要作用，重点包括医院、学校、飞机等公共场所和交通工具内。一般病原微生物在空气中不易繁殖，因为太阳光照、温度、湿度、气体流动等因素不适于病原微生物的生存。但是在室内，尤其是阴暗、潮湿、通风不良、温暖的空气中，可短期存在较多的空气传播病原微生物，如流感病毒、结核杆菌、白喉杆菌、溶血性链球菌、金黄葡萄球菌等，在适宜的室内空气环境中，它们可以生存并繁殖，造成疾病的传播。Li 组织了一个包括传染病学、流行病学、暖通工程等背景的专家对最近几十年所公开发表的原创论文进行了系统性综合分析，发现通风和气流组织在一些疾病的爆发过程中起了决定性作用[7]。

近年来，随着呼吸道传染病疫情的频繁爆发，人们日益认识到室内空气质量与建筑空调系统之间的关系，在医疗建筑内尤为突出。2003 年我国 SARS 疫情的肆虐，医院内交叉感染使医护人员感染严重，疫情严重影响了人们的日常生活，凸显了负压隔离病房的重要性。在配备集中空调系统的建筑内，空调系统与空气传染病的联系主要是通过它的通风系统，空调风管把各个空调房间串在了一起，这样病毒颗粒就有可能随着空气通过风管得以传播和扩散，因此空调系统就成为防范病毒扩散的重要部位；而在无中央空调系统的建筑，如教室、学生宿舍、办公室等小空间建筑内，自然通风是主要的通风方式，人员密度较大、通风量不足的情况下，容易造成各类病原微生物繁殖及传播。

SARS 的爆发流行，使得传染病的控制，特别是空气传染病的控制，得到了充分重视。2004 年我国卫生部对全国公共场所集中空调通风系统卫生状况进行抽检，抽检情况报告[10]中指出：根据《公共场所集中空调通风系统卫生规范》规定的评价标准，在抽检的 937 家公共场所中，属于严重污染的集中空调通过系统占 47.1%，中等污染的占 46.7%，合格的仅占 6.2%。抽检合格率较高的省份有江苏、广东、湖北、辽宁和河南省，而河北、山东、广西三省区抽检的全部属于严重污染。卫生抽检暴露出的问题主要为多数公共场所集中空调风管内积尘量大，设计也存在很多不足，达不到应有的新风补充量，缺乏清洁消毒设施。这些空调系统的缺陷容易在空气传播疾病爆发时造成疫情的扩散，并可能对人们的健康造成危害。为了预防空气传播疾病在公共场所的传播，保障公众健康，卫生部制定了一系列相关规范及管理条例，如《突发公共卫生事件应急条例》、《公共场所卫生管理条例》、《公共场所集中空调通风系统卫生管理办法》、《公共场所集中空调通风系统卫生规范》等。为贯彻《突发公共卫生事件应急条例》，各地结合现状新建或改建传染病医院、隔离观察室及传染病区等，但缺乏完善、统一的标准及规定。为了提高室内空气质量，同时满足人们舒适性及健康的要求，如何改善室内空气环境，控制传染病在室内的传播成为我们对建筑空调技术探讨的一个重要课题。

7.1.4 医院隔离病房设计

医院隔离病房一般可以分为传染性隔离病房和保护性隔离病房。传染性隔离病房也称负压隔离病房，主要用来收治空气传播疾病患者，如SARS、麻疹、水痘、肺结核等；保护性隔离病房通常为正压隔离病房，主要用于保护对传染抵抗力弱的病人，如HIV、艾滋病、肝炎等。本章主要介绍医院负压传染性隔离病房的设计，正压保护性隔离病房不作详细介绍，下文提及的隔离病房即为负压隔离病房。负压隔离病房的主要功用为：利用负压原理组织病原微生物向外扩散，同时将室内被患者污染的空气经特殊处理后排放，保证环境不受污染；通过通风换气及合理的气流组织，稀释病房内的病原微生物浓度，并使医护人员处于有利的风向段，保证医护人员工作安全[11]。

医院隔离病房的设计中主要有四个因素影响空气传染病传播：(1) 压差：隔离病房对邻室保持一定大小的负压，可以防止室内污染性空气经缝隙外泄，长期以来保持负压被认为是控制污染扩散的最重要的因素。(2) 气流组织：气流是影响室内空气传染病传播非常重要的一个因素，合理的气流组织形式可以有效的稀释和排除隔离病房内的污染性空气。在乱流情况下室内气流会很快混合，特别是存在涡流时会出现污染死区，污染很难尽快排除，导致感染的风险增大。(3) 门的卷吸作用和人的裹带作用：门的开启和关闭瞬间都将扇动空气，使空气发生向外或向内的瞬间流动，即卷吸作用；人的裹带作用与门得卷吸作用通常是分不开的，实测发现，在人进出房间门开启的瞬间，气流速度会出现最大值，这一瞬间为2s[11]，负压差并不能阻止门开关时造成的污染传播。(4) 温差：病房内外必然存在一定的温差，开门瞬间，在热压的作用下，门周围的空气将产生流动，这是一个未被充分认识的污染因素。

(1) 我国和国际设计标准

目前，我国尚未有成熟、权威的负压隔离病房设计标准，国内暂时参照的设计规范主要有《综合医院建筑设计规范》JGJ 49—88、《医院建筑空调净化与设备》及《传染病医院建筑设计规范》(2004年讨论草稿)。在2003年“非典”爆发初期，由于我国没有现成的标准的隔离病房，只能首先宣布一些原则性规定，强制或建议采取一些紧急措施应对“非典”疫情。2003年4月30日中国卫生部发布了《关于做好建筑空调通风系统预防非典型肺炎工作的紧急通知》，要求在非典疫情期间，不得使用空调通风系统。随后卫生部在2003年5月发布了《收治传染性非典型肺炎患者医院建筑设计要则》，供各地改建、扩建收治“非典”患者的医院在实际工作中作参照。同时发布的还有我国建设部、卫生部、科技部联合印发的《建筑空调通风系统预防“非典”确保安全使用的应急管理措施》，提出了一些关于医院隔离区空调系统应急管理措施，如空调系统须分区、配备完善合格的空气过滤装置和消毒装置、禁止使用循环回风的全空气系统、排风须经过滤后排出等。在全国非典防治工作取得阶段性胜利之后，为进一步科学规范做好非典的医院感染的防控工作，卫生部于2003年11月修订了《医院预防与控制传染性非典型肺炎（SARS）医院感染的技术指南》。2005年7月我国制定了《传染性非典型肺炎医院感染控制指导原则（试行）》，对控制医院感染提出了详尽的要求，如加强个人防护措施，独立分区与其他病区隔离，保证足够的自然通风并禁用中央空调，定期空气消毒等，但该标准的编写人员均为医护人员，对气流和空调系统的运行规律缺乏了解，造成标准不严密。2004年卫生部发布了《传染病医院建筑设计规范》讨论草稿，但至今仍在编写还未正式定稿，中国建筑科学研究院会同有关单位编制的国家标准《传染病医院建筑施工及验收规范》也正在紧张制订中。

早在20世纪90年代澳大利亚、英国、日本等国家就有了负压隔离病房的相关标准或指导性规范。国外在传染病房的设计时参照的相关标准主要有：美国健康和人类服务署（DHHS）于1984年制订的《医院和卫生设施建设及装备准则》，美国疾病预防控制中心（CDC）于1994年发布的《卫生设施中预防结核菌传染准则》

及2003年发布的《卫生设施中预防结核菌传染准则》，美国建筑师学会建筑卫生研究院（AIA）于2001年制定的《医院与卫生建筑设施设计和建筑准则》，美国采暖制冷和空调学会（ASHRAE）于2003年制定的《医院暖通空调设计手册》，澳大利亚1999年制订的《医疗设施中隔离病房分级与设计导则》等。

(2) 医院隔离病房通风设计研究现状

综合国内外现有的各项相关标准及规范，对隔离病房通风设计的要求可以总结为以下几个方面：

1）压差：目前关于负压隔离病房的负压值，我国相关设计规范中尚无明确规定。《传染病医院建筑设计规范》（2004年讨论草稿）中规定：为保持污染区房间的负压，排风量至少应大于送风量10%（差应不小于85m^3/h（50CFM））。《隔离病房设计原理》[11]：相邻相通房间的相对压差不应小于5Pa，不用使用高压差；传染性隔离病房的清洁区，对室外应保持正压，相对压差应不小于15Pa。我国台湾《呼吸道传染病隔离病房空调系统设置指针》建议将负压隔离病房病室与前室的压差位设定为8Pa，将前室与护士站的压差值设定为2.5Pa。表7-1列出了国外一些标准给出的隔离病房压差要求。美国CDC于2003年发布的《卫生设施中预防结核菌传染准则》建议将负压隔离病房的负压值设定为2.5Pa，较1994年的CDC标准提高了10倍，2003年美国ASHRAE制定的《医院暖通空调设计手册》以及2001年美国AIA制定的《医院与卫生建筑设施设计和建筑准则》等均规定病房最低负压值为2.5Pa，而澳大利亚后勤管理部传染病常委会（SCICDHS）制定的标准《医疗设施中隔离病房分级与设计导则》中规定负压隔离病房中“轻污染”隔间与“高污染”隔间之间的压差应不低于15Pa。

国内外标准对负压隔离病房的压差要求 **表7-1**

规范制定机构	压差（Pa）
CDC（1994）[12]	0.25
CDC（2003）[13]	2.5
ASHRAE（2003）[14]	2.5
AIA（2001）[15]	2.5
SCICDHS（1999）[16]	15
《传染病医院建筑设计规范》讨论草稿（2004）[17]	排风量大于送风量的10%且不小于85m^3/h

2）通风量：为了有效稀释和高效排除负压隔离病房内的微生物气溶胶，需要一定的通风量，通常用换气次数表示。《医院预防与控制传染性非典型肺炎（SARS）医院感染的技术指南》中虽然对病房内的通风做出了相关规定，但是未对室内应采取的最小通风量的具体数值做出规定。《传染病医院建筑设计规范》（2004年讨论草稿）中规定房间通风量为最小换气次数6ACH。表7-2列出了美国CDC、WHO、ASHRAE、美国建筑师学会建筑卫生研究院（AIA）等制定的相关规范中建议的室内最小通风量的数值。

国外规范对最小通风量的建议值 **表7-2**

规范制定机构	规定通风率
CDC（1994）[12]	≥6ACH，允许时≥12ACH
CDC（2003）[13]	已建病房≥6ACH，新建病房≥12ACH
WHO（2003）	2001年以前病房≥6ACH，2001年之后病房≥12ACH
ASHRAE（2003）[14]	稀释风量≥12ACH，新风量≥2ACH
AIA（2001）[17]	稀释风量≥12ACH，新风量≥2ACH
SCICDHS（1999）[16]	稀释风量≥12ACH，新风量≥12ACH
《传染病医院建筑设计规范》讨论草稿（2004）	稀释风量≥6ACH

3）气流组织：为了严格控制致病因子对其他区域的污染，传染病房一般设有前室，ASHRAE（2003）、AIA（2001）、SCICDHS及CDC（2003）均建议隔离病房设置前室。前室作为一个气闸，可以抑制病原体颗粒在隔离病房的门打开或者关闭时溢出。隔离病区内应保持一定的负压梯度，一般由走廊→前室→隔离病房→厕所的压力依次降低，形成由清洁区域→污染区域的一条气流流动路径，如图7-5所示。但澳大利亚标准推荐的隔离病区负压梯度值在隔离病房、前室、卫生间分别为－30Pa、－15Pa、－15Pa。

4）空气质量：为了避免不同病房之间的交叉感染，隔离病房通常每个房间设一个独立系统，且排风须经消毒或者高效过滤后排放，卫生间采用独立排风。通常病房外部的空气可以认为是清洁的（不含病原微生物），但为提高病房内的空气洁净度，进风应至少经粗、中效二级过滤，从而有利于进一步提高病房内空气的洁净度，减少病原微生物附着在尘埃粒子上的数量，有利于医护人员的安全。另外，隔离病房通常还会配置如高温杀毒、紫外线杀毒或等离子杀毒等空气消毒设备对病房内的空气进行灭菌消毒，从而提高室内空气质量。

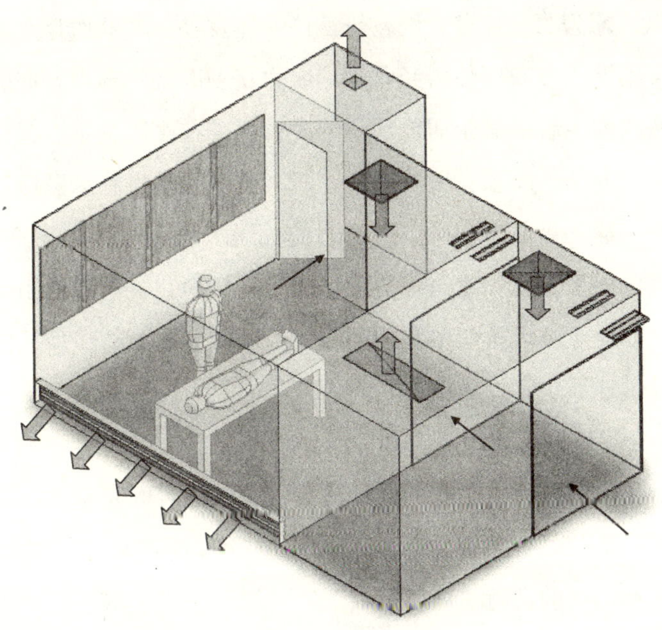

图 7-5 标准的隔离病房通风及气流方向示意图

7.1.5 医院建筑环境问题概况

(1) 历史局限导致医院设计不合理

我国医院大多建于 20 世纪 50～60 年代，在过去五十年里，各地陆续新建、改建、扩建县级以上各类医院两万余所，但由于过去对医院建筑设计认识的局限性导致当时的设计不能满足当前的需求。如我国自 2008 年 SARS 爆发后才开始重视空调系统与传染病传播之间的关系，在此之前的医院设计就很少考虑此问题。此外，由于标准的缺失，尤其是传染病隔离病房标准的缺失，造成各地医院尤其是传染病房、呼吸科病房建设过程中存在一定的盲目性和缺乏科学性。

(2) 容量增大导致原设计不合理

随着我国综合国力的不断提升，人民群众对医疗健康的需求也越来越高，各地医院所面临的就诊人数也不断攀升，导致建筑初始设计无法满足实际需求。如江苏省人民医院门诊楼设计容量为 3000 人/天，如今门诊量为 13000 人/天。就诊人数的增加使得当时设计的新风量明显不足，室内空气质量必然下降。

(3) 管理人员错位导致运行不合理

我国医院以医疗为第一任务，医教研三位一体发展，对非医疗专业人才在医院中的作用重视度不够，如我国使得经营管理成为众多医院的弱项，在医院决策时更多的听医教研一线的声音，其余职能部门的声音很难在医院决策中起作用。如卫生部《医院感染管理办法》要求：医院感染专职人员要求从事临床医疗、护理工作五年以上工作经验。这一条就将熟悉空气控制的暖通工程人员排除在感控决策之中，导致在众多医院的感控工作中重医疗消毒，而对空气净化、气流控制等方面却出现很大的缺失。比如对于新风机房的利用问题上，医疗一线就有将新风机房当仓库使用的迹象，新风过滤器也存在更新不及时的现象。

（4）标准缺失导致医院设计不合理

迄今为止，我国医院建筑工程的设计规范仅有《综合医院建筑规范》JGJ 49—88《医院手术室建筑技术规范》GB 50333两本，至今隔离病房、供应室等医院专有建筑类型都没有相应的规范。即使是最新的《综合医院建筑规范》（2005年讨论稿）中，对医院各特殊用房的内环境参数仍然没有提出一个明确的参数标准，对于室内空气大部分地方仅“应有新风系统”这样一句模糊的描述，少数几个提及新风量的部位也是孤立的以换气次数作为新风量的标准，而忘记了“人”对新风的消耗，而对于人口密度过大的建筑空间，如果仅仅依照换气次数计算显然是不合理的。另外对于空调过滤器清洗的问题，除《空调通风系统清洗规范》中提出卫生保健建筑每年对空气处理机组、送风管、回风管进行一次清理外就没有更具体的要求了，导致即使在浙江、江苏这种发达省份的医院感控要求中也仅仅要求医院“根据厂家要求，建立粗效、中效、高效过滤器的清洗更换制度”。

7.1.6 非典与室内环境

传染性非典型肺炎是一种新发急性呼吸道传染病，2003年“非典”这场突然的灾难席卷全球，引起世界关注，经WHO确定“非典”的病原体为SARS冠状病毒，并将其命名为严重急性呼吸综合征（severe acute respiratory syndrome，SARS）。SARS是21世纪人类发现的第一个烈性传染病，2003年SARS蔓延至34个国家和地区，造成900多人死亡[18]。

中国卫生部公布的《传染性非典型肺炎（SARS）诊疗方案》指出，SARS的主要传播方式为经空气传播和经手接触传播。经空气传播分两种方式：一种为近距离呼吸道飞沫传播，即通过与患者近距离接触，吸入患者咳嗽、喷嚏等喷出的含有病原体的飞沫；另一种为气溶胶传播，易感者可以在未与SARS患者近距离接触的情况下，有可能因吸入了悬浮在空气中含有SARS-CoV的气溶胶所感染，这种方式为严重流行疫区的医院和个别社区爆发的传播途径之一。通过手接触传播是因易感者的手直接或间接接触了患者的分泌物、排泄物以及其他被污染的物品，经口、鼻、眼黏膜侵入机体而实现的传播。

社区及医院聚集发病是此次SARS流行病学的重要特点。2003年2月15日，香港出现首例SARS患者，累计发病1755例，主要包括淘大花园和威尔士亲王医院两个群组，死亡299例。2月，1名治疗过SARS患者的广东籍医生入住香港某酒店并在此发病，在该酒店住宿或访问而感染的病例将SARS传播到新加坡、越南等其他地方，造成更大范围的流行[19]。香港淘大花园SARS爆发可能是2003年非典流行期间最大的一起社区大爆发，共有321人感染，42人死亡[10]。流行病学和环境分析表明淘大花园的SARS大爆发极有可能是通过空气传播的[19,20]，这个结果显示通风在社区建筑中的重要性。随后，在对香港最大的医院爆发，威尔士亲王医院8A病房SARS爆发的研究中进一步显示了SARS通过空气传播的可能性及空调通风系统对控制医院感染的重要作用[21,22]。

SARS流行初期，医院感染是一个重要的流行环节。面对突如其来的SARS流行，综合性医院急诊科、呼吸科和ICU，病房布局及设施不具备收治非典患者的条件；而传染病专科医院基础设施陈旧，建筑布局病房分区不合理，没有符合收治呼吸道传染病患者要求的病负压隔离病房，通风系统无法高效排出病房内的污染物；SARS病例的临床症状的不典型以及早期对SARS的传染性认识不足，医护人员的防护措施不到位，这些都是大量医护人员、陪护人员受到SARS感染的主要因素，甚至造成部分医院和科室被迫关闭。

SARS流行期间，一份整合了美国疾病防治中心与泰国、中国台湾、新加坡、中国香港等地研究人员的分析报告指出：一起对载有SARS患者航班的案例调查，证实在飞机上的119名乘客中，有22人感染SARS，其中，座位与SARS患者同排及前3排乘客的感染风险是其他各排座位乘客的3倍[23]。这份报告论证了虽然飞机机舱内空气环境相对其他公共环境较为干净，但是机舱内仍存在SARS爆发的风险。

医院内病房通风系统不合理，医护或探访人员个人防护失效都会引起感染

SARS的危险性增加；飞机、火车、公交车以及电梯等相对密闭、不通风的环境都是可能发生传播的场所。在保持良好的个人卫生习惯和采取防护措施的基础上，改善室内环境，会使传播的风险大大降低。

7.1.7 流感与室内环境

流行性感冒（influenza）简称流感，是由流感病毒引起的一种常见的急性呼吸道传染病，以冬春季多见，临床症状一般以高热、乏力、头痛、全身酸痛等全身中毒症状重而呼吸道其他症状较轻为特征。流感主要通过呼吸道传播，其主要通过空气中的飞沫、人与人之间的接触或与被污染物品的接触传播。甲型流感病毒极易发生变异，传染性强，常引起流感的爆发、流行甚至世界性大流行[6]。20世纪发生了4次甲型流感世界大流行[24,25]，中国近半个世纪内（1953年至今）流感流行共计发生大中小规模的流感流行17次，其中两次为大流行[25]。

2009年3月，在墨西哥暴发了“人感染猪流感”疫情，并迅速在全球范围内蔓延[26]。2009年5月11日，我国内地报道出现首例甲型H1N1流感确诊病例[27]，8月底开始，中国内地甲型H1N1流感疫情呈快速上升趋势，并在中国广泛传播，甲型H1N1流感爆发疫情大幅度增加。

学校是一个群集系数较高的公共场所，也是呼吸道传染病高发的一个场所。一项关于我国2001～2003年流行性感冒流行特征[28]的调查显示：92%的流感疫情发生在中、小学校，以学生发病为主，每逢寒暑假期间爆发明显较少。在2009年甲流爆发期间，全国各地多所高校由于疫情蔓延而影响正常的上课甚至封闭校园[29]。在类似于SARS或甲流等呼吸道传染病盛行时，学校尤其是高校是一个疫情蔓延速度快且较难控制的场所，所以呼吸道传染病极易在校园流行。

学校是学生学习、白天活动的主要场所，教室内的环境应清洁无害，但由于教室内人群密度高，通风方式简单，室内空气质量容易下降。学生多为青少年人群，尤其中小学生是处于生长发育阶段的特殊人群，生理特点之一是免疫功能不够完善，抵御各种疾病侵袭的能力较成人弱，易感性高，容易得病。学生之间密切接触，集聚在一起生活、学习，一旦出现流感患者，通过咳嗽、打喷嚏、唱歌、读书和说话等，使带有病原体的飞沫悬浮于空气中，随呼吸而感染，由于具备流感传播和流行的基本条件，使学校成为传染病爆发和流行的多发场所。

除了在学校，其他通风方式较简单、建筑相对封闭的公共场所也极易造成流感的爆发，因此改善室内空气质量，通过合理的通风换气及合理的气流组织，稀释室内的病原微生物浓度，切断传播途径，可以降低流感的感染率。

7.1.8 肺结核与室内环境

结核病（tuberculosis）是由结核杆菌感染所致的传染病，是严重危害人民群众健康的呼吸道传染病，对人类危害已有数千年。肺结核 90%以上是通过呼吸道传染的，病人在咳嗽、打喷嚏时带菌的飞沫飘浮于空气中，或痰干燥后结核菌随尘埃飘浮于空气中，被健康人吸入是常见的传播途径[30]。结核病旧称“痨病”，是一种慢性传染病，一度得到良好控制，但近十几年来发病人数不断上升，全球每年发病人数超过 800 万[31]，我国将结核病列为重大传染病之一。根据世界卫生组织的统计，我国是世界上 22 个结核病高负担国家之一，同时也是全球 27 个耐多药结核病流行严重的国家之一。目前我国结核病年发病人数约为 130 万，占全球发病的 14.3%，位居全球第 2 位。2001～2010 年，全国共发现和治疗肺结核患者 828 万例，其中传染性肺结核患者 450 万例[14]。近年来，各地、各有关部门积极贯彻落实《全国结核病防治规划（2001～2010 年）》，不断加大防治经费投入，中央财政结核病防治专项经费从 2001 年的 4000 万元逐渐增加到 2010 年的 5.6 亿元左右，地方财政投入从 2001 年的 7250 万元增加到 2010 年的 4 亿元左右。2005 年以来，全国以县为单位的现代结核病控制策略覆盖率始终保持在 100%[32]。

尽管近几十年来，随着医学技术的进步，结核病的治愈率达到了比较满意的程度，我国目前传染性肺结核患者治愈率达到 90%以上[32]，但结核病的高发病率仍是不可忽略的问题。结核菌是肺结核的致病因子，但最终是否发展成临床肺结核病，还依赖于诸多其他因素，肺结核是一种复杂性疾病，环境因素也能够影响肺结核发生。早期，就有多项研究指出肺结核的传播与居住环境有关，拥挤的居住环境和结核病的传播及发病率关系密切[33-35]。对于引起结核病发病的环境因素，除了居住密度外，室内空气环境也有显著的影响。国内多项研究中指出，环境因素与肺结核发病有密切的关系，健康人暴露于不良的空气环境中，潮湿、阴暗、通风不足、卫生状况不良的环境，甚至长期暴露于大量粉尘及化学气雾者，可造成呼吸道上皮损伤，局部抵抗力降低，从而使结核菌易于定植引发肺结核[36]。

在结核病的防治工作中，对结核病高发场所和高危人群的疫情防控是关键。近年来的结核病疫情监测显示，流动人口和学生是结核病的高危人群[37,38]。根据国内各项结核病监测的相关研究，国内需要高度重视的主要结核病高危场所有：

(1) 军队是一个特殊的武装群体，部队人员来自全国各地，青年多、构成单一、身体素质好、流动性大，同时在生活和训练中高度集中、密切接触，这些决定了结核病在军队中的发生流行有自身的特点，结核病一直是部队的主要传染病。根据建立于1992年的全军疾病监测系统的监测资料，1992～2008年全军共报告肺结核24268例，肺结核占全军传染病发病数构成比自1992年逐年上升，2008年在全军传染病发病序位升至第一位[39]，如图7-6所示。结核病已给部队造成严重危害，军队结核病的预防与控制已成为一个重要公共卫生学课题。

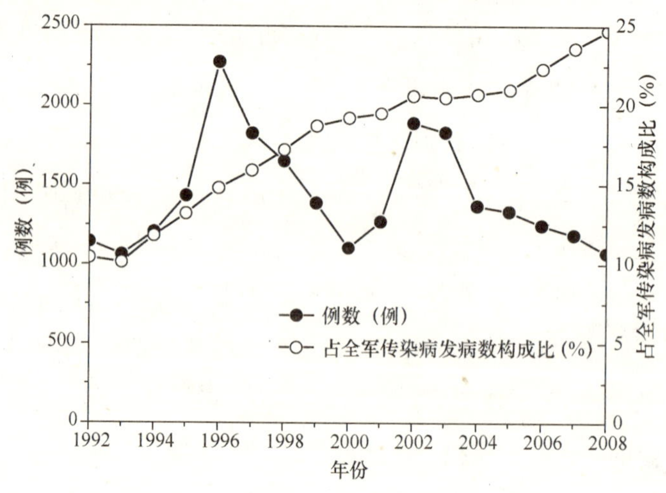

图7-6 1992～2008年全军肺结核疫情监测结果[39]

(2) 学校也是结核病的高发场所，由于学校人群密集，通风形式简单，特别是寒冷季节通风条件差，学生脑力劳动强度大，营养水平不足，缺乏体育锻炼，导致青少年抵抗力较低，一旦有结核病人就很容易造成流行。国内多个城市对学校的结核病情况调查表明[40-43]，近年来结核病在学校的爆发时有发生，15～24岁的大中学生为重点人群，学校疫情中住校学生所占比例较大；人群密集、居住条件较差、部分学校卫生条件欠佳、对学生身体锻炼放松等是学校发生肺结核的危险因素。为加强学校结核病防控工作，卫生部、教育部2010年制定了《学校结核病防控工作规范（试行）》，将学校结核病防治工作纳入当地疾病预防控制工作计划，将结核病的检查项目作为学校新生入学体检和教职员工每年常规体检的必查项目，并纳入学生和教职员工的健康体检档案。

（3）犯人是结核病感染的高危人群[44]，由于监狱的特殊性，监狱长时间成为结核病传播较难控制的场所。监狱居住拥挤，封闭性强，通风条件差，营养不良、医疗条件不良造成犯人抵抗力低下，因此，监狱中犯人结核病的患病风险高于普通人群。由于犯人这个特殊群体在日常生活和工作过程中没有自由活动的情况，不可能在出现症状后主动就诊，因此，监狱中结核病人的发现方式，主要为结核病普查工作、新入狱犯人的体检等，这对结核病疫情的及时发现与控制造成了困难。2010年，中国司法部、卫生部结合全国劳教场所结核病防治工作实际，发布了《全国劳教场所结核病预防与控制实施办法》，对监狱的结核病防治提出了一些建设性意见。

（4）肺结核是矽肺常见的并发症，而矽肺是粉尘作业者中最常见的职业病，肺结核是影响粉尘作业者健康甚至死亡的主要原因[45]。多项有关粉尘作业人员肺结核感染情况的调查表明，粉尘作业人员是结核病易感人群，矽肺直接死因中肺结核约占45%[40]，矽肺并发肺结核时，会相互促进，加速恶化。

（5）另外，最近国内一些专家提出网吧也是结核病的高危场所[47]。出入网吧的多为年轻人，尤其是一些青少年在网吧通宵达旦上网，饮食不规律，导致抵抗力下降。网吧多关闭门窗，密闭的空间再加上吸烟产生的烟雾，使网吧内的空气质量很差，闷热的空气环境正好为结核病菌提供了最佳的生存环境，这对人体健康将产生极大的影响。多数网吧的卫生条件也比较差，不注重消毒，鼠标键盘等公共设施都可能成为传播细菌、病毒的媒介，空调系统缺乏定期的清洗消毒，积聚了大量的细菌灰尘。目前，国内相关机构并未对网吧的呼吸道传染病防控工作采取有效的规定或建议。

7.1.9 军团病与室内环境

1976年美国建国200周年之际，一批退伍老兵在费城“斯特拉福美景”饭店聚会，两天后与会人员中有180多人相继出现高烧、头痛、呕吐、咳嗽、浑身乏力等症状，90%的病例胸部X光片都显示出肺炎迹象。大会总部所在宾馆附近的居民中有36人也出现了相同症状。共有34名患者因此死亡。疫情发生后，医学专家从病死者肺组织中分离出了致病病菌，称为“退伍军人菌（军团菌）”，此病也因此得名“退伍军人症（军团病）（Legionnaires' disease）”[48]。

近二十多年来，军团病在世界各地频繁爆发。我国自 1982 年在南京首次证实发现军团病以来，全国已有多起军团菌病散发与爆发或流行的报道[49]。军团病是一种急性呼吸道传染病，通过吸入含有嗜肺军团菌的气溶胶致病[50]。集中空调冷却系统是目前公认的军团菌的传染源，集中空调冷却塔水是军团菌一个特殊的生存环境，冷却塔的温湿度非常适合军团菌的生长繁殖[51]。冷却塔运行时，如果冷却塔水中含有病菌，所形成的含菌气溶胶被易感人群吸入，就可能引发军团病。随着我国城市经济水平的快速发展，集中式空调已经被广泛地使用在人们生活和工作的场所中。国内几个大城市分别对公共场所的人工水环境中军团菌的污染情况及军团病的感染情况做了调查，结果表明我国城市空调冷却塔水中军团菌的检出率比较高，污染相当严重。上海地区 2001 年测出的地铁站集中空调水阳性率达 45.1%[51]；2003 年在地铁站、医院、商场、酒店的军团菌阳性率均达 55%以上[52]；刘洪亮等（2003）[53]对天津市全市范围内地表水、空调冷却水、游泳池及喷泉等人工水体进行了军团菌污染情况的调查，126 个检测水样中检出 28 个阳性水样。柴金荣等（2008）[54]采集苏州市区部分商场、酒店、超市卖场等集中式空调冷却水 50 份水样，结果冷却塔水中军团菌的检出率达 76%。

由于军团病是通过空气传播，容易引起大规模的爆发和流行，而且目前没有有效的接种疫苗，所以切断传播途径的措施难以实现。因此，加强对空调水系统的卫生管理，是预防军团病发生和流行的关键措施。为了进一步提高公共场所集中空调通风系统清洗工作的专业技术水平，保证集中空调通风系统清洗达到相应的卫生要求，卫生部于 2006 年制定《公共场所集中空调通风系统清洗规范》，并在同年颁发的《公共场所集中空调通风系统卫生规范》中规定了集中空调通风系统冷却水、冷凝水及其形成的沉积物、软泥等样品中嗜肺军团菌的检验方法。

7.2　研究及问题

7.2.1　通风量对传染病传播的影响

飞沫是空气传染病传播的媒介，寄生于呼吸道黏膜表面的病原体在病人或病原携带者喷嚏、咳嗽或讲话时，随喷出的飞沫排出，或随咳出的痰液排出。飞沫的大小由直径 1μm 至 2000μm 不等。直径在 100μm 以上的大的飞沫，可喷射到 2～3m 或更远的地方，而小的飞沫只能喷射到离口鼻 1m 远的地方。飞沫的沉降速度与气流状况有关，通常，100μm 以上的飞沫在数秒钟内沉落于地面或物品表面上，直径小于 100μm 的飞沫会在周围环境中迅速蒸发形成直径小于 5μm 的残留物即飞沫核，沉降缓慢，可在空气中悬浮数十分钟以至数日，悬浮的飞沫核会随室内气流一起运动。随病人呼出的飞沫中可能会携带病毒病菌等致病物。若致病物在飞沫的蒸发过程中没有完全死亡，而被易感者吸入达到一定剂量就会使易感者致病。

空调房间内的通风量通常用每小时换气次数（ACH）表示，即指通过送风或排风实现的每小时可更换室内空气量的次数。假设室外空气不含传染性致病物且室内无传染源的条件下，根据浓度方程 $\frac{dc}{dt}=-nc$（n 此处为换气次数）可以绘制出室内换气次数（ACH）不同时致病物浓度衰减程度图，如图 7-7 所示。该图简单明了地反应出了换气次数（ACH）对室内传染性致病物浓度衰减程度的影响，换气次数越大致病物浓度衰减的越快，因此加大通风量可以提高室内污染物的排除效率。

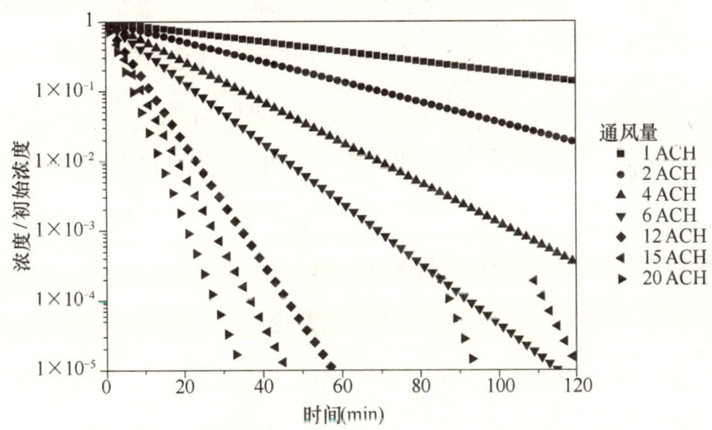

图 7-7 不同室内换气次数（ACH）下传染性致病物浓度衰减程度

1974 年，在纽约郊区的一所小学发生了一起严重的麻疹爆发，Riley 等人通过调查，发现这起爆发是通过学校的通风系统扩散的，并指出通风量对空气中病毒扩散有很大的影响。Riley 在他的研究中，基于 Wells（1955）提出的“感染量子传染（quanta infection)”概念[56]提出了空气传播疾病的预测模型 Wells-Riley 方程[55]，指出了感染率与通风量之间的关系，增大通风量可以降低感染率。Wells-

Riley 方程成功预测了纽约郊区这所小学的麻疹爆发，并且大量的研究和实例证明了 Wells-Riley 的有效性。

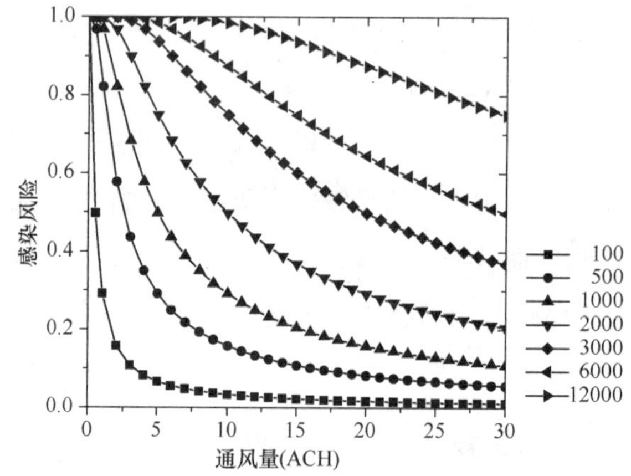

图 7-8 换气次数与人员感染率的关系[59]

根据 Wells-Riley 模型，假设在一个体积为 $108m^3$、气流组织为充分混合通风的封闭房间内，暴露 1 个小时的时间，患者释放的不同数量感染量子时，室内人员的感染率与换气次数的关系如图 7-8 所示。文献［57］检索了各个文献中不同空气疾病的感染量子产生率，见表 7-3。大部分空气疾病的长期平均感染量子产生率并不高。但有些疾病短时高爆阶段，病人可能的感染量子产生率可能非常高。由图 7-8 可以看到，暴露于含有致病菌空气的房间内人员的感染率随着换气次数的增大而减小，但是在换气次数达到 10ACH 之后，换气次数的增加对减小感染率的效果并不显著。而且较大的换气次数会造成空气干燥、微风速大以及能耗高等问题，因此，并不是通风量越大越好。然而，至今还没有足够的实验研究或理论分析指出医院、学校、办公室等的最小通风量应达到多少才能做到经济且有效的控制空气传播疾病。

文献中记载的感染量子产生率[57] **表 7-3**

疾病名称	传染病爆发描述	暴露时间	感染量子产生率（quanta/h）
肺结核	平均	4 周	1.25
肺结核	办公室的爆发	4 周	12.7
肺结核	Laryngeal 案例	4 周	60
肺结核	Bronchosopy 相关肺结核爆发	4 周	250

续表

疾病名称	传染病爆发描述	暴露时间	感染量子产生率（quanta/h）
肺结核	Bronchosopy 相关肺结核爆发	150 分钟	360
肺结核	肺结核爆发	150 分钟	2280
肺结核	尸体解剖导致的肺结核爆发	150 分钟	5400
肺结核	插管法导致的肺结核爆发	66 分钟	30840
肺结核	私人教师引发的肺结核爆发	一个月	1.02～4.02
风疹	墨西哥，学校里的爆发	900 分钟	60
风疹	纽约州一市郊学校爆发，两个阶段	300 分钟	480～5580
流感	飞机上爆发	270 分钟	78～126
流感	台湾 CDC 2003～2004 的调查	360 分钟	67.2
SARS	台北 Municipal Ho Ping 医院爆发	360 分钟	28.8
SARS	香港威尔士亲王医院 8A 病房爆发	160 分钟	4680

7.2.2 不同通风方式的作用

（1）机械通风与自然通风

虽然自然通风有着能耗、通风量大等优点的同时，也存在着气流组织控制困难，极端天气热舒适性难以保证等缺点。因此，在绝大部分指南和标准中都只推荐机械通风负压病房。绝大部分医院的隔离病房也是采用机械通风实现的。Escombe 通过测量和分析比较了秘鲁的 8 家医院 70 间自然通风病房和 12 间 2000 年后建立的机械通风负压病房，后发现自然通风的病房的平均通风次数达 28ACH，超过机械通风标准的两倍[58]。同样的结果也被 Qian 通过测量香港的两家医院的自然通风发现[59]。由图 7-8 可知，通风量的提高可以显著降低感染概率。由于标准负压病房建造维护成本高，对于欠发达地区难以承担，即使对发达地区而言，建造并长期维护大量足以应付大的传染病短时间内高暴发的高标准负压病房也存在费效比的问题。且不正当的建造和维护使得机械通风负压病房常常达不到设计标准，存在众多问题，这点已被国际上众多实测所证明[60,61]。因此，2009 年，世界卫生组织（WHO）出版了第一本传染病房自然通风指南，用以对机械通风负压病房的补充[62]。

在通风方式简单的普通公共场所更可以利用自然通风通风量大的特点降低空气

传染病的传播概率，2003年5月我国制定的《公共场所、学校、托幼机构传染性非典型肺炎预防性消毒措施指引》中提出公共场所、学校和托幼机构应首选自然通风，尽可能打开门窗通风换气。但是，虽然自然通风在实际工程控制中存在一定困难，但是在中国的气候条件下，自然通风系统在建筑物的发展中有很好的应用前景，是可持续发展必须采用的一种节能方式。

(2) 混合通风、下行通风与置换通风

混合通风（mixing ventilation）是应用最为广泛的通风方式，采用混合通风时，新鲜空气由房间顶部送入室内，与室内空气充分混合，稀释室内污染物，最后由房间顶部排出室外，整个室内气流充分混合，室内各处污染物浓度均匀一致。

下行通风（Downward ventilation）将气流从安装在天花板的风口低速送入，冷空气由于密度大而加速下沉最后由侧墙下部排出。而置换通风则是将气流从位于侧墙下部的散流器水平低速送入室内，由于送风温度低于室内空气温度，送风在重力作用下先蔓延至地板表面，随后在后继送风的推动作用以及吸收人员和设备负荷，形成热羽流上升。在上升过程中，热羽流不断卷吸周围空气，流量逐渐增加，热力分层高度将空间分为上下两区。下区空气由下向上呈单向“活塞流”，沿高度方向形成明显的温度梯度和污染物浓度梯度；热力分层的存在使得工作区产生的混浊空气被热羽流及时带入上区，避免形成横向扩散；进入上区的气流也不会再回流到工作区，因此置换通风热力分层高度应高于工作区高度，以保证工作区较好的空气洁净度。

置换通风（displacement ventilation）是一种新型的通风方式，20世纪70年代末在北欧首先使用，与传统的混合相比可以提高室内的空气品质，具有较高的通风效率，并能在满足室内人员舒适度要求的情况下达到节能的效果。这种通风方式近年来在我国日益受到关注并做了大量的研究，且已经在工业建筑、民用建筑及公共建筑中都得到了广泛的应用。置换通风也曾经被用于医院建筑以减小通风量，但是近年来多项研究指出，医院病房尤其是传染病房采用置换通风方式并不能有效排除室内的颗粒污染物[63]，工作区大颗粒污染物的沉降不利于高效的排除病房内含有病原微生物的污染空气[64]。钱等[65]通过烟雾实验模拟双人病房内分别采用三种不同的通风方式下室内飞沫核的分布情况，实验结果表明：通风量为4ACH的下行送风与混合通风的效果相同，室内飞沫核得到较好的混合。而置换通风形成的热力分层效应使得人呼吸区附近的飞沫核浓度较高，反而会增大交叉感染的风险。图7-9分别用烟雾实验显示了混合通风和置换通风下，人呼出污染物的分布。图中可见，相比较混合通风，置换通风下，人呼出的污染物可以在沿着人的呼吸方向飘浮很长一段距离。

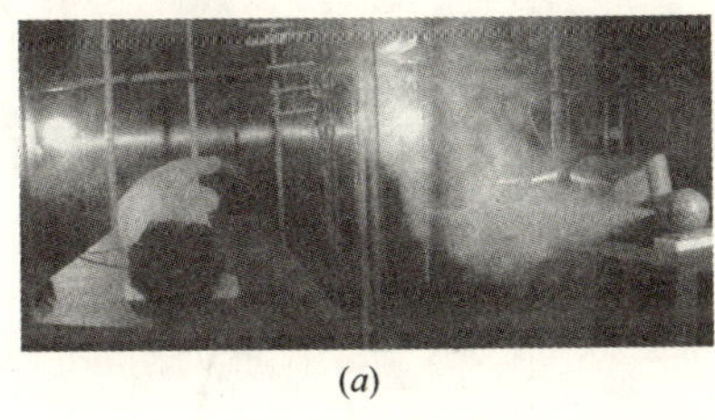
(a)

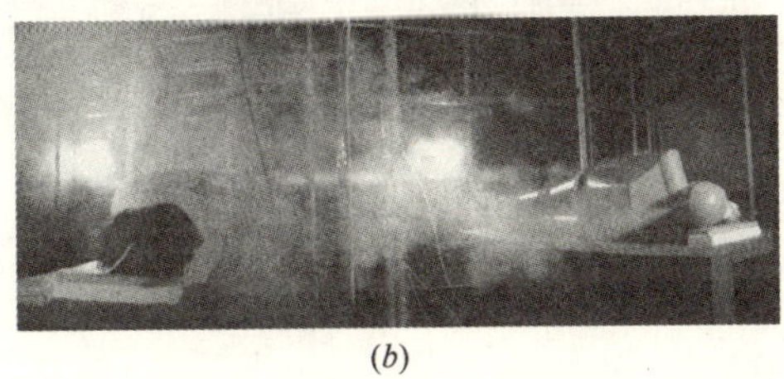
(b)

图 7-9 不同通风模式下，呼出污染物的分布[65]

(a) 混合通风；(b) 置换通风

因此相比混合通风与下行送风，在没有特殊要求的建筑中采用置换通风具有更优的通风效率，但是在医院传染病房中置换通风无法有效排出室内病人呼出的病毒颗粒或其他污染物颗粒。钱等[65,66]采用实验和CFD模拟的方法发现，垂直下送，高处回风对于移除小粒径颗粒物比混合通风更具有效率。并在随后的研究[67]中，用实验和模拟发现对于大粒径颗粒物，从室内空气中移除的主要方式是沉降到地板及物体的表面，通风方式对移除大粒径颗粒物的效果并不明显。图7-10显示了利用CFD模拟下行送风系统中，通风排出污染物的情况。这也从另外一个侧面论证了对于地板清洁和勤洗手的重要性。

7.2.3 HEPA、UVGI和Plasma的除菌作用

随着生活品质的提高，人们为了追求舒适的生活环境，越来越依赖于空调环境。然而，为了节能，新风量的减少，空调系统内部阴暗潮湿的环境容易滋生细菌、霉菌，空气中各种微生物污染导致室内空气质量降低，对室内人员的健康造成极大的影响。

污染的空气可直接成为疾病的传播媒介，尤其医院建筑的微生物控制与交叉感染控制是医院空调通风的主要任务之一，因此空气的净化与消毒对预防疾病的传播十分重要。空气中的微生物主要包括细菌、病毒、真菌三类，其中有些是引起呼吸疾病的病原体。合理的室内通风是对室内空气病原微生物污染的有效预防途径，合

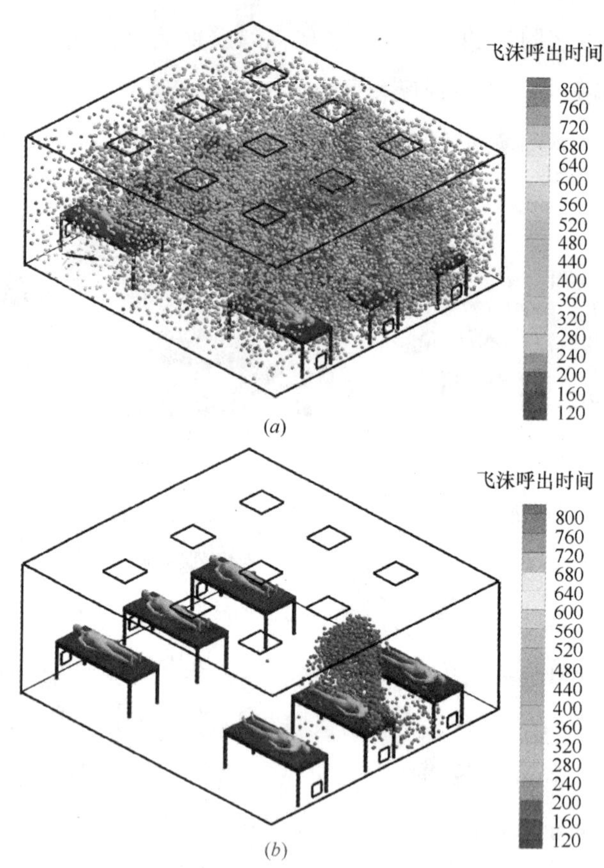

图7-10　不同粒径呼出颗粒物在空气中的分布[67]

(a) 颗粒直径 1μm；(b) 颗粒直径 50μm

理的空气除菌则是对污染扩散的主要控制手段。

目前，除了通风外，室内生物污染控制方法应用较多的是空气过滤（HEPA）、紫外线消毒（UVGI）和等离子体消毒（Plasma）。

(1) 空气过滤器（HEPA）能够有效地拦截空气中的尘埃粒子，其过滤机理为：空气中的尘埃粒子，或随气流做惯性运动，或做无规则运动，或受某种场力的作用而移动，当运动中的粒子撞到障碍物，粒子与障碍物表面间存在的范德瓦尔斯力使它们粘在一起。目前，高效空气过滤器广泛应用于生物洁净室。空气过滤理论的研究早在19世纪已经开始，1922年，Freundlich通过对气溶胶过滤规律的探索，提出在0.1～0.2mm半径范围内气溶胶颗粒存在最大穿透率。通常空气中的病原微生物并不游离存在，而会附着在尘埃粒子上，故高效空气过滤器在有效拦截尘埃粒子的同时也有效隔离病原微生物。Qian 等人通过实验结合 CFD 模拟表明高效空气过滤器可以有效除去附着有病原体的颗粒物及大飞沫从而降低空气传染病的传播风险[68]。

空气过滤器应根据不同场合性能要求的不同进行相应配置，过滤器主要有四项特性指标：过滤速度、过滤效率、阻力和容尘量。常规的空气高效过滤器效率阻力较大，在空调系统中的应用往往受到风机压头不够的限制，尤其是风机盘管加新风的空调系统形式，因此降低高效率空气过滤器的阻力是工程应用中亟待解决的问题。中国建筑科学研究院许钟麟研究员研制出的超低阻高中效空气过滤器、超低阻节能型高效净化新（回）风机组等多项专利产品，已广泛应用于医院、洁净厂房、实验室等领域。

（2）紫外线空气消毒（UVGI）早期研究始于 20 世纪 20 年代，1937 年首次在学校中采用控制风麻疹传播[69]。近年来，美国疾病预防控制中心（CDC）也将紫外线作为防止结核病扩散的主要消毒手段[70]。UVGI（ultraviolet germicidal irradiation）是指使用紫外线光辐射进行空气和表面消毒杀菌的技术，即利用紫外线 C 波段 254nm 波长产生的紫外光线破坏微生物的 DNA 或 RNA 达到消毒杀菌的技术。紫外线的波长范围在 400～100nm 之间，分为 A、B、C 三个波段。其中，UV-C 波段（290～100nm）的紫外线具有杀菌能力，称为消毒紫外线。在 UV-C 波段内，紫外线的杀菌能力也是随波长变化的，波长为 253.7nm 的紫外光最具杀菌力。微生物细胞中的核酸、嘌呤、嘧啶及蛋白质等对波长为 253.7nm 紫外线有很强的吸收能力。在紫外灯照射下，空气中微生物在细胞体内相邻两个胸腺嘧啶分子间易形成二聚体（T=T），破坏体内 DNA 复制和蛋白质合成，导致微生物失活或死亡。

紫外线照射灭菌设备通常置于空气处理器的混合段之后。多项研究指出，高效空气过滤辅以紫外线消毒的双重措施可以达到较满意的除菌效果，在高效过滤器设前置及后置紫外线消毒装置，杀灭滞留在过滤器上的病原微生物[71]。

（3）等离子体空气杀菌技术（Plasma）是近年来新兴的一种除菌技术，始于 20 世纪 60 年代，美国人首先发现，用高频电场激发卤素气体产生的等离子体可以杀灭多种细菌。至于等离子体杀菌机理，目前国内外尚无公认的理论，一般认为主要有以下几种作用：高速粒子的破坏效应、高压电场效应、紫外光辐射以及活性自由基的光化作用[72]。

近年来，国内外已研制出多种等离子体灭菌装置，比如过氧化氢等离子体灭菌器，可有效杀灭各类医疗器械上污染的微生物[73]；Kelly 提出的辉光放电等离子体空气灭菌器对聚丙烯表面的金黄色葡萄球菌和大肠杆菌只需作用 30s，就可使其减少 6 个 log[74]；余等研制的非热等离子体空气净化器，通过实验表明这种净化器对室内空气有较好的除菌效果，在高污染室内运行 30min，除菌率达 89.9%；运行 60min 后，除菌率达到 97.0%[75]。

空气过滤器的阻力问题易影响空调系统的气流速度，一些建筑不及时更换清洗滤网会造成过滤器的失效；紫外线技术虽对微生物有较好的杀灭作用，但在空气流速较大时照射时间少，且微生物可能生长在裂缝处、阴影区如保温层处、积水处而使紫外线照射灭菌不能充分，对其效果有很大的影响；而等离子杀菌技术具有杀菌效率高，快速、安全、无毒，且可在有人场合实现持续动态消毒灭菌等优点，但是目前技术还不够成熟、设备成本高。

7.2.4 通风系统的合理选择

近年来的呼吸道传染病疫情多发生在公共建筑，医疗建筑尤其多发。医院中各种感染源与易感人群同时存在，极易发生医院感染，其中经空气传播导致的医院感染容易被忽视。在“非典”爆发初期，由于医院等卫生设施内通风系统的不合理，空气传播造成了大量的交叉感染。随后人们发现空调通风系统是传染性隔离病房的核心之一，合理的空调通风系统可以有效防止传染性隔离病房内的交叉感染。分散于空气中的气溶胶与微生物以及运动的微粒是重要的感染传播媒介，而建筑物内集中式空调的通风系统是室内空气环境中微粒最主要的来源，图 7-11 表示了飞沫在通风房间内的各种运动过程[76]，合理的建筑通风可以抑制空气中含有病原体的飞沫的传播，不合理的通风方式不仅不能除去室内空气中的污染物，反而可能加剧污染源的扩散。

国内一些关于建筑通风系统问题的调查结果显示，目前我国的建筑物空调通风系统对空气疾病传播主要存在以下影响：

（1）建筑的空调系统创造的舒适环境为各种致病微生物提供了良好的生存、繁殖条件，我国集中空调系统普遍存在缺乏清洗的问题，不洁的空调系统管道内尘埃

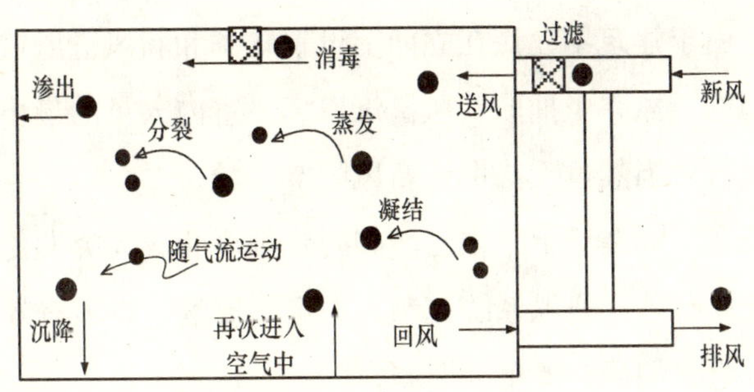

图 7-11 飞沫在通风房间内的各种运动过程示意图

可作为病毒、细菌的载体，将病原体通过空调系统传播，随着空气的流动在室内扩散，引起呼吸道疾病的流行。另一方面，建筑室内设定温度普遍夏季偏低，冬季偏高，室内外环境的较大温差会破坏人体生物节律，使人体免疫力下降而更易受病毒的攻击和感染。而且，许多研究证明，较低的温度会干扰人体对某些室内污染的敏感性和预警功能。

(2) 几乎所有高层办公楼都采用上送上回的空调气流组织方式，送回风口布置受装修格局制约，导致室内气流分布不均。尤其在开敞式办公空间中，采用围挡隔开的工作站布置方式，导致工作站内没有气流通道，形成气流组织的死区。低风速、不合理的气流组织无法排出室内的污染物，使室内空气质量水平无法满足人们的健康需求。

(3) 大多公共建筑空调系统设计都会采用回风循环，以利回风冷热能源再利用，降低能耗。致病微生物附着于载体随空气从回风口进入，通过回风管道送至空调机组内与其他的新、回风集中混合，这样就造成部分含有病原体的空气无法排除，滞留室内。大部分一次回风全空气系统的空气处理器（AHU）内只设初效过滤器，大部分风机盘管（FCU）系统的新风 AHU 及 FCU 内只设滤网，所以现有空调系统完全不能有效地过滤空气中的病原微生物，而且公共建筑空调系统风管清洁和维护。所以，发达国家和地区的相关标准对新风和风管的过滤要求都比国内标准高。

(4) 利用自然通风可以经济节能地稀释排出室内污染物，然而它受建筑结构、风压、热压、室内外空气的热湿状况以及污染情况等因素的强烈影响。大量建筑尤其是采用玻璃幕墙的高层建筑的外窗无法开启，室内通风完全依赖机械通风，没有自然通风的可能。由于建筑不允许在立面上设置孔洞和新风进风口，多数高层建筑只能从多楼层共用的新风井中抽取新风。难以满足室内人员的最小新风需求量，更无法实现全新风运行，当然也无法保证新风的空气龄。

空调通风系统在实际建筑中存在的诸多问题都可能成为突发传染病暴发流行的潜在隐患。如何选择合理的通风系统控制室内空气质量，以最有效控制的理念建设传染性隔离病房成为我们研究的重大课题。

7.3 展望与对策

7.3.1 传染病室内环境控制的产业发展的重要性

近年来，随着人们对身体健康水平的高度关注，对室内环境保护意识的不断增强，人们迫切希望有一个安全、健康、舒适的室内生活空间。室内环境是人们生活、工作的主要场所，人的一生中，至少有80%以上的时间是在室内环境中度过，在室外的时间低于5%，而其余的时间则是在两者之间。现代建筑结构的封闭化和室内办公人员的增多，暴露出的室内环境问题日益突出，过去几十年来人们着重研究通风对热舒适和室内空气质量的影响，却忽略了其对人体健康的影响。近年来，空气传染病的频繁爆发带来的深刻教训，让人们越来越认识到室内环境控制与人类健康的密切关系。因此，如何改善建筑空调系统的设计，采取什么样的措施，才能合理控制室内环境，有效应对空气传染病的传播和流行，是迫切需要工程界探索研究的重大课题。

7.3.2 重要室内环境（教室、交通、军营等）研究

综合本章前面的叙述，针对我国现状，控制公共场所的室内环境是空气传染病防控工作中的重点。密闭、人群密集、通风不良的场所都极易造成空气传染病的传播与流行，并且较难控制。一些具有自身特殊性的场所尤其需要重视，首先是医院，由于传染病爆发阶段，患者会集中到医院求医，从而大大加大了医院内病源的密集程度，并加大了感染概率。其次学校和军营都是流感、结核病等常见流行性疾病的高发场所，学生的学习压力大，部队的训练强度大，营养跟不上造成抵抗力相

对较弱，日常生活过程中近距离密集接触的时间长久，而且通风形式简单，容易造成病毒的传播。此外火车、大巴以及飞机等交通工具内都是人员密度较大的密闭空间，人员之间的距离非常近，而且流动性大，通风量相对不高，一旦出现感染病例，极易造成疫情范围的扩散且增加隔离难度，所以，交通工具内的空气环境问题亦不容忽视。最后酒店、商场等其他公共场所多采用集中式中央空调，加强对中央空调系统的卫生管理，定期的清洗消毒是预防空气传染病如军团病通过空调系统传播的主要措施。其他通风方式较简单、建筑相对封闭的公共场所也容易造成空气传染病的爆发，因此要重视改善室内空气质量，利用足够的通风换气及合理的气流组织，稀释室内的病原微生物浓度，切断传播途径，从而降低感染率。

7.3.3 工程界与医学界合作

空气传染病的工程控制是一个典型的交叉学科，涉及暖通空调、流体力学、流行病学、传染病学、微生物学等各方面的学科。要做到有效降低空气传染病的交叉感染几率，需要用到多学科的知识。比如研究病人排出带致病物的飞沫，涉及飞沫的散布、蒸发、随气流运动及利用通风过滤等手段来控制飞沫及飞沫核等方面是工程学界擅长的研究方向，而涉及致病物的确定及其传统特性，在飞沫及飞沫核上由于蒸发、脱水等造成的凋亡过程及致病物的流行病学特征又是医学界擅长的研究方向。由于工程界和医学界的知识背景完全不同，只有多学科的加强沟通和合作，用对方听得懂的语言描述问题并坦诚合作才能一起研究出传染病的传播机理及探求出降低感染概率的有效方法。

7.4 结论与建议

室内环境是呼吸道传染病爆发的最重要的场所，室内气流组织在其中起了重要作用。本章阐述了一些可能的空气传染疾病和室内环境之间的关系。提高通风量可以显著降低空气传染疾病的感染概率，因此众多标准提出了防治空气传染病的负压病房并规定了最低通风量要求，并要求压差来控制气流方向。自然通风尽管存在控制困难等问题，但因为其节能、通风量大，依然受到重视并被 WHO 推荐应用。最新的研究亦表明，可以通过优化室内流场来降低空气传染病的感染概率。一些净化杀菌装置能够杀灭空气中的病毒（菌）同样能够显著降低感染概率。总而言之，空气传染病的工程控制是一个典型的交叉学科，涉及暖通空调、流体力学、流行病学、传染病学、微生物学等各方面的学科，加大工程界和医学界的合作能够促进出传染病的传播机理的研究及探求出降低感染概率的有效方法。

参考文献

[1] 阚飙，王健伟，景怀琦. 新发现传染病. 化学工程出版社，2003.

[2] 中国卫生部，2009年中国卫生统计提要-法定报告传染病发病及死亡率，http://www.moh.gov.cn/publicfiles/business/htmlfiles/zwgkzt/ptjty/digest2009/T4/sheet002.htm.

[3] 中国卫生部，2009年度全国法定传染病疫情. http://www.moh.gov.cn/publicfiles/business/htmlfiles/mohbgt/s10639/201002/46043.htm.

[4] WHO, Cumulative Number of Reported Probable Cases Of SARS(31 May 2003)，http://www.who.int/csr/sars/country/2003_05_31/en/index.html.

[5] 中国卫生部，2010年度全国法定传染病报告发病、死亡统计表，http://www.moh.gov.cn/publicfiles/business/htmlfiles/mohjbyfkzj/s3578/201102/50646.htm.

[6] 程明亮，陈永平. 传染病学. 科学出版社，2008.

[7] Li Y, Leung GM, Tang JW, Yang X, Chao CYH, Lin JZ, Lu JW, Nielsen PV, Niu J, Qian H, Sleigh AC, Su HJJ, Sundell J, Wong TW, Yuen PL. Role of ventilation in airborne transmission of infectious agents in the built environment-a multidisciplinary systematic review. Indoor Air, 2007, 17(1):2-18.

[8] Xie X, Li Y, Chawang, ATY, Ho PL, Seto WH. How far droplets can move in indoor environments-revising the Wells evaporation-falling curve. Indoor Air,2007,17(3):211-225.

[9] Wells WF. On air-borne infection- Study II: Droplets and droplet nuclei. American Journal of Hygiene,1934,20 (3) 611-618.

[10] 中国卫生部，卫生部关于2004年全国公共场所集中空调通风系统卫生抽检工作的通报，卫生部公报，2004，6.

[11] 许钟麟. 隔离病房设计原理. 科学出版社，2006.

[12] CDC. Guidelines for preventing the transmission of Mycobacterium tuberculosis in health-care facilities, 1994. Centers for Disease Control and Prevention. MMWR Recomm Rep 43 (RR-13):1-132.

[13] CDC. Guidelines for environmental infection control in health-care facilities. Atlanta, GA

30333, U. S. Department of Health and Human Services Centers for Disease Control and Prevention (CDC),2003.

[14] ASHRAE. HVAC design manual for hospitals and clinics. American Society of Heating Refrigerating and Air-Conditioning Engineers,Inc,2003.

[15] AIA. Guidelines for design and construction of hospital and health care facilities. Washington, D. C. , American Institute of Architects, Academy of Architecture for Health, Facilities Guidelines Institute, United States,2001.

[16] SCICDHS. Guidelines for the classification and design of isolation rooms in health care facilities. Victoria, Australia, Standing Committee on Infection Control Department of Human Services,1999.

[17] WHO. Hospital Infection Control Guidance for Severe Acute Respiratory Syndrome (SARS) [EB/OL]. http://www. who. int/csr/sars/infectioncontrol/en, 2003.

[18] 李兰娟. 传染病学. 人民卫生出版社,2008.

[19] Li Y, Qian H, Yu ITS, Wong TW. Probable roles of bio-aerosol dispersion in the Amoy gardens SARS outbreak-further environmental studies. Invited paper of International Workshop on Population Dynamics and Infectious Disease in Asia, Singapore, 27-29 October 2004.

[20] Li Y, Duan S, Yu I T S, Wong T W. Multi-zone modeling of probable SARS virus trans mission by airflow between flats in Block E, Amoy Gardens, Indoor Air, 2005b, 15: 96-111.

[21] Wong TW, Li CK, Tam W, Lau JTF, Yu TS, Lui SF, Chan PKS, Li Y, Bresee JS, Sung JY, Parashar UD Cluster of SARS among medical students exposed to single patient, Hong Kong, Emerging Infectious Diseases, 2004, 10:269-76.

[22] Li Y, Huang X, Yu I T S, Wong T W, Qian H, Role of air distribution in SARS transmission during the largest nosocomial outbreak in Hong Kong, Indoor Air, 2005,15:83-95.

[23] Olsen S J,Chang H,Cheung TY,Tang AF,Fisk T,Ooi S P,Kuo H,Jiang DD,Chen K,Lando J,Hsa K,Chen T. Transmission of the Severe Acute Respiratory Syndrome on Aircraft, The New England Journal of Medicine,2003, 349(25):2416-2422.

[24] WHO, Ten concerns if avian influenza becomes a pandemic,http://www. who. int/csr/disease/influenza/pandemic10things/en/index. html.

[25] 陈则. 对人类流感大流行的反思. 实验动物科学与管理,2004,21(2):46-47.

[26] 中国卫生部,抗击甲流:中国在行动,http://www.moh.gov.cn/publicfiles/business/htmlfiles/h1n1/s10625/200912/45237.htm.

[27] WHO, Influenza A(H1N1)-update 25, http://www.who.int/csr/don/2009_05_11/en/index.html.

[28] 张静,杨维中等,中国2001-2003年流行性感冒流行特征分析,中华流行病学,2004,25(6):461-464.

[29] Mei S, Vijver D, Xuan L, Zhu Y, Sloot P, Quantitatively Evaluating Interventions in the Influenza A(H1N1) Epidemic on China Campus Grounded on Individual-based Simulations, Procedia Computer Science,2010,1:1675-1682.

[30] 李梦东. 实用传染病学(2版). 人卫出版社,1998.

[31] Davies PDO, Yew WW, Ganguly D, Davidow AL, Reichman LB, Rook GA, Dheda K. Smoking and tuberculosis: the epidemiological association and immunopathogenesis. Transactions of the Royal Society of Tropical Medicine and Hygiene, 2006, 100(4):291-298.

[32] 卫生部介绍全国肺结核疫情现状,中国结核网,2011-3-22,http://www.chinatb.org/NewsDetail.aspx? id=1995.

[33] Keummerer JM, Comstock GW. Sociologic concomitants of tuberculosis sensitivity. Am Rev Respir Dis, 1967, 96: 885-892.

[34] Coetzee N., Yach D., Joubert G., Crowding and alcohol abuse as risk factors for tuberculosis in the Mamre population, SAMT, 1988, 74:352-354.

[35] Paul EA, Lebowitz SM, Moore RE, Hoven CW, Bennett BA, Chen A. Nemesis revisited: tuberculosis infection in a New York city men's shelter. Am J Public Health, 1993, 83(12): 1743-5.

[36] 董碧蓉,周燚,万士琼,周静. 成都地区成人肺结核危险因素的研究. 华西医学,2000,15(1):1-2.

[37] 李颖,汪洋. 流动人口结核病的影响因素研究现状. 国外医学社会医学分册,2005,22(2):53-57.

[38] 亓志鹏,丛淑贞,原淑慧. 学校结核病疫情状态与防治模式研究. 中国医疗前沿,2007,2(19):13-14.

[39] 李桥,彦西军,张翠英. 全军肺结核疫情监测与调查17年分析,传染病信息,2010,23(1):39-42.

[40] 张艳玲,1996至2005年昆明部分学校结核病感染情况分析. 中国医药指南,2010,8(28):

105-106.

[41] 宋建奎,杨淑梅. 1997-2006 年日照市 5 起学校结核病暴发、流行资料分析. 预防医学论坛,2007,13(9):843-844.

[42] 许卓卫,杨琼,冼翠平. 2003-2006 年广州市区学生肺结核病人登记情况分析. 中国健康教育,2008,24(6):473-474.

[43] 陈松华,李群,杨石波. 浙江省 1999~2003 年学校结核病爆发疫情情况分析. 中国学校卫生,2005,26(4):324.

[44] 李卫彬. 监狱系统结核病控制现状. 临床肺科杂志,2010,15(4):513-514.

[45] 杨海兵,彭开良,王少卿,杜庆国,李绍奎,宋志芳,韩桂海. 徐州矿务集团 1003 例死亡尘肺病例分析. 卫生研究. 2003,32(3):184-186.

[46] 高雨龙,工矿企业结核病防治在结核病控制规划中的作用分析,中国防痨协会结核病控制专业委员会学术研讨会论文集,2008.

[47] http://www.chinanews.com/jk/2011/01-07/2772393.shtml.

[48] Joseph CA. Legionnaires disease in Europe 2000-2002. Epidemiol Infect,2004,132(3):417-424.

[49] 张启宁,庄卫红,集中空调系统冷却塔的卫生监督管理,职业与健康,2008,24(16):1680-1681.

[50] 林玫,军团菌流行病学特征及预防控制,预防医学论坛,2009,15(6):537-540.

[51] 朱佩云,陈悦,沈健民,上海部分地铁站空调冷却塔水军团菌污染状况调查,环境与职业医学,2002,19(5),313-314.

[52] 陈悦,林海江,袁东,王刚毅,沈健民,郭奕芳,上海市部分空调系统微生物污染状况的初步调查,环境与职业医学,2004,21(3):214-217.

[53] 刘洪亮,侯长春,徐瑛,水中嗜肺军团菌分布规律研究,卫生研究,2004,33(4):416-419.

[54] 柴金荣,杨海兵,陆学奎,苏州市公共场所集中空调冷却水中军团菌污染状况调查,职业与健康,2009,25(17):1870-1871.

[55] Wells W F. Airborne Contagion and Air Hygiene: an Ecological Study of Droplet Infection. Cambridge, MA, Harvard University Press, 1955.

[56] Riley E,C, Murphy G, Riley R,L. Airborne spread of measles in a suburban elementary school, Amer. J. Epidemiol., 1978, 107:421-432.

[57] Qian H. Ventilation for controlling airborne infection. 香港大学博士论文 2007. P18.

[58] Escombe AR, Oeser CC, Gilman RH, Navincopa M, Ticona E, Pan W, Martinez C,

Chacaltana J, Rodriguez R, Moore DA, Friedland JS, Evans CA. Natural ventilation for the prevention of airborne contagion. PloS Medicine, 2007, 4:309-317.

[59] Qian H, Li YG, Seto WH, Ching P, Ching WH, Sun HQ. Natural ventilation for reducing airborne infection in hospitals. Building and Environment, 2010, 45 (3):559-565.

[60] Li Y, Ching WH, Qian H, Yuen PL, Seto WH, Kwan JK, Leung JKC, Leung M, Yu SCT. An evaluation of the ventilation performance of new SARS isolation wards in nine hospitals in Hong Kong. Indoor and Built Environment, 2007, 16(5):400-410.

[61] Pavelchak N, DePersis RP, London M, Stricof R, Oxtoby M, DiFerdinando G, Marshall E. Identification of factors that disrupt negative air pressurization of respiratory isolation rooms. Infection Control and Hospital Epidemiology, 2000, 21(3):191-195.

[62] Atkinson J et al., Natural Ventilation for Infection Control in Health-Care Settings, WHO Publication/Guidelines, 2009.

[63] Li Y, Nielsen PV, Sandberg M, Displacement ventilation in hospitals: Is it worth considering? Submitted to HVAC&R.

[64] Qian H, Nielsen PV, Li Y and Hyldgaard CE. Airflow and contaminant distribution in hospital wards with a displacement ventilation system, Proceedings of BEPH 2004 - The 2nd International Conference on Built Environment and Public Health, 2004:355-364.

[65] Qian H, Li Y, Nielsen PV, Hyldgaard CE, Wong TW, Chwang AT, Dispersion of exhaled droplet nuclei in a two-bed hospital ward with three different ventilation systems, Indoor Air, 2006, 16:111-128.

[66] Qian H, Li Y, Nielsen PV, Hyldgaard CE, Wong TW, Chwang AT. Dispersion of exhalation pollutants in a two-bed hospital ward with a downward ventilation system, Building and Environment, 2008, 43(3):344-354.

[67] Qian H, Li Y, Removal of exhaled particles by ventilation and deposition in a multibed airborne infection isolation room, Indoor Air, 2010, 20(4): 284-297.

[68] Qian H, Li YG, Sun HQ, Nielsen PV, Huang XH, Zheng XH. Particle Rremoval efficiency of the portable HEPA air cleaner in a simulated hospital ward, Building Simulation, 2010, 3(3):215-224.

[69] Kowalski WJ, and Bahnfleth WP. UVGI design basics for air and surface infection. Heating/Piping/Air Conditioning, 2000, January: 100-110.

[70] First MW, Nardell EA, Chaisson WT, Riley RL. Guidelines for the application of upper

room ultraviolet germicidal irradiation for preventing the transmission of airborne contagion-Part I: Basic principles. ASHRAE Transactions,1999, 105:869-876.

[71] 严浩.紫外线消毒灭菌(UVGI)与(过滤+UVGI)洁净技术.机电信息,2009(29):3-9.

[72] Montie T C. An Overview of Research Using the One Atmosphere Uniform Glow Discharge Plasma (OAUGDP) for Sterilization of Surfaces and Materials. IEEE Trans. on Plasma Science, 2000, 28(1): 41- 50.

[73] 谢玮娜,于美华,何丽云,郑晓丽.过氧化氢等离子低温灭菌系统在手术室中的应用.现代中西医结合杂志,2011,20(3):287-288.

[74] Kelly-Wintenberg K, Montie TC, Brickman C, Roth JR, Carr AK, Sorge K, Wadsworth LC, Tsai PPY. Room Temperature Sterilization of Surfaces and Fabrics with A One Atmosphere Uniform Glow Discharge Plasma. J Ind Microbiol Bio, 1998, 20(1): 69-74.

[75] 余扬晖,屠远,朱益民.非热等离子体空气净化器杀菌效果.中国消毒学杂志,2007,24(5):441-44.

[76] 王晋.人员呼出飞沫蒸发散布过程的仿真研究.硕士学位论文.东南大学,2011.

第 8 章　通风对室内空气质量的改善作用

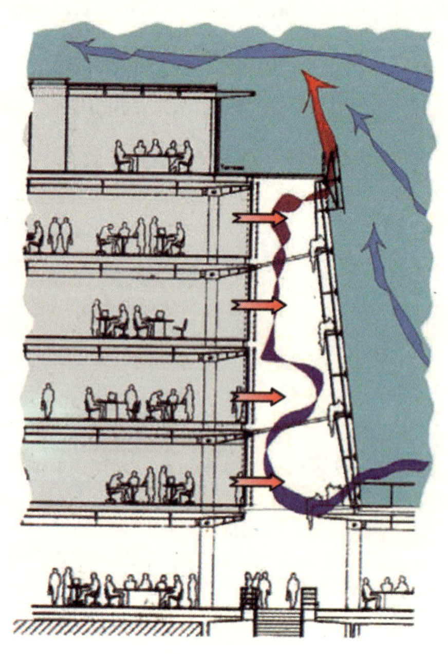

源自：参考文献［1］

通风的一般意义是指室内外的空气交换，是保障室内健康和空气品质的重要手段，主要目的有三个：一是提供室内人员所需的新鲜空气量，对内部空间实行“吐故纳新”；二是在热季室外空气温度较低时，用以改善室内热环境；三是室外空气污染物浓度较低时，用以控制室内污染物浓度。20 世纪 70 年代，日益严重的室内空气质量问题逐渐引起了人们的关注，1973 年美国供暖通风工程师协会（ASHRAE）对早期颁布的通风条例进行了重大修改，确定了不同类型建筑的最小通风量。本章首先介绍三类通风方式（自然通风、机械通风和多元通风），然后在此基础上对现有通风系统及关键设备进行展示，最后提出了在通风量确定和通风手段在建筑中的合理利用方面需进一步开展的研究。

8.1 通 风 方 式

8.1.1 自然通风

自然通风是指利用自然手段（热压、风压等）来促进空气流动而进行通风换气的方式。它最大的特点是不消耗动力，所以运行费用相对较低。其次，由于这种交换的输入是室外新鲜空气，所以理想条件下它能起到改善室内空气质量的作用。另外，由于自然通风的风量大小随室外条件的变化而改变，所以自然通风属无组织通风。

（1）热压作用下的自然通风

图 8-1（*a*）所示为利用热压进行的自然通风的示意图。由于房间内有热源，因此房间内的空气温度高、密度小，在围护结构的不严密（或开口）处，由内外空气的密度差产生的浮升力，就会推动空气由上部开口排出，同时由下部开口进入，形成一种由于室内外温度差引起的自然通风。

（2）风压作用下的自然通风

图 8-1（*b*）所示为利用风压进行自然通风的示意图。当具有一定速度的风流过建筑物时，在建筑物周围表面产生不同的风压，迎风面一般为正压，背风面一般为负压，在迎风和背风面开有门窗时，则空气会从迎风门窗进入房间内，同时从背风面的门窗排出，形成一种由于室内外风压差引起的自然通风，以改善房间内的空气环境。

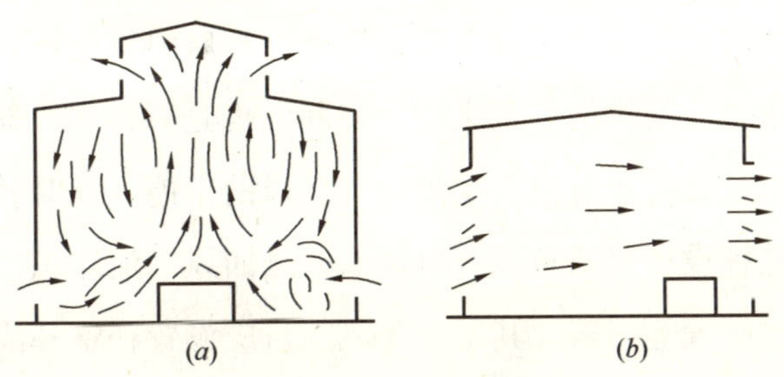

图 8-1 自然通风原理示意图

（*a*）热压通风；（*b*）风压通风

8.1.2 机械通风

（1）机械通风概述

机械通风是指利用机械手段（风机、风扇等）来驱动空气进行流动交换的方式。机械通风和自然通风相比，最大的优点是可控制性强。通过调整风口尺寸、风量大小和风向等因素来调节室内的气流分布，以达到比较满意的通风效果。机械通风总体分为如图 8-2 所示的三种方式。第一种方式是通过机械送排风，在确保房间新风量的基础上实现良好的通风效果。这种送排风系统还常装有热交换器和过滤器，通过热交换器实现排风的热量回收并通过过滤器降低室外大气中颗粒物对室内的污染；第二种方式是通过机械送风在室内形成正压，通过预定的开口或门、窗等不严密处自然排风；第三种方式是通过机械排风在室内形成负压，通过预定的开口或门、窗等不严密处自然送风。但是，不论是通过空隙的自然进风还是自然排风方案都不能准确控制空气流通的路径。

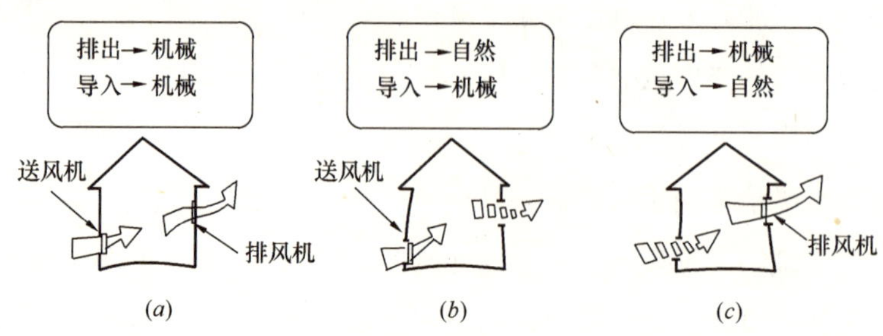

图 8-2 机械通风的三种通风方式[1]

(*a*) 第一种通风方式；(*b*) 第二种通风方式；(*c*) 第三种通风方式

由于现代建筑的节能设计使得大量建筑通过开启门窗进行自然通风换气的可行性变低，对于这些建筑物的空调系统（实际上也是一种空气处理功能比较完备的机械通风系统）一般均兼有引入定量室外新风的功能。此时合理设计空调系统显得异常重要，这种设计包括新风入口选取、送回风气流组织、室内回风口位置选取以及管道保温布置等因素。其中，新风入口应设置在室外清洁的地方，避免将新风入口设置在建筑物的排气口、交通繁忙处、停车场、卸货区、垃圾槽、厨房和厕所等空气污染严重的地方。新风入口亦不宜处于地面以下，在新风入口处需设置适当的防护措施，以防雨水侵袭或外来异物的进入，否则不仅妨碍气体的流动，还可能成为微生物污染的源头[2]。机械通风通过不同的送回风布置形式可以形成多种不同的气流组织形式，而不同的气流组织其输送室外新风来稀释室内陈旧空气的能力是不同的，即通风效率差别较大，因此应尽可能设计出通风换气能力高的送回风气流组织，以实现用同样新风量创造更高空气品质的效果。目前大多数建筑为了节能，在空调季节一般采用较大比例的回风运行，此时应尽量避免将回风口设置在靠近室内污染源的地方，以防止回风将大量室内污染物再次带至空调送风中而污染房间的其他区域，如果条件允许，空调箱中最好针对房间主要污染物，设置较高效的过滤和净化段，以去除送风和回风中的典型污染物，从而使送入房间的风清新；建筑物内部的冷表面可能会导致冷凝现象，从而促进微生物滋生和损坏装饰材料，因此，未安装保温材料的冷风管道和冷水管应使用耐用的隔热材料予以隔热，以防结露。

（2）主要通风气流组织

以上是对机械通风系统进行的概述，对于实际建筑通风系统而言，室内通风气流组织是保障室内关注区空气质量好坏的关键环节。室内通风发展至今，演变出了很多通风气流组织，其中最典型的两种是混合通风和置换通风（图 8-3，二者的比较见表 8-1）。对于均匀的室内环境的追求产生了混合通风，将空气以一股或者多股的形式从工作区外以射流形式送入房间，射入过程中卷吸一定数量的室内空气，让回流区在人的工作区附近，从而可以保证工作区的风速合适，温度比较均匀。与混合通风不同，置换通风则是从房间下部送风，气流以类似层流的活塞流的状态缓慢向上移动，到达一定高度受热源和顶板的影响，产生紊流区。气流产生热力分层现象，出现两个区域：下部单向流动区和上部混合区。空气温度场和浓度场在这两个区域有非常明显的不同特性，下部单向流动区存在一明显垂直温度梯度和浓度梯度，而上部紊流混合区温度场和浓度场则比较均匀，接近排风的温度和污染物浓度。因此，从理论上讲，只要保证分层高度在工作区以上，首先由于送风速度极小且送风紊流度低，即可保证在工作区大部分区域风速低于 0.15m/s，不产生吹风感；其次，新鲜清洁空气直接送入工作区，先经过人体，这样就可以保证人体处于一个相对清洁的空气环境中，从而有效地提高了工作区的空气品质。

置换通风与混合通风比较表 **表 8-1**

对比项目	置换通风	混合通风
通风目标	工作区舒适性	全部建筑空间舒适性
空调负荷	主要承担工作区负荷	承担室内全部负荷
动力	浮力控制	流体动力控制
送风速度	一般较小	一般较高
送风温差	较小	较大
气流组织	下、侧送风上回； 送风区为层流区，上区为紊流区； 下区存在温度梯度，上区温度比较均匀； 工作区空气品质好	上送下回； 风口掺混性好，回流区为紊流区； 上下温度、浓度比较均匀； 室内空气质量接近回风

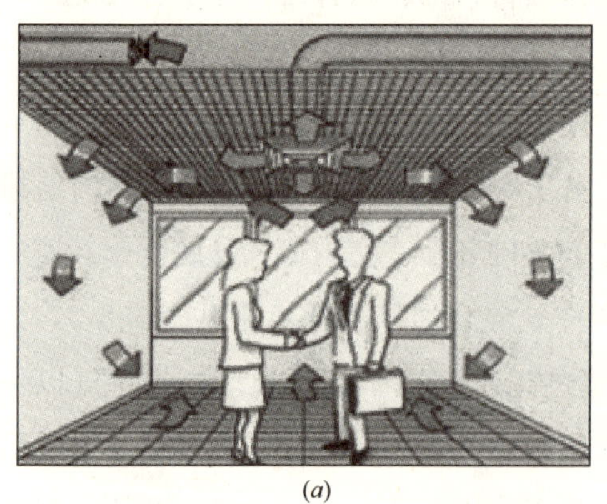
(*a*)

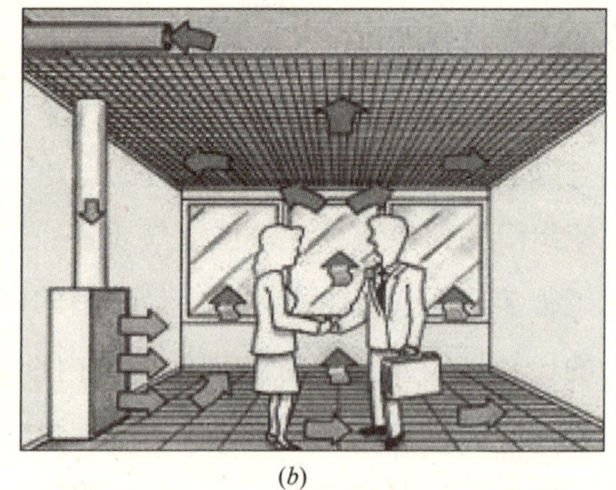
(*b*)

图 8-3 通风气流组织示意图[3]

(*a*) 混合通风；(*b*) 置换通风

由于置换通风是从下部送风，新风首先经过工作区，因此人员占据区的空气质量能够得到更好的保障。有关研究表明[4]，坐着的人体呼吸区域的空气质量（以平均空气龄表示）比整个工作区的平均空气品质高35%～50%，人体站立时高出10%～20%。下部水平侧送风比地板送风情况要好。由于人体热源卷吸新鲜空气上升，所以呼吸区域的空气品质比同一高度的其他区域好，换气系数也比其他区域高。

置换通风起源于气候干燥寒冷的北欧，因此，其基本理论都是基于那里特定的气候环境，大部分研究集中在室内环境的温度和污染物浓度分布上，对室内湿度分布考虑较少。而我国大部分地处亚热带，空气湿润，室内湿负荷较大，因此，对于使用置换式通风的场合，室内湿度分布及湿度控制的研究显得尤为重要。另外，国内对多个污染源（多个相同污染源和多个不同污染源）置换通风系统进行深入研究的甚少，大多只围绕单一污染源展开研究。在实际应用中，置换通风是多污染源并存的，因此，在多污染源情况下的置换通风问题的研究显得尤为重要。置换通风系统在实际应用过程中，不仅有热源所产生的向上自然对流射流气流，而且有人体四周产生的由于新陈代谢热所引起的向上气流，该气流将低区的空气带入呼吸区，从而降低工作区空气的洁净度。另外，由于置换通风系统在地板附近送风，当空气温度较低、风速相对较高时，可能产生因吹风而引起的局部不舒适感。置换通风系统原理简单，但影响因素较多，而国内的相关研究大多基于国外研究成果、经验和标准。我国大部分地区气候不同于欧洲，湿度大，热负荷高，因此，进一步研究适合我国国情的置换通风系统及其相应的设计、计算方法和标准显得尤为重要。

除混合通风和置换通风之外，其他几种高效通风方式[5-7]也陆续出现：地板送风、碰撞射流、层式通风，这些通风方式以不同的方式控制送风射流，使之以某种合适的方式进入工作区创造新鲜、节能的工作区环境。而在这些整体空调基础上出现的个性化通风方式[8]，更是充分考虑了人员的需求，将新鲜空气直接送至人员呼吸区，而基本不与周围环境的空气掺混，这样即使供应少量的新风也能高效的保障呼吸区的空气质量。

8.1.3 多元通风

多元通风系统是一个能够在不同时间，不同季节利用自然通风和机械通风的不同特性的综合系统，是一个结合了机械通风系统和自然通风的二元系统。它的基本原理是通过在机械通风和自然通风之间切换以维持良好的室内环境，并且避免建筑全年运行空调系统所带来的成本、能源的过度消耗和导致的环境问题。系统的运行模式随着季节改变而改变，在每一天的任意时刻，系统的运行模式反应了外部环境状况并且充分利用了当时的环境。

多元通风系统应该由建筑设计、内部负荷、自然驱动力、外界环境决定，应能以最节能的方式满足内部环境的需要。办公楼内的控制策略要在运用高级自动控制设备和使用者对环境进行直接控制二者间找到一个平衡位置，并能最大限度地利用周围的能量。同时，控制策略还应以最少的能耗获取所要达到的气流速度和气流分布。

现阶段，多元通风的主要通风方式有三种，分别是自然通风与机械通风相结合、风机辅助式自然通风、烟囱和风机辅助式机械通风（图 8-4）。第一种方式基于两个完全独立的通风系统，针对不同的室内外环境，控制系统可以在这两个通风系统中自由转换或者用一种系统来实现一些任务并利用另一种系统来达到其他目的。例如，在过渡季节用自然通风，而在夏季或冬季用机械通风，或者在工作时间用机械通风在夜间用自然通风；第二种方式是在一个自然通风的基础上添加一个辅助风机，当自然风压比较小或者风量需求增加时，可以用辅助风机增加通风压强；第三种方式依靠机械通风系统并最大程度上利用了自然动力，它包含了一个阻力很小的机械通风系统，在此系统中自然动力可以作为必要动力的一部分来考虑。

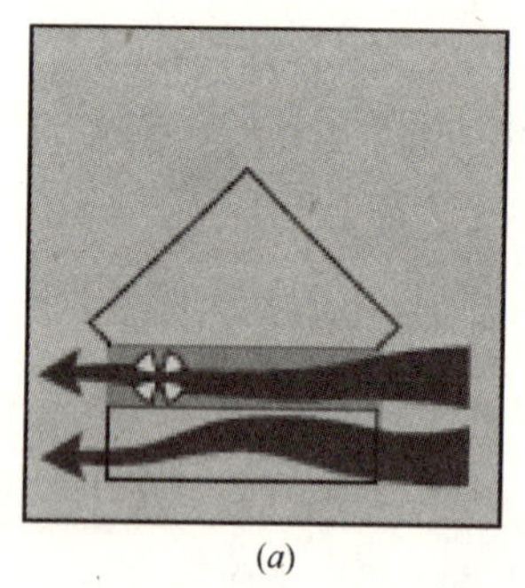
(a)

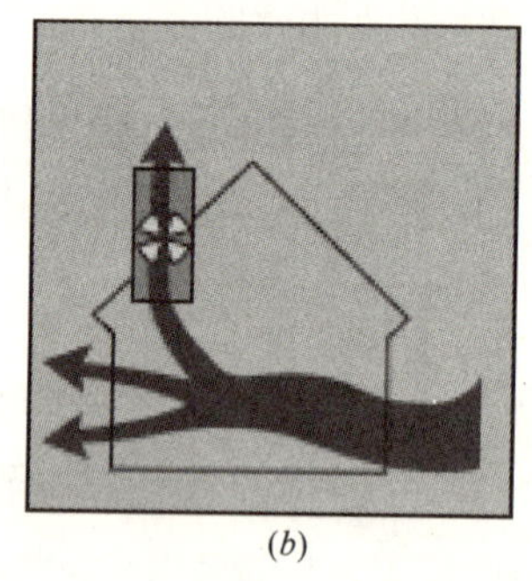
(b)

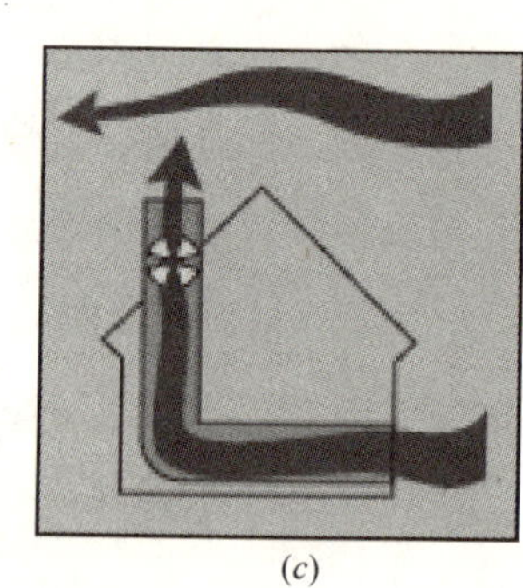
(c)

图 8-4　各种多元通风形式示意图[9]

(a) 自然通风与机械通风相结合；(b) 风机辅助式自然通风；(c) 烟囱和风机辅助式机械通风

（1）多元通风的实施可行性

多元通风是一个相对新的概念，推广其应用的一条最有效路径是在办公建筑中实施、示范。因此，初步研究目的是收集关于系统性能（室内空气质量，热舒适，能量消耗），系统对环境影响等方面的数据并且评估相应的控制策略。这项研究包括了所有的参加国的改建及新建建筑以突出气候、国家、文化和技术转让方面的相似或差异。以那些成功应用多元通风系统的建筑为实例，突出其存在的问题。这对于向立法者、开发商、居住者展示多元通风系统的优良特性都有好处。

欧盟各国曾联合开展了为期四年由 25 个子体组成的“健康行动重点项目研究”，重点探索如何降低对空调的依赖性，重新审视传统的自然通风及传统的机械通风，通过自然通风和机械通风的有机结合来改善室内环境，找出一种符合可持续发展理念的、节能的、健康的调节方式。然而迄今为止，多元通风的基本模式仍然不十分清晰，这是因为多元通风非常依赖于室外气候、建筑物周围的微气候以及建筑物的热物性参数。因此，在设计之初就必须将这些因素考虑进去。另外一些技术措施诸如：夜间冷却潜能、噪声和周围空气污染以及消防安全和保障的问题也同样重要。在设计时，建筑中开口的位置和大小，提高热压驱动力的措施，例如太阳能烟囱等，还必须与白天和夜晚所选择的通风策略相配合。并确定合适的控制策略，自动和/或手动控制的水平及使用者的互动的决策。最后，才能设计整个系统的控制策略，从而保证在可接受的条件下优化能源消耗。

1999 年，Heiselberg 和 Tjelflaat[10] 提出了关于多元通风系统各个设计阶段（包括概念设计、基本设计、施工设计、设计评价以及试运行）的应对策略。他们强调，目前还没有一种设计工具符合各个设计阶段的要求，并且机械通风系统的设计方法并不完全满足多元通风系统的设计要求，关键在于要综合考虑建筑和机械通风系统然后提出高效的结合方案，也就是应当把重点放在建立耦合的热气流模拟模型上。由于多元通风与建筑内的热气流作用存在紧密联系，因此在研究多元通风设计方法时应同时考虑二者的影响并将其有效结合。这一点是目前各种研究方法，包括简单的设计方法、分析方法、单区及多区方法以及详细的计算流体力学方法面临的共同问题。重点是实现热流模拟模型与多区流动模型的有机结合，这样就可以考虑建筑内的热气流作用，并且在很大程度上改善对多元通风系统性能预测的准确性。这个综合的模型将能够预测多元通风系统的年能耗，它也将因此成为多元通风系统重要的设计方法。由于多元通风与传统的机械通风设计理念完全不同，因此对通风性能的要求也与传统的机械通风的并不相同。随之其能量性能指标和舒适要求也必然是不同的。这样，多元通风和机械通风之间费用的比较应该基于整个建筑物的生命周期成本，而不只是简单的在一个初始资本成本的基础上进行比较。由于设计方法的不同，因此初始情况、运行、维护和清理成本之间的平衡也是不同的。

建筑多元通风是个新兴课题，相关研究正逐步积累当中。这个领域的学者正在从实践中学习，但是面临这样那样的问题。首先，从设计角度考虑，很多文献报告都指出现有的设计方法和计算软件对设计和分析混合通风系统来说都不全面，目前还没有一种设计工具符合各个设计阶段的要求，并且机械通风系统的设计方法并不完全满足多元通风系统的设计要求，其关键在于要综合考虑建筑和机械通风系统然后提出高效的结合方案，但同时，现今已经有一些实施多元通风的建筑案例，并且取得了很好的效果。2001 年，Schild[11] 研究了挪威的 17 栋多元通风系统建筑，其中多数建筑的设计本意是改善室内空气质量而不是致力于节能的学校建筑。超过70%的建筑都将进风管埋入建筑基础内从而达到夏天预冷空气的效果。这些系统可以分为季节性风量调节系统和热回收系统两类。从总体来说，这些建筑内系统的性能良好，既提供了较高的空气品质又没有耗费过多的运行费用。

(2) 多元通风的性能预测方法

环境控制的最终目标就是为人们提供满意的热舒适环境，并确保室内的空气品质。除了这个基本的目标，环境控制策略应是高效节能的、安全的，并符合声学、审美等目标。因此，暖通设计者需要分析方法，在可能的情况下，这种方法可帮助评价和优化建筑多元通风的使用效果。随着环境及建筑设计的发展，有更多的数据可供暖通设计者使用，因此，他们应该选择一种分析法或是在设计的每个阶段都有适当的细节层次的方法。

因为多元通风是自然通风与机械通风的结合，人们对其分析方法提出了一系列复杂的要求，要求有一个全面的方法，这种方法既要考虑室内外的环境又要考虑机械系统。例如，多元通风的控制系统在自然通风模式及机械通风模式间转换，自然通风模式会在空间上形成温度分层，而机械通风模式送入的是混合空气，不会形成温度分层。这种分析方法必须能解决以上模式的转化并能模拟（可能很复杂）控制策略本身。此外，由于混合通风系统经常用于温度以及室内空气质量的控制，这些分析方法要能将热模型与通风模型相结合。

对于多元通风最理想的分析方法应包括对自然通风模型的模拟、机械通风模型的模拟以及控制系统的模拟。许多方法都可以用于分析机械及自然通风中气流的流动及能量的使用，如简单的分析及经验方法、多区域模型方法、区域模型方法及计算流体动力学的方法。

1）简单的分析及经验方法

这些方法通常用于几何形状简单的建筑物中，例如，单面通风以及一个建筑中两个风口的通风。

2）多区域模型方法

选择有代表性的建筑物，多区域网络模型可预测整个建筑的全部风量以及通过风口的单独的流量。然而，它不能预测建筑物中每个区域具体的流动状况。它与大部分的多区域热模型是兼容的。

3）区域模型方法

可将室内分成若干个充分混合的小体积，在这些小区域温度中，假定像温度、污染物浓度这样的参数其分布是稳定的。不同区域间质量流量的计算是通过将对驱动流体流动的因素如喷射、羽流、边界层流动等这样的实验/分析方法与预计的压力分布相结合，这种预计的压力分布是在简化的动量方程的基础上得到的。分区模型可以具有不同的复杂性，这取决于房间流场的流动特性，可以是一维的、二维的或是三维的。区域模型使用相对简单是因为能够将现有的多房间建筑能耗与气流分析相结合，来预测由自然对流与强制对流共同组成的多元通风的性能。

4）计算流体动力学方法（CFD）

将小的几何区域再次划分为大量的网格，在这些网格上建立并求解控制方程。CFD方法特别适用于建筑物内部及周围的气流运动分析，能对通风空间内的气流运动形式、污染物及温度分布做出详细的分析。CFD方法比分区方法计算起来更耗时。对于采用多元通风的整个建筑全年的运行进行模拟，CFD方法与实际热模型的结合不仅超出了许多计算机的计算能力，而且是没必要的。

由于多元通风与建筑内的热气流作用存在紧密联系，因此在研究多元通风设计方法时应同时考虑二者的影响并将其有效结合。这一点是目前各种研究方法，包括简单的设计方法、分析方法、单区及多区域方法以及详细的计算流体力学方法面临的共同问题。重点是实现热流模拟模型与多区流动模型的有机结合。这样就可以考虑建筑内的热气流作用，并且在很大程度上改善了多元通风系统性能预测的准确性。这个综合的模型将能够预测多元通风系统的年能耗，它也将因此成为多元通风系统重要的设计方法。其次，在具有详细建筑资料和系统性能测试结果的实际建筑基础上建立所研究的建筑模型对研究的可信性非常有利。有大量的报告描述了采用多元通风系统的建筑，但是这些文献资料都只简单概括了建筑和通风系统，关于系统性能的测试结果的描述却过于简单。

8.2 通风量的确定

8.2.1 满足卫生要求的新风量

（1）按通风标准确定新风量

目前，国内关于通风量确定方法或原则主要在《公共建筑节能设计标准》GB 50189—2005、《采暖通风与空气调节设计规范》GB 50019—2003、《民用建筑工程室内环境污染控制规范》GB 50325—2001（2006 版）和《室内空气质量标准》GB/T 18883—2002 中做出规定。

我国民用建筑室内卫生要求的最小新风量主要是针对 CO_2 浓度控制要求而确定的，即主要考虑了人员污染部分。然而，按照该种思路来确定空调房间所需最小新风量主要存在以下局限：1）该方法的基础是把人作为非工业建筑的主要污染物，随着大量新型建筑材料、装饰材料、清洁剂和粘接剂等的使用，建筑污染问题变得突出，建筑污染部分所需新风量的比重不可忽视，特别是人员密度较低的建筑（如住宅等）更应注意，因此按照该方法所确定的新风量不能完全保证满足室内卫生要求；2）CO_2指标可以作为衡量其他污染物污染水平的指示物的前提是其他污染物浓度水平也取决于室内人员量及其活动水平，因此虽然 CO_2 可以在一定程度上反映人体气味污染的可接受程度，但不能综合反映室内空气质量；此外，CO_2并不始终是衡量人体气味污染的较好指标；3）虽然目前按照该方法已给出不同类型建筑的人员所需最小新风量指标，但所给出的指标相对单一且固定，无法反映室内人员相关因素（如人员密度、人的适应性和人员不满意率等）对新风量指标自身大小的影响特性，而忽视这一影响对室内卫生要求和建筑节能要求而言都会带来不合理性，高密人群建筑（如商场等）新风量的确定尤其应当重视这一问题。

美国最新的 ASHRAE 62.1-2010 标准对于通风量的确定有两种方法：规定设计法和性能设计法。规定设计法与污染源、室内污染物浓度限值以及人员主观感觉有关，要求室内污染物浓度将通过净化设备或者改进设计被控制在人们可感知的范围内；性能设计法与建筑类型、室内人数以及地板面积有关，其最小新风量与污染源和污染源强度有关。欧洲现行通风标准主要有 DIN 1946—德国标准组织 DIN 于 1994 年出版的 DIN 1946 第二部分《通风与空调：技术上的卫生要求》的修订、CIBSEGuideA——由英国的建筑设备特许工程师学会（CIBSE）发表的对指南 A 的第二部分《设计中的环境原则》CIBSE 1993 的评价、PrENV1752（96）——由欧洲标准组织（CEN）的技术委员会 TC156 下属的一个工作组“建筑通风组”编写《建筑通风，考虑室内环境的设计准则》CNE 1996、NKB-61-由北欧国家学术团体编制。

针对建筑污染通风需求与人员污染通风需求之间的关系，表 8-2 比较了国外主要标准在几类典型应用场合的最小通风量，表 8-3 则给出了国外主要标准不同建筑类型通风量。

国外标准最小通风量比较表 **表 8-2**

应用场所	标准	级别	人员部分 R_p(L/(s·人))	建筑部分(L/(s·m²))（“人员”和“建筑”相加时后者的取值）			建筑部分（单独计算）RSB (L/(s·m²))
				低污染建筑	RB	非低污染建筑	
单个办公室	prENV1752 (96)	A	10	1.0		2.0	
		B	7	0.7		1.4	
		C	4	0.4		0.8	
	DIN1946 (94)		11				1.11
	ASHRAE62 (rev. 96)		3.0		0.35		0.66
	ASHRAE62R		10				
	NKB-61 (91)		3.5				0.7
	CIBSEGuideA (93)		8				
景观办公室	prENV1752 (96)	A	10	1.0		2.0	
		B	7	0.7		1.4	
		C	4	0.4		0.8	
	DIN1946 (94)		16.6				1.67
	ASHRAE62		3.0		0.35		0.65
	ASHRAE62R		10				
	NKB-61 (91)		3.5				0.7
	CIBSEGuideA (93)		8				
会议室	prENV1752 (96)	A	10	1.0		2.0	
		B	7	0.7		1.4	
		C	4	0.4		0.8	
	DIN1946 (94)		5.6				2.7～5.6
	ASHRAE62		2.5		0.35		0.65
	ASHRAE62R		10				
	NKB-61 (91)		3.5				0.7
	CIBSEGuideA (93)		8				

续表

应用场所	标准	级别	人员部分 R_p(L/(s·人))	建筑部分(L/(s·m²))(“人员”和“建筑”相加时后者的取值)			建筑部分(单独计算)RSB(L/(s·m²))
				低污染建筑	RB	非低污染建筑	
普通教室	prENV1752 (96)	A	10	1.0		2.0	
		B	7	0.7		1.4	
		C	4	0.4		0.8	
	DIN1946 (94)		8.3				4.2
	ASHRAE62		3.0		0.55		1.8
	ASHRAE62R		8				
	NKB-61 (91)		3.5				0.7
	CIBSEGuideA (93)		8				

国外标准不同建筑类型通风量比较表 **表 8-3**

建筑类型	ASHRAE62.1—2010		英国 CIBSE	DIN1946		苏联
	人均新风量(L/(s·人))	单位面积新风量(L/(s·m²))	推荐送风量(L/(s·人))	人员部分(L/(s·人))	建筑部分(L/(s·m²))	换气次数(h^{-1})
监狱设施						
牢房	2.5	0.6	8			
教育设施						
教室	5	0.6	8	8.3	4.2	1
报告厅	3.8	0.3	8			
演讲厅	3.8	0.3	8			
艺术教室	5	0.9	8			
实验室	5	0.9				1
多功能房	3.8	0.3	8			
机房/多媒体中心	5	0.6	8			
食品饮料						
小餐厅	3.8	0.9	8			
酒吧	3.8	0.9	8			

续表

建筑类型	ASHRAE62.1—2010		英国 CIBSE	DIN1946		苏联
	人均新风量 (L/(s・人))	单位面积新风量 (L/(s・m²))	推荐送风量 (L/(s・人))	人员部分 (L/(s・人))	建筑部分 (L/(s・m²))	换气次数 (h^{-1})
公共						
会议室	2.5	0.3	8	5.6	2.7~5.6	
宾馆、宿舍						
房间	2.5	0.3	8			0.5
办公建筑						
办公区	2.5	0.3	8	11	1.11	0.5
公共设施						
宗教场所	2.5	0.3	8			
法庭	2.5	0.3				
图书馆	2.5	0.6	8			
博物馆/美术馆	3.8	0.6	8			
住宅						
住宅单元	2.5	0.3	0.4~1ACH			1
公共走道		0.3	0.4~1ACH			
零售						
售货	3.8	0.6				
卖场	3.8	0.3	8			
超市	3.8	0.3	8			
体育娱乐						
体育场		1.5	8			

通过对比现有通风量标准及其体系，可以发现各标准之间主要存在以下六点差异：1)人员部分与建筑部分所需通风量的关系。ASHRAE 62-1989R、prENV 1752 和 NKB-61 将人员部分与建筑部分相加，DIN 1946 取人员部分与建筑部分的最大值，CIBSE Guide A 和 ASHRAE 62-1989 只有人员部分。ASHRAE 62-1989R 等标准之所以把人员部分和建筑部分加在一起得出设计室外空气通风量 DVR，是因为考虑到不同化学组成的污染物可以在嗅觉反应(气味)和物质感觉(刺激性)上发生叠加效应(称作“显效性”(agonism))。而 DIN1946 等标准取人员部分和建筑部分两者中的较大值作为通风量，出发点可能是一定量新风在稀释了某种污染物的同时也稀释了其他不同化学组成的污染物。这样我们不能直接比较不同标准的最小新风量需求大小，而需要首先统一单位(在相同人员密度典型场所的情况下，将 R_P (L/(s・人))乘以人员密度(人/m²)所得值的单位即为(L/(s・m²))，再按各标准的方法将最小新风量需求以单位地板面积的形式给出)。2)吸烟与不吸烟。由于越

来越多的商业和公共建筑中严格限制和禁止吸烟，包括 ASHRAE 62-1989R 在内的一些标准的通风标准是在假定不吸烟的情况下得到的。若必须考虑吸烟，各标准处理方法不同。ASHRAE 62-1989 除吸烟室外不区分吸烟与不吸烟，但其“允许中等程度的吸烟”易引起标准的滥用。DIN 1946 不论吸烟量多少，统一规定将 R_P 值加上 5.6L/(s·人)。其他各标准则提供一定吸烟量下的所需的 R_P 值取代不吸烟的 R_P 值或者提供人员部分所需的附加风量，例如 ASHRAE 62-1989R 附录中提供了确定要维持可接受的可感室内空气质量所需额外通风量的方法。3)未适应者与已适应者。ASHRAE 62-1989、prENV 1752、DIN 1946、CIBSE Guide A 和 NKB-61 的最小新风量需求基于未适应者或称来访者(visitors)，即刚刚进入空间的人，只有 ASHRAE 62-1989R 的最小新风量需求基于已适应者或称室内人员，即已处于某空间的人。由于人对体味有显著的适应性，故 ASHRAE 62-1989R 中用来稀释人员污染所需的最小新风量 R_P 较小。但该标准也允许设计者针对未适应者进行设计，建议在人员部分 R_P 值上附加 5 L/(s·人)。与对体味的适应性相比，人对建筑物散发之污染物的适应性很小，所以已适应者和未适应者所需的建筑部分 R_B 可认为大致相等。4)低污染建筑与非低污染建筑。CEN 建议按 prENV 1752 将建筑物分为两大类：低污染建筑和非低污染建筑。满足“低污染”建筑的要求是：建筑物中使用 M2 类材料不得超过 20%，M3 类材料允许使用的比例很小。prENV 1752 根据不同分类建筑物给出不同新风量。其他标准未对建筑物分类，但考虑建筑部分的标准其建筑物情形与 prENV 1752 中的低污染建筑可比。5)关于室内空气质量与满意率。ASHRAE 标准中有两个室内空气质量的定义。可接受的室内空气质量(acceptable indoor air quality)：对空间内的空气，绝大多数(≥80 %)室内人员未表示不满，且已知污染物的浓度尚不足以对人的健康产生明显危害。该定义既包含对室内空气质量的主观评价，也包含客观评价。可接受的感知室内空气质量(acceptable perceived indoor air quality)：对空间内的空气，绝大多数(≥80 %)室内人员未对气味和感官刺激表示不满。可接受的感知室内空气质量为满足标准定义的可接受室内空气质量的必要非充分条件。因为某些污染物如氡和一氧化碳并不产生气味和刺激，却危害健康。再则，香烟烟雾被美国环境保护署(EPA)列为致癌物质，这意味着，由于香烟烟雾对健康的危害性，吸烟环境中不可能达到“可接受的室内空气质量”，却有可能达到“可接受的可感室内空气质量”。CIBSE(Chartered

Institute of Building Services Engineers)提案中关于可接受的室内空气质量定义为：如果少于50%的室内人员感觉有异味，少于20%的感觉不舒服，少于10%的感觉黏膜刺激，以及少于5%的人在少于2%的时间内感觉烦躁，则这样的室内空气质量就是可接受的。该定义与舒适有关，并未考虑对人体健康有潜在危险却无异味的物质，如氡等。其他各标准中虽然也使用了类似术语，但无明确定义。CEN标准将通风要求分为A、B和C三级，分别代表85%、80%和70%的满意率；DIN标准的分析方法中也将通风要求分为三个水平，分别使90%、80%和70%的室内人员满意；ASHRAE 62-1989R附录中给出的分析方法(即性能设计法)也包含一个针对不同满意水平确定不同通风要求的方法。6)是否需要关注二氧化碳CO_2。对人员密集场所，因为ASHRAE 62-1989R推荐的新风量相对于ASHRAE 62-1989较小会导致CO_2稳定浓度高达2000～2500ppm，而ASHRAE 62-1989建议极限值为1000ppm，这就引发了对ASHRAE 62-1989R的争议。CO_2先是作为体臭的指标，进而发展为整个室内空气质量的指标。ASHRAE 62-1989在规定1000ppm为CO_2稳定浓度限值时，明确指出该浓度“并不是从危害健康的角度考虑，而是人体舒适感(臭气)的一种表征”。研究表明，假定新风的CO_2浓度为300ppm，典型成年人静坐，7. 5L/(s·人)的新风量能使80%的来访者满意。但还没有任何受控研究表明，CO_2浓度高于2500ppm会对人体健康造成任何影响。已有的CO_2浓度超过1000ppm会导致困倦的观测数据还没有在受控小室研究中得到证实。有鉴于此，修订案不再将CO_2作为所关注的污染物代表，也不再提及1000ppm这一指标。

美国自1973年ASHRAE 62标准颁布第一个版本以来，62.1标准先后颁布了1981，1989，1999，2001，2004，2007和2010共七个版本，现在最新的版本为62.1-2010。1981版减小了最小新风量，并且引入了性能设计法计算最小新风量；1989版中为了解决出现的室内空气质量问题，将室内污染分为人员污染和建筑污染进行考虑的同时，显著地提高了最小新风量；1999版和2001版对标准做了一些细小的修改；2004版对性能设计法进行了更新，以提高其可执行性，且对规定设计法的最小新风量以及分区和系统的新风量算法进行了修改；2007版主要对标准的可用性以及明确性方面做了更新。其现采用ASHRAE“连续维护”修改的标准管理机制对62.1标准进行定期的更新。新版本颁布大约18个月后就会有一个补遗，每三年就会颁布一个全新的版本。ASHRAE通风标准更新迅速的特点，使最新的研究成果能够及时的反映到标准中去，而且标准也能够满足不断变化的需求，使标准保持常新。这对于我国标准的修订更新具有借鉴意义。

ASHRAE62 标准主要应用领域为通风系统的设计，其涵盖范围为：对供人使用的商业、机关、学校、住宅(最新版 62.1-2010 不包括独立住宅和不超过三层的多层住宅)等建筑空间的要求；对于吸烟区，在最新的 2010 版中去掉了相关通风量的要求，本标准不再包含该类区域的通风；影响人体健康和可感空气品质的化学、物理、生物污染，以及湿度和温度方面的考虑，不包括热舒适。鉴于室内空气中污染物和污染源的多样性、人群的敏感范围，符合这一标准不一定能保证所有的人均可接受的室内空气质量。

(2) 按稀释室内污染物确定通风量

在均匀混合条件下，当房间通风量和污染物散发量保持稳定时，则室内污染物浓度随时间的变化可用下式表示：

$$C(t) = C_0 \exp\left(-\frac{L}{V}t\right) + \left(\frac{G}{L} + C_s\right)\left[1 - \exp\left(-\frac{L}{V}t\right)\right] \tag{8-1}$$

式中 G——污染物散发量(mg/h)；

L——通风量(m^3/h)；

V——房间体积(m^3)；

$C(t)$——t 时刻的房间污染物浓度(mg/m^3)；

C_0——开始通风时房间的初始浓度(mg/m^3)；

C_s——送风空气中污染物浓度(mg/m^3)。

上式中的 (L/V) 称为换气次数，h^{-1}，在与通风有关的规范或手册中，可以查到设计时参考性的换气次数，以便在缺乏具体资料时确定通风量。采用局部通风时的通风量计算则应按射流理论视具体条件确定。

当通风时间 $t \to \infty$时，则由上式可得稳态条件下的通风量，即

$$L = G/(C - C_s) \tag{8-2}$$

式中 C——排风中的污染物浓度，mg/m^3。

8.2.2 通风的有效性

新风量或通风量送入房间后是否能及时到达人的呼吸区，是否能起到良好的稀

释污染物的作用，就取决于送风气流的分布是否合理，也就是要考察通风的有效性。

评价通风有效性的主要方法是考察送入房间空气的经历时间，即空气龄。房间中某点的空气经历时间越短就意味着空气越新鲜，空气质量越好。以此概念为基础，那么一个理想活塞流通风房间的空气经历时间就最短。换句话说，可以把活塞流通风的通风效率定为100%，并以它作为与其他通风效果的比较基础，比较结果称为换气效率。所以，只考虑通风量大小，不考虑送风的合理方式，送入房间的空气就不能充分发挥改善室内空气质量的作用。

由于空气龄和换气效率指标主要反映稳态的换气情况，有关学者进一步提出了能够合理评价送风气流瞬态通风效果的送风可及性指标和污染源可及性指标[12]，其中送风可及性主要反映某时刻各送风口送风对房间任意区域的影响程度，而污染源可及性主要反映某时刻各污染源对房间任意区域的影响程度，通过以上两指标可以准确地把握非稳态以及稳态情况下通风气流对房间各区域的保障能力。

在以上通风效果评价指标的基础上，有学者考虑到实际很多情况下，室内人员需求区域并非整个房间或者整个工作区，而是在各局部区域存在一定的分布，由此提出了人员占据密度(OD)的指标，用以定量描述室内人员在各区域内出现的时间百分比，将此作为权重用于修正各区域内的通风换气指标的值，修正后的值能更合理地反映实际通风气流组织对室内需求区域的保障效果，值得在实际评价中使用[13]。

8.3 通风系统与设备

对于一个优秀的建筑设计来说，通风系统可能是决定建筑形式的一个主要因素，特别是当建筑主要采用自然通风、多元通风等通风模式时。本节将介绍建筑内的通风系统及设备。

8.3.1 通风系统

(1)“机械排风，自然补风”单向流通风系统

1) 工作原理

该系统主要由自然进风口、排风机、排风管、室内排风口、室外排风口以及控制开关等组成（图8-5)。“强制排风，自然进风”单向流系统是一个风机用于排风，

在排风单元作用下，将室内废气有组织地排到室外，同时形成室内负压，将新风从起居室、客厅、卧室、书房等的自然进风口引入，以此达到室内通风换气的目的。

2）优缺点

优点：系统结构简单、操作简便、造价低廉。

缺点：仅靠室内外自然产生的空气压差换气，效果不甚理想；有时影响门窗的安装。

3）适用范围

适用于一般居室的通风换气。

（2）“机械排风，机械送风”双向流通风系统

1）工作原理

与单向流通风系统相比，双向流系统用机械送风代替了自然进风，增加了室内送风管道及风口，除去了自然进风口（图 8-6）。双向流通风系统是一个风机用于送风、一个风机用于排风，可以根据要求调节室内各房间的空气压差，使对空气品质要求较高的房间如卧室保持微正压，阻止空气较混浊的房间如卫生间及室外空气渗入。同时从室外集中引入新风，对送入室内的室外空气进行集中过滤净化处理，提高新风品质。

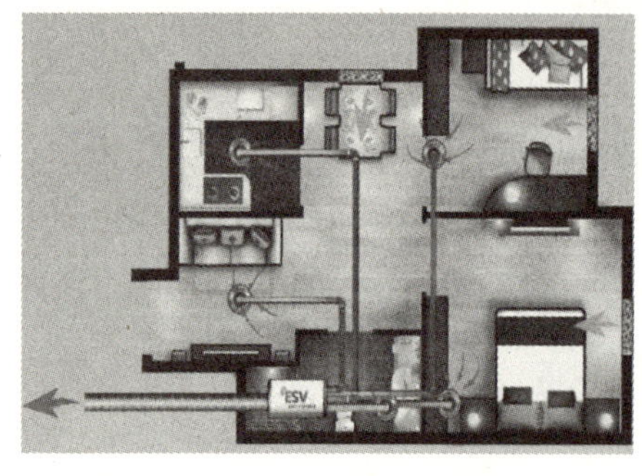

图 8-5 单向流通风系统原理图

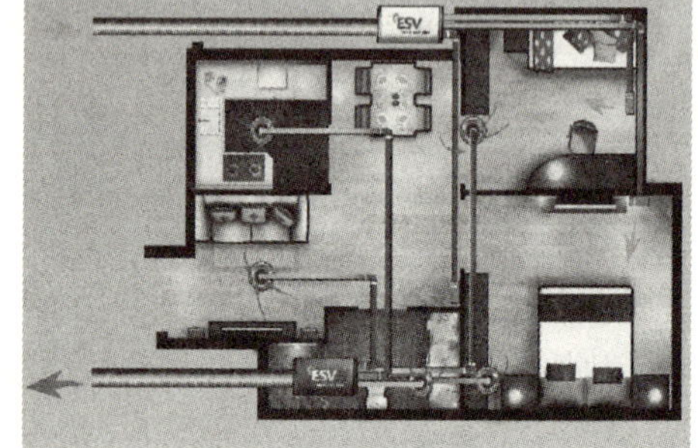

图 8-6 双向流通风系统原理图

2）优缺点

双向流系统根据有无管道分为全管道双向流新风系统和无管道双向流新风系统（包括窗式强制进风和墙式强制进风）。前者通风换气效果较好，保证较好的室内空气质量，但其产品安装所用管道较多，安装完毕后的室内管道分布多；另对楼层层

高要求高，对装修要求高，需隐蔽，工程造价昂贵；局部换气效果好，产品外型尚可，安装简便，布置灵活，基本不受施工条件限制。但安装于卧室内，如风机质量不好，噪声对人的影响较大。有效适用面积较小，整体换气效果相对比管道式的差，造价较高。

3）适用范围

适用于别墅及对室内空气质量要求较高的公寓住宅。

（3）分布式动力变风量系统

1）工作原理

分布式动力变风量系统主要由主机、管道、变风量末端、送排风口、传感及控制系统等组成（图 8-7）。该系统的室内（如空气品质、温度等）传感器将监测到的室内状况转化成数字信号，然后通过逻辑运算模块进行分析并处理后，反馈到主机与变风量末端联合同步调节室内的送、排风量，使整个系统维持主机与末端总风量平衡，从而达到变风量调节的目的。同时可根据实际需求在新风与排风之间设置无空气直接接触风险的能量回收装置。

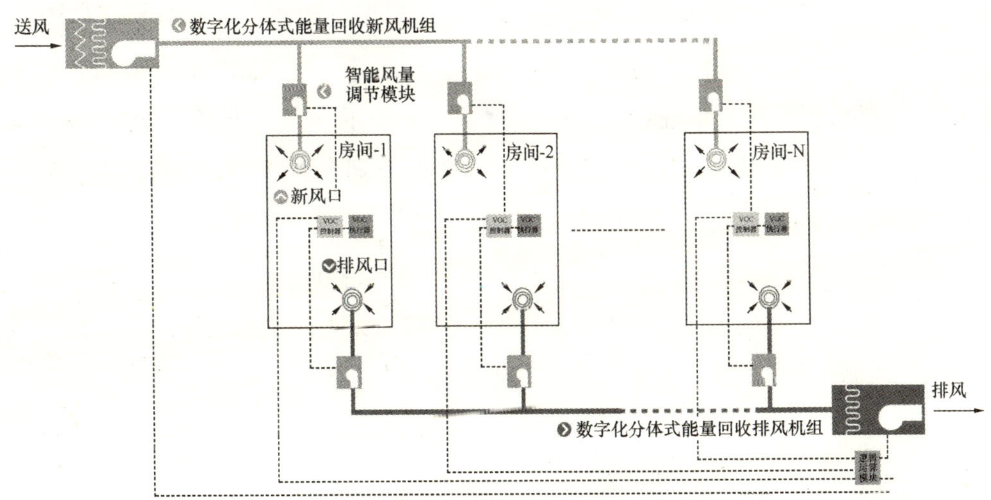

图 8-7 分布式动力通风系统原理图

2）优缺点

优点：通风换气效果较好，能较好的维持室内空气质量。风量平衡方便，系统易于调节，且可以根据房间的使用要求来独立开关或调节房间的送排风量。

缺点：系统相对复杂，需要智能化控制，造价较高。

3）适用范围

对空气安全和品质要求较高的医院、办公楼以及各支路间平衡困难且使用时间上差异性较大的通风系统。

8.3.2 新型通风设备

（1）数字化节能通风主机

数字化节能通风主机（图8-8）具有智能化程度高、运行效率高、寿命长、振动小、噪声低以及可连续不间断工作的性能特点。数字化节能风机采用数字化直流无刷的外转子电机离心式风机。其主要性能有：

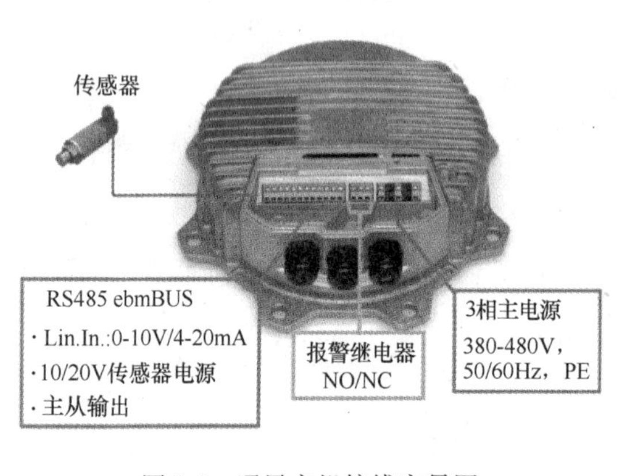

图8-8 通风主机接线实景图

1）智能化程度高

数字化节能风机智能化程度高，每台电机内置智能控制模板，自带0～10V、4～20mA、RS485、报警输出等通信接口，具备软启动功能，启动时不会产生冲击电流，可通过各种类型的传感器根据实际需求实现自动或手动0～100%无级调速，并可在中央集中控制管理台中通过系统控制软件对所有主机进行自动或手动调节、控制、监控及管理。

2）高效节能

数字化节能风机运行效率高，单机效率达85%以上。主机功率比普通交流风机节能40%～60%，同时主机可实现变风量运行，在变风量运行下可节能50%～80%以上。

3）噪声低、寿命长、结构紧凑

数字化节能风机的叶轮根据空气动力学原理设计，采用后向离心形式，由铝合金材料制成，具有运行平稳、效率高、免维护、低噪声、使用寿命长等特点。数字化节能风机控制系统集成到电机内，结构紧凑；箱体材料采用喷塑冷板，具有耐磨、耐氧化、表面质量好、机械强度高等特点。

（2）分体式能量回收机组

机组由带数字信号接口的数字化高效节能风机、中间热媒式换热装置、循环泵和密闭式膨胀罐组成（图 8-9），通过热回收液体（热媒）循环，将热量传递给新风，从而预热或预冷新风。

该新型通风产品较国内同类型产品有以下优点：

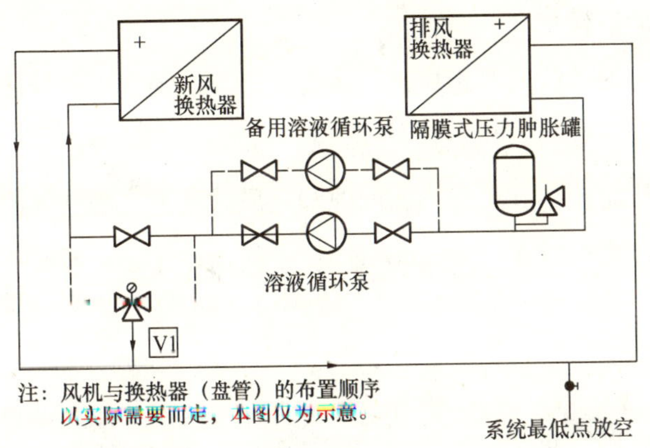

图 8-9 分体式能量回收原理图

1）高安全性：排风与新风在热回收形式上完全隔开，避免了新、排风的交叉感染，适用于医院、无菌实验室、高级酒店以及有排放有毒、有害气体的工业厂房等。

2）高效节能：机组采用数字化直流无刷节能风机，机组风机效率高，同时对排风进行能量回收，减少了能量的浪费。

3）高智能化：零电流启动，风量 0～100％无级调节，自带 RS485、0～10V、4～20mA 数字化通信接口，可实现远程集中控制、管理和在线监测，全智能化运行，可根据末端需要自动变风量运行。

4）安装灵活：换热器之间通过管道连接，布置灵活、安装方便、占地空间小，空间不再受限，便于旧系统改造。

（3）变量模块

变风量模块（图 8-10）自带 0～10V 通信信号接口，通过传感器感应室内的空气品质（或温度、湿度），然后返回一个信号至变风量模块，根据信号自动调整风量大小或开关。

变风量模块优点如下：

1）变风量调节模块带有一定余压，可减小系统主机所需余压。

2）采用了数字控制系统，风量平衡方便，系统调节容易，运转稳定。

3）变风量调节模块可配空气品质或压差传感器，可以根据不同房间的使用要求，根据房间的空气品质或压差变化，自动同步调节送排风量。

4）具有节能性高、体积小、噪声低、安装方便、免维护等优点。

（4）恒风量调节模块

通过平衡器中的硅胶气囊感应流经风管的气流，根据不同静压自动收缩或膨胀来实现风量恒定（图8-11）。当进（排）风、出（送）风口处空气静压减小时，气囊便开始膨胀，从而减小气囊周围的间隙和通风截面积，当进、出口处空气静压增大时则反之。该模块可以在－10～60℃环境中使用，保证流量的波动范围不超过额定流量的10％。

图8-10 变风量模块

图8-11 恒风量末端

该模块主要优点如下：

1）调试简单。不需要电力或气动控制，在通风系统中省去了现场调节风量的麻烦。

2）安装简单。恒风量调节模块能够安装在标准圆形风管里，安装简便。外面一圈密封圈确保了安装密封性，一组金属簧片能确保安装到位。

（5）自然进风器

自然进风器是利用自然环境造成的室内与室外局部气压和气体的扩散原理，产生空气交换的一种无能耗的新型通风产品。主要特点为：不影响窗的采光和美观度；能有效隔离噪声与灰尘；保证室内能良好的通风换气；不消耗能源。主要有窗式进风器（图8-12）和墙式进风器（图8-13）两种。

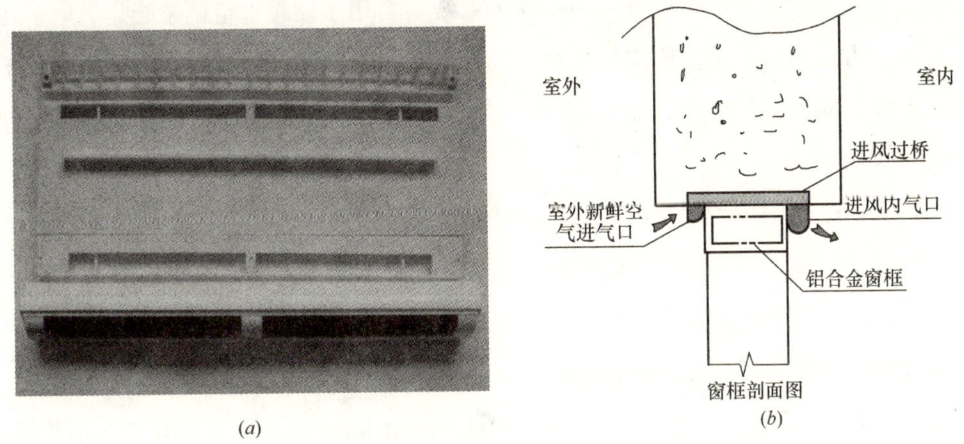

(a) (b)

图 8-12 窗式自然进风器

(a) 进风器外形图；(b) 结构原理图

图 8-13 墙式进风器

8.4 需进一步开展的研究

8.4.1 通风标准和规范

随着社会各界对室内环境安全和空气品质越来越重视以及意识到通风在建筑节能中发挥的作用，一些地方标准将通风放在了举足轻重的地位。但是，纵观目前与通风有关的国家与各地方的标准、规范，发现通风方面的条文多是原则性的，在具体实施过程中缺乏可操作性。同时，还有一些基础性的问题仍需进一步开展研究。

通风分为卫生通风和热舒适通风。卫生通风的作用是排除室内空气污染物，保障室内空气质量符合卫生标准。卫生通风系统主要用于供暖、空调系统运行时。由于通风一方面起到改善室内空气质量的作用，另一方面还会造成供暖空调系统份的新风能耗，因此，解决空气品质与能耗之间的问题的关键就是定好建筑所需的最小新风需求量。

(1) 污染物的散发规律以及污染物浓度限值

对于建筑通风而言，最小新风需求量是一个重要的基本参数。根据稀释通风的原理，卫生通风所需的最小新风量应为室内空气污染物的散发量与卫生通风时排风与进风中污染物浓度之差的比值。但是，目前医学和现代卫生学还没有完全研究清楚现代建筑室内污染物对人体的危害，因此许多污染物的卫生浓度限制并不确切。另一方面，室内各种污染物的散发量的研究也不充分，还未充分认识污染物的散发规律。由于这两方面基础信息的缺乏，目前仍不能准确的计算卫生通风所需的最小新风量，而只是采用经验值来计算最小新风量。

现阶段我国已经颁布实施的标准中规定了建筑通风量的两种计算方法：换气次数法和人均新风量法。采用换气次数法时，新风量为换气次数与房间体积的乘积；采用人均新风量指标时，新风量为人均新风量与在室人数的乘积。

(2) 换气次数、人均新风量指标与在室人数

《采暖通风与空气调节设计规范》GB 50019—2003 给出了民用建筑中办公室、客房、多功能厅、酒店大堂、餐厅、咖啡厅等房间每人所需最小新风量的推荐值，而对于其他民用建筑尤其是高密度人群建筑，还没有计算最小新风需求量指标的推荐值。

对于医院这类特殊的公共建筑，GB 50019—2003 中建议最小新风量按换气次数法来确定，且推荐的换气次数是参考日本医院设计和管理指南（HEAS-02-2004）以及 ASHRAE 标准的，这一推荐指标是否符合当前我国医院的实际情况，还需进一步研究。

除了人均新风量指标外，房间内人员数量或人员密度也是影响新风量的一个重要因素。目前的标准中只给出了部分公共建筑的人员密度的推荐值，且这些推荐值都为定值，没有体现出实际情况中的人员数量的变化特点，有些推荐值与实际情况下的人员密度出现了很大的偏差。例如目前有关医院的通风标准几乎都是 20 世纪制定的，而近年来我国医疗事业在飞速发展，医疗改革也在不断推进，医院的运行

管理模式发生了很大的变化，日门诊量和病床位数已经远远大于标准制定初期时的预想。如果仍采用以前的经验值，则会造成人员数量远远小于实际情况下的人员数量，进而导致新风量偏小，影响医院室内空气质量。因此，需要研究各建筑的功能、运行管理模式等与在室人员之间的关系，把握在室人数的变化规律，合理确定室内人员数量。

8.4.2 通风应重点关注的建筑类型

建筑通风设计不仅要考虑地域、气候条件，还要针对不同功能的建筑进行不同的设计。下面分别介绍住宅和公共建筑的通风设计。

(1) 住宅建筑[14-21]

由于室外气候条件的变化莫测和风压作用的不稳定，住宅建筑不利于进行有组织的自然通风。整个住宅室内房间布局应有利于穿堂风的形成，因此，在节能建筑单体平面房间布局设计中，从利于穿堂风的形成角度，应考虑以下因素：

1) 布置住宅建筑的房间时，由于不同房间因使用性质、重要性和使用时间的不同而存在对室内热舒适要求的不同，有必要确立优先的顺序，即先是起居室和主卧室，然后是次卧室和工作室，最后是厨房和卫生间。一般住宅平面布局往往尽可能把起居室和主卧室等主要空间布置在南向，把厨房、卫生间、工作室、餐厅等次要房间及个别次卧室布置在北向。因为主要房间的热舒适要求高，使用时间长，所以条式住宅楼的户型平面布局宜选择北向。

2) 门窗洞口开启位置除有利于提高居室的面积利用率与合理布置家具外，还应有利于组织穿堂风，避免“口袋屋”式的平面布局。

3) 厨房和卫生间排风口的设置要考虑主导风向和对邻室的不利影响，避免强风时的倒灌现象和油烟等对周围环境的污染。特别是厨房和卫生间，它们是氡等有害气体的产生源，合理的通风换气更为重要。

4) 尽量使进风口与出风口的位置正对，避免通风流线转折，便于房间通风流畅。进风口和出风口的面积越大，越有利于加大通风量，较低的窗台高度还会使人感觉通风更舒适。平开窗的通风面积是推拉窗通风面积的两倍，宜优先考虑采用平开窗。向外开的平开窗有时能起到导风入室的作用，外凸封闭阳台和飘窗（又叫外凸窗）的侧扇平开窗，其窗转轴设在外侧，也能起到同样作用。

对于南方地区的住宅建筑，需要根据建筑功能要求和当地的气候参数，在总体规划和建筑设计中，科学合理地确定住宅建筑的选址、布局、体形、间距、层高、开窗位置及面积的设计，并倡导居民积极地开窗行为，使组合的空间布局能通畅地疏导气流，从而降低室内气温和蒸发热量，使人体感到舒适。具体做法如下：

1）选址要合理，近山靠山，近水临水，有效缓解气候影响。

2）要合理布局总平面，形成开敞的南面空间：建筑在基地中应坐（西）北朝南，南侧应尽量留出开阔的在空间和尺度上许可的室外空间，以利争取较多的冬季日照及夏季通风。

3）南低北高布局：在合理选择建筑单体体形的同时，需要考虑不同高度建筑的规划布局，南向地区，先布置低层，避免对北边建筑的遮挡，往北，可以考虑摆放高层建筑，形成南低北高的格局。

4）控制建筑长度：为改善小区微气候，在总平面布置中，不宜布置建筑长度过长的建筑，一般以2～4个单元为宜，过长的板式楼，对通风不利。

5）利用冷巷通风：冷巷，就是房子东西朝向，一间一间房子连续排列产生成巷；巷是南北贯通，当太阳不是当头直晒的早上和下午，由于巷里处在阴影上，从而温度比其他太阳晒着地方下降许多了，因而风从南进入冷巷里，由于降温而风速加快，风不断通过的时候也不断向两面房子穿插而形成穿堂风。

6）综合考虑各方面要求及各种影响因素，根据实际房间的功能大小及建筑环境和布局，建筑体形上应增加组合，避免体形系数变化过多，如采用凹槽形式的设计方法，即设计平面的凹凸、鼓出、凹槽（凹洞）、错落变化、及弧线和折线等，以降低建筑体形系数。

7）住宅通风有水平通风、垂直通风、水平兼垂直通风三种。水平通风有利于形成良好的穿堂风，应使门窗对位，避免气流的转折和“缩颈”，使气流通畅。垂直通风如风管、风塔、高层建筑的中庭等形式，利用空气的风压或热压进行灌风或抽风。而天井、管式及竹筒式住宅则是水平通风、垂直通风兼而有之的形式。

8）建构开敞的空间，如敞厅、敞廊、敞阳台、高层中开洞的空中花园等形式，通畅地组织室外气流。

9）改善优化通风设施。改变通风与保温相互矛盾的状况，尤其在冬夏季，为了保温，使得房间的空气质量变得很差；为了通风，又浪费了能耗。设计优秀的房屋通风构造和设备可以解决这对矛盾。通风设备的安装位置对节能也有直接的意义。目前市场上的房间通风设备都比较简单，存在着功能单一，造型不够美观，噪声大等缺点。因此，只在一些迫不得已的场合如卫生间、厨房里使用。如果能开发出一些造型美观，功能全面，操作方便的房间通风设备，就可以大大改善房间的通风效果。特别是对一些通风极差的单面住宅，可以大大提高其通风效果，改善居住的舒适性。同时，也能提高这些住宅的节能效果。

（2）公共建筑

公共建筑指供人们进行各种公共活动的建筑，它包含办公建筑（包括写字楼、政府部门办公室等），商业建筑（如商场、金融建筑等），酒店建筑（如旅馆饭店、娱乐场所等），科教文卫建筑（包括文化、教育、科研、医疗、卫生、体育建筑等）等。公共建筑具有人员密度大、设备多、热源集中等特点。下面分别介绍其中三类建筑的通风设计。

1）办公建筑[22-28]

办公建筑一般楼层较高，并安装有集中式空调系统，有规律的使用时间，内部人员密度高，设备种类众多，使用频率高，很多大型办公建筑采用全封闭的玻璃幕墙作为外围护结构主体，不设开窗。办公建筑的空间组合类型有外廊式、内廊式、中间核心筒式、内庭院式和中庭式五种（见图 8-14）。

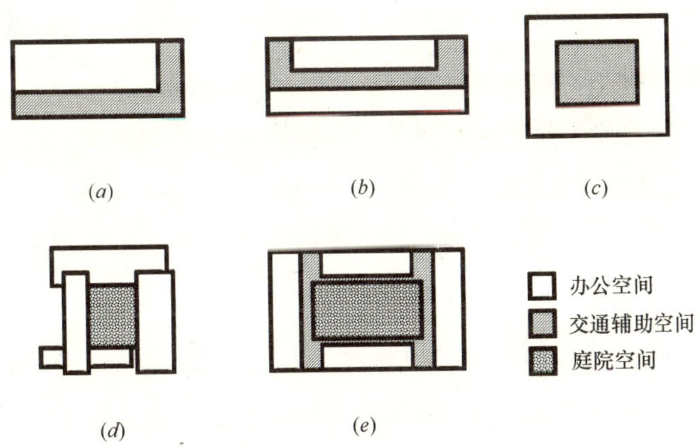

图 8-14 办公建筑的空间组合类型

（*a*）外廊式；（*b*）内廊式；（*c*）中间核心筒式；（*d*）内庭式；（*e*）中庭式

办公建筑自然通风的策略主要包括采用自然通风和机械通风混合使用的方法、

采取间歇性的自然通风策略、利用自然通风等。

①采用混合通风模式

A. 在条件允许的情况下尽量采用自然通风，机械通风只是在需要的时候作为辅助手段使用；

B. 根据建筑内各部分的实际条件和需要采用不同的通风方式；

C. 自然通风和机械通风同时使用；

D. 白天使用机械通风，夜晚使用自然通风。

②采用间歇性自然通风

间歇性通风是指在室外条件适宜的时候打开窗户或通风口利用自然通风，不适宜的时候关闭窗户或通风口。我国南方地区的居民习惯在夏季中午气温最高的时段关闭窗户，等气温降低时打开通风，就是控制通风时间的一个很好的例子。对于间歇性自然通风，可以根据通风时间的控制分为以下两种方式：

A. 按一年四季来划分（夏季，冬季，过渡季）

B. 按全天来划分（白天空调，夜间通风）

③利用自然通风

指在根据办公建筑自身的建筑特征，通过合理地建筑设计，充分利用自然通风。其中包括办公建筑水平截面的形状与通风设计、办公建筑的位置与通风设计、办公建筑外墙通风口的设计、办公建筑自然通风的有效进深、办公建筑的平面分隔与穿堂风的控制和办公建筑中庭热压通风设计等。

几种适合于南方办公建筑（如深圳）的自然通风技术建议如下：

A. 高层办公建筑开洞措施，每隔一定层数设置架空层，可以使水平运动的风穿过建筑，减少对主体结构的影响，并可通过分流作用在一定程度上减弱下坠风。该技术适合于高风速区（即风压过大的区域），或风速较大的季节。

B. 办公建筑位置布局。在任何风速区，两座临近的建筑之间也会产生较大的风场影响，尤其是高层办公建筑，则办公建筑的位置布局可采用迎风并列（在设计时应尽量加大高层建筑的间距）和顺风向排列（“屏蔽效应”）两种方式。

C. 办公建筑外墙通风口设计

a. 直接开窗模式：适合风速较低的地区或多层建筑，也可以在高层办公建筑的下半部分采用直接开窗的方式。通风窗可以结合玻璃的固定部分整体进行设计，开口面积不宜过大，位置要便于操作控制，还要保证坚固性和安全性；

b. 百叶通风窗：可以精确控制通风量。当室外气温过高、过低，或下雨时，或风速过大过小时，依然可以进行少量通风，从而延长了自然通风的时间。百叶通风窗实现了窗户采光功能和通风功能的分离。经过防风设计的百叶窗一般设在建筑上部区域，也可以设置在窗台处，便于清洗和维护；

c. 滴流通风口：常常配合大换气率的通风窗使用，当室外风速过大，需要关闭窗户时，它可以提供所需的最小新风率。主要使用在冬季，为办公室提供基本的背景通风（换气次数为 1～2 次/h）。如果 24 小时使用，也可以提供大量的新鲜空气，足以保证全天的换气需求；

d. 双层玻璃幕墙：起到缓冲作用，有助于保证夜间通风，可以通过热压效应通风换气，以弥补风压通风的不足，因此不仅适用于风速偏大导致动压过大的区域，而且适用于风速偏小风压不足的情况。

D. 办公室自然通风的有效进深：办公室自然通风的有效进深与办公室的净高成正相关关系。因此，办公室的净高至少要达到 2.7m。

E. 办公建筑平面分隔与穿堂风的控制：办公建筑采用自然通风时，当室外风速过大（即动压太大）时，穿堂风所能提供的风量往往会高于实际的需要。出于舒适度的考虑，对于门的开启压力，控制标准是：

a. 门的持续压力不宜超过 40N；

b. 间歇的压力达到 60N 是可以忍受的；

c. 门可开启的最高极限压力为 100N。

在实践中，外墙通风口和室内门可以看作是两道控制阀。为了限制穿堂风的流量，建筑使用者常常需要关闭部分的窗户或通风口，或者靠调节推拉门开闭的大小来控制穿堂风。在平面中保证迎风面和背风面两个区域的有效隔离，不仅可以减少自然通风时室内气流的强度，还可以增加自然通风时段在全年的比例（约 20%～30%左右）。此外还可有效地防止雨水渗漏。

F. 办公建筑中庭热压通风：中庭热压通风的主要作用是促使相邻的办公室获得穿堂风。需要注意的是，在深圳这样的湿热地区高层办公建筑的中庭设计必须谨慎，以免出现中庭过热的情况。中庭的防热要从以下几个方面着手：

a. 避免太阳直射和对中庭进行遮阳，

b. 加强中庭通风，提高换气率，降低夏季中庭内的温度；

c. 充分利用蓄热体和夜间通风。

2）商业建筑[29-31]

商业建筑的通风设计受到限制，主要因为：①商业建筑一般位于城市主干道，室外空气受到污染，需要经过过滤处理才能送入室内；②商业建筑体量大，进深大，室内结构布局复杂，无法组织侧向开窗穿堂风；③商场室内灯光设备热辐射高，产生的大量热负荷，对通风要求高。

商业建筑较为合适推广的节能方式有：新风换气技术、呼吸式双层皮玻璃幕墙、建筑中庭、太阳能烟囱、光导管系统等。

大型商业建筑为人群极为密集的场所，而且空调运行时，一般来说除一楼外其他楼层门窗较为密闭，从而使室内自然换气次数极小。在商业建筑中新风量不足，气流组织不合理、室内空气质量和热舒适性差是普遍存在的问题，这些问题在过渡季节表现尤其明显。需要依靠空调系统输送新风到室内，同时排风系统需要将室内空气排出与新风量相同的数量到室外，以满足人群卫生的要求。由于夏季排风温度较低而新风温度较高，将新风与排风进行热交换，以降低新风的进风温度，可以节省制冷机大量的冷量，因而该技术也是一种科学的节能措施。同时，加强室内外的通风换气是彻底改善商场室内空气质量的最有效方法。

采用新风换气技术的主要优点为：可以将室内空气的冷热量回收，大量节省冷冻机或锅炉耗能。其主要的缺点和不足在于：体积较大，需要较大的空调机房；改造风管系统，对于已建成的商场改造难度较大；由于空气积尘需要定期清理，故维护工作量较大。

3）酒店建筑[32-38]

① 酒店通风

旅馆、酒店室内空气质量的改善主要依靠中央空调通风、换气系统，对室内各类污染物浓度的控制，多采用新风稀释这一物理方法。大型酒店内含厨房、停车场、大型多功能厅、餐厅、客房等，厨房的燃烧产物、停车场的汽车尾气、大型多功能厅及餐厅中人群产生的 CO_2 气体及装饰材料上的挥发性有机气体等都影响室内空气质量。为了使室内污染物浓度控制在客观允许的浓度值以下、满足从业人员及客人的主观感受要求，要引入相应的新风量。随之产生其他负面影响，归纳如下：

A. 设计时期出现了土建设计与空调设计的尖锐矛盾，体现在外墙取风开口过大、过多，开口位置确定非常困难，建筑物外表美观度受到严重损坏。

B. 作为开口的要求，尽量不影响营业区域、保证相应的附属机房占地面积小且方便施工。所以要求集中开口，取向不朝主干交通道路，形成所谓的主风口。这导致新风吸入口和排风口很难彻底分开，只好放在同一侧。主风口侧楼外噪声超标严重，楼内的部分区域的排风从主风口集中排放时，严重影响了该侧的楼外空气环境。

C. 在主风口侧新风吸入口和排风口之间存在正负压差，形成湍流，导致楼内的排风与新风混合进入室内。

D. 空调系统能耗过大，部分能耗导致噪声超标、排风混入新风吸入口进入室内的动力源。

正因为目前大型酒店通常存在上述问题，所以认为设计整体通风、换气最大量的选定受到能耗合理使用上限的约束；受到楼外噪声超标限制的约束；受到排风混入新风吸入口返回室内的约束。因此，酒店整体通风换气量的选取要满足上述三个约束条件。

针对酒店通风设计，强调的重点措施如下：

A. 传统的送风方式、送风位置有不合理之处，稀释效率低。要搞清室内污染物浓度分布，针对其浓度分布，使用高效率稀释送风方式、送风位置，达到节省新风使用量、减少排风量的目的。

B. 降低排风中污染物的浓度。虽然要求使用环保材料及用品，但是针对大楼各区域存在的各类污染物，迫切需要研究污染物处理装置配合空调、通风换气系统中进行处理。

②餐厅及酒店厨房

餐厅是一个半封闭的系统，要借助通风换气来排除多余的热量，促使室内空气流动。通风是把室内外空气进行交换，但不能把室内气温降低到比室外气温低。生态餐厅的面积大，且周围有很多包间，影响侧窗通风。由于内遮阳网的影响，天窗通风效果也不是很明显。只靠自然通风达不到植物的生长要求，更满足不了人舒适度的要求。自然通风对餐厅春季至秋季的环境调节很重要。即使在冬季 11 月至次年2月之间，在日照强度大的情况下，也需要开窗调节室温，通风换气。

厨房、公共卫生间等场所的通风系统设计往往被忽视。有的在施工图设计阶段由非暖通专业人员附带进行设计；有的甚至不进行施工图设计而留待使用单位或施工单位凭“经验”自行设计安装。这样容易造成系统的通风效果不理想，甚至不符合有关规范的要求。

为了保证室内空气质量，改善人们的工作和生活环境条件，保障人们的身心健康，应该重视这些场所的通风设计。设计人员在进行厨房的通风系统设计时，首先要了解厨房功能分区，根据各功能区产生油烟水蒸气设备情况确定排油烟罩的尺寸及送、排风量。另外，厨师操作区域应单独设置新风，以保证厨师呼吸的需要，同时维持操作区一定温度，具体如下：

A. 通风系统的风量应根据厨房设备的具体布置情况进行必要的计算，不应按“经验”估算取值；

B. 为改善厨师工作区的环境，宜设置岗位新风，有条件的应设置岗位空调系统；

C. 烹调间等产生油烟的地方，其排风系统应设油烟净化装置；

D. 对于规模较大的厨房，其排风系统的风量大。必须配合土建设计，将烟气引到屋面等高处再排放，以避免对附近建筑产生废气污染；

E. 厨房的通风系统不宜采用土建风道，特别是水平风道。对于竖向风道，若受条件限制而采用土建竖井时，则应将竖井内壁表面用水泥砂浆抹光，并设置必要的清扫口；

F. 酒店厨房的通风降温应采用局部送风加全面通风方式，使气流组织更加合理，有效地改善厨房内工作人员的工作环境；

G. 选用直接蒸发式降温换气机作为厨房降温换气设备时，应满足设计所需的最小换气次数；

H. 在选用排风机容量时，应考虑排风量超过补风量，使厨房维持一定的负压，以防止厨房油烟气“串味”至其他空调房间；

I. 合理设计排风管道，杜绝安全隐患。

③公共卫生间

在各卫生间及公用洗手间设置排风系统。其中客房卫生间排风量约占总风量的

10%～15%，公用洗手间按 10 次/h 换气计算，天花板型排风扇选用 National 产品。除个别外，各排风系统均统一由主楼楼顶的通风机排至大气。

④其他房间

在地下水泵房、柴油发电机房、变压器室、油泵房以及制冷站、锅炉房、洗衣房等分别设置送、排风系统。

8.5 结论与建议

伴随着建筑节能和提高室内空气质量要求的提出，我国在建筑合理利用自然通风、高效机械通风气流形式以及多元通风策略研究等方面都陆续开展了不同程度的研究，但无论从技术进步还是行业发展方面，我国通风领域的发展水平与国际先进水平还存在一定的差距。如何更好的引进国外成熟的通风研究成果并将其中国化；如何进一步研究出适合中国特点的系列通风理论成果，并研制出更加节能高效的通风系统和设备，是通风领域面对的重要课题。

参考文献

[1] philip Jones. Energy efficiency and indoor air quality，1997，Garston.

[2] 田仁生，严刚. 我国室内空气污染控制对策研究. 中国环境管理，2003，22(4)：1-3.

[3] 李欣，罗军. 置换通风的应用前景及其适用性分析，全国暖通空调制冷 2002 年学术年会资料集，2002.

[4] Xing H，Hatton A，Awbi HB. A study of the air quality in the breathing zone in a room with displacement ventilation. Building and Environment，2001，(36)：809-820.

[5] Tuddenham D. Design considerations for a floor based air conditioning system with modular services units at the new Hong Kong bank headquarters. ASHRAE Trans.，1985，91(2).

[6] Karimipanah T，Awbi H. Theoretical and experimental investigation of impinging jet ventilation and comparison with wall displacement ventilation. Building and Environment，2002，(37)：1329-1342.

[7] Lin Z，Chow T，Tsang C，Fong K，Chan L. Stratum ventilation—a potential solution to elevated indoor temperatures. Building and Environment，2009，(44)：2256—2269.

[8] Melikov A K，Cermak R，Mayer M. Personalized ventilation：evaluation of different air ter-

minal devices. Energy and Buildings，2002，34(8)：829-836.

[9] Heiselberg P. Principles of Hybrid Ventilation，2002. Aalborg.

[10] Heiselberg P，Tjelflaat PO. Design Procedure for Hybrid Ventilation，in HybVent Forum' 99. 1999. Sydney，Australia.

[11] Schild PG. An overview of Norwegian buildings with hybrid ventilation，in HybVent Forum'01. 2001. Delft University of Technology，The Netherlands.

[12] Li X. Zhao B，Accessibility：a new concept to evaluate the ventilation performance in a finite period of time. Indoor and Built Environment，2004，13 (4)：34-35.

[13] Zhao B，Li X，Li D，Yang J. Revised air－exchange efficiency considering occupant distribution in ventilated rooms. Journal of the Air & Waste Management Association，2003，53 (6)：759-763.

[14] 王新华. 住宅自然通风是数值模拟及气候效应研究. 天津大学硕士学位论文. 2003.

[15] 彭敏. 南昌地区城市住宅节能设计策略研究. 南昌大学硕士学位论文. 2008.

[16] 詹林，况龙川. 夏热冬冷地区住宅建筑设计节能. 住宅科技. 2006 (8)：8～12.

[17] 陈聪. 住宅节能建筑设计中的体形系数—兼谈外墙构造的改进方法. 建设科技. 2009 (18)：86～88.

[18] 程勤阳，陈慧婷，张智博，丛玲玲. 农村住宅节能技术研究进展. 安徽农业科学. 2010，38 (20)：10965～10967.

[19] 陈玉梅. 公共建筑厨房通风探讨. 天然气与石油. 1999，17 (1)：33～35.

[20] 贾美珍. 住宅卫生间通风采光设计. 山西建筑. 2004，30 (20)：21～22.

[21] 段尖鹰，谢兆鸿. 民用建筑卫生间通风道排风分析. 山西建筑. 1999 (3)：102～103.

[22] 杨雏菊，徐尧，吴薇. 办公建筑的生态节能设计. 建筑节能. 2006，34 (2)：27～31.

[23] 宋德萱，程光. 办公建筑节能设计思考. 城市建筑. 20～22.

[24] 廖浩. 武汉市既有行政办公建筑节能改造研究. 武汉理工大学硕士学位论文. 2009.

[25] 刘大龙，刘涛，杨柳，刘加平. 西安市大型办公建筑能耗与节能设计分析. 城市建筑. 23～24.

[26] 易伶俐. 北方地区办公建筑应用夜间通风研究. 哈尔滨工业大学硕士学位论文. 2007.

[27] 范卫军，郭春梅，许延顺，陈旭东. 天津市某生态办公建筑自然通风设计. 天津市城市建设学院学报. 2009，15 (3)：214～217.

[28] 吴珍珍. 深圳市办公建筑自然通风应用研究. 重庆大学硕士学位论文. 2008.

[29] 张纪文. 大型商业建筑低成本节能改造技术分析. 低压电器. 2008 (10)：53～56.

[30] 屈睿. 大型商业建筑自然通风与采光设计研究. 武汉理工大学硕士学位论文. 2010.

[31] 刘刚. 通风双层幕墙在荷兰 IN G 银行总部中的应用. 暖通空调. 2006，36 (5)：87～89.

[32] 高兴. 酒店通风约束与室内空气改善对策研究与应用. 大连理工大学博士学位论文. 2005.

[33] 沈学明，申小中，周敏，邹国峰. 酒店厨房通风系统存在的问题及设计改进措施. 建筑热能通风空调. 2006，25 (5)：99～103.

[34] 徐桂莲，王玉涛. 公共厨房操作间局部送风空调器的应用和研究. 林业科技情报. 2005，(1)：41-43.

[35] 宋晓平. 谈公共建筑的厨房－厨房的环境污染及其治理. 山西食品工业. 2003 (2)：47～48

[36] 李成武. 宾馆饭店的厨房通风设计. 暖通空调. 1997，27 (4)：56～58.

[37] 王志平. 宾馆酒店厨房通风空调设计. 中国建设信息供热制冷. 2005 (8)：41～43.

[38] 张连鸿. 酒店空调通风工程设计及节能探讨. 福建建设科技. 2000 (4)：34～35.

第 9 章　室内空气净化现状及主要问题

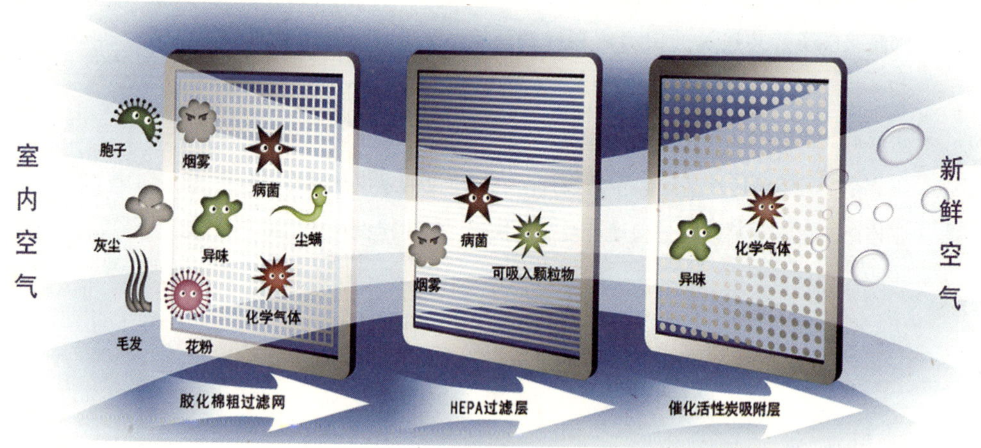

源自：http：//www. yadu. me/article—62. html

控制或消除室内空气污染源，或者保持室内外良好的通风是解决室内空气污染的有效方法。但当难以根除室内污染源，或受室外天气状况、室外污染物水平影响、建筑结构影响不便进行通风换气时，则需要采用室内空气净化设备。本章重点比较了常用室内空气净化技术的特点及其对人体健康的影响，通过分析我国室内空气净化器市场现状及存在的问题，指出了我国室内空气净化器现状评价方法和标准所存在的不足，并提出了今后发展中需要考虑的关键问题。

9.1 室 内 空 气 净 化

顾名思义，室内空气净化是指从空气中分离或去除一种或多种空气污染物。使用空气净化器，是改善室内空气质量、创造健康舒适的室内环境十分有效的方法，在冬季供暖、夏季使用空调期间效果更为显著[1]。另外这也是节约建筑能耗的有效途径之一。因为采用增加新风量来改善室内空气质量，需要将室外进来的空气加热或冷却至室温而耗费大量能源。而使用空气净化器来改善室内空气质量，从而减少新风量，降低建筑能耗。室内空气中的污染物种类较多，主要包括物理污染（颗粒、灰尘、花粉、动物皮屑等)、生物污染（细菌、病毒、霉菌孢子等）和化学污染（NO_x、SO_x和挥发性有机化合物等)。室内空气净化器设备分工业、军用和民用三种，其中我国最早大约从20世纪60年代后期开始使用民用空气净化器[2]。室内空气净化既涉及各类建筑物室内，也涵盖载人航天器、潜艇、飞机和各类车辆的内部空间[3]。

表9-1列举了近100多年来，室内空气净化设备发展过程中的一些重要进程。我国从2002年才开始颁布针对室内的《空气净化器》标准GB/T 18801—2002，比美国同类标准出台滞后了十多年。

室内空气净化设备发展进程中说明 **表9-1**

年 份	进程标志	描 述
1854	木炭口罩	苏格兰人John Stenhouse在口罩中加入木炭，开发出可从空气中过滤有害和有毒气体的净化口罩
1940～1960	高效过滤器(HEPA)	20世纪40年代，美国在曼哈顿计划中开发了最早的HEPA过滤器，用于防止空气中放射性污染物的扩散； 20世纪50年代实现商业化应用； 20世纪60年代，美国能源部制订HEPA过滤器的标准，并正式使用高效过滤器（High Efficiency Particulate Air）这个名称

续表

年　份	进程标志	描　　述
1963	Klaus Hammes	德国的Hammer兄弟（Klaus和Manfred）开发首个室内空气净化器，使用玻璃纤维过滤室内空气中的烟尘
1972	UNITED STATES ENVIRONMENTAL PROTECTION AGENCY	美国环保署（EPA）通过了清洁空气法，首次强调了室内空气质量的重要性
1980	Clean Air Delivery Rate Certified Rating AHAM	20世纪80年代初，美国家电协会提出表征家用空气净化器性能的洁净空气量（CADR），同时发展了一种测量CADR的方法，并于1988年成为美国国家标准。被称为ANSI/AHAM AC-1
2002	GB GB/T 18801-2002	中国颁布《空气净化器》标准GB/T 18801—2002，并于2008年进行了修订

9.2　常用空气净化技术及其对比

室内空气净化技术种类较多，按它们对污染物的处理方式可划分为捕获型和破坏型两种。捕获型空气净化技术，是指通过拦截等方式将空气中的污染物聚集在净化器中，从而实现其从空气中分离，进而达到降低空气中污染物浓度的作用。反应型空气净化技术，是指通过化学反应或离子化的方式将空气中的污染物分子分解或反应，因而实现污染物浓度的降低。常用室内空气净化技术及其分类如图9-1所示。

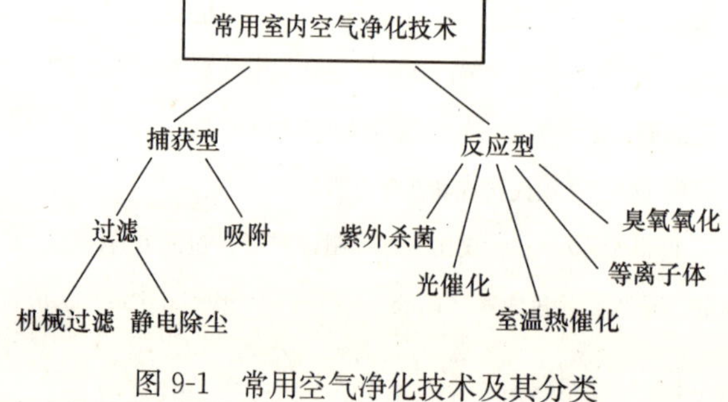

图9-1　常用空气净化技术及其分类

另外，部分室内盆栽植物也被认为具有空气净化功能[4]，但其净化原理目前尚不明确。研究者一般认为植物的空气净化作用是由多种方式实现，包括植物叶片吸附、培育植物的土壤吸附或伴随的生化反应以及植物体内的生化反应等等[5]。

9.2.1 各种空气净化技术的比较

不同室内空气净化技术所能去除的室内空气污染物也有所不同。

(1) 机械过滤。又可称为纤维过滤，由纤维材料过滤灰尘、花粉、霉菌、细菌等空气中的微粒。这些微粒一般通过以下三种方式而被过滤器捕获：1）扩散，悬浮在空气中的粒子随机运动，这种运动增加了颗粒物和过滤器纤维的接触几率。在大气压下，小于 0.2μm 的颗粒物通常会很明显地偏离它们的流线，这使得扩散成了过滤分离的重要作用。扩散通常对速度很敏感，低速能够使得颗粒物有充足的时间偏离流线，因此也使得颗粒物更容易被捕获。2）直接拦截，有些较大粒径的颗粒物的扩散效应不明显，偏离流线的程度不够或并不偏离流线，它们可能与过滤器纤维接触，从而被捕获。通常这个过程和速度的关系不大，对于粒径大于 0.5μm 的颗粒物，直接拦截比较有效[6]。3）惯性碰撞，大的微粒难以跟随空气在弯弯曲曲的纤维组织中运动，因此由于惯性它们将偏离空气流轨迹，而被迫与纤维碰撞，从而被过滤所捕获。

按过滤的微粒粒径以及过滤效率，纤维过滤器可分为初效过滤器、中效过滤器和高效过滤器等[7]。初效过滤器的铝材多为玻璃纤维、人造纤维、金属丝网及粗孔聚氨酯泡沫塑料等，初效过滤器适用于一般的空调系统，在空气净化系统中，作为更高级过滤器的初过滤，起到一定的保护作用。中效过滤器的主要滤材为玻璃纤维、人造纤维合成的无纺布及中细孔聚乙烯泡沫塑料等。大多数情况下用于高效过滤器的前级保护，少数用于清洁度要求较高的空调系统中。高效过滤器一般滤材均为超细玻璃纤维或者合成纤维，加工成纸状，成为滤纸。主要用于有工艺要求的医疗、制药洁净室和洁净厂房等环境中。

(2) 静电除尘。是指含尘空气经过高压电场时被电离为正离子和电子，带电粒子在电场力作用下作定向运动，并与微粒碰撞，使后者荷电。随后，荷电微粒也在电场力作用下，定向运动到电极，从而从气流中分离出来。[8]

(3) 吸附。可分为物理吸附和化学吸附。物理吸附是用多孔性、比表面积大的材料如活性炭、硅胶、分子筛等作为有害气体吸附剂，去除空气中挥发性有机化合物等，其优点是：吸附速度快，污染物浓度高、低的场合均可适用；缺点是：易吸附饱和，需要再生使用，而且已吸附的污染物在条件发生变化时将会释放出来，形成二次污染。化学吸附则是以活性炭、硅胶、分子筛和氧化铝等作为载体，浸渍一些活性化学物质，或者与这些活性化学物质混合，经过适当的处理制备成复合净化材料，通过化学反应去除空气中有机化合物，其优点是：能够同时对多种空气污染物起到催化氧化、中和及吸附作用，去除这些空气污染物的效果更加显著，但使用寿命有限，需要定期更换材料。[9]

(4) 紫外杀菌（UVGI）。短波长的紫外线对微生物有很强的破坏作用：破坏微生物体内的核酸，使得微生物的DNA被紫外辐照所干扰，进而破坏微生物的再生繁殖能力，因此实现杀灭微生物的目的。

(5) 光催化和化学催化。光催化空气净化技术主要是通过紫外线照射某些半导体材料（如 TiO_2），使其激发产生带负电的电子及带正电的空穴。这些电子或空穴能够与吸附在材料表面的污染物产生氧化或还原反应，将有害的污染物分解成无害的 CO_2 和 H_2O 等气体。光催化反应的本质是光电转换中进行氧化还原反应[10]，紫外光和催化剂是触发紫外光催化反应的必要条件，二者缺一不可。该方法几乎能分解所有室内挥发性有机化合物[11]，包括芳香烃、烷烃、烯烃等，同时由于使用紫外灯，因此对微生物也有一定的杀灭作用。不过，净化效率往往不高，还可能产生一些不完全氧化产物。化学催化是利用 Pt、MnOx 等活性组分具有的室温无光条件下高效催化氧化甲醛的特性，去除室内空气中的低浓度甲醛。室温化学催化设备简单，不需加热和光照，反应产物对人体无害[12-14]。

(6) 等离子体。常压下空气放电产生的低温等离子体中包含电子、离子、氧活性物种和激发态分子等有极高化学活性的物种，可以打开污染气体分子的化学键，使很多高活化能的化学反应得以发生，从而达到处理室内空气中有机污染物的目的。但是该技术在对空气放电过程中容易产生氮氧化物及臭氧等二次污染物，需通过协同催化等途径进行控制。[15]

(7) 臭氧氧化。臭氧是一种强氧化性气体，不仅可氧化大部分室内空气气体污染物，还可杀灭各种微生物（细菌、病毒及微生物）。一般可通过紫外灯或电晕放电的方式来产生臭氧。但臭氧是一种刺激性气体，能与人体肺组织反应，并引发哮喘、咳嗽、气管发炎等病症[16]。而且臭氧是室内化学污染物反应后还能产生一些有害的副产物[17]。

15 名来自中国、美国和丹麦的学者综述了发表在国际学术期刊上的与室内空气净化技术相关的论文（截至 2009 年 6 月），并比较了室内常用空气净化技术的优缺点[18]，如表 9-2 所示。其主要结论是：

捕获型空气净化技术：过滤和吸附分别能有效去除微粒污染（颗粒和部分微生物）和化学污染。但长期使用的过滤器将可能产生异味[19]，而吸附材料所吸附的化学污染物（如 VOCs 等）也会与空气中的微量臭氧反应，并生成少量颗粒物污染[20]。另外为了保证良好的净化性能，使用这两种技术的空气净化产品均需定期更换或清洗。因此，市场上一些空气净化器通过把这两种技术结合起来（图 9-2），使其既能去除微粒污染，也能减少化学污染。

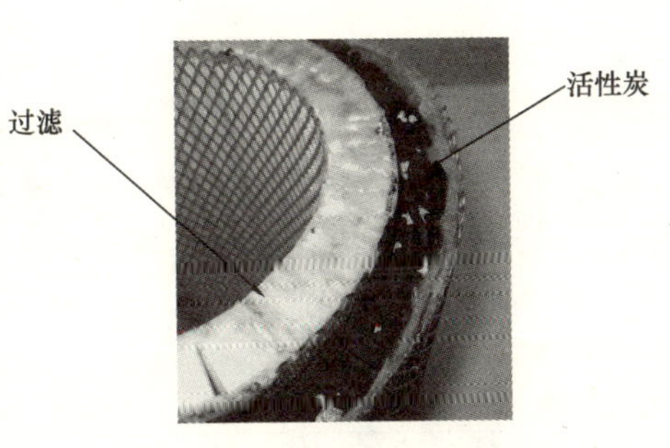

图 9-2 过滤与活性炭吸附相结合的空气净化器

破坏型空气净化技术：光催化、等离子体、臭氧氧化等，其净化过程本质上是化学反应或离子化反应的过程，因此常常伴随着副产物的产生（表 9-2）。目前，关于这些技术研究大部分均在实验室中进行，而在实际应用环境中的净化性能数据较少[18]。

常用室内空气净化技术比较[18] **表 9-2**

净化技术	适用空气污染物	优　点	缺　点	发展趋势
过滤	颗粒物	能有效去除颗粒物，特别是粒径大于 0.1μm 的颗粒物	长期使用的过滤器可能会产生异味，导致可感知污染物（sensory pollutants）； 无证据表明过滤器能除尘气体污染物（如 VOC 等），但当过滤器与吸附技术相结合时，能去除部分气体污染物	可与静电除尘技术相结合，既提供效率也降低运行阻力

续表

净化技术	适用空气污染物	优　点	缺　点	发展趋势
催化技术	有机、无机等气体污染物以及微生物	能去除大部分室内污染物（如醛类、芳香烃、异味、微生物等）	能产生有害的副产物（如甲醛、乙醛等）； 使用过程中，催化剂的活性会逐渐降低，导致净化性能降低	可与其他净化技术相结合，如与吸附相结合，既减低有害污染物，又增强性能
等离子体	有机、无机等气体污染物以及微生物	能同时去除气相污染物、微生物甚至颗粒物	可能产生臭氧，氮氧化物和其他有害副产物； 运行电压高； 耗能较其他净化技术大	可与过滤器相结合，既提供效率也降低运行阻力 与催化技术相结合，可降低其产生的臭氧
臭氧氧化	有机、无机等气体污染物以及微生物	能降低异味污染； 与某些催化净化技术复合应用时，能增强其净化性能	臭氧自身对人体健康有影响，而且臭氧能与室内污染物反应并产生二次气溶胶等有害污染物	可与催化技术结合，去除多余的臭氧
吸　附	有机、无机等气体污染物	无有害副产物； 有效去除气相污染物	长期使用后需进行再生处理； 与空气中的微量臭氧反应，并产生二次污染	需发展间断式再生系统，以保证系统的可持续运行
紫外杀菌	微生物	有效杀灭或抑制空气中的微生物（如病毒、细菌、真菌等）	可能产生臭氧等副产物	—

9.2.2 室内空气净化设备对健康的影响

室内空气污染物对人体健康具有重要影响[21]，而大量的实验结果表明：使用上述空气净化技术的净化设备有助于降低室内某一种或某些空气污染物的浓度水平[18, 22]，因此本文就此方面并不展开详细论述。但需要特别指出的是，目前尚缺少足够的室内空气净化器对人体健康影响的临床医学数据。

Myatt 等人研究表明[23]：使用空气净化器，可减少哮喘的发病。但更多的研究结果显示：这些净化设备能否有效降低过敏等症状依然并不明确，在临床医学上也缺乏强有力的数据支持空气净化器能降低对健康的不良影响[16]。表 9-3 汇总了使用高效过滤器（HEPA）对哮喘患病的影响。

美国医学研究所（Institute of Medicine，IOM）的研究表明[24]："去除颗粒物污染的空气净化设备在某些情况下有助于减少过敏或哮喘症状（特别是季节性相关的症状）。但现有研究已清楚表明：这样的空气净化设备对减轻这些症状并不是一贯高效的。"虽然目前还缺乏室内空气净化设备显著减少室内污染物对人群健康不良影响的证据[16]，但一些临床医生常常推荐患有哮喘或过敏症患者使用高效过滤器。

使用高效过滤器（HEPA）对哮喘患病的影响[25] 表 9-3

研究者	监控人群	样本数	使用净化器时间	结 果
Zwemer 和 Karibo[26]	6～16 岁哮喘患者	18	2～4 周	显著减少患病症状，减少白天哮喘次数，减少夜间睡眠被中断次数
Villaveces 等[27]	7～15 岁哮喘患者	13	2～4 周	显著减少患病症状
Kooistra 等[28]	15～68 岁花粉过敏者或哮喘患者	20	4～8 周	无明显改善
Verral 等[29]	7～27 岁哮喘患者	13	3～12 周	明显减少对药物的使用
Reisman 等[30]	16～61 岁鼻炎或哮喘患者	29	4～8 周	无明显改善
Antonicelli 等[31]	10～28 岁轻度哮喘和鼻炎患者	9	8～16 周	无明显改善
Warburton 等[32]	19～64 岁哮喘患者	12	30.3 天	无明显改善

至于其他空气净化技术（如光催化、热催化、等离子体、吸附等），目前尚缺少足够的临床医学数据证明采用这些技术的空气净化器能减少不良健康症状[16]。因此，特别需要加强空气净化器对人体健康的临床实验研究。

9.3 我国室内空气净化器市场现状

随着我国房地产市场持续升温，室内装修装饰、家具配置越来越受到人们的重视。但是室内环境污染的危害又让人们对空气质量的认识迈上了新的台阶，特别是受2003年“非典”的影响，人们对健康、环保型产品认识更加深刻。这一切无疑为空气净化产品市场提供了前所未有的机遇。因此，各种室内环境净化治理产品也应运而生，已崛起了一批从事室内空气洁净的公司企业，如亚都、飞利浦、格瑞卫康、奇滨、海尔等。

关于我国室内空气净化器市场的介绍多见于网络转载，而且彼此间数据差异较大，缺乏科学的官方统计数据。

9.3.1　我国室内空气净化器普及率

2006年，我国全年的室内空气净化器销量近40万台，销售额近6亿元，单机的平均零售价格在1500元左右[33]。室内环境净化治理产品的销售额在中国正以每年28%的速度增长[33]。据家电协会徐东生秘书长介绍[34]：“2010年，全球室内空气净化器市场规模有1000万多台，其中北美市场最大，大约有400万台，欧洲和亚洲市场各占300万，中国约100万台。”

根据美国家用空气净化器市场年度报告（2002）[35]：美国1997年空气净化器市场零售额为2.216亿美元，零售量为277万台；2003年零售额降至1.937亿美元，零售量为310万台；并估计美国今后每年室内空气净化器的增长率为3%～5%。该报告所估计的增长率与2008年美国国际家庭用品协会主席菲尔·布兰德公

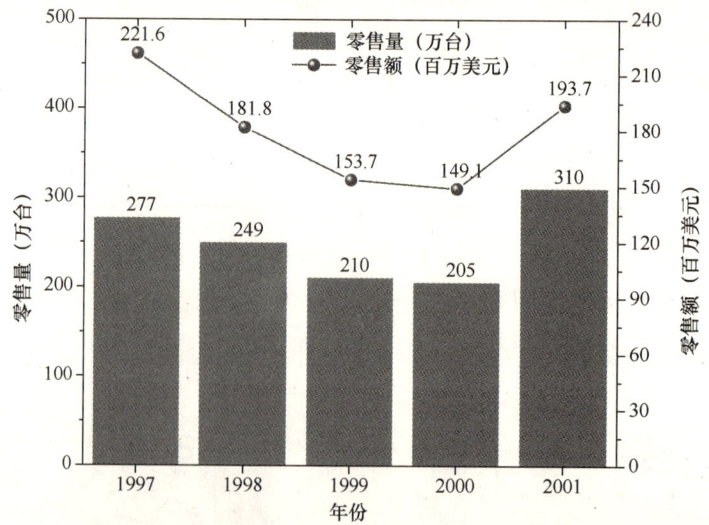

图9-3　美国家用空气净化器市场零售量与零售额[35]

布的美国小家电市场增长速率相吻合[36]，而且以此增长速率估计 2010 年美国家用空气净化器的零售量约为 400 万台，也与上述介绍的北美空气净化器市场规模相一致。

2001～2002 年，日本家用空气净化器的销量开始有了突破，在这两年中，日本的家用净化器的销售量每年平均递增 30%～40%，即从 2000 年以前的年均销量约 100 万台一跃增至 2002 年的 180 万台左右[37]。图 9-4 给出了 1995～2007 年间日本家用空气净化器市场销售情况[38]。

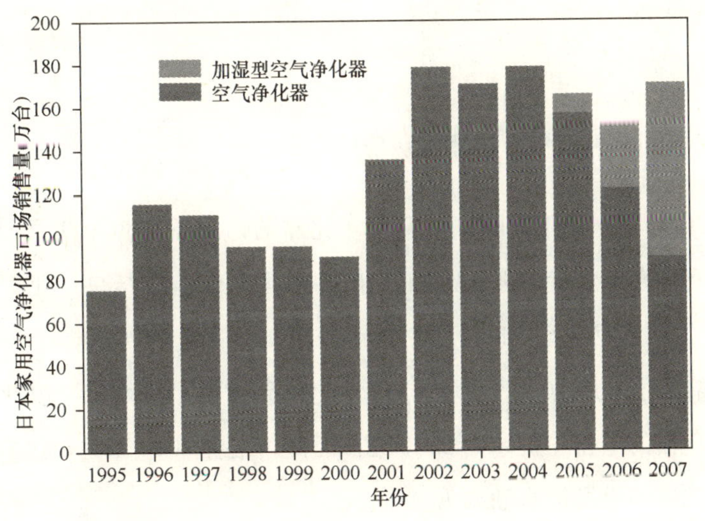

图 9-4 1995～2007 年日本家用空气净化器市场销售量[38]

由此可获得中美日室内空气净化器在城市中的普及率情况，如表 9-4 所示（其中净化器保有量是指拥有净化器的数量）。按表 9-4 所使用的计算方法，美日两国的室内空气净化器普及率远低于现有网络报道的水平，这可能是由于相关报道所统计的并不仅仅为室内空气净化器，譬如室内加湿器等。而我国的室内空气净化器的普及率远低于美国和日本水平，若每个家庭按 5 口之家来估计，则我国城市家庭中的空气净化器普及率为 0.38%×5=1.9%。

中、美、日室内空气净化器普及率对比[39] **表 9-4**

类　别	中　国	美　国	日　本
2010 年净化器年销售（万台）	100	400	约 180
总人口（亿人）①	13.7	3.08	1.30

续表

类　别	中　国	美　国	日　本
城市人口（亿人）①	6.66	2.58	0.87
净化器保有量（万台）②	250④	1200⑤	500⑥
净化器普及率（台/100人）③	0.38	4.66	5.74

①源自我国2010年第六次全国人口普查主要数据公报[40]和美国CIA the World Factbook[41]；②按净化器寿命为3年计算；③按城市人口计算；④按增长速率为28%[33]计算，统计2008～2010年销售量之和；⑤按增长速率为3%[35]计算，统计2008～2010年销售量之和；⑥由于日本市场较稳定[38]，统计2005～2007年销售量之和。

9.3.2 我国室内空气净化器市场份额

由上节可知，2010年我国室内空气净化器的销售量约为100万台。而根据中怡康对全国各大市县的空气净化器销售门店零售量的监测结果：亚都、飞利浦等10多个品牌占据了我国空气净化器销售市场的90%以上[42-44]。

表9-5给出了上述10多个室内空气净化器品牌的零售均价。由此可知，我国室内空气净化器的零售均价约为2200元。因此，结合2010年的销售量，可知我国室内空气净化器的市场销售额约为22亿元。

室内空气净化器前10名市场占有率及均价[42-44]　　表9-5

2008年7月[42]				2010年3月[43]				2010年6月[44]			
品牌	零售额（%）	零售量（%）	均价（元）	品牌	零售额（%）	零售量（%）	均价（元）	品牌	零售额（%）	零售量（%）	均价（元）
亚都	55.3	51.9	2092	亚都	35.4	42.2	1822	亚都	36.6	40.8	2065
飞利浦	15.3	16.8	1781	飞利浦	26.0	18.5	3055	飞利浦	29.2	22.9	2943
松下	11.0	11.2	1936	松下	15.6	14.6	2316	松下	11.7	11.7	2308
美的	5.3	6.8	1533	美的	10.9	14.8	1601	美的	9.7	13.9	1605
夏普	4.9	2.5	3866	瑞宝	4.0	1.9	4518	瑞宝	3.9	2.1	4348
康特	1.6	3.0	1045	瑞士风	2.0	0.8	5317	霍尼韦尔	2.5	2.2	2656
万利达	1.4	1.8	1553	远大	1.8	1.5	2569	远大	2.3	1.9	2765
瑞宝	1.2	0.4	5235	霍尼韦尔	0.8	0.6	2796	瑞士风	0.9	0.4	5929
海尔	0.6	0.9	1321	夏普	0.7	0.6	2721	康特	0.8	0.7	2577
霍尼韦尔	0.6	0.3	3379	康特	0.5	0.7	1752	夏普	0.7	0.5	2837
其他	2.8	4.4	—	其他	2.3	3.8	—	其他	1.7	2.9	—
空气净化器市场均价			1905	空气净化器市场均价			2121	空气净化器市场均价			2268

9.3.3 我国室内空气净化器市场所存在的问题

(1) 市场前景看好但现状不乐观

随着生活水平的提高，人们对自身所处室内环境质量越来越重视，对改善室内空气质量的需求也越来越迫切，特别是对装修之后的空气污染格外重视，这正是中国空气净化器市场发展潜力所在。我国远低于欧美发达国家的空气净化器普及率水平也一直被业内人士寄予厚望，空气净化器在中国具有广阔的未来发展空间。

据介绍[33]，目前几乎全部中小企业的空气净化器都是出口海外市场，其中以北美市场居多。2006 年国内家用空气净化器产量达到 730 万台，绝大部分供应出口，内销的比重还很低，仅有近 40 万台。2010 年全年仅有 100 万台的内销数量也表明空气净化器市场目前在中国还远未成熟，说明消费者的真实需求还没有形成。究其原因，尽管消费者对室内装修污染非常重视，但他们解决室内空气污染的方法，主要不是购买空气净化产品。接近 90%的人会采取“室内通风”的方式解决，还有 6%左右的消费者会选择“购买植物净化”[33]。而且，目前由于空气净化器生产规模小，价格偏高，无法进入平常百姓家庭。因此，消费者虽有环保意识，但并没有购买空气净化器的急迫需求。

(2) 缺乏有效的宣传和性能评价方法

由 9.2 节可知，目前室内空气净化器技术五花八门，种类繁多。现有市场上的空气净化器产品质量参差不齐，部分产品鱼目混珠，在产品宣传页上标注的“净化效果达 99.9%”，但缺乏针对哪种污染物、哪种条件的明确描述，而且其实际效果也并不显著，从而影响消费者对空气净化器产品的信心。

市场也缺少对空气净化器进行正确的宣传，使得一些不具有空气净化功能的产品（如加湿器等）在商场中与空气净化器作为同类产品摆放销售，而大多数消费者并不清楚他们的差别。另外，我国现有空气净化器评价标准或规范中还存在较多问题，譬如需对不同类型的净化器采用不同的评价方法和标准。

9.4 室内空气净化器性能评价方法与标准

现有的室内空气净化器性能评价主要包括两方面：产品自身性能的评价以及在

实际应用中的效果评价。对业内行家而言，了解产品自身性能便可，但对外行的消费者来说，他们更关注的是：购买了这些产品所能带来多大的效果，特别是为人们创造了多少健康方面的收益。

20世纪80年代初，美国家电协会（AHAM）提出表征家用空气净化器性能的洁净空气量（CADR），同时发展了一种测量CADR的方法，并于1988年成为美国国家标准，被称为ANSI/AHAM AC—1。我国也自20世纪90年代末开始逐步提出了一系列室内空气净化标准主要包括：

JG/T 22—1999	一般通风用空气过滤器性能试验方法
GB/T 18801—2002版/2008版	空气净化器
QB/T 2761—2006	室内空气净化产品净化效果测定方法
JC/T 1074—2008	空气净化功能墙面涂覆材料净化性能
JG/T 294—2010	空气净化器污染物净化性能检验方法

常用空气净化器性能评价指标 **表9-6**

评价指标	定　义	描　述
产品自身性能评价		
一次通过效率，ε[45]	$\varepsilon=\dfrac{C_{in}-C_{out}}{C_{in}}$	反映空气通过净化器后，降低某一种空气污染物浓度的相对比例
洁净空气量，*CADR*[46]	$CADR=G\epsilon$	反映空气净化器去除某一种空气污染物后，所能提供的不含该空气污染物的空气量
净化效能，η[47]	$\eta=\dfrac{CADR}{W}$	反映空气净化器单位功耗所产生的洁净空气量
实际应用中的效果评价		
洁净有效度，ε_{eff}[48]	$\varepsilon_{eff}=\dfrac{C_{ref}-C_{ctrl}}{C_{ref}}$	反映空气净化器对房间污染物浓度降低的贡献，处于0和1之间，当有效度等于1时表示空气净化器把室内污染物浓度降低为0，达到理想性能；当有效度等于0时表示采用空气净化器对室内污染状况没有任何改善

表中，C_{in}表示空气净化器进口处污染物平均浓度；C_{out}表示出口处平均浓度；G表示空气净化器的风量，m^3/h；W表示净化器运行时所消耗的功率，W；C_{ref}表示没使用空气净化器时，室内污染物浓度；C_{ctrl}表示使用空气净化器后，室内污染物浓度。

表9-6列出了上述标准中使用的几种空气净化器性能评级指标。在我国第一个

《空气净化器》标准 GB/T 18801—2002 中使用了一次通过效率来进行空气净化性能评价，而在其修订版（GB/T 18801—2008）中则删除了该指标，并提出了一个新的指标：净化效能，借此对空气净化器进行了净化效能分级（共分 4 级：A-D，A 级为最高）。净化效能反映了空气净化器单位功耗所产生的洁净空气量。相同洁净空气量下，净化效能越小，表示净化器的功耗越大，也就是实现同样的效果，但所付出的代价越大。

通过对空气净化器性能进行分级，原意是为消费者提供感观上的性能优劣标志，使它们的性能更容易被消费者了解和接受。但由于净化效能指标并不能完全体现空气净化器的所有性能，因此仅由净化效能所制订的分级标准并不全面，反而使得消费者对净化器性能有所误解。

清华大学建筑环境检测中心-空气质量检测室依据 GB/T 18801—2008 对我国市场上一些常用的空气净化器品牌的净化性能进行了测试[39]，结果如图 9-5 和图 9-6 所示。结果表明：同一洁净空气量下，不同净化器的净化效能差异较大，因此通过上述的分级指标确实可容易地分辨净化器的优劣；但图 9-5 和图 9-6 也显示：在同一分级净化效能下（甚至同一净化效能下），不同净化器的洁净空气量差异也非常大，这表明此时难以通过上述的分级指标来明辨净化器的优劣。特别是当空气净化器处理气态污染物（甲醛和 VOCs 等）时（图 9-6），即使洁净空气量低于 20m³/h，净化效能也依然被评为最高级，A 级。这使得一些净化器企业在宣传产品时，往往宣传“某某空气净化器达到了《空气净化器》国家标准规定的最高级别。”

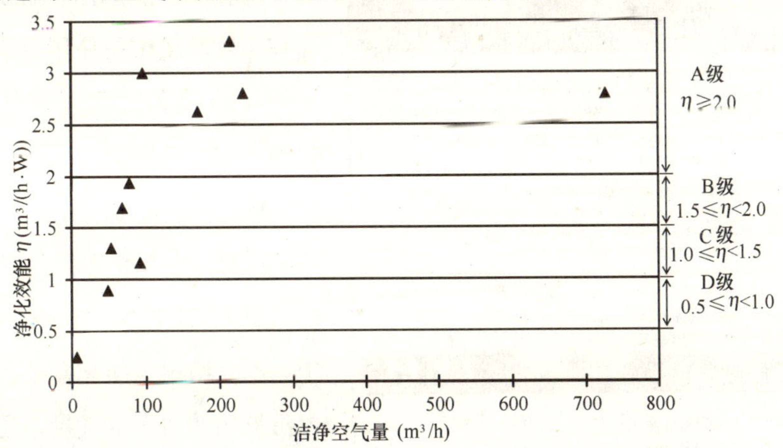

图 9-5 空气净化器处理颗粒物的洁净空气量与净化效能的比较[39]

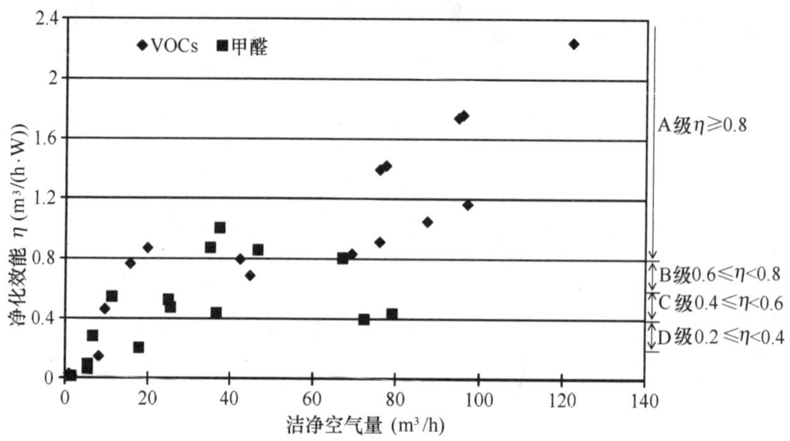

图 9-6 空气净化器处理气态污染物的洁净空气量与净化效能的比较[39]

然而在实际环境中，如果洁净空气量低于 20m³/h，则很可能不能满足净化需求。举例说明：在一个标准卧室中[49]，体积为 43m³，每小时换气次数为 0.5，木质家具和地板甲醛释放源的承载率为 0.8m²/m³，甲醛污染源释放速率为 0.25mg/(m²·h)。那么当未使用洁净空气量为 20m³/h 的净化器时，卧室甲醛浓度为 0.40mg/m³，而使用该净化器后的甲醛浓度为 0.20mg/m³，但依据我国《室内空气质量标准》GB/T 18883—2002：室内甲醛限值为 0.10 mg/m³。这说明使用这款空气净化器后，在标准卧室内甲醛浓度依然超标。因此，只依靠空气净化器自身性能指标，而脱离净化器在实际环境中的使用效果，并不能指导消费者选购正确的空气净化器。

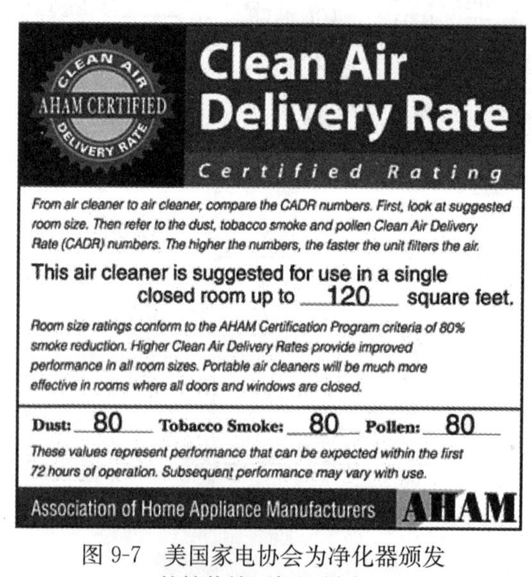

图 9-7 美国家电协会为净化器颁发的性能认证标识样本
(源自：www. cadr. org)

图 9-7 是美国家电协会(AHAM)为净化器产品颁发的性能认证标识样本。在该认证标识中，不仅给出了净化器处理不同室内污染物的洁净空气量，还推荐该空气净化器适用的房间大小，以便

于消费者选购。但 AHAM 的认证标识中并未提供净化效能参数，难以辨别产品的性价比。

此外，上述的评价指标均只是针对某一种或某些空气污染物的净化效果，并未考虑如何评价空气净化器产生副产物的情况，更缺乏评价净化器所产生的副产物是否对人体有害。美国标准（ANSI/AHAM Standard AC-1）和我国建筑工业行业标准（空气净化器污染物净化性能检验方法，JG/T 294—2010）中虽然限定了可能的副产物：臭氧的浓度水平，但并没对其他副产物进行限定。研究表明一些空气净化器（特别是破坏型空气净化器，如光催化、等离子体等）在去除室内空气污染物的过程中，常产生一些有害的副产物[50]。因此需尽快弥补现有空气净化器标准或规范中缺少对副产物产生水平限定的不足。

空气净化器净化寿命也是备受消费者和净化器厂商所关注的指标之一。依据标准 GB/T 18801—2008[47]，空气净化器净化寿命是指当空气净化器运行到去除某一种空气污染物的洁净空气量降低至初始值的 50%时，累计所使用的时间。但目前净化器性能检测与评价中往往忽略了该指标，譬如图 9-7 中美国 AHAM 的净化器性能认证标识中就缺少了该指标。其原因主要有两点：（1）缺少测量净化器净化寿命的标准流程，美国标准 ASHRAE 145.1P[51] 中也仅提出了对于颗粒状吸附材料的净化寿命测试方法，但并不能应用于其他净化技术；（2）在实际环境中测试净化器净化寿命所需时间较长，无论对检测机构或送检单位均造成严重的资源负担；而 ASHRAE 145.1P 中所提出了使用远高于实际环境的污染物浓度来开展净化材料净化寿命测试，以图缩短测试时间和节约成本，但这种方法对于光催化、等离子体等技术并不适用。因此急需发展科学、可操作性强的各种净化技术及净化器净化寿命的测试方法。

9.5 结论与建议

（1）我国室内空气净化器普及率远低于美日等发达国家水平，市场发展潜力大，但消费者购买需求并不高，需加强正确的市场引导。

（2）现有空气净化器除对微粒污染外，对其他污染物的净化效果并不强；现有空气净化技术除过滤和吸附外，其他技术大部分均只限于实验室研究，而缺乏在实际应用环境中的净化性能数据。而且部分企业对净化器净化效果进行夸大炒作、宣传，从而影响消费者对空气净化器产品的信心。建议加强对空气净化器性能强化或优化的研究，积累空气净化器在实际环境中的性能数据，特别是空气净化器对人体健康的临床数据。

（3）我国现有室内空气净化器性能评价指标或标准对消费者选购净化产品的指导性不强，建议尽快发展能反映净化能力、能耗、适用环境、净化寿命以及副产物产生水平的空气净化器性能认证标识。

参 考 文 献

[1] 崔九思. 室内空气污染监测方法. 化学工业出版社，2002.

[2] 詹鼎昌. 空气净化器的过去、现在和将来. 中国卫生工程学. 1996，(03).

[3] 朱天乐. 微环境空气质量控制. 北京航空航天大学出版社，2006.

[4] NASA. Plants clean air and water for indoor environments. In Public Safety：The 421 National Aeronautics and Space Administration：Technical Briefs：Spinoff (Ed.). 2007：60-61.

[5] 吴丹丹，周云龙. 常见盆栽植物对室内空气的净化. 生物学通报. 2006，(09)：58-60.

[6] 朱颖心，张寅平，李先庭等. 建筑环境学(第二版). 中国建筑工业出版社，2005.

[7] 许钟麟. 空气洁净技术原理. 科学出版社，2003.

[8] 吴忠标，赵伟荣. 室内空气污染及净化技术. 化学工业出版社，2005.

[9] 何余生、李忠、奚红霞、郭建光、夏启斌. 气固吸附等温线的研究进展. 离子交换与吸附，2004，4：376-384.

[10] Fujishima A，Honda K. Electrochemical photolysis of water at a semiconductor electrode. Nature. 1972，238(5358)：37-38.

[11] Ollis DF. Photocatalytic purification and remediation of contaminated air and water. Comptes Rendus De L Academie Des Sciences Serie Ii Fascicule C-Chimie. 2000，3(6)：405-411.

[12] Sekine Y. Oxidative decomposition of formaldehyde by metal oxides at room temperature. Atmospheric Environment. 2002，36(35)：5543-5547.

[13] Sekine Y，Nishimura A. Removal of formaldehyde from indoor air by passive type air-cleaning materials. Atmospheric Environment. 2001，35(11)：2001-2007.

[14] 张寅平，张立志，刘晓华，莫金汉. 建筑环境传质学. 北京：中国建筑工业出版社，2006.

[15] 张长斌，贺泓，王莲，姜风，邢焕，赵倩，暴伟. 负载型贵金属催化剂用于室温催化氧化甲醛和室内空气净化. 科学通报. 2009，(03)：278-286.

[16] U. S. EPA. Residential air cleaners (Second Edition). U. S. Environmental Protection Agency. 2009：Washington，DC.

[17] Weschler CJ. Ozone's impact on public health：Contributions from indoor exposures to ozone and products of ozone-initiated chemistry. Environmental Health Perspectives. 2006，114(10)：1489-1496.

[18] Zhang YP，Mo JH，Li YG，Sundell J，Wargocki P，Zhang JS，Little JC，Corsi R，Deng QH，Leung MHK，Fang L，Chen WH，Li JG，Sun YX. Can commonly-used fan-driven air cleaning technologies improve indoor air quality? A literature review. Atmospheric Environment. 2011，45：4329-4343.

[19] Bekö G，Clausen G，Weschler CJ. Sensory pollution from bag filters，carbon filters and combinations. Indoor Air. 2008，18(1)：27-36.

[20] Schleibinger H，Rüden H. Air filters from HVAC systems as possible source of volatile organic compounds (VOC) - laboratory and field assays. Atmospheric Environment. 1999，33(28)：4571-4577.

[21] Finnegan MJ，Pickering CAC，Burge PS. The sick building syndrome - Prevalence studies. British Medical Journal. 1984，289(6458)：1573-1575.

[22] Matsumoto H，Shimizu M，Sato H. The contaminant removal efficiency of an air cleaner using the adsorption/desorption effect. Building and Environment. 2009，44(7)：1371-1377.

[23] Myatt TA，Minegishi T，Allen JG，MacIntosh DL. Control of asthma triggers in indoor air with air cleaners：a modeling analysis. Environmental Health. 2008，7：43-55.

[24] Institute of Medicine (U. S.). Committee on the Assessment of Asthma and Indoor Air. Clearing the Air：Asthma and indoor air exposure，National Academies Press，2000.

[25] McDonald E，Cook D，Newman T，Griffith L，Cox G，Guyatt G. Effect of air filtration systems on asthma：A systematic review of randomized trials. Chest. 2002，122(5)：1535.

[26] Zwemer R，Karibo J. Use of laminar control device as adjunct to standard environmental control measures in symptomatic asthmatic children. Ann Allergy. 1973，31(6)：284.

[27] Villaveces J，Rosengren H，Evans J. Use of laminar air flow portable filter in asthmatic children. Ann Allergy. 1977，38(6)：400.

[28] Kooistra JB，Pasch R，Reed CE. The effects of air cleaners on hay fever symptoms in air-

conditioned homes * 1. Journal of Allergy and Clinical Immunology. 1978, 61(5): 315-319.

[29] Verrall B, Muir D, Wilson W, Milner R, Johnston M, Dolovich J. Laminar flow air cleaner bed attachment: a controlled trial. Ann Allergy. 1988, 61(2): 117.

[30] Reisman RE, Mauriello PM, Davis GB, Georgitis JW. A double-blind study of the effectiveness of a high-efficiency particulate air (HEPA) filter in the treatment of patients with perennial allergic rhinitis and asthma. Journal of Allergy and Clinical Immunology. 1990, 85(6): 1050-1057.

[31] Antonicelli L, Bilo M, Pucci S, Schou C, Bonifazi F. Efficacy of an air cleaning device equipped with a high efficiency particulate air filter in house dust mite respiratory allergy. Allergy. 1991, 46(8): 594-600.

[32] Warburton C, Niven RML, Pickering C, Fletcher A, Hepworth J, Francis H. Domiciliary air filtration units, symptoms and lung function in atopic asthmatics. Respiratory Medicine. 1994, 88(10): 771-776.

[33] 于昊. 空气净化器:"好戏"何时开始?. 电器. 2007, (11): 42-44.

[34] 徐东生(中国家用电器协会秘书长). 在2011中国家电博览会-室内空气净化器产品推广与消费论坛上的发言. 2011. 3. 17.

[35] Riedel Marketing Group. The U. S. air cleaner market 2002. 2002.

[36] 菲尔·布兰德. 2008年美国小家电市场将保持强劲增长. 日用电器. 2008, (03): 30.

[37] 朱焰. 今年日本的空气净化器市场. 家电科技. 2005, (09): 22.

[38] 任参. 日本家用空气净化器市场简析. 电器. 2008, (10): 71-72.

[39] 莫金汉, 张寅平, 王红广, 于小君. 我国室内空气净化器市场现状及性能分析. 暖通空调. 2011: 投稿中.

[40] 中华人民共和国国家统计局. 2010年第六次全国人口普查主要数据公报. 2011.

[41] US Central Intelligence Agency, the World Factbook. 2011. (Accessed at https: //www. cia. gov/library/publications/the-world-factbook/fields/2212. html.)

[42] 中怡康. 2008年7月空气净化器前10名市场占有率(%)及均价(元). 现代家电. 2008, (19): 65.

[43] 中怡康. 2010年3月空气净化器市场占有率(%)及均价(元). 现代家电. 2010, (12): 79.

[44] 中怡康. 2010年6月空气净化器市场占有率(%)及均价(元). 现代家电. 2010, (17): 88.

[45] GB/T 18801. 空气净化器. 国家质量监督检验检疫总局. 2002.

[46] ANSI/AHAM Standard AC-1. Method for measuring performance of portable household electric cord-connected room air cleaners. Association of Home Appliance manufacturers. 2005.

[47] GB/T 18801. 空气净化器. 国家质量监督检验检疫总局. 2008.

[48] Nazaroff WW. Effectiveness of air cleaning technologies. Proceedings of 6th International Conference of Healthy Buildings, Helsinki, Vol. 2. 2000: 49-54.

[49] 姚远. 家具化学污染物释放标识若干关键问题研究. 清华大学博士学位论文. 2011.

[50] Mo JH, Zhang YP, Xu QJ, Zhu YF, Lamson JJ, Zhao RY. Determination and risk assessment of by-products resulting from photocatalytic oxidation of toluene. Applied Catalysis B-Environmental. 2009, 89(3-4): 570-576.

[51] ASHRAE Standard 145. 1P. Laboratory Test Method for Assessing the Performance of Gas-Phase Air Cleaning Systems, Loose Granular Media. 2005.

第 10 章　室内空气质量的综合控制

上海世博会—沪上·生态家

为了实现健康的室内空气质量控制目标，采用单一的污染控制技术往往难以达到良好的实际工程综合控制效果。在建筑工程的规划设计、建设施工、装饰装修、运营管理等全寿命周期的各个环节实施有效的污染控制策略必定是一个复杂的系统工程，需要在对不同污染控制对象和目标进行科学分析的基础上，聚焦关键难点，明确控制策略和要素，多管齐下，制定分阶段、分层次且成本合理的系统解决方案，最终形成面向实际建筑工程效果良好、经济适宜的室内空气质量综合控制方法体系。

本章通过阐述以健康、适宜为目标的室内空气质量综合控制内涵，提出目前存在的主要问题及其难点，分析了建筑工程综合控制体系框架，并总结了“十一五”期间室内空气污染综合控制所取得的一系列科技成果，结合两个工程示范案例实践展现了对新建建筑室内空气质量实施综合控制的可行性和实际效果。

10.1 室内空气质量综合控制目标与原则

10.1.1 室内空气质量综合控制目标

室内空气质量的综合控制目标是随着经济社会发展水平的提高而不断地进步的。我国现阶段经济社会发展条件下，室内空气质量控制目标是营造健康、适宜的室内空气环境。

健康，即要求所营造的室内空气质量满足人们的卫生要求，不会造成人们急性或是慢性疾病及其所引起的病态建筑物症状，这些症状包括建筑物综合征（SBS）、建筑物关联症（BRI）和多元物质过敏症（MCS）等。

适宜，即所采用的综合控制方法体系必须是适合国情的，兼具科学性和可操作性，实际效果明显且经济成本合理的控制策略的综合集成。

10.1.2 室内空气质量综合控制原则

在实际建筑工程中需要根据如下原则最终确定室内空气质量综合控制的具体目标，包括满足不同人群的差别化环境需求原则、平衡不同污染物控制要求的原则、全寿命周期建设过程中控制方法的优化组合原则、与声、光、热等其他室内环境因素及建筑节能要求统一协调的原则。

（1）满足不同人群的差别化环境需求原则

人们对于室内空气质量的需求并不完全一致。对于对污染物更敏感的特殊人群，如：免疫力低下的老人、儿童或者是疾病患者，简单的以国家卫生标准中的统一要求作为室内空气质量控制目标，可能会造成这类人群的不适，甚至诱发多种疾病。因此在实际工程技术应用的过程中，应在分析室内区域功能特点的基础上，充分考虑使用者的特殊需求，制定出有针对性的室内空气质量控制目标。

（2）平衡不同污染物控制要求的原则

一般来说，室内空气中存在着多种污染物，针对不同类型污染物的控制策略各不相同，且可能存在着相互制约，如颗粒物和化学污染物。因此，必须考虑对不同污染物的不同控制要求，以“健康”为基准线，实现不同污染物之间的综合平衡控制要求。

（3）全寿命周期工程控制方法的优化组合原则

在实际的建筑工程中，为了达到最终的室内空气质量控制目标，在设计和施工阶段可以从源、通风和汇三个方面进行控制，在运营阶段通过加强室内空气质量的监测管理实现控制。具体应根据方案的可操作性、效果最优且成本合理实惠等原则进行优化组合确定采用哪几种控制方法及其组合的综合方案。

（4）与声、光、热等其他室内环境因素及建筑节能要求统一协调的原则

对室内空气质量的控制往往影响到声、光、热等其他室内环境因素及建筑节能的要求。比如采用自然通风技术可以增加建筑室内新风量，提高室内空气质量，但是同时新增加了室内受到室外噪声影响的风险；采用净化装置处理室内污染时也可能会增加设备能耗和费用。因此，为满足室内空气质量控制目标所采用的适宜控制策略，需要综合协调对其他室内环境产生影响及建筑运行能耗等多方面因素。

10.2 室内空气质量的突出问题和综合控制难点

10.2.1 导致室内空气污染的突出问题和原因

（1）过度装修等民众不健康、不合理行为普遍存在

随着住房改革和人民生活水平的提高，我国迎来了购房、室内装修热潮。许多民众在装修时盲目追求“豪华”，过分注重装修视觉效果。在装修时大量采用含化学污染的新型建筑材料、装饰材料、新型涂料和胶粘剂等，导致因过度装修造成甲醛、VOCs等空气污染物超标严重。

同时，随着生活节奏加快和生活方式改变，人们渐渐养成的一些不良习惯也会影响室内空气质量。如：过分依赖高效简便的清洁剂、清新剂、杀虫剂、除臭剂等化学消费品，导致甲醛、VOCs等污染增多；大量使用一次性餐具、水杯等塑料制品，造成SVOCs污染风险增加；依赖于空调等智能家电设备却疏于日常维护，导致空调二次污染等问题。

（2）对室内空气污染预控制的重要性认知普遍不足

经调查，部分业内人士和大多数消费者都将室内空气污染控制等同于发现污染

问题后的净化治理。对于建筑设计和装修阶段的方案优化、建材家具污染散发性能比选等实现源头控制的方法和手段普遍存在认知不足，导致设计方案阶段“未雨绸缪”的预评估环节缺失，无法预知竣工后室内空气污染超标的风险，从源头上难以避免室内空气污染的产生。

(3) 建筑通风设计不合理、缺乏针对室内空气污染的控制保障要素

不良的建筑通风设计主要包括三方面：

1) 大量装配集中空调的办公、宾馆等公共建筑采用密闭式无开窗通风设计，耗能高又不易消除因装饰装修产生的空气污染。

2) 新风设计忽视室内空气污染控制需求。

目前在我国设计阶段采用《采暖通风与空调设计规范》[1]确定的新风量，该规范时限已久、理论依据不足且风量设计值偏小，而且未考虑室内污染物稀释所需的通风量，因此通风设计从根本上无法保障民众健康需求。

3) 空调系统设计忽略了对室内空气污染的控制和消除需求。

目前的空调设计主要围绕如何解决热舒适性问题，对于室内空气质量保障缺乏整体考虑，如：由于管路设计无预见性导致后期清洗困难，易产生二次污染[2]；控制空气污染的过滤及净化组件无法直接安装等。

(4) 室内空气质量缺乏维护运营措施保障

目前在建筑运营阶段对于室内通风及空调系统的运营管理主要是针对设备运转状况进行监控，普遍缺乏为保障人员健康而制定实施的室内空气质量持续监控和二次污染消除等管理机制。譬如公共建筑空调系统清洗的管理要求虽已出台，但由于费用过高等问题一直无法归入物业管理常态进行有效落实，室内化学污染等的监控则更无法形成维护或运营管理性要求。

(5) 与能耗、成本等因素相比，室内空气质量的优先级别较低

近年来我国的建筑节能全面实施强制标准，而成本控制则是工程项目建设和管理的首要目标。但是针对运营期间关系民众身心健康的室内空气质量尚无强制性标准，且监管力度相对较弱、优先级别较低。导致在保障室内空气质量、节约能源和降低项目预算成本三者间进行平衡性选择时，室内空气质量仅以“通过竣工验收即可”作为基本控制目标。事实上，相对于能源资源节约，保障建筑环境中的人员健康才是体现“建筑以人为本”的首要需求和基本前提，因此，降低室内空气污染引

起的健康风险，实现室内空气质量综合控制是建筑业及相关产业发展中必须高度重视的关键问题之一，应该与建筑节能、成本控制等工作互为前提，齐头并进。

10.2.2 实现空气质量综合控制的难点

目前，要在建筑工程中真正实现“室内空气质量综合控制，保障健康的室内空气环境”还存在许多难点。

（1）标准体系尚不完善导致监管控制环节不连续[3-7]

我国目前虽然初步建立了涵盖建筑规划设计、施工验收、运行管理各环节的建筑建材、构件、设备等相关标准体系，但尚不完善，其中与室内空气质量控制相关的标准尤其是室内空气污染物直接相关的标准更少，仅包括建材中有害物质控制标准（设计阶段）和空气污染物浓度控制标准两部分。其基本控制思路是通过对建材有害物含量控制来确保建筑竣工阶段的部分典型污染物浓度符合国家强制标准《民用建筑工程室内环境污染控制规范》GB 50325 的规定。对于室内空气质量尚缺乏预评估环节，对颗粒物及化学污染也没有在建筑规划、通风系统设计和施工阶段采取有效的控制策略。而对需要特别关注的运营阶段的室内空气质量则缺少监控和保障措施。

（2）缺乏大量低成本、综合效果好的核心产品和技术成果

经过“十五”、“十一五”期间的科技研究积累，室内空气污染控制领域取得了多项单一技术成果和核心产品，综合控制方面结合示范工程建设也有了一些已取得实效的应用技术成果，但数量较少、成本较高，不足以支撑工程化和规模化应用需求。

例如，在污染过程控制方面，尚缺乏对建筑自防护关键技术的研发，集中通风空调系统污染控制关键技术和成熟产品较少，推广性不足，导致污染控制与建筑设计、施工脱离，从而造成“先污染、后治理”的情况频发，直接影响了空调清洗、住宅机械通风设备等行业的产业化开发和工程的规模化应用。

（3）对室内空气中各类污染物缺乏综合考虑

由于不同种类室内空气污染物的来源和性质不同，在不同建筑室内的污染物浓度水平也各不相同，因而对其源控制、过程控制及净化策略也应各不相同，甚至在某些情况下，会存在一定程度的互相矛盾和冲突。此时就必须将不同类型污染物加

以综合考虑，以最大程度满足“健康卫生标准”为基本原则，综合采用合理的源控制措施，最大可能地降低空气污染超标风险。

此外，目前在我国，人们往往过分注重认知度高、气味显著的污染物，忽视控制一些对健康危害更大的新型或典型污染物，如 SVOCs 和 $PM_{2.5}$等。

（4）建筑产品缺乏指导有力的污染散发标识体系支撑

选择合格适用的建筑材料、构件和设备，是实现室内空气质量综合控制必不可少的硬件保证。而我国目前对许多类建筑产品的污染散发水平尚未形成合理的评价方法，缺乏指导有力的产品标识体系支撑，使得我国室内空气质量综合控制缺乏必要的基础保障。

建立完善科学、指导有力的建筑产品污染散发标识体系，合理的评价建筑产品对于室内空气质量的影响，能够为各类建筑产品的生产和市场消费提供一个良好的把关机制，从而保护消费者权益、保障室内空气质量。更可以充分借助市场竞争机制，指导消费者合理选择建筑产品，促进产业更新和技术升级。

（5）现行建筑产品标准与空气质量标准限值之间无法建立联系

建材、家具等产品污染控制标准限值与空气质量检测标准限值没有关联性。我国现行的建材及家具相关国家标准包括：GB 18580～GB 18588，该系列标准主要以污染物含量测试为主，仅有少量材料可用散发测试作为备选测试方法之一。但建材有害物含量测试，并不能反映实际情况下建材有害物的散发特性，也无法用于评估其在使用阶段对于室内空气污染的影响。这将导致出现选用产品时达标合格，但室内实际装修时污染超标的结果，且过错无法认定，大大损害了消费者的权益。

（6）目前可供借鉴的工程实践经验相对较少

目前，我国对室内空气质量实施工程综合控制的成功案例相对较少，导致技术和产品运营实测数据不多，涵盖的技术和产品种类也比较少，无法为其他工程提供足够的经验借鉴。

在建筑工程中，“室内空气质量”目前尚未作为一个独立的要素进行设计和实施，其控制思想必须固化成为设计参数和条文目标才能真正融合到现有的工程规划、设计、施工和运营等全过程中，并进行科学评价和完善有力的监管，才能真正达到工程化、规模化的成效。

要真正实现室内空气质量的工程控制，绝不能仅满足单一的竣工验收控制限值，也不能只罗列出产品控制标准。必须形成一套完善、协调统一、可操作性强的综合控制策略作为制定具体工程控制方案的依据和通用性指导。

10.3 室内空气质量综合控制策略及要素

建筑室内空气质量综合控制体系应包括针对建筑本体控制和建筑产品控制两大部分。控制方式包括源控制、通风状况改善和污染物去除净化三类。

室内空气质量综合控制体系所涉及的技术、产品和标准整体框架可参见图10-1。

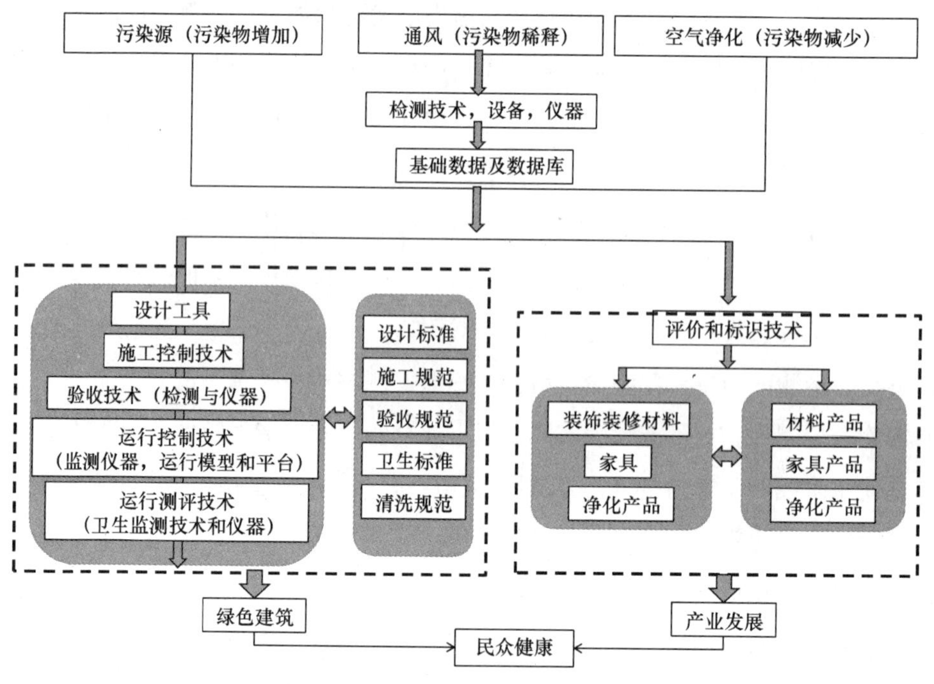

图10-1 室内空气质量综合控制体系框架

10.3.1 室内空气质量综合控制策略

针对新建和既有建筑这两类截然不同的建筑类型，需分别提出相应的室内空气污染综合控制策略。

（1）新建建筑

对于新建建筑，在污染源控制、通风状况改善和污染物去除净化三方面都可以采取相应措施。理想的策略是：在规划设计阶段即引入空气质量综合控制的理念，并充分融合在各工程环节中，通过空调系统、装饰装修和系统运营等具体的设计方案和技术措施的全面落实，最终达到室内空气质量健康、适宜的目标。

对于具体工程，室内空气质量综合控制在各工程环节须开展的工作包括：

1）规划、设计阶段

明确控制目标：根据室外环境调研结果和工程特点，确定工程的典型分区，确立各主要分区的空气质量控制目标，尤其是高于常规要求的区域。

优化相关建筑设计参数：主要包括温湿度、新风量、进出风口位置、建筑面积等。建筑设计主要受业主需求、成本控制等诸多约束，因此一般情况下以遵循既有标准，满足新风量要求为前提，适当优化建筑内的气流组织形式为主，合理采用空气净化模块。

优化装饰装修方案：在确定建材用量及散发量、建筑设计特性参数等边界条件后，对装修后的室内空气质量进行预评估。根据预评估结果分析各类建材对于不同空气污染物的权重关系，结合成本控制、工程定位、气流组织等多种因素提供针对性的装饰装修优化方案。

2）采购阶段

多方遴选建材：结合装修方案，明确主要功能房间（办公室、会议室、宾馆等）需采用的建筑装修材料环保性能要求的技术指标。对所选建材的污染物散发量进行测试评价。

净化产品比选：根据项目成本、定位和预评估结果，分析是否需要进行净化治理。根据净化产品性能测试结果，最好是工程实测结果，优选净化产品。

3）施工阶段

材料复检：对建材等相关产品进行进场复检。

绿色施工：结合实际，明确对装饰装修的绿色施工控制要求。

4）竣工阶段

竣工验收检测：竣工后依据国家标准《民用建筑工程室环境污染控制规范》对室内空气质量进行检测。

针对性净化治理：对室内空气质量具有较高要求或特殊需求的功能区域应用适

宜的室内空气净化技术实施治理。

5）运营阶段

运营检测：根据国家标准《室内空气质量》进行现场检测。确定室内空气质量是否可以满足卫生标准。同时，可根据检测结果评价实际控制效果是否符合预先设定的具体控制目标，以及特殊功能区域和敏感人群的健康需求是否可以被满足等。

智能监控：合理布置传感器，安装室内空气质量监控系统实现实时监测。根据监测数据与控制目标的对比分析结果，合理调节通风方式及通风量等。最终既保证室内空气质量持续达到目标要求，又可避免因过度通风所导致的能源浪费。

针对性治理：考虑极端天气条件及特定区域对室内空气质量的高品质要求，进行针对性治理。

运营管理：结合项目特点，制定出可靠易行、环保节能的室内空气质量管理措施和制度。确保办公建筑室内空气质量能长期稳定地维持在良好范围。减少因极端天气和管理缺失等导致的投诉，提高室内人员的主观满意度。

（2）既有建筑

一般情况下，既有建筑的规划、设计和主要施工阶段已经结束，空调系统、装饰装修已经基本完成，对其室内空气质量控制采取的技术措施受到的客观约束较多。因此，将更多依赖于运营阶段的通风系统改善以及对污染物的去除和净化措施，其实施细节可参照上述4）、5）。

此外，在具体实施中还必须综合考虑选址、原有设计方案和采购方案、工程成本、用户需求、运营管理水平以及与其他设计要素平衡等多种因素。最终提出基于某个具体建筑工程的相对优化的室内空气质量综合控制方案。

10.3.2 室内空气质量综合控制要素

室内空气质量综合控制主要包括三大技术要素和两大非技术要素。

（1）技术性要素

1）污染源控制

室内空气污染物主要来源于以下几个方面：室外污染物、建筑及室内装饰材料、燃烧产物和人的活动。

我国室内的颗粒物污染主要来自于室外，因此在规划选址的阶段，应进行建筑周边大气中污染物浓度测试，了解周围环境背景浓度，并综合风向等气象资料优化选择空调新风口的位置。

当周围大气中颗粒物及化学污染物浓度均非常低、空气质量优良时，在建筑设计时优先考虑采用自然通风的方式。

当大气中年平均颗粒物浓度偏高、化学污染物浓度较低时，则不能盲目鼓励自然通风，可考虑在空调新风口增设颗粒物去除装置。

当大气中颗粒物浓度及化学污染物浓度非常高时，则不适合采用自然通风，应采用机械通风的方式，并需加强建筑自防护功能，如增加建筑密闭性等。

由于室内污染源、燃烧和人类活动相对随机且难以避免，因此在建筑工程中可以实现系统控制的污染源包括：建筑本体污染、室内装饰装修材料及家具污染、空调系统污染三大类。

A. 建筑本体污染主要包括两类：一种是建筑施工中加入化学物质（北方冬季施工加入的防冻剂，渗出有毒气体氨），另一种是由地下土壤和建筑物中石材、地砖、瓷砖中的放射性物质形成的氡。建材氡和防冻剂中的氨可以通过建材优选来控制。土壤氡污染可以通过适当的防护工程来控制。

B. 室内装饰装修材料及家具污染：包括油漆、胶合板、刨花板、泡沫填料、内墙涂料、塑料贴面等，是目前造成室内空气化学污染的主要来源。

多方调研结果显示：我国室内新装修房间室内空气污染超标现象严重。这说明建材、家具作为主要污染源尚未得到合理有效的控制，其原因在于：我国建材行业产品污染控制以含量测试指标为主，无法与室内空气污染物实际浓度建立直接联系，导致监督脱节。因此，选用科学合理的建材污染评价指标是当务之急。“十一五”期间取得的相关研究成果，为最终形成一套比较完整的建材污染散发测试和标识体系奠定了基础，下一步将用于建材污染源的控制。

C. 空调系统的污染：主要包括风系统污染和水系统污染。

空调系统风管内积聚灰尘不但会严重污染室内的空气，而且会增加风管系统阻力，使空调系统的风量下降。风管内空气的温度和湿度非常适宜某些细菌的生长和繁殖，因此空调风管系统本身就可能是一个污染源。目前对风系统的清洁维护相对比较欠缺。物业管理较好的用户，目前主要还停留于对过滤器的清洗或更换上。由于清洗手段落后，清洗后过滤器性能变差，所以大多采用更换。

实践证明风管清洗不但可以提高室内空气质量，而且可以确保空调系统的高效节能运行。要从根本上解决空调系统的污染，应考虑建立系统运行制度，定期对风管进行清洗，定期对空调冷却塔水进行消毒与监测，以避免军团菌污染发生的可能。

2）通风状况改善[8-10]

A. 新风量设计值的合理选取

空调房间的新风主要是用来稀释室内 CO_2 浓度、粉尘浓度以及化学污染物浓度，使其达到允许的标准值并提供室内人员所需的新鲜空气量。在设计时应按房间的特点，综合考虑并确定影响室内空气质量的最主要因素，然后计算 CO_2 浓度、粉尘浓度以及化学污染物等各类指标所需的新风量。传统的设计中，是不考虑空气中化学污染物需求的新风量要求的。

加大新风量是确保良好室内空气质量的可靠办法，但是空调系统选用新风量的标准对空调系统的造价和能耗影响很大。因此，在空调系统设计过程中合理的选用新风量显得尤为重要，既要满足室内空气质量的要求，又要考虑工程初投资，同时还应兼顾运营成本，达到降低能耗的目的。这就需要在满足卫生要求的前提下，应尽可能减少设计新风量。

B. 改善室内气流组织

合理的气流组织即合理布置送风口，充分将新鲜空气送入工作区，减少送风死角，提高室内的换气效果，充分稀释室内污染物浓度，从而提高室内空气质量。对于集中式全空调系统，不仅要设计独立的新风系统，还要能确保过渡季节全新风运行；在大型公共建筑中可以采用置换通风，将清洁新鲜的空气直接送入人体活动区，避免污浊空气的再利用，保证工作区的空气质量；对半集中式的风机盘管系统，除将新风直接送入房间外，应增设集中排风措施，这样才能发挥新风效应；对分散式的分体式空调房间采用双向新风换气机有利于改善室内空气质量，同时有利于节能。在一些人员较固定的工作区也可以选用个性化通风（也称工位送风），即将空气直接送给每个人员，使其直接从射流核心区吸入未与室内污浊空气混合的清洁、凉爽和干燥的空气。

3）污染物去除和净化

A. 合理利用空气过滤或净化装置

加强新风与室内循环风的过滤，可以降低室内有害物质的浓度。常见的空气过滤方法有过滤网过滤、静电吸附以及电气集尘等。一般的过滤网只能够除去较大粒径的尘埃，静电吸附和电气集尘可以去除细微的难去除的尘埃和杂质。随着技术的进步，现在已开发出多种能够清除细菌、VOCs及其他有害物质的过滤材料。例如广泛采用负离子型净化器和光触媒技术，大大提高了空气净化效率。活性炭是目前唯一能去除臭味的净化材料，活性炭过滤材料还能够清除细菌，吸收VOCs等物质。另外要加强过滤器的日常维护管理，及时检测过滤器前后的压差，清洗或更换过滤材料，以保障过滤器的正常使用，提高过滤器的使用寿命，同时避免二次污染。

B. 选用空气净化材料和净化功能植物

由于净化材料和净化功能植物属于被动净化方式，具有无能耗、初期成本低、使用面积不受限制等特点受到人们越来越多的关注。目前在中国市场该类产品主要包括净化功能涂料、净化功能瓷砖、净化功能天花板、净化功能喷剂、净化功能壁纸、净化功能纺织品等。

在室内合理选用空气净化材料和净化功能植物可以在一定程度上降低室内污染物的浓度，作为有效的辅助净化措施，具有一定应用前景。

C. 设置局部排风或过滤吸附

在污染源比较集中的区域或房间，可采用局部排风或过滤吸附的方法，防止污染源的扩散。另外，隔离控制、压差控制和过滤、吸附吸收处理及间断排风等控制方法都可以在一定程度上改善室内空气质量。

（2）非技术要素

1）根据目标定位选择合理的污染评价指标（高于常规建筑要求）

在确保满足卫生标准的前提下，根据调研明确项目具体定位和特殊需求，在预算允许的情况下，以敏感人群健康需求为导向，制定个性化的适宜的室内空气质量综合控制方案，以实现同一建筑内不同区域空气质量的单独控制也是非常有意义的。可避免一味追求普遍的高质量而造成对资源能源的非理性消耗。

2）完善室内空气质量的科学化管理制度

基于对建筑工程室内空气质量长期有效的控制目的，还应完善建筑运营管理制度，提升管理水平，实施室内空气质量的科学化管理。

室内空气质量管理对于现代办公楼的物业管理是重要的环节。形成一套科学的管理方法，有助于调节控制空气质量，改善室内环境，提高劳动生产率，带来可观的经济效益。完善室内空气质量的科学化管理制度主要包括：

建立调查研究制度。使管理人员及时了解和掌握建筑室内环境现状，通过仪器进行测定或定期巡视，取得第一手资料和数据，调查后再运用数理统计方法对采集数据进行整理分析，得出规律性和趋势性评价，作为改善室内空气质量的依据。

建立严格的维护管理制度。一方面是对系统设备的维护，另一方面要求管理人员只要接到有人对室内环境的投诉便要立即作出反应，及时处理。

运用智能化技术进行管理。既可提高运营管理的效率，也便于对系统进行集中管理和最佳控制，保障空调等系统在节能的前提下运行效果达到最佳。

总之，对建筑工程各环节实施有效的室内空气污染控制是一个复杂的系统工程，需要针对不同污染控制对象和目标将上述各控制要素进行合理的集成组合，形成分阶段、分层次且成本合理的解决方案，最终形成面向实际建筑工程效果良好、经济适宜的室内空气质量综合控制方法体系。

10.4 “十一五”期间室内空气质量综合控制的科技成果[11]

“十一五”期间我国对人居环境的保护和改善日益重视，加大了相关领域的科研投入，针对城镇化快速发展的现实需要和长远趋势，系统开展了人居环境改善与保障关键技术研究。其中室内空气质量是一个重要的研究方向，涉及课题包括“建筑室内污染源检测技术和设备开发”、“建筑室内化学污染控制与改善关键技术”、“居住区风环境与室内自然通风关键技术”和“建筑室内环境综合评估技术与智能监控系统”，形成了大量与室内空气质量综合控制相关的科技成果，包括三大技术要素——污染源控制、通风改善和污染物去除和净化，以及非技术要素——建筑运营管理。

10.4.1 污染源控制相关成果

“十一五”初期，由于我国家具、建材产品的测试多采用含量测试，建材家具散发量特性测试方法、测试设备及其测试性能等研究大大落后于国际水平，对室内污染源控制的技术支撑严重不足。因此，专门设立课题系统开展研究，形成以下成果。

(1) 研制了大型室内空气质量测试舱

针对我国缺乏高性能的大型室内空气质量测试舱的现状，上海市建科院和清华大学分别研制了 $30m^3$ 大型室内空气质量测试舱，均满足 ASTM D 6670 标准要求。该成果可用于建材、家具、净化器等多种产品合格评定，同时可用于开展多种污染物耦合效应分析、装修污染预评估验证等研究，为室内空气污染控制技术的研发提供坚实的硬件基础。

这两台大型室内空气质量测试舱均采用风机为动力源，系统形式均为直流系统，从而简化了系统形式和建造工艺，克服了以往压缩机为动力源的系统和回风系统带来的加工工艺复杂、建造成本较高等问题。

(2) 研制了系列小型室内空气质量测试舱系统

为解决已有小型测试舱的固有设计缺陷，研制了小型室内空气质量测试舱系统。该系统可在一个实验室内进行多个小型测试单元的测试，可用于批量化测试建材产品的散发性能，运行成本低。该系统使测试舱性能得到明显提高，且整套装置的成本降低 70%以上，为散发量测试这一科学的测试方法的市场化推广奠定了关键的硬件基础。

该系统可根据实际需要增减测试单元的数量，调控更加灵活方便；通过风机和静压箱的配合使用，使常规配件在测试系统中的使用成为可能，保证了常规低压流量计使用的灵活性和可靠性。

(3) 研发了系列环境测试舱

为便于各研发和设计单位开展环保建材或净化材料等产品的空气质量相关性能测试和评价工作，研发了系列大、中、小型环境测试舱（见图 10-2）。

该成果具有标准甲醛气态发生装置，可实现自动化定量模拟空气中甲醛污染物浓度的污染环境，在测试舱运行中采用以化学标准方法自动化、间歇式的获取舱内空气中甲醛浓度的数据，并在市场上实现销售。

(4) 建立了大、小型空气质量测试舱性能检定检验方法

在成功研制了系列空气质量测试舱的基础上，建立了大、小型空气质量测试舱

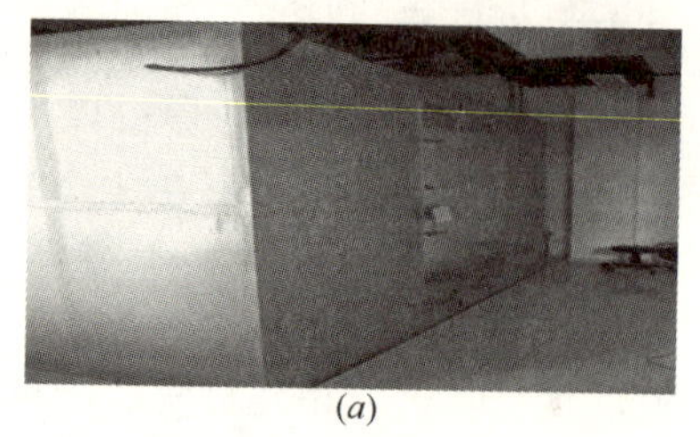
(a)

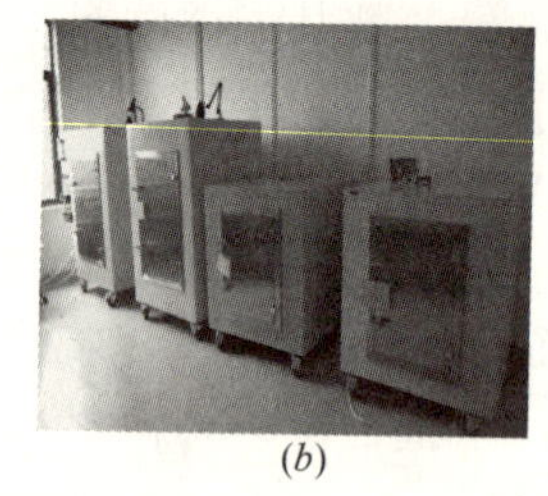
(b)

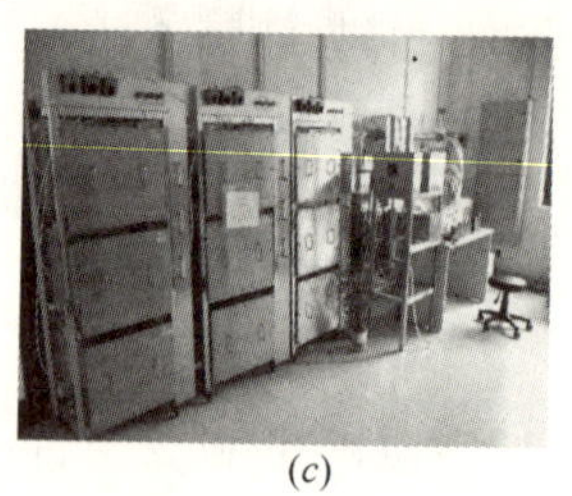
(c)

图 10-2 各种室内空气质量测试舱

(a) $30m^3$ 大型环境舱；(b) 中型 IAQ 环境舱；(c) 小型 IAQ 环境舱

性能检定检验方法。超净大型室内空气质量测试舱性能检定检验方法在性能误差分析测试方面取得了突破，小型室内空气质量测试舱制定了行业产品标准化文件《建筑工程室内环境测试舱》。成果为室内空气质量测试舱的推广应用提供了关键的建造和评定技术，为规范国内小型测试舱市场提供了技术支撑，同时也保障了不同实验室测试数据的重现性。

(5) 研制了苯系物现场快速检测仪、新式气泡吸收器、便携式甲醛检测仪，并形成生产线

针对国标法检测周期长、速度慢等问题，研制了苯系物现场快速检测仪、新式气泡吸收器、便携式甲醛检测仪，并形成生产线。该成果一方面提高了国标检测的工作效率，另一方面与国家标准形成互补，广泛应用于低成本、快速、半定量检测中，从而为空气检测进入百姓家庭提供了支持。

(6) 提出了多气固比法、多次散发回归法和密闭舱浓度足迹法三种测试建材散发关键参数理论及方法

针对目前关键参数测试周期长等问题，首次提出了多气固比法、多次散发回归法和密闭舱浓度足迹法三种测试建材散发关键参数的理论及方法，为建材污染物预测提供了理论基础。

(7) 建立了不同建材和家具的散发测试技术，形成了板材、地板、内墙涂料等建材和家具标识分级方法

针对目前国家标准中小型环境测试舱建材污染散发实测技术中分类不完善、测试周期过长、采样仪器不统一等问题，系统研究了环境条件、样品准备条件、采样方法等因素对于散发率测试的影响，建立了不同建材种类的散发测试技术。通过

30种室内装饰装修材料、109个样品的测试，在分析其散发特性和散发规律的基础上，初步建立了板材、地板、内墙涂料和木器漆标识分级方法。

针对我国目前家具污染控制标准不能反映空气污染危害等诸多技术不足和破坏性鉴定等实际应用问题，系统考虑了家具载荷、测试状态等关键参数，建立了家具污染测试技术。基于“标准房间”的建立和多个样品的测试，根据我国室内空气行业管理的特点，初步建立了家具污染标识方法。

(8) 开发了室内污染源检测管理信息系统和室内污染源散发特性数据库

为便于开展室内空气污染预评估和装修方案空气污染优化设计工作，同时也为实验室提供系统的测试管理工具，研究开发了室内污染源检测管理信息系统和室内污染源散发特性数据库。

该成果完成了300多项标准，100多个样品、40多个品牌的建材、家具测试数据的录入，实现了室内污染源送样类检测和现场类检测从委托登记、样品管理、试验记录到报告审批发放的检测业务流程，保障了数据录入的全面和准确，为污染源的评价和设计中数据的调用提供了支撑，也可用于同类建材产品遴选。

10.4.2 通风状况改善相关成果

在通风方面，结合建筑节能等需求，主要开展了自然通风的相关研究，形成了自然通风设计方法、仿真软件，建立了自然通风测试成套技术和室内通风效果评价标准等。可用于指导我国建筑通风及生态建筑设计和评价，对于适用自然通风技术的建筑室内空气质量控制提供了系统的方法和工具。

(1) 建立了自然通风设计方法及大型仿真软件NAVS

通过理论研究、实验测试与数值模拟等手段，提出了居民开窗行为与室内外温度之间的关系模型，系统提出了单侧、双侧大开口在热压、风压和风压热压共同作用下的流量计算方法和自然通风的改善措施。研制了“绿色建筑自然通风分析软件NAVS”，基于自主知识产权的PKPM图形平台，接力WindCFD软件和其他通用CFD软件的风压模拟计算结果，自动生成建筑外立面的风压场分布，可准确高效完成风压通风、热压通风和机械通风等多种仿真计算。

(2) 开发了自然通风测试成套技术

通过数值模拟、实验和现场测试等手段的集成，研制了室内自然通风流场测试平台和空气龄与通风量测试平台，解决了建筑自然通风关键参数实验测试难题。分析总结大量实际工程自然通风现场测试案例，研制了现场测试仪器，开发了风洞测试、实验台测试和现场测试的自然通风测试成套技术。

（3）编制了《建筑通风效果测试与评价》标准

在国内首次建立了室内通风效果评价体系，提出包括速度评价、空气龄评价、有害物质浓度评价、通风与节能评价等室内自然通风综合评价指标体系和方法，编制了《建筑通风效果测试与评价》标准，指导我国建筑通风和生态建筑设计和评价。

10.4.3 污染物去除和净化相关成果

（1）研发了室内空气质量净化技术、设备产品及其测试评价技术

针对目前空调系统较少考虑室内化学污染的现状，研发了公共建筑空气调节、净化技术及相应系统设备；针对目前多种多样的净化方法，建立了建筑室内空气净化材料、净化器产品及其测试评价技术和相关标准；开发了化学污染控制与改善效果的预测评价技术和相应的仿真和评价软件，为建筑室内空气质量控制提供了末端治理的产品和技术成果。

（2）开发了中央空调在线清洗系统

开发了中央空调在线清洗系统，PES-中央空调智能清洗节能系统是国内首创集成机电一体化技术，改变了该行业传统人工化学清洗方法。PES在线清洗系统运行前后测试工况相比较，性能系数提高了20.8%，除垢能力强，节能效果明显，并且彻底杜绝军团菌的滋生。

10.4.4 建筑运营室内环境测评监控相关成果

（1）形成了室内环境品质综合测试评价、人员大型环境测试舱生理性指标的测试与舒适评价等技术规范性文件

建立了《室内空气中甲醛卫生要求》、《室内空气中臭氧卫生要求》、《居住区大气中臭氧卫生要求》等标准规范，并在世博园区、北京西钓鱼台嘉园、北京朝阳区尚东阁小区、崇明陈家镇办公楼、中国人民解放军总医院进行示范应用，提高了建筑运营管理水平，创造了健康、舒适的建筑环境。

（2）建立了建筑室内环境综合测试评估技术体系

根据建筑新技术产品对于提升室内环境品质的共同特点，利用在时间空间上的对比分析，选取符合该技术产品特点的室内环境相关指标，建立了建筑新技术产品提升室内环境品质的性能通用测试与评价方法，并在各类具体案例中得到集成应用。

（3）建立了室内环境智能监控系统

该系统突破传统单一目标的控制模式，引入了能耗与环境统一的优化控制策略，保证建筑在较低能耗的运营下，提高室内环境质量，真正实现室内环境与能耗统一的集成综合调控。在实际工程应用中，采用 zigbee 的无线传感技术，集成于室内环境的自动监测系统，解决了传统环境传感器布线的不便。

（4）建立了室内环境综合评估信息系统

首次将基于自动监测数据的室内环境评价欧洲标准的评价规则，结合示范工程需求，引入监测数据分析与评价，建立了室内环境监测信息管理系统，系统框架如图 10-3 所示。首次结合建筑管理水平、现场测试条件以及现场测试数据，对室内环境的静态检测数据进行分级评价，建立了室内环境综合评估信息系统。首次采用“检监结合”的管理模式，真正从信息化管理上保障室内环境质量。

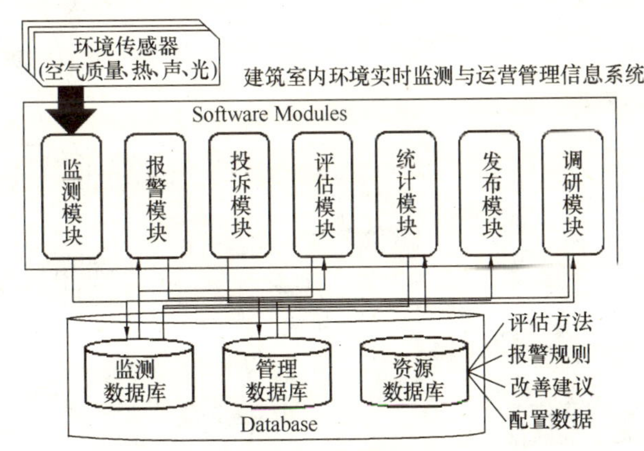

图 10-3 系统功能框架图

“十一五”期间我国在建筑室内空气质量控制方面科技创新成效突出，显著缩短了与国外发达国家的差距，工程示范效益突出，获得了巨大的经济和社会效益。室内空气污染等民生问题得到了一定控制，居住环境质量得到了提高。建筑行业管理水平提升，产业结构调整显著，促进了建材等传统产业革新，推进了建筑现代咨询业发展，培育了空气净化等新型产业，为生态和谐城镇的建设和可持续发展提供了科技支撑。

但由于我国该领域研究起步相对晚，开展的研究还不够全面，无法彻底解决工程实际中的污染问题，导致建筑室内空气污染形势依然严峻。有待“十二五”继续聚焦典型和新型污染物，进一步开展科技研发以及工程化、规模化的推广应用。

10.5 室内空气质量工程示范案例

10.5.1 沪上·生态家

(1) 项目简介

“沪上·生态家”位于2010年上海世博会城市最佳实践区北部街坊，作为一座展示未来人居的都市住宅体验馆，是代表上海城市参展的唯一实物案例，见图10-4。“沪上·生态家”建筑面积3147m²，地上4层，地下1层，采用因地制宜的设计原则和自主创新关键技术，以“生态建造、乐活人生”为主题，以“节能减排、资源回用、环境宜居、智能高效”为理念，集成了十大亮点技术，形成了应对“夏热冬冷地区、高密度、大城市”的地域特点，并可供全球城市交流、借鉴、推广的

图10-4 “沪上·生态家”实景图

适宜技术体系。

(2) 室内空气质量综合控制思路

本案例首先在功能定位上是一个多区域的环境控制技术应用，它不仅包括提供参观展览服务的公共空间，更重要的是还包含了提供老年人、儿童等对环境有特殊要求人群的生活起居空间。因此，在不同区域内设定分层次的室内空气质量目标。

其次，在综合控制方法的优化选择方面，针对通用的室内空气质量控制空间，从源头控制着手，控制板材的污染物散发，结合采用被动式的通风方式和被动式的净化措施（植物净化），最终在基本没有建设增量成本和运营能耗的基础上，达到控制要求。

最后针对有特殊环境需求的老年人和儿童活动空间，在前述通用控制措施的基础上，加强局部区域主动式净化措施，进一步提高这类区域的室内空气质量，以满足高标准的特殊需求。

(3) 室内空气质量综合控制目标

“沪上·生态家”重点展示全寿命周期低碳居住理念，探索普适型的绿色宜居模式，以贯穿人生历程的“青年公寓、两代天地、三世同堂、乐龄之家”等四个年龄的主题单元，因此沪上·生态家的功能区域具有一定的复杂性，见图 10-5。通过对婴幼儿、老人等特殊人群以及功能区需求的分析，并调研各类国内外建筑室内环境控制标准和文献，确定了沪上生态家各主要功能区的室内环境控制要求，其中老年与幼儿活动区污染物浓度限值均比普通人群低一半（除 CO_2 浓度以外）。具体区域功能划分及室内环境控制要求见表 10-1。

沪上·生态家各功能区室内污染物指标限值要求 **表 10-1**

区域名称	分布区域	功能	甲醛 (mg/m^3)	苯 (mg/m^3)	TVOC (mg/m^3)	二氧化碳 (%)
办公区	地下一层	办公	≤0.10	≤0.11	≤0.60	≤0.10
通向未来	一层	公共展览	≤0.10	≤0.11	≤0.60	≤0.10
无纸书房、青年公寓	二层	青年居住	≤0.10	≤0.11	≤0.60	≤0.10
三口之家、三代同堂	一、三层	幼儿居住	≤0.05	≤0.05	≤0.30	≤0.08
三代同堂、乐龄之家	三、四层	老年居住	≤0.05	≤0.05	≤0.30	≤0.08

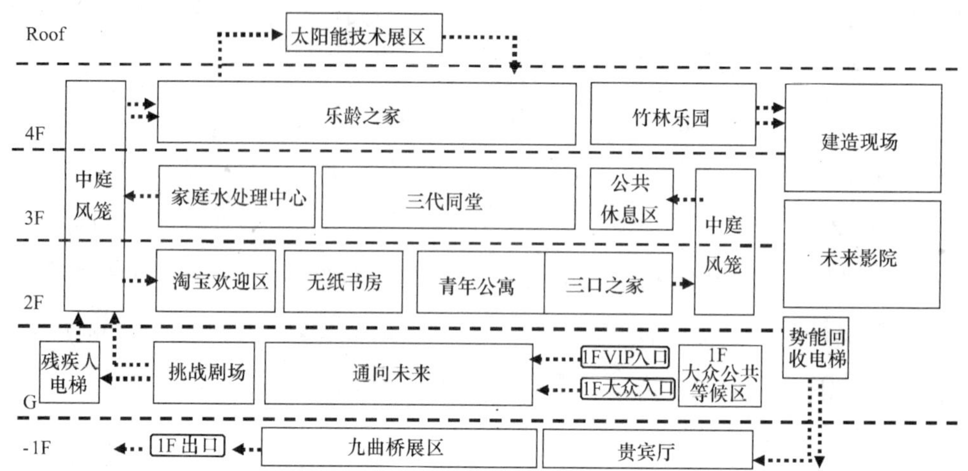

图10-5 沪上·生态家各功能区分布图

(4) 室内环境控制与改善策略

为实现上述室内环境各类指标的控制目标，考虑到各类功能区域的功能需求和环境需求，分别通过源、通风、汇在不同实施环节上采用不同的技术措施，对于量化的室内空气质量控制需求，可以通过反演计算分解确定各种技术措施的单项控制目标，而在本案例的技术措施目标则是根据该技术的相关标准要求确定，并未与控制目标直接挂钩。具体技术实施如表10-2所示。

沪上·生态家室内环境保障技术应用表　　　表10-2

控制方式	实施技术	实施区域	实施阶段
源控制	低释放装修材料	整体展示空间	室内装修阶段
通风	自然通风优化	整体建筑	建筑设计阶段
汇控制	室内立体绿化	整体展示空间	室内装修阶段
	局部空气净化装置	老年、幼儿居住区	设备设计与安装阶段

1) 低污染释放装修材料

在污染源头的控制上，本案例在室内装修阶段进行装修材料的优化选取。具体装修材料配置方案如表10-3所示。

上述装饰装修材料均利用小型环境测试舱测试平台，进行了污染物散发性能测试，所有所使用的装修装饰材料的散发性能均符合相应的散发标准。

沪上·生态家装修材料配置方案　表 10-3

装修材料	品　牌	应用范围
亚麻地板	福尔波地材	参观地面
地坪材料	华昌聚合物	参观地面
纸芯隔墙	升逸豪纸业	各区域分隔
脱硫石膏板隔墙	拉法基	各区域分隔
环保涂料	初美、多乐士、立邦	内墙涂料
环保型家具	—	—

2）自然通风优化技术

自然通风的强化技术通过建筑总体布局、通风开口位置的选择，拔风井的设置等手段，将自然通风的效果充分发挥出来，在提升了室内舒适度的前提下，减少全年使用空调的时间，减少由于使用空调而消耗的能源和对室外环境的影响，同时对于室内装修污染的改善起到良好的促进作用。

A. 建筑自然通风部件

按照通风的流线路径顺序，在建筑的本体设计中，设置了南部的窗口、内部的通透隔断、生态的大空间中庭以及带有辅助排风的顶部开口，如图 10-6 所示。

(a)

(b)

(c)

图 10-6　建筑自然通风部件

(a) 建筑内部通透隔断；(b) 生态大空间中庭；(c) 顶部辅助排风开口

B. 设计阶段的模拟评估

根据建筑设计资料，采用专业分析软件建立物理分析模型，针对过渡季室内主要空间气流分布，压强关系及换气次数等指标进行计算分析，对建筑的自然通风效果进行分析评估。

图 10-7 显示了 CFD 模拟室内风环境的风速图。通过对室内风环境的模拟分析得知，该建筑通风口、生态中庭等被动设计，很好地解决了夏季及过渡季的室内自

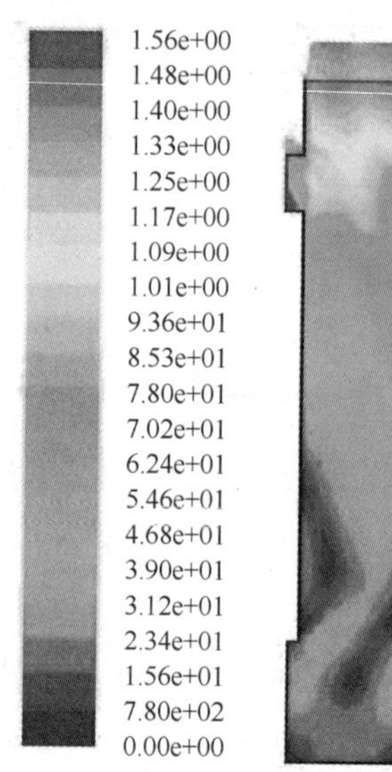

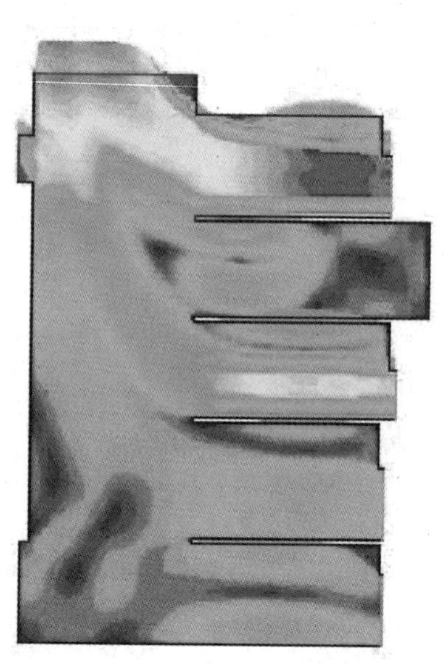

图 10-7 内庭剖立面风速状态图（m/s）

然通风。外界来流通过南向门窗、底层挑空等方式进入室内，经过室内北部通风庭院，并从屋顶出风口处流出。室内空气分布均匀，各区域的风速分布在 0.18～1.57m/s 之间，各功能空间没有明显的空气流动死角，有利于室内活动人员的舒适性。冬季时，建筑北立面较少的可开启风口，也有效地避免冬季冷空气的大量进入。经统计，室内空气质量流量为 17.1kg/s，室内空间换气次数为 3.8 次/h，符合室内主要功能区换气次数不低于 2 次/h 的要求，换气次数满足现行国家标准的相关条文要求。

3）室内立体绿化

选取适合上海地区气候特征和土壤条件的乡土植物，并结合室内环境特点，构成景观美化、环境净化、空间优化为特点的遍布建筑物包括“生态核”在内的室内综合绿化系统，以营造宜居环境。

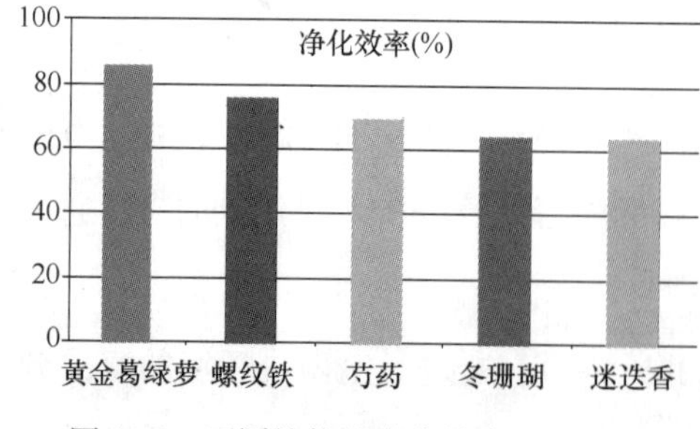

图 10-8 不同植物的净化效率测试结果

A. 植物的选型

通过植物净化性能测试舱，对适合于上海地区气候特征和土壤条件及室内环境特点的本土植物进行实验室净化性能测试筛选。图 10-8 显示了不同植物净化效率测试结果。

B. 植物配置方案（表 10-4）

植物配置方案 **表 10-4**

序号	植物品种	种植区域
1	黄金葛绿萝、吊兰	生态中庭（图 10-9）
2	迷迭香、一叶兰	一层展览厅
3	芍药、鸟巢蕨	二层无纸书房展示区
4	冬珊瑚、发财树	三层三代同堂展示区
5	螺纹铁、万年青	四层乐龄之家展示区

4）室内空气净化器

针对老年人和儿童对室内空气质量的特殊需求，在三口之家的儿童房以及乐龄之家的起居卧室，特别选用了室内空气净化器（见图 10-10），重点消除由装修材料引起的 VOCs 污染物，以及由运营引起的细菌问题。

图 10-9 中庭单元式绿化

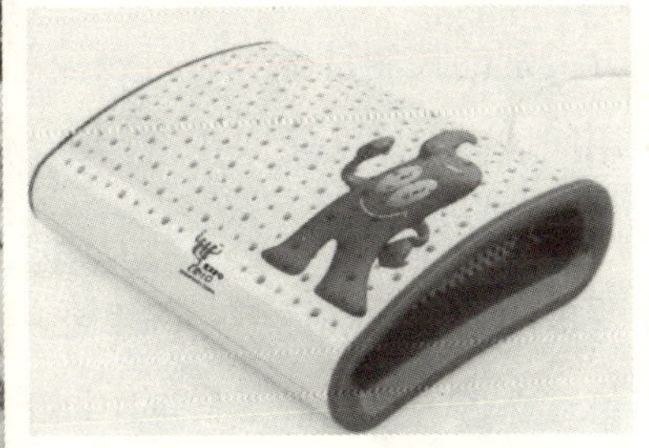

图 10-10 沪上生态家选用的具有消除 VOCs 和细菌功能的室内空气净化器

（源自：www. aisatech. cn/proubew. asp? p_id：25）

（5）室内空气质量营造效果测试评价

表 10-5 为沪上生态家在测试工况下获得的室内空气质量各测试指标的结果值以及分功能区域相对应的指标限值。

由表 10-5 可知，室内空气质量污染指标均符合特定功能区域的限值要求，有些指标如氨、苯等更是远低于标准限值，说明在采用低释放的环保建材、良好的通风系统（自然通风与机械通风结合）以及室内净化装置的联合作用的基础上，在运营四个月的条件下，室内空气质量达到良好的运行效果。

室内空气质量各区域指标测定值 表 10-5

编号	功　能	甲醛 (mg/m^3)	氨 (mg/m^3)	TVOC (mg/m^3)	苯 (mg/m^3)
1	人居变迁厅	0.02	0.01	0.06	<0.01
2		0.02	0.02	0.07	<0.01
3	中庭（展厅）	0.03	0.02	0.18	<0.01
4	青年公寓	0.03	0.12	0.10	<0.01
5	中庭（展厅）	0.03	0.03	0.03	<0.01
6	三代厨房	0.07	0.04	0.12	<0.01
	限值	0.10	0.20	0.60	0.11
7	三口之家	0.05	0.01	0.12	<0.01
8	三代客厅	0.04	0.00	0.16	<0.01
9	乐龄客厅	0.05	0.03	0.17	<0.01
10	乐龄卧室	0.05	0.01	0.15	<0.01
	限值	0.05	0.10	0.30	0.11

针对“沪上·生态家”不同功能区域对室内空气质量需求的差异性，制定了分层次分类别的控制目标。针对该控制目标，在控制方法的选择和优化组合方案上，在通用区域内，源头上采用低污染物散发的装修材料，通风上采用被动设计实现自然通风，汇控制上采用室内具有净化功能的立体绿化；针对老人、儿童等对环境有更高要求的人群活动区域，除上述实施被动式的控制方法以外，另采用了主动式的净化装置，进一步提升了局部空间的室内空气质量。正是这种分层次分类别的目标定位，低成本低能耗的优化控制方法集成，最终使“沪上·生态家”的综合室内空气质量得到保障，实现室内空气质量参数达标率100%，圆满实现了“环境宜居”的设计目标。

随着生态理念得到充分展示和演绎，“沪上·生态家”在世博会参展期间接待游客超过100万人次，其中包括了大量业内专家和国家政要，并受到了高度的评价。主流媒体对案例的多角度关注，将其影响扩展到世博园之外的各个角落。沪上生态家获得国家绿色建筑三星运营标识和绿色建筑创新一等奖，取得了良好的社会效益。

10.5.2 上海建科院·综合办公楼

（1）项目简介

上海市建筑科学研究院莘庄综合楼（简称建科综合楼）位于上海市闵行区莘庄工业园区内。案例总建筑面积约9992m²，工程主体包括办公楼和实验楼两部分，见图10-11。作为莘庄园区内夏热冬冷地区绿色办公示范工程，建科综合楼采用被动式设计手法，以节能为前提，营造“健康、舒适、高效”的人性化办公环境，建设成为“城镇人居环境改善与保障综合科技示范工程”。

图10-11 实例建筑效果图

（2）室内空气质量综合控制思路

该案例系统性地采用了源控制的思路，并将污染源控制方法固化成为流程。主要应用了两项技术：

1）建材、家具污染物散发量测试技术。替代了现有国家标准的含量测试法，其测试结果能反映建材在实际使用条件下的污染物散发情况。

2）室内装饰装修空气污染控制预评估方法。可以根据建材、家具的环保性能结果，预测运营阶段的室内空气污染浓度水平，在建材、家具环保性能测试与其对室内空气污染的贡献量之间建立了直接联系。为优化空气污染三个环节（源、通风和汇）的综合控制方法提供依据。

（3）室内环境控制与改善策略

1）建材污染物贡献量分析及优选

根据设计方案测算结果，认为该工程中可能会对室内空气污染贡献量较大的建材种类包括：板材、地板、涂料、隔音板。

A. 板材、地板

综合楼装饰装修中所用板材和地板，分别用小型环境舱进行了板材甲醛散发特性进行了测试比选。

通过图 10-12、图 10-13 可知，四种板材，三种地板散发浓度各不相同，根据散发特性，选取了散发率最低的板材和地板作为室内主要的用材。

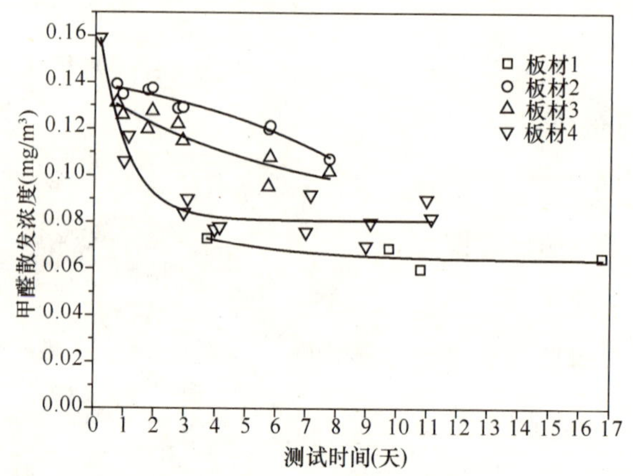

图 10-12　不同板材甲醛散发特性比较

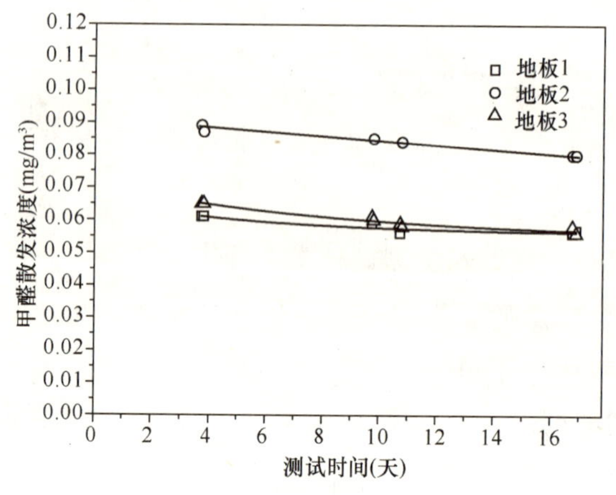

图 10-13　不同地板甲醛散发特性比较

B. 内墙涂料

对内墙涂料的甲醛散发特性进行了测试，三种内墙涂料散发特性如图 10-14 所示。干粉刷时甲醛浓度都相对较高，但是衰减很快，一天后即达到了稳定，稳定后散发浓度基本都很小。可将成本等其他因素作为主导，进行选择。

C. 隔音板

装修方案中大量使用某种隔音板，因此对该材料的甲醛散发特性进行测试，并与其他建材进行了比较（图 10-15）。

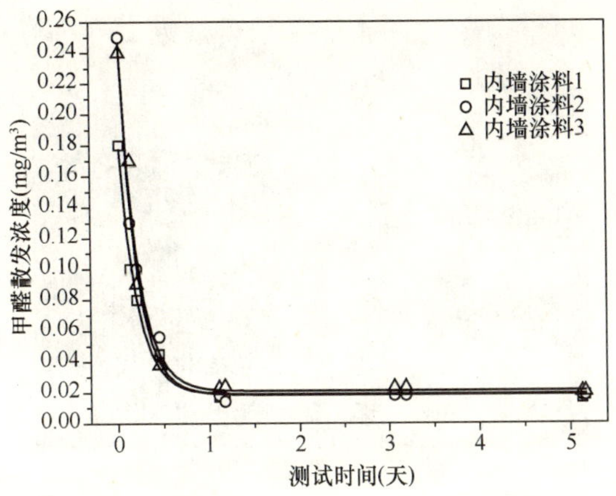

图 10-14 不同内墙涂料甲醛散发特性比较

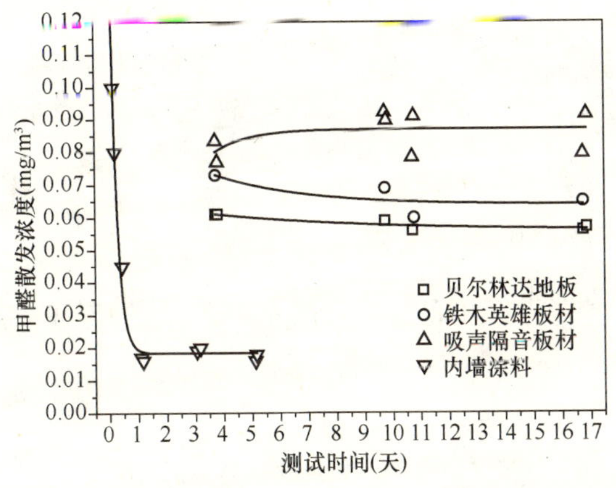

图 10-15 示范工程主要使用建材甲醛散发特性

2）污染物浓度预测

A. 工况

初步筛选出散发率低的建材，在装饰装修前进一步对所有建材运用于建科综合楼后的效果进行简易预测评估，以指导装饰装修的进行。

为了详细说明其预测方法，分别对建科综合楼两个典型的办公房间进行了预测。其办公房间简称为办公房间 1 和办公房间 2，根据建材列表（表 10-16），暴露于空气中的主要装饰装修材料是地板和内墙涂料，所以其房间室内具体数值如图 10-16 所示。其中自然状况下房间换气次数运用 INNOVA 1312 仪器进行换气次数进行测试。经过计算求得房间 1 和房间 2 的换气次数分别为 $0.34h^{-1}$ 和 $0.31h^{-1}$。

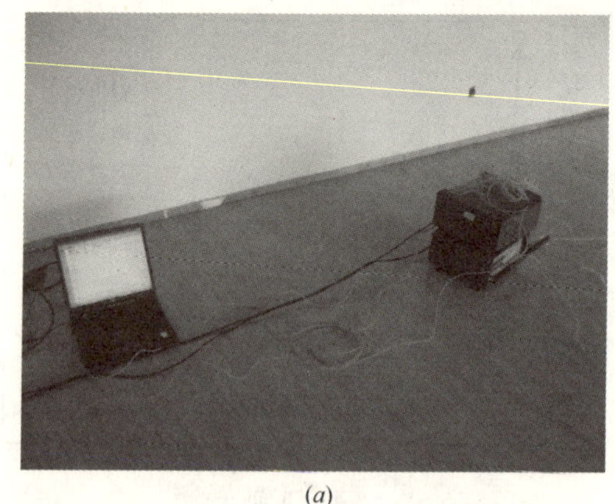

(*a*)

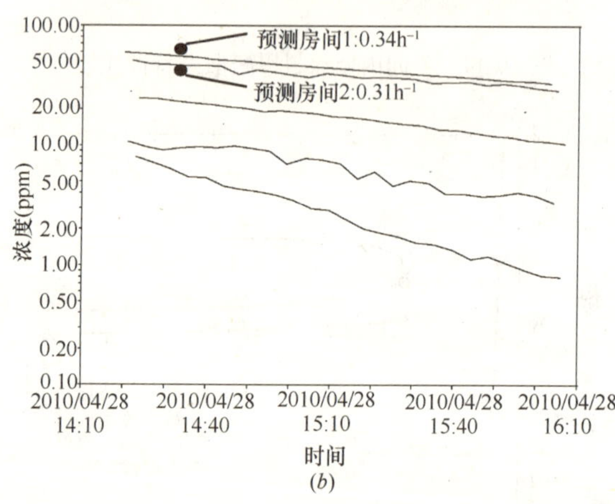

(*b*)

图 10-16 INNOVA 仪器示踪气体法测试预测房间的换气次数

(*a*) 换气次数现场测试；(*b*) 预测房间释踪气体衰减示意

室内装饰装修主要建材详细数据 **表 10-6**

装修部位	预测房间 1	预测房间 2
地板（m^2）	强化复合地板 面积：29.0m^2 承载率：0.334m^2/m^3	强化复合地板 面积：24.3m^2 承载率：0.334m^2/m^3
天花（m^2）	墙面乳胶漆 面积：29.0m^2 承载率：0.334m^2/m^3	墙面乳胶漆 面积：24.3m^2 承载率：0.334m^2/m^3
墙面（m^2）	墙面乳胶漆 面积：33.3m^2 承载率：0.50m^2/m^3	墙面乳胶漆 面积：51.3m^2 承载率：0.70m^2/m^3
换气次数（h^{-1}）	0.34	0.31

B. 数据分析

60L 小型环境测试舱测得的地板散发的甲醛浓度和通过关系转化为预测房间的甲醛预测浓度示意图见图 10-17，其中小型环境测试舱测试值分别在第 3 天、第 9 天、第 10 天及第 16 天进行了测试。建材稳定时，散发率为 0.57mg/m^3；由于小型环境测试舱中地板的承载率为 1m^2/m^3，换气次数为 1h^{-1}，而预测房间的承载率为 0.334m^2/m^3，平均换气次数为 0.325h^{-1}，带入公式可以转化为预测房间的甲醛浓度，其示意如图上部分曲线所示。在稳态情况下，其甲醛散发浓度为0.059mg/m^{3}左右，同时也说明地板对预测房间甲醛浓度的贡献量为 0.059mg/m^3。

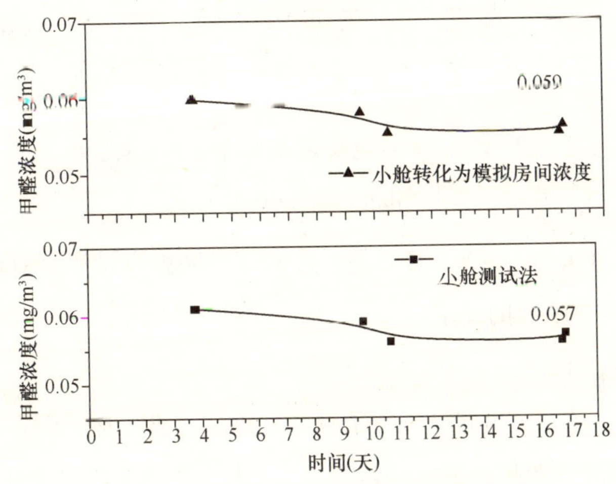

图 10-17 60L 环境舱测试地板的散发浓度及转化为预测房间的浓度示意

1m^3 环境舱体测得的地板和涂料共同作用下的甲醛浓度和转化为预测房间的污染物浓度，具中小型环境测试舱对地板和涂料测试了 28 天，前 8 天甲醛浓度衰减很快，第 10 天后甲醛浓度基本稳定，稳定后散发浓度通过转化为预测房间后的污染物浓度稳定在 0.086mg/m^3 左右，说明稳定后地板和涂料共同对预测房间的贡献量为 0.086mg/m^3（图 10-18）。

C. 预测结果

工程验收标准《民用建筑工程室内污染源控制规范》GB/T 50325—2001 规定的 2 类建筑甲醛浓度限值为 0.12mg/m^3，而建科综合楼室内装饰装修简易预测的

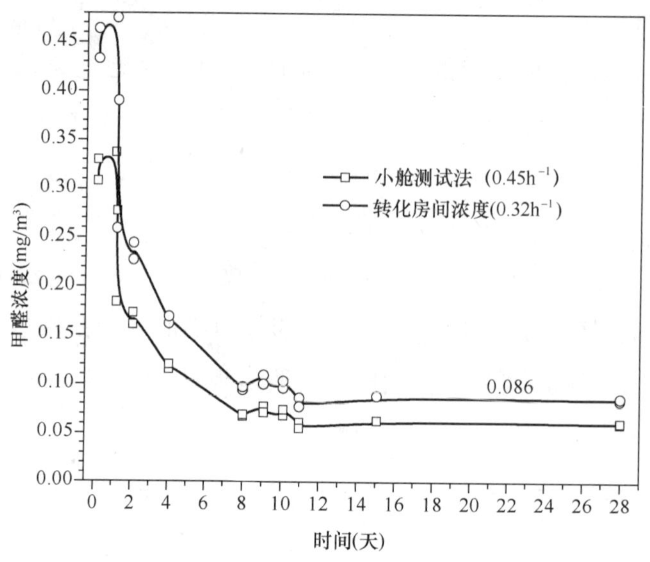

图 10-18 1m³ 环境舱测试地板和涂料散发浓度

及转化为预测房间浓度示意

甲醛浓度为 0.086mg/m³，表明建科综合楼的装饰装修设计甲醛释放量低于 GB/T 50325—2001 对甲醛限值的要求。

D. 实测验证

对办公房间 1 和办公房间 2 进行了测试，建筑的装饰时间是从 2 月 1 日开始安装地板至 4 月 29 日安置家具完毕，其中 2 月 1 日～2 月 7 日安装地板，3 月 25～3 月 29 日涂刷内墙涂料，测试时间安排在 3 月 8 日至 4 月 16 日期间做间断性采样，期间包括了安装地板、涂刷内墙涂料两个不同的装饰装修阶段，采集方法按照国标《公共场所甲醛测试方法》进行，测试期间除涂刷内墙涂料时及一个星期后要求必须要开启门窗外，其他时间基本关闭门窗。

结果发现通过简易预测方法预测值和实测值的比较，预测偏差范围控制在 40％内。进一步实验验证该简易预测方法的结果相对准确，能满足工程计算精度的要求。

“建科综合楼”通过包括室内空气质量综合控制技术在内的以被动式为主的绿色建筑技术集成应用，荣获了绿色建筑三星设计标识以及绿色建筑创新二等奖的荣誉。“建科综合楼”作为继上海生态示范楼之后又一次有益尝试。

10.6 结 论 与 建 议

本章系统地阐述了以健康、适宜为目标的室内空气质量综合控制内涵、目前存在的突出问题及其技术难点、涵盖建筑工程全寿命周期各个环节的污染控制要素和具有科学合理和可操作性的综合控制体系框架，总结了“十一五”期间室内空气污染综合控制所取得的一系列科技成果，并结合两个工程示范案例实践展现了对新建建筑室内空气质量实施综合控制的可行性和实际效果。

由于我国室内空气质量领域研究起步较晚，虽然在“十五”、“十一五”期间取得了一系列科技成果，但若着眼于在工程实践中全面实现室内空气质量的综合控制和保障，仍然任重而道远，需要社会各方的持续关注和共同努力。

“十二五”期间，需要通过持续的科研投入和工程支撑，进一步完善室内空气质量综合控制方法体系，重点任务包括：

（1）在充分研究单项技术、单一类污染物释放规律的基础上，开展多种污染物综合控制技术的研究，开发与此相对应的低成本、综合效果显著的核心产品和技术。

（2）在污染源控制和通风方式选择方面，形成科学合理的设计方法，便于指导建筑设计师实施。

（3）在基本建立预评估方法的基础上，进一步研究论证多种因素综合影响下的预评估应用模型，提升方法的工程适用性和可推广性。

（4）在建材、家具测试方法和初步标识方法建立的基础上，将其规范标准化，为室内空气质量控制方法的应用推广提供技术标准化保障。

（5）加强室内环境信息平台在实际工程中的应用推广，真正将室内空气质量纳入常规的建筑运营管理中去。

与此同时，通过加大行业管理力度推动适用成果的工程化、规模化推广，并在全社会倡导百姓践行绿色低碳行为、合理理性消费等，才有可能逐步实现“清新空气、健康环境”的最终目标，实现温家宝总理曾在第10届人大上提出的“让人们呼吸清新的空气”的美好愿景。

参 考 文 献

[1] GBT 50019—2003. 采暖通风与空气调节设计规范.

[2] 杜喆华，林鑫. 密闭环节空调系统二次污染问题研究. 洁净与空调技术. 2009，2.

[3] GB 50325—2001. 民用建筑工程室内环境污染控制规范.

[4] GB/T 18883—2002. 室内空气质量标准.

[5] GB 18581—2001. 室内装饰装修材料溶剂型木器涂料中有害物质限量.

[6] GB 18583—2001. 室内装饰装修材料胶粘剂中有害物质.

[7] 李景广，韩继红. 关于50325和18883协调性的讨论. 建筑科学. 2009，2.

[8] 刘东. 风管清洗：改善室内空气质量的有效方法. 暖通空调. 2003，33(4).

[9] 罗清海. 通风策略对室内空气质量的影响. 制冷空调与电力机械. 2007，114(38).

[10] 何维. 民用建筑中央空调系统的污染对室内空气质量的影响和控制措施. 室内环境. 2007，48(10).

[11] 上海市建筑科学研究院(集团)有限公司. “十一五”国家科技支撑计划重大项目“城镇人居环境改善与保障关键技术研究”研究报告. 2011.

第 11 章　室内空气质量标准问题探讨

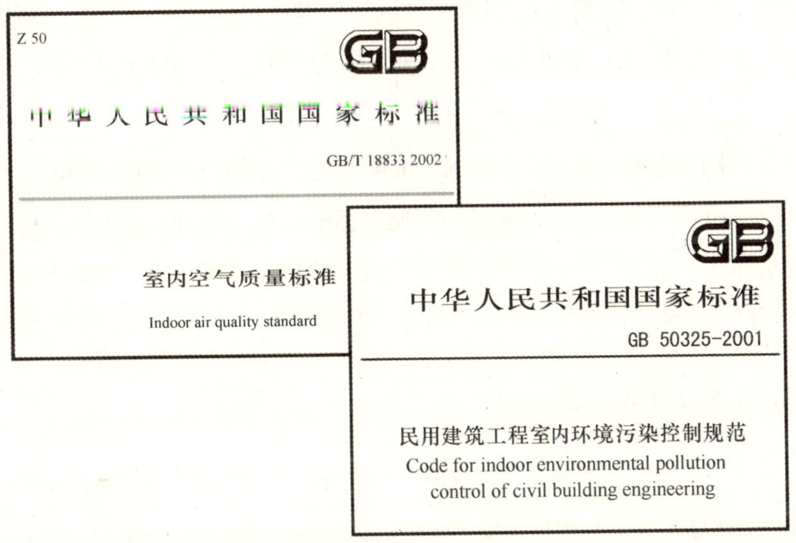
Z 50

GB

中华人民共和国国家标准

GB/T 18833 2002

室内空气质量标准

Indoor air quality standard

GB

中华人民共和国国家标准

GB 50325-2001

民用建筑工程室内环境污染控制规范

Code for indoor environmental pollution control of civil building engineering

目前国际及我国已初步形成了室内空气质量标准体系，涵盖了建筑物生命周期中的建筑规划设计、施工验收和运行管理等不同阶段，以及建筑本身和建筑内所使用的材料、构件和设备等相关的产品标准；涉及室内化学性污染、颗粒物污染、生物性污染、放射性污染和新风量等若干指标。但由于缺乏自主性研究基础，所以在标准体系的完整性、合理性以及标准之间的协调性等方面存在不足。

本章重点关注化学污染和颗粒物污染，通过比较国内外同类标准控制指标及控制限值等，了解目前国内外标准之间的相同点和差异性；通过室内空气卫生标准和环境空气标准、设计标准、材料标准、验收标准等的比较，提出各标准在一致性方面存在的不足，最后通过以上标准的分析提出在未来制定标准中需要考虑的重点问题和关键任务。

11.1 室内空气质量相关标准现状

11.1.1 规划设计方面

规划设计阶段所颁布的与室内空气质量相关的标准规范，其主要目的是确保规划设计的合理性，为实现合格的室内空气质量提供先期保障，并符合环境空气质量及建筑设计方面的要求。

这类标准规范我国主要有：《城市居住区规划设计规范》GB 50180、《镇规划标准》GB 50188、《村镇规划卫生标准》GB 18055、《环境空气质量标准》GB 3095、《采暖通风与空气调节设计规范》GB 50019 和《民用建筑热工设计规范》GB 50176 等。

国外及我国香港地区主要包括美国的国家环境空气质量标准（National Ambient Air Quality Standards，NAAQS）、欧盟的空气质量标准（Air Quality Standards）、日本的环境空气质量标准（Air Quality）、香港特别行政区政府的《香港空气质量指标》以及美国采暖、制冷与空调工程师学会标准 ASHRAE 62.1、ASHRAE 62.2 等。

11.1.2 施工验收方面

施工验收阶段所颁布的与室内空气质量相关标准与规范是确保建筑工程施工质量以及施工过程对于施工人员和周边环境的保护，是实现合格室内空气质量的过程保证。

在建筑施工验收方面，我国制定的相关法规主要包括《住宅装饰装修工程施工规范》GB 50327 和《民用建筑工程室内环境污染控制规范》GB 50325 等。

由于在政府管理流程上的差异性，在国外及我国香港地区基本不单独设置施工验收方面的空气质量标准。

11.1.3 运营管理方面

建筑运行管理阶段所颁布的与室内空气质量相关的标准与规范其主要目的是确保建筑产品满足大多数人群对室内空气质量的需求，是实现合格室内空气质量的最终体现，标准中包括对于化学性污染、生物性污染、放射性污染、颗粒物污染和新风量等具体指标的限值要求和相应的测试方法。

我国颁布的相关室内空气卫生标准主要包括：《旅店业卫生标准》GB 9663、《文化娱乐场所卫生标准》GB 9664、《公共浴室卫生标准》GB 9665、《理发店、美容店卫生标准》GB 9666、《游泳场所卫生标准》GB 9667、《体育馆卫生标准》GB 9668、《图书馆、博物馆、美术馆、展览馆卫生标准》GB 9669、《商场（店）、书店卫生标准》GB 9670、《医院候诊室卫生标准》GB 9671、《公共交通等候室卫生标准》GB 9672、《公共交通工具卫生标准》GB 9673、《饭馆（餐厅）卫生标准》GB 16153、《室内空气质量标准》GB/T 18883、《居室空气中甲醛的卫生标准》GB/T 16127、《住房内氡浓度控制标准》GB/T 16146、《电磁辐射防护规定》GB 8702、《环境电磁波卫生标准》GB 9175 和《室内空气中可吸入颗粒物卫生标准》GB/T 17095 等。这类标准分别对不同室内环境中可能对人体产生危害的主要指标做出限值规定。

国外及我国香港地区发布的相关标准有：美国加利福尼亚州的《室内空气质量指南》(ARB Indoor Air Quality Guidelines)，欧洲的《欧洲空气质量指南》(Air Quality Guidelines for Europe)，加拿大的《居住室内空气质量指南》(Exposure Guidelines for Residential Indoor Air Quality)，新加坡的《办公场所室内空气质量指南》(Guidelines for Good Indoor Air Quanlity in Office Premises)，我国香港的《办公室及公众场所室内空气质量管理指南》以及日本的《化学物质的室内浓度指南》等。

11.1.4 设备材料方面

建筑材料、构件和设备相关产品标准颁布的主要目的是为了合理选择该类产品，是实现合格室内空气质量源头控制及污染治理的体现。

我国于2001年制定的相关标准有：《室内装饰装修材料 人造板及其制品中甲醛释放限量》GB 18580、《室内装饰装修材料 溶剂型木器涂料中有害物质限量》GB 18581、《室内装饰装修材料 内墙涂料中有害物质限量》GB 18582、《室内装饰装修材料 胶粘剂中有害物质限量》GB 18583、《室内装饰装修材料 木家具中有害物质限量》GB 18584、《室内装饰装修材料 壁纸中有害物质限量》GB 18585、《室内装饰装修材料 聚氯乙烯卷材地板中有害物质限量》GB 18586、《室内装饰装修材料 地毯、地毯衬垫及地毯用胶粘剂中有害物质释放限量》GB 18587、《混凝土外加剂中释放氨的限量》GB 18588 和《建筑材料放射性核素限量》GB 6566，以及于2010年修订的《空气净化器》GB/T 18801 等。

国外及我国香港地区主要包括美国的《低释放办公家具系统及座位中甲醛和TVOC的释放量标准》(BIFMA X7.1)、GREENGUAR、Green Label、Green Label plus，加拿大的Ecologo，德国的RAL、GUT、EMICODE，芬兰的RTS，丹麦的The Indoor Climate Label等。

11.1.5 分析方法方面

分析测试方法标准颁布的主要目的是为了对其中规定的指标提供相对应的测试工况及分析测试方法，是实现数据准确性的体现。国内相关标准主要包括《空气质量 一氧化碳的测定 非分散红外法》GB/T 9801、《空气质量 氨的测定 次氯酸钠—水杨酸分光光度法》GB/T 14679、《环境空气中氡的标准测量方法》GB/T 14582、《环境空气 二氧化硫的测定 甲醛吸收-副玫瑰苯胺分光光度法》GB/T 15262、《环境空气 二氧化氮的测定 Saltzman法》GB/T 15435、《环境空气 臭氧的测定 靛蓝二磺酸钠分光光度法》GB/T 15437、《空气质量 甲苯、二甲苯、苯乙烯的测定 气相色谱法》GB 14677、《环境空气苯并[a]芘测定高效液相色谱法》GB/T 15439、《环境空气总烃的测定气相色谱法》GB/T 15263、《环境空气降尘的测定重量法》GB/T 15265、《环境空气总悬浮颗粒物的测定重量法》GB/T 15432和《公共场所空气微生物检验方法》GB/T 18024.1等。

国外及中国香港地区主要包括美国的油漆和相关涂料及材料用挥发性溶剂与化学中间体的采样和测试指南（Standard Guide for Sampling and Testing Volatile Solvents and Chemical Intermediates for Use in Paint and Related Coatings and Material，ASTM D 268-01)、涂料及相关涂层的挥发性有机物（VOCs）含量的测定(Standard Practice for Determining Volatile Organic Compound (VOCs) Content in Paints and Related Coatings，ASTM D 3960）以及ISO制定的与空气检测相关的16000-1—16000-25系列标准等。

11.2 国内外室内空气质量相关标准比较

11.2.1 规划设计方面比较

规划设计方面标准比较主要包括两方面：在规划方面主要是对各国、各地区的环境空气标准进行比较，在设计方面主要是对装饰装修设计和建筑通风设计标准进行比较。

（1）环境空气质量标准的比较

1）控制指标的比较

各国或地区之间目标污染物的比较见表11-1。从表中可以看出，各国、各地区之间目标污染物差异性较大，其中SO_2、CO、NO_2、PM_{10}和O_3为共性指标，由于各国主要燃料结构、生产类型等的差异性，在目标污染物指标的选择上各国也略有不同。

环境空气中目标污染物比较　　表11-1

污染物	中国[1]	美国[2]	欧盟[3]	日本[4]	中国香港[5]
SO_2	√	√	√	√	√
CO	√	√	√	√	√
NO_2	√	√	√	√	√
O_3	√	√	√	√	√
PM_{10}	√	√	√	√	√
$PM_{2.5}$		√	√		
总悬浮颗粒物（TSP）	√				√
苯并（a）芘（B（a）P）	√		√		
总氟化物	√				
苯				√	
光化学氧化剂	√			√	
三氯乙烯	√			√	
四氯乙烯	√			√	
二氯甲烷				√	
二恶英				√	
Pb	√	√	√		√
As			√		
Cd			√		
Ni			√		

2）浓度限值的比较

这里重点将PM_{10}、SO_2、$PM_{2.5}$进行比较，从而了解各国、各地区标准中污染物浓度限值的差异性。由于我国《环境空气质量标准》GB 3095—1996目前正在修订之中，此处仍沿用原标准。

A. PM_{10}

PM_{10}是世界各国尤其是发展中国家首要控制的污染物。由表11-2可见，我国1996年制定的《环境空气质量标准》中PM_{10}一级标准日均浓度限值（50μg/m³）与欧盟持平，低于美国、日本和中国香港的限值；而且我国二级标准日均浓度限值（150μg/m³）也比中国香港限值低（180μg/m³），与美国持平，比其他国家或地区高20%～100%；PM_{10}年均浓度限值比其他国家或地区高50%～400%。此外，除日本规定了1h浓度限值（200μg/m³）外，其余均没有规定小时浓度限值。

环境空气中PM_{10}的浓度限值比较 **表11-2**

标准	年均浓度限值（μg/m³）	日均浓度限值（μg/m³）	1h浓度限值（μg/m³）
中国一级	40	50	—
中国二级	100	150	—
中国三级	150	250	—
美国	—	150	—
欧盟	40	50	—
日本	—	100	200
中国香港	55	180	—

B. SO_2

SO_2是世界各国控制的典型环境空气污染物，由表11-3可看出，各国家和地区的SO_2（1h平均浓度）限值为100～800μg/m³，日均浓度限值为50～400μg/m³，年均浓度限值为40～100μg/m³。从表11-3可看出当前我国一级和二级环境空气中的SO_2的浓度限值在国际上并不宽松。

环境空气中SO_2的浓度限值比较 **表11-3**

标　准	年均浓度限值（μg/m³）	日均浓度限值（μg/m³）	1h浓度限值（μg/m³）
中国一级	20	50	100
中国二级	60	150	250
中国三级	100	250	700
美国	80	365	200
欧盟	—	125	350
日本	—	105	262
中国香港	80	350	800

C. $PM_{2.5}$

$PM_{2.5}$是世界各国控制的主要污染物。表 11-4 是美国、中国香港等国家、地区和组织环境空气质量标准中 $PM_{2.5}$的浓度限值。由表可见，WHO 提供的 $PM_{2.5}$准则日均浓度限值和年均浓度限值分别为 25μg/m³ 和 10μg/m³，三个过渡目标的日均浓度限值分别为 75μg/m³、50μg/m³ 和 37.5μg/m³，年均浓度限值分别为 35μg/m³、25μg/m³ 和 15μg/m³；美国、澳大利亚和加拿大都制定了日均浓度限值（15～65μg/m³），而除加拿大外都规定了年均浓度限值（8～25μg/m³）。我国目前还没有对空气中的 $PM_{2.5}$作出规定。

环境空气中 $PM_{2.5}$的浓度限值比较 **表 11-4**

标　准	年均浓度限值（μg/m³）	日均浓度限值（μg/m³）
美国	15	35
欧盟	25	—
英国	25	—
澳大利亚	8	25
加拿大	—	15
WHO	10	25
WHO 过渡目标一	35	70
WHO 过渡目标二	25	50
WHO 过渡目标三	15	37.5

（2）建筑设计标准的比较

1）建筑装饰装修设计比较

目前 ISO 的建筑环境设计：室内环境一般原则（Building environment design - Indoor environment-General Principles，ISO 16813）和建筑环境设计：室内空气质量居住人员评价室内空气质量方法（Building environment design - Indoor air quality - Methods of expressing the quality of indoor air for human occupancy，ISO 16814）对如何进行室内环境设计给出了相应的设计原则和方法，对实际工程具有一定的指导作用。我国目前在建筑设计方面尚缺乏相应的标准规范。

2）新风量的比较

在新风量方面各国制定了较完整的标准规范。由于涉及建筑物类型不同导致新风量在各个标准的差异性较大，下文以办公建筑为例进行比较。表11-5列出了中国、美国及欧盟不同办公场所所需的新风量。可以看出，我国的小型办公场所所需的新风量较美国高1/3。值得借鉴的是，在ASHRAE（美国采暖、制冷与空调工程师学会）、CEN（欧洲标准委员会）标准中考虑的是两部分新风量，一部分是由人员活动造成的污染所需的新风量，另一部分是建筑物本身污染所需的新风量。二者叠加为建筑总体所需新风量。欧盟标准则根据建材污染情况划分新风量需求，目的是鼓励低污染建筑材料的应用，以保障办公场所工作人员的身体健康，这种分级的方法对我国新风量标准修订有一定的参考价值。

$100m^2$ 办公建筑所需新风量比较 **表11-5**

建筑类型		中国[6] 新风量 (m^3/h)	美国[7] 新风量 (m^3/h)	欧盟[8]		
				等级	新风量 (m^3/h)	
					低污染建材	非低污染建材
办公建筑	小办公室	300	198	A	720	1080
				B	504	756
				C	288	432
	大办公室	210	172	A	612	972
				B	432	684
				C	252	396

11.2.2 施工验收标准比较

在施工验收方面各国、各地区的室内环境空气质量标准规范较少，较多关注的是建筑施工人员的职业卫生问题。在我国，由于行政管理的特殊性，住房和城乡建设部于2010年颁布了GB 50325—2010验收规范。但其中未涉及施工人员的职业卫生要求，致使从事室内装饰装修等非常态化生产过程的从业人员健康等缺乏政策保障。

11.2.3 运营管理标准比较

（1）控制指标的比较

表11-6是各国、地区空气污染物控制指标，从表中可以看出共性指标只有CO和甲醛。

各国空气污染物控制指标的比较 **表 11-6**

污染物指标	中国[9]	WHO[10] 欧洲	美国[11]（加州）	加拿大[12]	新加坡[13]	中国香港[14] 卓越	中国香港[14] 良好	日本[15]
NO_2	√	√	√	√		√	√	
CO	√	√	√	√	√	√	√	√
CO_2	√			√	√	√	√	√
SO_2	√	√		√				
O_3	√	√		√	√	√	√	
PM_{10}	√		√		√	√	√	√
$PM_{2.5}$			√	√				
铅	√	√						
甲醛	√	√	√	√	√	√	√	√
乙醛								√
苯	√	√					√	
甲苯	√	√					√	√
二甲苯	√						√	√
苯乙烯		√						√
乙苯							√	√
氯仿							√	
四氯化碳							√	
1，2-二氯苯							√	
1，4-二氯苯							√	√
四氯乙烯		√					√	
三氯乙烯		√					√	
二氯乙烯		√						
十四烷								√
邻苯二甲酸二丁酯（DBP）								√
邻苯二甲酸二（2-乙基己基）酯（DEHP）								√
苯并（a）芘	√	√						
TVOC	√				√	√	√	√
多环芳烃（PAHs）			√					
氯化烃			√					

续表

污染物指标	中国[9]	WHO[10] 欧洲	美国[11] （加州）	加拿大[12]	新加坡[13]	中国香港[14]		日本[15]
						卓越	良好	
毒死蜱								✓
二嗪农								✓
BPMC								✓
氨	✓							
石棉		✓						
氡	✓	✓		✓		✓	✓	
尼古丁浓度				✓				
水银		✓						
细菌总数	✓				✓	✓	✓	
真菌总数					✓			

（2）污染物浓度限值的比较

表 11-7 是各国室内空气中甲醛浓度限值。由此可知，多数国家对室内空气甲醛污染浓度限值规定为 100$\mu g/m^3$ 上下，但分别代表不同时间段的浓度限值。表 11-8 是不同地区的 TVOC 浓度限值，中国和香港地区规定 8 小时浓度限值为 600$\mu g/m^3$，日本规定 24 小时浓度限值为 400$\mu g/m^3$。考虑到各国所采用的检测方法不同，如中国采用关闭门窗 12 小时后检测，中国香港、加拿大、美国等采用当时现场检测，日本对于新建建筑采用关闭门窗 5 小时后检测；以及现场室内通风量的不确定性，因此污染物浓度限值的比较并不能准确的反映各国标准在限值数值上的差异。需要提及的是一直引起争议的 TVOC 的定义（GB50325、GB/T 1888、ISO 16000-6：2004 等对于检测方法和计算方法规定）也使评价标准受到一定影响。

各国室内空气中甲醛浓度限值 **表 11-7**

标 准	24h 浓度限值 ($\mu g/m^3$)	8h 浓度限值 ($\mu g/m^3$)	1h 浓度限值 ($\mu g/m^3$)	30 分钟浓度限值 ($\mu g/m^3$)
中国			100	
WHO 欧洲				100
美国（加州）		35		
加拿大（行动值）	120			
加拿大（目标值）	60			

续表

标　准	24h 浓度限值（μg/m³）	8h 浓度限值（μg/m³）	1h 浓度限值（μg/m³）	30 分钟浓度限值（μg/m³）
新加坡		120		
中国香港（卓越）		30		
中国香港（良好）		100		
日本	100			

各国室内空气中 TVOC 浓度限值　　**表 11-8**

标　准	24h 浓度限值（μg/m³）	8h 浓度限值（μg/m³）
中国		600
中国香港（卓越）		200
中国香港（良好）		600
日本（暂定）	400	

在运行管理标准方面主要考虑污染物的指标、浓度限值及评价方法。WHO 2010 年出版了《Selected Pollutants》，对于三氯乙烯、四氯乙烯等进行了明确的规定，但在我国标准中并没有完全纳入。台湾“塑化剂”风波之前关于邻苯二甲酸酯（DEHP、DBP）已经成为国际研究热点问题，但我国标准也没有纳入。在评价方法方面，ASHARAE 在 1989 年就提出了“主客观并行评价”，在我国目前仍然执行的是“客观评价”。如何根据我国的特色制定符合我国特点的标准尚需进一步研究。

11.2.4 建筑设备材料用品等方面标准比较

建筑设备材料用品主要包括建筑装饰装修材料、家具等，空气净化和过滤器等材料用品，以及通风、净化等设备。在建筑行业通风设备、过滤器等相关产品相应的标准在暖通领域已比较完善，行业管理相对规范。但目前空气净化器及净化材料等方面标准较少。对于建筑装饰装修材料、家具等污染物散发方面，由于目前缺乏将材料、构件、用品和建筑物协调统一系统的标准规范，需涉及环境空气污染情况、建筑装饰装修材料用量、施工工艺、通风状况等各个方面，故对于材料等限值规定的差异性之间比较需要结合本身污染状况进行分析，这里不做具体描述。本部分重点比较建筑材料污染物测试方法以及国外标识体系和我国相关标准。

(1) 测试方法的比较

建筑材料和家具产品污染物测试方法的比较见表11-9。由表可以看出，国际上对于人造板材、家具、涂料等产品均采用测试舱法。而我国在发布的标准中，对人造板及其制品采用三种方法测定。在标准实施过程中，发现由于方法不统一，导致测定结果难以比较。尤其是采用干燥器法测试家具中的有害物含量值得探讨。

主要建筑材料和家具产品污染物测试方法的比较　　表11-9

国家	名　称	测试方法	测试对象	被测有害物
中国	GB 18580	密度板等：含量测试 胶合板等：干燥器法 饰面人造板：测试舱法、干燥器法	人造板及其制品	甲醛
	GB 18581	含量测试	溶剂型木器漆	VOCs、甲醇；TDI、HDI、卤代烃
	GB 18582	含量测试	内墙涂料	VOCs、甲醛
	GB 18583	含量测试	胶粘剂	VOCs、甲醛、TDI、卤代烃
	GB 18584	干燥器法	家具	甲醛
德国	AgBB	测试舱法	与室内空气质量有关的所有产品	VOCs、SVOCs、致癌化合物的总浓度、气味
	蓝天使	测试舱法	板材、家具、清漆、涂料、胶粘剂	VOCs、TSVOCs、致癌化合物
芬兰	建材散发分级(M1)	测试舱法	地板材、地毯、涂料、胶粘剂、设备	TVOCs、甲醛、氨气、Cl类致癌物、气味
丹麦	室内气候标识	测试舱法	地板材、地毯、家具、涂料	VOCs、甲醛、气味
美国	CRI Green Label Plus	测试舱法	地毯、地毯胶粘剂、地毯衬垫	VOCs、甲醛
	BIFMA	测试舱法	家具	VOCs、甲醛

(2) 控制指标的比较

各个标识体系都对各种关注的目标污染物进行了详细的规定，大致可分为两类：致癌物质与 VOCs。

国际上公认的有两种关于致癌物质的分类方式，即世界卫生组织（WHO）下属的国际癌症研究所（IARC）与欧盟都有提出各自的分类方法。欧洲大部分标识体系都有关于致癌物质的规定，采取欧盟分类方式中的 1 级与 2 级致癌物作为检测对象。而美国标识体系对此少有提及，仅将部分致癌物质作为 VOCs 要求的一部分列出。

对于室内空气中 VOCs 的约束，不同标识的要求也有所不同。在欧洲，最为流行的参考依据为最低浓度指标（LCI，Lowest Concentration of Interest）。标识体系在使用相关数据时，有的直接选取 LCI 数据库中的 VOCs 作为目标污染物（如德国标识体系 AgBB），有的只选取其中部分目标污染物（如丹麦的 LCI 标识）。而美国污染物选择的参考依据是环境健康危害评估办公室（OEHHA）发布的“非致癌性有机化合物长期暴露（CREL）推荐浓度数据库”。美国加利福尼亚州从该数据库选择了 35 种 VOCs 对其作出规定，并发布了“使用环境舱测量室内材料物品散发的标准方法”，简称 CA01350 文件。美国标识体系从 CA01350 文件中选择了部分 VOCs 作为测试对象，如 LEED 室内环境质量（LEED Indoor Environmental Quality）等，有些标识体系直接从 CREL 数据库中选择 80 多种污染物作为测试对象，如 Floorscore 等。还有些行业型标识体系只选用若干个 VOCs 作为测试对象，如只关注家具测试的 BIFMA[16]。

由图 11-1 可以看出，欧洲的一些标识体系关注了超过 150 种污染物，涵盖面非常广。图中各标识的详细说明[16]：AgBB，德国，建材 VOCs 散发健康评估程序；CESAT，法国，建材环保性能评估标准；M1，芬兰，建材散发分级标准 M1 级；Floorscore，美国，地板及地板粘结剂环保评估程序；Green Label Plus (GLP)，美国，地毯及胶粘剂低散发评估程序：carpet 表示地毯标准，adhesive 表示胶粘剂标准；BIFMA，美国，办公家具 VOCs 散发测试评估标准。

(3) 污染物浓度限值的比较

图 11-2、图 11-3 是欧美国家不同标识体系中对于甲醛、TVOC 释放的浓度限值要求。由于各国标识体系对测试时间、测试对象、数据库的选择不同，各国对甲

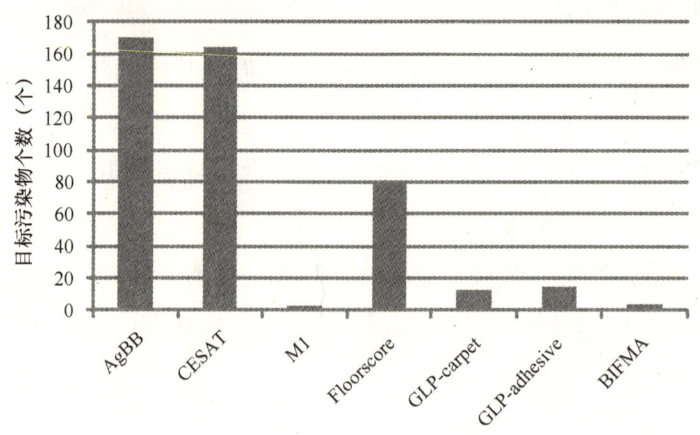

图 11-1 不同标识体系规定的目标污染物个数[16]

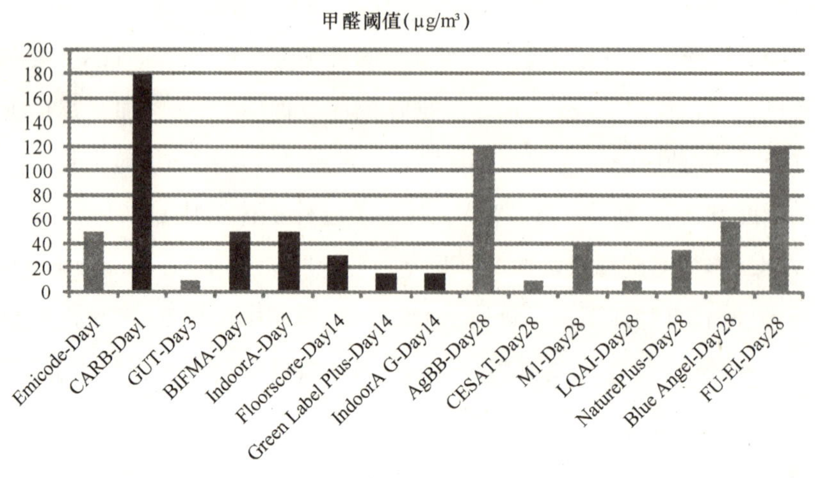

图 11-2 不同标识体系甲醛限值的要求[16]

（单位：μg/m³，Day 后数字表示测试多少天后的限值）

醛、TVOC 释放的浓度限值相差非常大。图中各标识的详细说明[16]：Emicode (EC1)，德国，胶粘剂及相关材料低散发分级评估程序（EC1 级）；CARB，美国，木制品甲醛释放标准；GUT，德国，地毯散发评估标准；BIFMA，美国，办公家具 VOCs 散发测试评估标准；Indoor Advantage (Indoor A)，美国，低散发家具评估程序；Indoor Advantage Gold (Indoor A G)，美国，低散发家具评估黄金级；LQAI，葡萄牙，室内物品散发评估标准；Natureplus，德国，建材环保性能评估

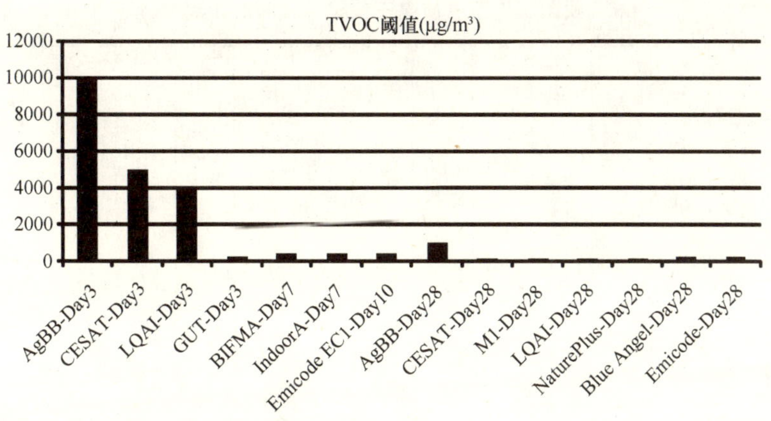

图 11-3 不同标识体系 TVOC 限值的要求[16]

（单位：μg/m³，Day 后数字表示测试多少天后的限值）

标准；Blue Angel，德国，低散发建材及家具测试及评估标准；EU-E1，欧洲，人造板材 E1 级标准；其余标识参考图 11-1 的文中说明。

11.3 我国建筑室内空气质量相关标准比较

室内空气标准制定最终是以满足人员卫生要求为最终目标，因此本节通过对室内空气质量标准和环境空气标准、设计标准、材料标准、验收标准等在指标选取和指标限值的比较，从标准统一性角度提出目前需要解决的主要问题。

11.3.1 我国室内空气质量卫生标准之间的比较

指标和指标限值的比较

表 11-10 为我国室内空气质量主要标准之间的比较，从表中可知在指标选取和限值确定方面各标准间存在较大差异性，通常室内包括各种建筑、交通工具等，住宅、办公、文化娱乐场所、体育馆、图书馆、博物馆、美术馆、展览馆、商店书店、医院候诊室、饭馆（餐厅）等体现在建筑功能不同。以 CO_2 为例，在GB 17094 室内标准里规定为 1000ppm，而在餐厅等建筑中规定为 1500ppm，其功能不同是否可以明显影响室内空气质量污染物指标及其限值尚需进一步讨论。

我国室内空气质量主要标准之间的比较　　　　表 11-10

指标 \ 标准	GB/T 18883 住宅办公其他	GB 9664 文化娱乐场所	GB 9668 体育馆	GB 9669 图书馆博物馆美术馆	GB 9669 展览馆	GB 9670 商店书店	GB 9671 医院候诊室	GB 16153 饭馆（餐厅）	GB 16127 室内	GB 17093 室内	GB 17094 室内	GB 17095 室内	GB 17096 室内	GB 17097 室内	GB 18202 室内
NO_2 (mg/m³)	0.24												0.10 (1d)		
CO (mg/m³)	10	10				5	5	10							
CO_2 (mg/m³)	0.10 (1d)	0.15	0.15	0.10	0.15	0.15	0.10	0.15			0.10				
SO_2 (mg/m³)	0.50													0.15 (1d)	
O_3 (mg/m³)	0.16														0.1
PM_{10} (mg/m³)	0.15	0.20	0.25	0.15	0.25	0.25	0.15	0.15				0.15 (1d)			
甲醛 (mg/m³)	0.10	0.12	0.12	0.12	0.12	0.12	0.12	0.12	0.08						
细菌总数 (cfu/m³)	2500	4000/2500	4000	2500	7000	7000	4000	4000		4000					

11.3.2 室内空气质量卫生标准和环境空气质量的比较

（1）控制指标的比较

表 11-11 为我国室内空气（GB/T 18883）和环境空气（GB 3095）的指标比较，从表中可以看出 NO_2、CO、SO_2、O_3、PM_{10}、苯、B（a）P 定义为室外是主要来源之一，但是四氯乙烯、三氯乙烯在来源性质上和 SO_2 没有大的区别，但在室内并没有进行限制。

我国室内空气和环境空气指标的比较　　　　表 11-11

指　标	GB/T 18883	GB 3095	指　标	GB/T 18883	GB 3095
NO_2	✓	✓	CO_2	✓	
CO	✓	✓	SO_2	✓	✓

续表

指　标	GB/T 18883	GB 3095	指　标	GB/T 18883	GB 3095
O_3	√	√	TVOC	√	
PM_{10}	√	√	氨	√	
甲醛	√		氡	√	
苯	√	√	细菌总数	√	
甲苯	√		TSP		√
二甲苯	√		Pb		√
四氯乙烯		√	总氟化物		√
三氯乙烯		√	光化学氧化剂		√
B (a) P	√	√			

(2) 指标限值的比较

NO_2、SO_2、PM_{10}这三种物质的主要来源均是室外大气，因此在 GB/T 18883 标准中选择了 GB 3095 标准中的不同级别（见表 11-12）。从实际情况来看，图11-4 是上海市 2009 年环境空气中 PM_{10}的浓度水平，与环境空气标准本身相比，全年就有较多天发生超标现象，考虑室内暴露量更大，因此如何确定室内空气限值尚需进一步研究。

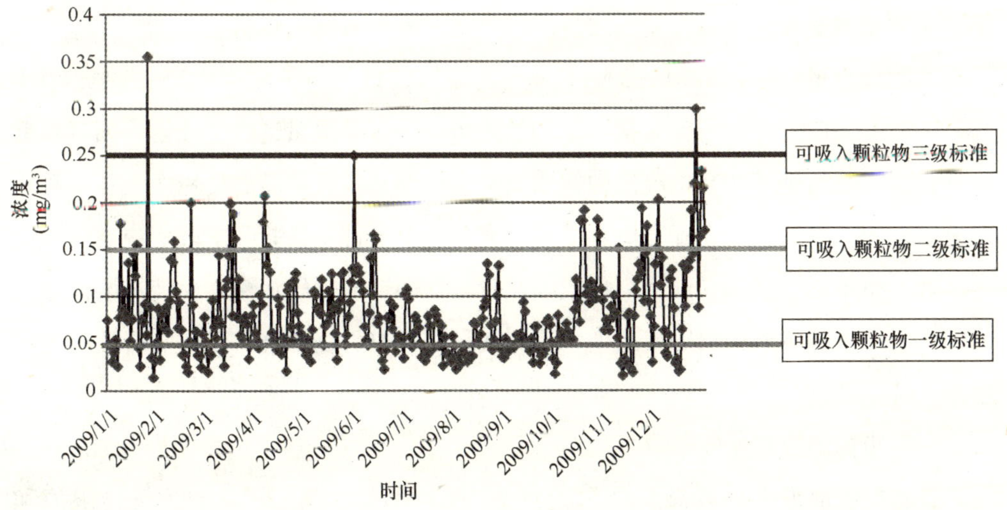

图 11-4　上海市 2009 年 PM_{10}浓度水平

室内外空气质量标准限值的比较 表 11-12

序 列	GB/T 18883 指标及其限值	GB 3095—1996 中的相当规定
1	PM_{10} 150μg/m³（日平均）	二级标准
2	SO_2 500μg/m³（1小时均值）	二级标准
3	NO_2 240μg/m³（1小时均值）	三级标准

11.3.3 室内空气质量卫生标准和建筑设计标准的比较

控制指标和限值的比较

目前在建筑设计中仅考虑 CO_2 和新风量两个指标。在 11.2.1 中已经阐述，目前标准不能对于低污染建材的应用起到鼓励作用，也不能在建筑装饰装修设计中避免室内空气污染问题。如何建立与卫生标准相统一的建筑设计标准将是未来中的一个主要任务。

11.3.4 室内空气质量卫生标准和施工验收标准的比较[17]

（1）控制指标的比较

在挥发性有机物指标选取方面，GB/T 18883—2002 选取了苯、甲苯、二甲苯和 TVOC，而 GB 50325—2010 只选取了苯和 TVOC。结合这两个标准，甲苯和二甲苯不出现在 GB 50325—2010 中的背后含义是运行阶段甲苯和二甲苯造成空气污染的主要来源是在空气质量验收之后。但是在《室内装饰装修材料溶剂型木器涂料中有害物质限量》GB 18581—2001、《室内装饰装修材料胶粘剂中有害物质》GB 18583—200）中的测试指标包括甲苯和二甲苯，并对其限量进行了规定，而溶剂型木器涂料、胶粘剂是在装饰装修中使用量较多的产品，且产品的使用发生在工程验收之前。因此，如果两个标准协调成立的充分必要条件是：验收阶段室内空气中的甲苯和二甲苯不易造成空气污染；或验收阶段即便造成空气污染，由装饰装修导致的室内空气中的甲苯和二甲苯浓度水平到运行阶段也可以忽略，然而实际情况这两个条件都不满足。

（2）指标限值的比较

在指标限值方面主要有两个讨论点。一是 GB 50325—2010 中污染物限值和 GB/T 18883—2002 中污染物限值的不统一；二是关于 TVOC 本身限值和其成分限值之间的不协调。

1）以 TVOC 指标、Ⅱ类民用建筑工程为例，在 GB 50325—2010 和 GB/T 18883—2002 的限值规定中均为 0.6mg/m^3，但是环境大气中的 TVOC 浓度并不等于零[5]，因此，即使不考虑其他更不利的因素（如 GB/T 18883—2002 在测试中封闭时间为 12h、人员活动产生 TVOC 等），对于采用 GB 50325—2010 即便合格的建筑，当采用 GB/T 18883—2002 时也会出现不符合标准的情况。如果以甲醛指标、Ⅱ类民用建筑工程为例，在 GB 50325—2010 中的限值规定为 0.12mg/m^3，而 GB/T 18883—2002 中的限值规定为 0.10mg/m^3，其差异性更为明显。如果考虑从建筑验收完成到建筑投入使用仍然存在一定的时间，那么其时间差是多少？这个时间差内所产生的污染物浓度的衰减量是多少？针对这些相关问题，目前未找到相关文献和依据。

上述浓度限值之间的不统一导致的直接后果是对于在验收结束后进入建筑中的材料、非固定家具、家电、办公设备等的性能约束。这些产品要求只有污染物释放量为零甚至还必须具有净化等功能才能同时满足 GB 50325 和 GB/T 18883 这两个标准的要求。因此，显然需要协调两个标准才能避免此现象的产生。

2）GB/T 18883—2002 中规定 TVOC 的限值为 0.60mg/m^3，但是同时规定了苯的限值为 0.11mg/m^3，甲苯的限值为 0.20mg/m^3，二甲苯的限值为 0.20 mg/m^3。目前我国采用 TVOC 标样里面包括成分是苯、甲苯、乙酸丁酯、乙苯、对二甲苯、间二甲苯、苯乙烯、邻二甲苯和十一烷共 9 种，由于标准中 TVOC 和苯、甲苯、二甲苯之和相差为 0.09 mg/m^3，那么其含义就是乙酸丁酯、乙苯、苯乙烯和十一烷的限值不能大于 0.09mg/m^3。相比毒性，甲苯的半致死浓度（简称 LC50，表示在动物急性毒性试验中，使受试动物半数死亡的毒物浓度）为 20003mg/m^3，苯乙烯的 LC50 为 24000mg/m^3，苯乙烯和甲苯经人体呼入后毒性相差不多，但是将苯乙烯的限值规定为 0.09mg/m^3，而将二甲苯的限值规定为 0.20mg/m^3，这显然需要更多的探索来确定各指标限值之间的协调性才能具有合理的解释。

总体上我国卫生标准和验收标准存在着明显“倒挂”现象，在指标选取以及指标限值的规定方面尚需要进一步完善。

11.3.5 室内空气质量卫生标准和设备材料标准的比较[18]

（1）控制指标的比较

在GB 18581—2001和GB 18583—2001中，都对甲苯、二甲苯和甲苯二异氰酸酯进行了规定，但是在GB 50325—2010和GB/T 18883—2002中，都没有对甲苯二异氰酸酯进行规定，而在GB 50325—2010中，对甲苯和二甲苯也未做规定。如何在这3类标准中对这几个指标进行协调需要进一步的讨论。

（2）指标限值的比较

对于板材的规定，GB 18580—2001规定采用气候箱法，在负荷比为(1.0±0.02)m^2/m^3(双面计算)、换气次数为(1.0±0.05)次/h的情况下，饰面人造板的甲醛限值为0.12mg/m^3(GB 50325—2010中关于饰面人造板的测试方法和限值与GB 18580—2001中的规定基本相似)；对于验收空气浓度的规定，以住宅为例，其规定甲醛限值为在1h内封闭情况下不超过0.08mg/m^3；对于卫生空气浓度的规定，以住宅为例其规定甲醛限值为在12h内封闭情况下不超过0.10mg/m^3。

现在以1个1.0m×1.0m×2.5m的测试舱为例，不考虑舱内其他污染源，地板全部铺装(假设地板双面散发)。如果饰面板全部符合国家标准(标准中规定若板材面积为1.0m×0.5m，则实际散发面积为1.0m×1.0m)，即散发强度为0.24mg/h。那么完全封闭情况下，舱内换气次数为0，则1h后测试舱浓度为0.096mg/m^3，12h后测试舱浓度为1.152mg/m^3；若舱内换气次数为0.5次/h，则1h后浓度为0.075mg/m^3，12h后浓度为0.19mg/m^3；若换气次数为1次/h，则1h后浓度为0.06mg/m^3，12h后浓度为0.096mg/m^3。考虑到新风中的甲醛浓度，涂料、胶粘剂等在装饰装修过程中使用的材料，装修时即使采用了符合国家标准的板材却不一定能达到卫生标准。

由于室内空气质量涉及建筑材料、构件、设备等，数量大种类繁多，建立以“散发量”为目标的材料、构件(如板材、木器漆、胶粘剂、内墙涂料等)测试设备、测试方法、目标污染物和浓度限值是该领域今后研究的一个重要任务，有利于系统的解决建筑材料标准等现行室内空气质量标准不协调的问题。

11.4 建筑室内空气质量标准问题探讨

建立民用建筑室内空气质量标准的最终目的是为确保房屋使用者和居住者拥有一个健康的室内环境，因此对建筑物在运行阶段的空气质量卫生标准是最终的评价。整个室内空气质量标准是通过材料、产品、设计、施工、验收、运行等的约束使运行阶段的建筑室内污染物浓度满足规定的卫生要求，其中各阶段标准和材料、产品等标准是实现总目标的过程和阶段性保障，这是建立完善协调的室内空气质量标准体系及标准的基本原则。

《中华人民共和国标准化法》规定“制定标准应当做到有关标准的协调配套”，而协调在于使标准系统的整体功能达到最佳并产生实际效果。根据以上原则，理想的室内空气质量标准体系建设思路是从总目标出发，明确分解各阶段目标，通过阶段目标去实现控制材料、产品、通风空调系统、人员行为等污染物的散发的目的。根据国内外标准的对比可以看出，目前我国建筑室内空气质量标准存在诸多问题，需要从以下几个方面进一步探讨：

11.4.1 管理方面

我国及国际室内空气质量领域起步较晚，特别是我国在室内空气质量标准制定方面存在较大不足，突出问题表现在以下两方面：

(1) 投入不足。主要表现在两方面。一方面经费投入不足，相比国外发达国家，我国制定标准经费投入严重缺乏，有的标准经费投入甚至只有几万元，只能满足标准制定中的审查等费用，根本谈不上标准制定中基础研究费用，编制费用等；另一方面研究投入不足，许多标准直接翻译成中文然后批准为国家标准或行业标准，缺乏对于转化以前系统分析我国相关基础等现状及其适应性，更谈不上标准制定的前期研究基础，从而制定的标准水平较低。在形式上，我国标准基本无参考文献标识，导致在某些技术点方面很难了解标准制定的原因；在科学性方面，有些标准缺乏科学依据和技术实现手段就出台颁布，其标准的正确性受到质疑；在应用方面，有些标准仅考虑企业利益，缺少对其标准本身目的的考虑，从而客观上阻碍了行业的技术进步，纵容了大量低质量、低水平产品的生产和流通。

（2）管理体制不合理。我国管理层次过多，部门交叉、机构重叠、责任不清甚至出现多头管理和无人管理的现象，以内墙涂料污染物标准为例，我国有《室内装饰装修材料 内墙涂料中有害物质限量》GB 18582—2001 国家标准，同时卫生部颁布了《关于印发室内空气质量、木制板材中甲醛和室内用涂料卫生规范的通知》（卫法监发［2001］255 号）、环境部制定了《环境标志产品技术要求 水性涂料》HJ/T 201—2005 等，同时各种标准化技术委员会重叠、交叉。从而造成运行机制不完善，标准制定相互矛盾等问题。

11.4.2 技术方面

（1）缺乏较完善的室内空气质量标准体系。目前 ISO 已经建立了室内空气 ISO 16000 系列标准，包括 ISO 16000—1 到 ISO 16000—24 共二十四个标准，主要涉及测试方法、分析方法等方面标准。在室内空气标准体系建设方面，尚缺少室内空气污染物控制的相关标准。由于我国与国外发达国家在室内空气质量标准相关的污染控制对象、适用技术措施、资源能源情况、室外环境状况以及标准规范执行程度等方面有较大的差异，因此，尽快建立和完善我国室内空气质量标准体系已成为目前该领域急待解决的关键问题。

（2）建筑室内空气质量评价方法。目前室内空气质量评价方法主要包括客观评价和主观评价两种。客观评价是根据测试指标是否符合相应标准规定的限值进行评价，主要根据空气中污染物会对人体健康造成影响，这类影响可能是短期的，也可能是长期的。主观评价是利用人的主观感觉描述人员对环境因素的满意程度。丹麦技术大学 Fanger 教授提出如果人们对空气满意，就是高品质；反之，就是低品质。ASHRAE 62—89R 标准提出了可接受的可感知室内空气质量概念，ASHRAE 62—1999 中又对这一概念进行了补充，其中“可接受的可感知室内空气质量定义为空调空间中绝大多数人没有因为气味或刺激性而表示不满”。完全从污染指标角度评价空气质量是否合格，显然是存在一定缺失，而采用主观评价又存在操作性等方面的约束。因此在我国如何全面合理评价室内空气质量尚需进一步研究。

（3）建筑室内空气质量评价指标及指标限值。室内空气污染物主要来源包括室外环境空气和室内污染源。对于来源于室外环境空气的污染物，一方面需要进一步研究如何选取控制指标，而另一方面，在室内环境的规定限值与室外环境空气标准规定限值的相互关系也需要进一步探讨；对于室内主要污染物指标及其浓度限值世界各国差异性较大，如何选择污染物指标、如何确定其浓度限值才能保证室内环境中人体的健康，是否根据我国各地区情况采取分级管理的方法执行相应的法规标准，这一系列的问题值得我们深思。

（4）建筑室内空气质量卫生标准的实现。完全实现建筑室内空气质量卫生标准控制目标受几个方面因素影响。从影响建筑室内空气质量考虑，包括建筑材料、家具、通风空调系统、室外环境空气、人员行为等；从建筑建造过程考虑，涵盖规划设计、施工验收、运营管理各个阶段；从解决室内空气质量方法考虑，包括污染源控制、通风稀释、空气净化等不同手段。目前在该领域国际上存在诸多具体标准问题尚需解决，我国在该方面工作的开展不能简单得跟随国外发达国家道路，一方面国外没有成熟的经验可以借鉴，另一方面其成功经验是否适合中国本身的特点尚需进行探索。因此急需加大我国在该方向的自主性研究，根据建筑室内空气质量标准体系，重点解决相关术语、定义、指标、指标限值、限值分配等重点问题及建立设计、施工等关键标准，真正完善该领域相关标准及根据我国特点制定相关具体标准成为未来该领域一个关键任务。

参 考 文 献

[1] GB 3095—1996. 环境空气质量标准. 中华人民共和国国家环境保护局，1996.

[2] National ambient air quality standards. United States Environment Protection Agency，2005 .

[3] Air quality standards，European Commission Environment，2008.

[4] Environmental Quality Standards in Japan - Air Quality. Ministry of the Environment，Japan，2009.

[5] Air quality standards. The Environmental Protection Department，Hongkong，2003.

[6] GB 50189-2005. 公共建筑节能设计标准. 中华人民共和国建设部，2005.

[7] ASHARAE62. 1-2007. Ventilation for Acceptable Indoor Air Quality. American Society of Heating，Refrigerating and Air-Conditioning Engineers，Inc. 2007.

[8] prEN13779. Ventilation for Buildings - Performance Requirements for Ventilation and Air-Conditioning Systems. 1999.

[9] GB/T 18883-2002. 室内空气质量标准. 中华人民共和国国家质量监督检验检疫总局，2002.

[10] Air quality guidelines for Europe. WHO，2000.

[11] Indoor air pollution in CALIFORNIA. California Air Resources Board，2005.

[12] Exposure guidelines for residential indoor air quality. Minister of Supply and Services Canada，1995.

[13] Guidelines for good indoor air quality in office premises. Institute of Environmental Epidemiology Ministry of the Environment，Singapore，1996.

[14] 办公室及公共场所室内空气质素管理指引. 香港特别行政区政府，2003.

[15] 化学物质的室内浓度限值. 日本厚生劳动省医药食品局，2004.

[16] 姚远. 家具化学污染物释放标识若干关键问题研究. 博士学位论文. 北京：清华大学，2011.

[17] 李景广，韩继红等. 关于 GB 50325-2001 和 GB/T 18883-2002 协调性的讨论. 建筑科学. 2009(2)：5-7.

[18] 李景广. 我国室内空气质量标准体系建设的思考. 建筑科学. 2010(4)：1-7.

附录1 国内外绿色建筑评价标准中室内空气质量评价方法比较

国外几大绿色建筑评价标准，如美国 LEED（Leadership in Energy and Environmental Design）、英国 BREEAM（Building Research Establishment Environmental Assessment Method）、日本 CASBEE（Comprehensive Assessment System for Building Environmental Efficiency）和我国绿色建筑评价标准体系等都对室内空气质量有所规定。

我国绿色建筑评价标准中的室内空气质量部分主要包括污染源控制和新风控制两方面。污染源控制包含环境污染物控制和吸烟控制，前者为性能评价，控制项，后者为措施评价；新风控制一方面要求达到并高于《公共建筑节能设计标准》GB 50189等国家标准的最小新风量的设计要求，设置相关监控系统，此为控制项，另一方面在设计上确保新风质量，此为措施评价。

由于国外相关绿色建筑评价标准针对不同类型有不同的要求，以下分别以 LEED-NC、BREEAM（办公版）以及 CASBEE（新建建筑）为例进行比较。在 LEED-NC（新建建筑）中，新风监控、吸烟控制、材料污染、施工污染、化学污染等均有评价；BREEAM 办公版本中，新风量、新风控制及污染源控制有相应评价；CASBEE（新建建筑）中则对污染源控制、新风控制、吸烟控制、无害材料、CO_2 监测有相应评价。

LEED-NC、BREEAM、CASBEE 及我国绿色建筑评价标准新框架体室内空气质量部分条款比较 **附表1**

LEED-NC-室内空气质量部分条款整理	
最低室内空气质量品质：为提高建筑室内空气质量，建立最低的室内空气质量性能（IAQ），为用户提供健康舒适的环境	P

续表

<table>
<tr><th colspan="3">LEED-NC-室内空气质量部分条款整理</th></tr>
<tr><td colspan="2">环境吸烟控制（ETS）：最小化建筑用户、室内表面和通风系统暴露于烟气环境（ETS）</td><td>P</td></tr>
<tr><td colspan="2">室外新风监控：为通风系统设置监控能力，维护用户的舒适和健康</td><td>1</td></tr>
<tr><td colspan="2">提高通风：提供额外的室外新风通风，以改善室内空气质量，改善用户的舒适、健康和工作效率</td><td>1</td></tr>
<tr><td rowspan="2">建设 IAQ 管理计划</td><td>建设中：减少由施工/装修产生的室内空气质量问题，维护建筑工人和建筑用户的舒适与健康</td><td>1</td></tr>
<tr><td>入住前：减少由施工/装修产生的室内空气质量问题，维护建筑工人和建筑用户的舒适与健康</td><td>1</td></tr>
<tr><td rowspan="4">低排放材料</td><td>胶粘剂和密封剂：减低室内空气中有毒、有味、刺激的污染物含量，保护施工人员和用户的健康、舒适</td><td>1</td></tr>
<tr><td>涂料和涂层：减低室内空气中有毒、有味、刺激的污染物含量，保护施工人员和用户的健康、舒适</td><td>1</td></tr>
<tr><td>地毯系统：减低室内空气中有毒、有味、刺激的污染物含量，保护施工人员和用户的健康、舒适</td><td>1</td></tr>
<tr><td>复合木材和植物纤维制品：减低室内空气中有毒、有味、刺激的污染物含量，保护施工人员和用户的健康、舒适</td><td>1</td></tr>
<tr><td colspan="2">室内化学品及污染源控制：最小化用户接触有害颗粒物及化学污染物的可能性</td><td>1</td></tr>
<tr><th colspan="3">BREEAM-室内空气质量部分条款整理</th></tr>
<tr><td colspan="2">将空气传播或者水传播军团菌污染的风险降低到最小</td><td>1/P</td></tr>
<tr><td colspan="2">服务于使用区域的通风口避开室外主要污染源以及废气的再循环</td><td>1</td></tr>
<tr><td colspan="2">如果是采用机械通风和空调的建筑，新风量需达到 12L/（s·人）或者采用自然通风的建筑，多数窗户都要安装微流通风器（trickle vents），可开启的窗户面积等于建筑室内建筑面积的 5%，平面进深小于 15m，否则就需要其他通风辅助措施</td><td>1</td></tr>
<tr><th colspan="3">CASBEE-室内空气质量部分条款整理</th></tr>
<tr><td colspan="2">室内污染源对策：避免化学污染物、矿物纤维对室内空气造成污染，避免螨类和霉菌、军团菌污染</td><td></td></tr>
<tr><td colspan="2">新风：新风量满足一定要求，能够很好地进行自然通风，仔细考虑新风口设置的位置，送风与回风不混合</td><td></td></tr>
<tr><td colspan="2">对 CO_2 进行监测，适时保证健康的室内空气质量</td><td></td></tr>
<tr><td colspan="2">采取吸烟控制措施</td><td></td></tr>
<tr><td colspan="2">使用对健康无害的材料</td><td></td></tr>
</table>

续表

我国绿色建筑评价标准新框架体-室内空气质量部分条款整理		
污染源控制：室内游离甲醛、苯、氨、氡和 TVOC 等空气污染物浓度符合国家标准《民用建筑工程室内环境污染控制规范》GB 50325 中的有关规定。（设计阶段不参评）		P
环境吸烟控制措施		
新风控制	新风量控制： 设置室内通风换气装置，室内要保证有足够的新风量且符合《公共建筑节能设计标准》GB 50189 等国家标准的最小新风量的设计要求。（控制项） 重要空间、人员密集空间的新风量的控制，有空气品质实时中央监测系统或人工监测设施（如 CO_2 监测）	
	新风质量控制： 新风采气口位置设计应在无污染源的方位，且与各排风口之间有足够的距离，保证所吸入的空气为室外新鲜空气，严禁间接从空调通风的机房、建筑物楼道及大棚吊顶内吸取新风	

注：P 为控制项，1 表示分数。

LEED-NC、BREEAM、CASBEE 与我国绿色建筑评价标准修改对比 **附表 2**

LEED-NC	BREEAM	CASBEE	我国绿色建筑评价标准修改建议
最低室内空气质量品质： 满足标准 ASHRAE 62.1-2004 可接受的室内空气质量章节 4 到 7 的最低要求。机械通风系统应按照标准中的“通风率程序”或地方规范中的较严格者进行设计，自然通风建筑需满足标准 ASHRAE 62.1-2004，5.1 款。 提高通风：提供额外的室外新风通风，以改善室内空气质量，改善用户的舒适、健康和工作效率	如果是采用机械通风和空调的建筑，新风量需达到 12l/s/人。 或者 采用自然通风的建筑，多数窗户都要安装微流通风器（trickle vents），可开启的窗户面积等于建筑室内建筑面积的 5%，平面进深小于 15m，否则就需要其他通风辅助措施	在设置有中央空调系统的房间，达到 SHASE-S102-1997 新风标准及其说明要求；非中央空调房间，新风量达到建筑标准法规定值 1.4 倍以上。 在采用不可开闭窗户的房间，有效自然通风的开口面积达到 100cm^2/m^2 以上；在采用可开闭窗户的房间，有效自然通风的开口面积达到房间面积的 1/10 以上。 对 CO_2 进行监测，适时保证健康的室内空气质量。 新风量满足一定要求，能够很好地进行自然通风，仔细考虑新风口设置的位置，送风与回风不混合	（1）新风量控制： （a）设置室内通风换气装置，室内要保证有足够的新风量且符合《公共建筑节能设计标准》GB 50189 等国家标准的最小新风量的设计要求。（控制项）。 （b）重要空间、人员密集空间的新风量的控制，有空气品质实时中央监测系统或人工监测设施（如 CO^2 监测）。 （2）新风质量控制： 新风采气口位置设计应在无污染源的方位，且与各排风口之间有足够的距离，保证所吸入的空气为室外新鲜空气，严禁间接从空调通风的机房、建筑物楼道及天棚吊顶内吸取新风

续表

LEED-NC	BREEAM	CASBEE	我国绿色建筑评价标准修改建议
室外新风监控：为通风系统设置监控能力，维护用户的舒适和健康	服务于使用区域的通风口避开室外主要污染源以及废气的再循环		
环境吸烟控制（ETS）： 最小化建筑用户、室内表面和通风系统暴露于烟气环境（ETS）		采取吸烟控制措施： 全楼禁烟；或设置吸烟室，很好地采取了防止非吸烟者被动吸烟的措施	环境吸烟控制措施： 在公共区域禁止吸烟；设置专门负压吸烟室
低排放材料（包括胶粘剂和密封剂、涂料和涂层、地毯系统、复合木材和植物纤维制品）： 减低室内空气中有毒、有味、刺激的污染物含量，保护施工人员和用户的健康、舒适。 最小化用户接触有害颗粒物及化学污染物的可能性； 最小化用户接触有害颗粒物及化学污染物的可能性	将空气传播或者水传播军团菌污染的风险降低到最小	使用对健康无害的材料： 达到建筑标准法要求，且全部（地板、墙壁、天花板面积的90%以上）采用建筑标准法限制对象外的建筑材料（JIS、JAS标准规定的F☆☆☆☆级）。而且，全面采用VOCs（除甲醛外）释放量小的建筑材料。 室内污染源对策： 避免化学污染物、矿物纤维对室内空气造成污染，避免螨类和霉菌、军团菌污染	室内游离甲醛、苯、氨、氡和TVOC等空气污染物浓度符合国家标准《民用建筑工程室内环境污染控制规范》GB 50325中的有关规定。（控制项，设计阶段不参评）

附录 2 “中国环境科学学会室内环境与健康分会”简介[1]

室内环境与健康分会是中国环境科学学会的分支机构，2008 年正式得到国家民政部批准成立。分会作为一个民间组织，为从事和关心室内环境与健康问题的各方人士与机构提供交流与合作的平台。分会章程设定的任务包括：凝聚学术队伍，开展国内学术交流活动，组织国际学术交流；为政府部门政策法规的制定提供技术支持；沟通跨行业跨部门的联系；宣传普及室内环境与健康知识；开展技术咨询与信息服务，推广污染治理先进技术等。

分会成员来自高校、研究机构、管理机构、企业等单位（包括中国台湾、中国香港的相关单位），是我国室内环境与健康领域各方面人才最广泛的交流平台。分会建立以来逐年扩大，会员中现有顾问院士 8 名，特聘专家 7 名，理事 83 名。高校会员（按拼音字母顺序排序）来自北京大学、北京工业大学、北京航空航天大学、重庆大学、东南大学、复旦大学、哈尔滨工业大学、湖南大学、华南理工大学、华中师范大学、清华大学、台湾成功大学、同济大学、西安建筑科技大学、西安交通大学、香港大学、香港理工大学、浙江大学、中南大学等；科研院所会员（按拼音字母顺序排序）来自北京市劳动保护科学研究所、北京市环境保护科学研究院、国家环境分析测试中心、国家建筑工程质量监督检验中心、上海建筑科学研究院、中国疾病预防控制中心、中国环境科学研究院、中国计量科学研究院、中国建筑科学研究院、中国军事医学科学院等。政府机关会员来自国家环保总局、中国环境监测总站等；企业会员（按拼音字母顺序排序）来自安利（中国）日用品有限公司、北京秦海赛柏瑞室内环境科技有限公司、北京盛华中兴环保科技有限公司、

---

[1] 分会网址：www. chinaiehb, com

北京天纬净业环保科技发展有限公司、北京同方洁净技术有限公司、北京亚都室内环保科技有限公司、飞利浦（中国）投资有限公司、盘锦德宣环保材料有限公司、上海朗诗建筑科技有限公司、深圳奇滨电子有限公司、深圳市格瑞卫康环保科技有限公司、苏州工业园区安泽汶环保技术有限公司、远大空调科技有限公司等。

中国环境科学学会室内环境与健康分会积极开展国内外学术交流与研讨；从 2011 年起组织编制我国室内环境与健康研究进展报告；与中央电视台举办过室内空气污染咨询节目，与北京电视台合作举办了“关注室内环境，健康从空气开始”大型公益活动；在全国完成室内环境质量与健康调查问卷逾三万份，为百姓居室免费检测两千多家；出版多本科普书籍和学术专著；积极开展室内环境与健康科技咨询与科普宣传活动，举办家装大讲堂，接受媒体专访，解答公众关心的热点问题，为相关企业进行业务培训与指导，受到企业和市民的欢迎与好评。

中国环境学会室内环境与健康分会敞开大门，面向社会，真诚欢迎企业和各方人士加入到我们的队伍中来，共同为推动中国室内环境与健康事业的发展做出贡献！